개정판

EXCEL로 배우는

유한요소법

주석재 지음

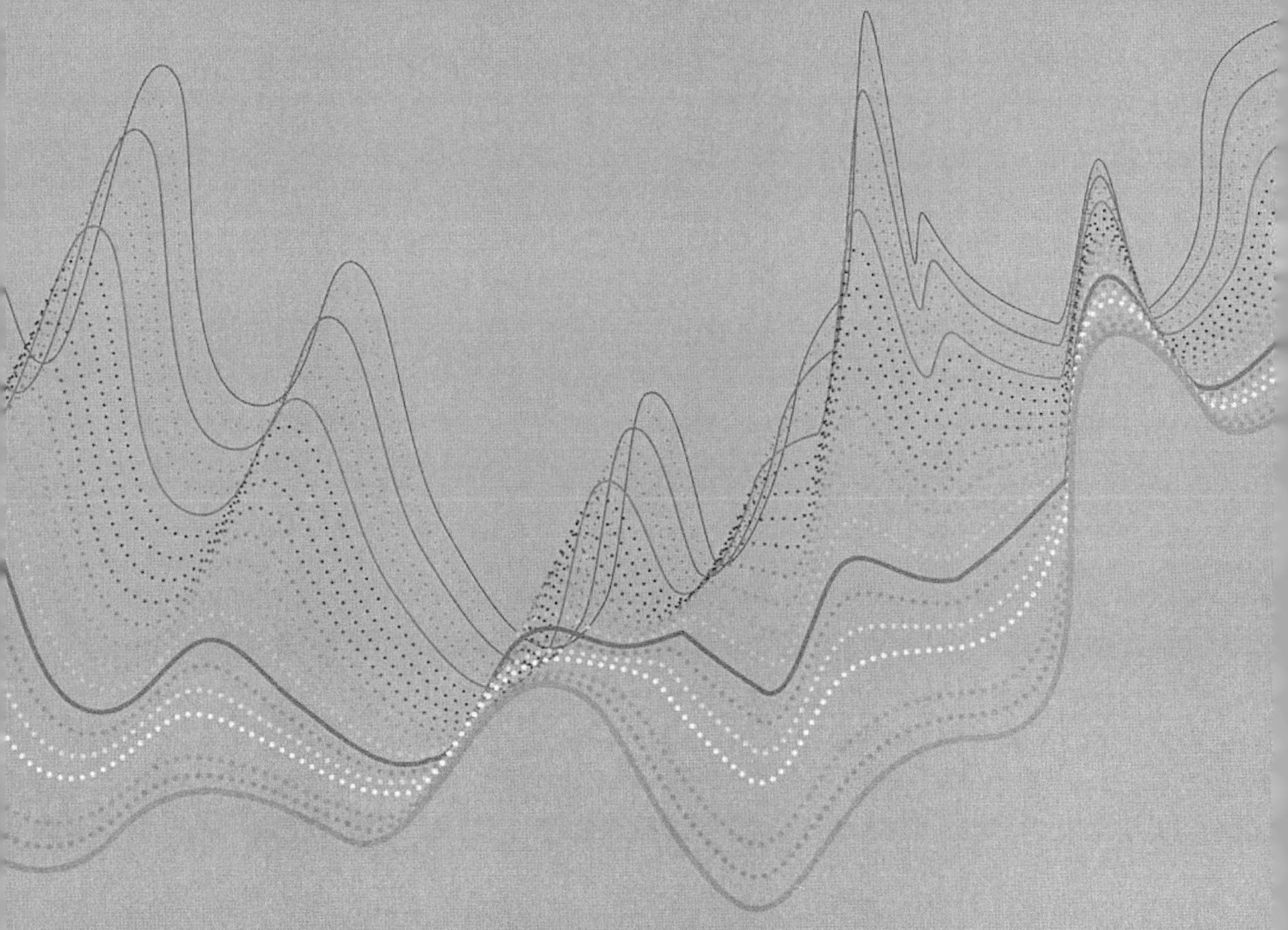

Finite Element Method

도서출판 홍릉

머 릿 말

"유한요소법"을 만난 것은 대학원생이었던 1979년이었다. 중간시험도 보고 기말시험도 보고 텀프로젝트 보고서도 제출하였지만 유한요소법을 시원하게 이해하지 못한 상태이었다. 이 때 텀프로젝트는 교과서인 Zienkiewicz "Finite Element Method"의 부록에 실린 FORTRAN 프로그램에 약간 기능을 추가하는 것이었다. 텀프로젝트를 수행하였지만 여전히 유한요소 프로그램을 완전히 이해하기는 어려웠다. 몇 년 후 Owen의 "Finite Element Programming"에 실린 프로그램에는 설명이 친절하게 붙어 드디어 이것을 보고 거의 완전히 이해하였다. 그 다음 2차원 프로그램을 3차원 프로그램으로 확장하였고 이것으로 3차원 균열문제도 무난히 풀어보았다.

교수로서 유한요소법을 강의하기 시작하며 FORTRAN 프로그램을 다루려고 하였으나 FORTRAN을 배우고 온 학생이 점점 없어져 답답함을 느꼈다. FORTRAN 프로그램 대신 상용 프로그램만을 연습하는 것은 유한요소법을 이해하는 데 별로 도움이 되지 않는다. 승용차를 운전하는 것이 승용차의 구조를 이해하는 데 별로 도움이 되지 않는 것과 같다.

2000년대 초 인터넷을 검색하다 EXCEL로 연립방정식을 푸는 것을 우연히 보았다. EXCEL의 함수 MINVERSE(~)로 역행렬을 구하고, MMULT(~,~)로 역행렬과 벡터를 곱하여 연립방정식을 푸는 것이었다. 그리고, EXCEL의 절대참조, 끌기, 자르기, 복사, 붙이기 등을 사용하면 EXCEL 프로그래밍이 훨씬 쉬어진다. 유한요소 EXCEL 프로그래밍 강의를 거듭할수록 어느덧 EXCEL 사용방법이 점점 스스로 자리를 잡았다.

EXCEL 프로그래밍은 문제에 따라 요소나 절점 갯수가 달라질 때 자동적으로 맞춰지게 하기 곤란하기 때문에 실용성은 낮다. 그러나, 유한요소해석 전체 과정이 다 노출되므로 유한요소법을 이해하고 연습하는 데 안성맞춤이다. 이런 점에서 MATLAB보다 낫지 않을까? 일부러 속이 다 보이게 만든 명품시계와 같다.

EXCEL 프로그래밍에서는 입력과 출력을 구분하는 것이 중요하다. 입력은 문제에 따라 바뀌는 데이터이고 출력은 이것으로 계산한 모든 것이다. 보통 출력 셀은 문제에 따라 고칠 필요가 없으므로 적색으로 표시하여 고치지 않게 한다.

유한요소 EXCEL 프로그램이 출력한 결과는 이론해와 비교하거나, 이론해가 존재하지 않는 것은 CATIA 구조해석모듈을 이용한 유한요소해석 결과와 비교하여 검증하였다.

해외에서는 유한요소 EXCEL 프로그래밍을 어느 문제까지 다루는지 궁금하여 인터넷을 검색하기도 하고 직접 책을 주문하기도 하여 확인하여 보았다. 트러스나 보 요소에 머물거나 VBA로 프로그램한 것이었다. 이 책은 VBA는 사용하지 않고 EXCEL 자체 기능만 사용하여 과정이 다 노출되게 하였고, 2차원 평면 요소, 축대칭 요소, 열전달 요소 그리고 고유치문제까지 다루어보았다.

2005년 초 "EXCEL을 이용한 유한요소법"이라는 제목으로 교재를 출판하였다. 이 교재를 손보아야 하나 시간이 나지 않아 미루다가 2년전 13년이 흘렀을 때 시간이 나 이 교재를 바탕으로 그 사이 강의 자료로 대체하여 대폭 수정 보완하였다. 3/4쯤 새로운 것으로 바뀐 것 같다. 급하게 수정 보완하느라 틀린 곳이 상당히 많은 것을 발견하였다. 2년이 지난 이번에 틀린 곳을 수정하고, 설명이 부족한 곳에 설명을 추가하고, 면외굽힘 보 요소와 고유치문제를 추가하였다.

EXCEL 프로그래밍을 시연하는 것을 보며 배우는 것이 가장 좋을 것이다. 이와 같은 교재로 시연하는 것을 대신하려고 하지만 아무래도 시연하는 것만은 못할 것이다. 이것을 보완하려고 이 교재에 소개한 예제에 대한 EXCEL 프로그램을 웹하드에 올려 다운로드하게 하였다.

이 교재의 독자는 이 EXCEL 프로그램을 응용하여 더 넓은 범위 문제를 풀어 발전시켜 주기 바란다.

목　　차

1. 유한요소법(有限要素法 Finite Element Method) 그리고 행렬과 벡터

요소는 2개 이상 절점으로 거동이 대표되는 것으로서 해석 대상은 조합된 유한 개수의 요소로 구성된다. 1차원 요소인 bar 요소 절점의 변위, beam 요소 절점의 횡변위와 회전을 힘과 모멘트와 관련시키고 직접 평형조건을 적용하여 구성한 연립방정식을 풀어 변위나 회전을 구한다. 2차원 요소인 삼각형이나 사각형 요소 절점의 변위를 응력과 관련시키고 가상변위의 원리로 평형조건을 적용하여 구성한 연립방정식을 풀어 변위를 구한다. 열전달 등 지배방정식이 편미분방정식으로 주어진 문제는 Galerkin 방법과 같은 변분법을 사용하여 구성한 연립방정식을 풀어 온도를 구한다. 이 연립방정식의 계수는 행렬이고, 미지수와 지수는 벡터이다. 여기서는 EXCEL로 행렬과 벡터를 계산하는 것을 연습한다.

1.1 유한요소법이란?

유한요소법 본론을 시작하기 전에 "유한요소법이란 이런 것이다."라고 할 만한 예를 찾아보려고 하였다. 만족스러운 예는 찾기 어려웠고, 겨우 다음과 같은 예를 찾았다.

유한요소법은 곡선 $y=x^2$를 어느 구간 $0<x<2$에서 직선 몇 개로 대표하게 하려고 하는 문제와 비슷하다.

직선 1개로 대표하게 하려고 하면 어떻게 하는 것이 최선일까? $(0,y_0)$, $(2,y_2)$를 지나는 직선은

$$y^*=\begin{bmatrix}\frac{2-x}{2} & \frac{x}{2}\end{bmatrix}\begin{Bmatrix}y_0\\y_2\end{Bmatrix}$$

$y-x^2=0$을 이루려고 하므로

$$\int_0^2\begin{bmatrix}\frac{2-x}{2}\\\frac{x}{2}\end{bmatrix}\left(\begin{bmatrix}\frac{2-x}{2} & \frac{x}{2}\end{bmatrix}\begin{Bmatrix}y_0\\y_2\end{Bmatrix}-x^2\right)dx=0$$

이 방법은 일종의 Galerkin 방법이다. 그 결과는 $(0,-2/3)$, $(2,10/3)$을 지나는 직선 $y^*=2x-\frac{2}{3}$이고 이것은 구간 $0<x<2$에서 $y=x^2$와 넓이가 같으며(즉, 적분한 것이 같으며), 평균 기울기(즉, 미분한 것)가 같은 것이었다.

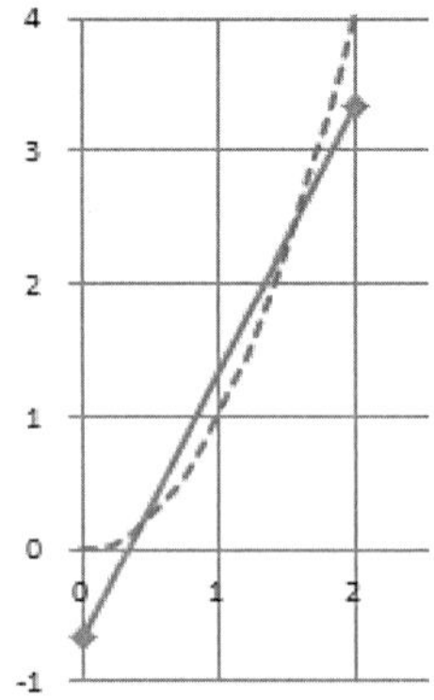

구간 $0 < x < 2$에서 $y = x^2$을 대표하는 직선

직선 2개로 대표하게 하려고 하면 구간 $0 < x < 1$에서는 $y^* = x - \frac{1}{6}$, 구간 $1 < x < 2$에서는 $y^* = 3x - \frac{13}{6}$이다. 물론 $x = 1$에서 연속이다.

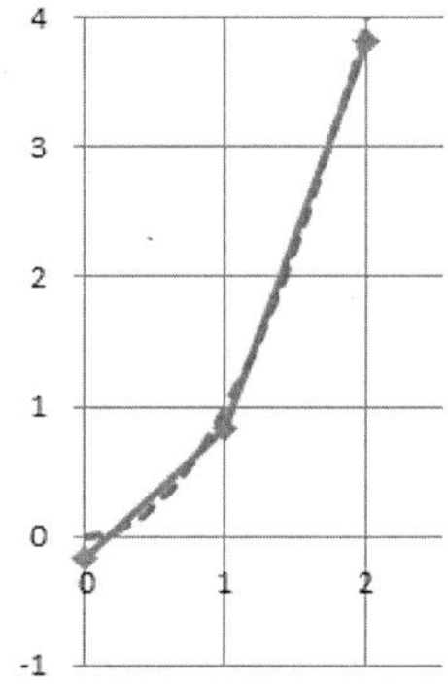

구간 $0 < x < 1$과 $1 < x < 2$에서 $y = x^2$을 대표하는 직선

구간 별로 $y = x^2$과 직선의 넓이가 같은 것은 유한요소 별로 힘이나 열이 평형을 이루는 것과 비슷하다. 직선은 곡선의 근사해이고, 직선의 개수가 많아질수록 오차가 적어지는 것은 유한요소의 개수가 많아질수록 오차가 적어지는 것과 비슷하다. 그러나, 직선의 개수가 많아질수록 계산량이 증가하는 것과 같이 유한요소의 개수가 많아질수록 계산량이 증가한다. 요소의 개수는 오차가 너무 크지 않도록 적당히 많아야 하며, 계산량이 너무 많지 않도록 적당히 적어야 한다. 유한요소에서 "유한"이라는 것은 유한 개수를 가리킨다.

유한요소법에서 요소(要素. Element)의 거동은 요소의 절점(節點. Node)의 거동이 대표한다. 즉, 요소 나머지 부분의 거동은 요소의 절점의 거동에 종속된다. 곡선 $y = x^2$를 직선 1개로 대표하게 하려고 할 때 점 (0, -0.667)과 (2, 3.333), 직선 2개로 대표하게 하려고 할 때 점 (0, -0.167), (1, 0.833), (2, 3.833)이 절점과 같은 것이다.

유한요소법(Finite Element Method)이나 유한요소해석(Finite Element Analysis)라고 부르는 이 방법은 1950년 대 등장하였다. 이제 경계치 문제(Boundary Value Problem)나 초기치 문제(Initial Value Problem)의 실용적인 해법으로서 자리를 굳혔다. 이 방법에서는 해석 대상의 복잡성(형상, 재료, 변위구속부위, 하중작용부위, 온도분포 등)은 별로 문제되지 않으므로 실용적이다. 해석의 범위는 고체(정적이나 동적)의 변위분포, 열전달 온도분포, 유체의 유속분포, 전자기장의 분포와 같은 문제에서 유체-고체, 열-고체와 같이 서로 연계된 문제에 이르기까지 넓다.

유한요소법이 아무리 좋더라도 컴퓨터가 없으면 무용지물이다. 유한요소법의 활용영역이 넓어지게 된 것도 컴퓨터의 성능이 그 만큼 높아졌기 때문이다.

유한요소법을 잘 이해하는 것은 쉽지 않다. 잘 이해하려면 직접 계산하여 해를 구하고 이론해와 비교하여 검증하여 보아야 한다. 따라서, 이 교재는 직접 계산하여 보는 것에 무게를 두었다. 범용 유한요소 프로그램을 만들려고 하면 FORTRAN을 사용하여야 하지만, 유한요소법을 이해하려고만 하면 Microsoft EXCEL을 사용하는 것이 오히려 더 좋다. 유한요소해석 과정이 다 드러나 보이기 때문이다. EXCEL은 행렬 계산에 필요한 여러 가지 함수를 제공하므로 유한요소해석이 가능하다. EXCEL을 사용하면 수동작업이 많이 필요하여 힘들지만 Ctrl+x, Ctrl+v 등의 오려 붙이기, 절대참조와 상대참조, 끌기 등의 기능을 잘 사용하면 힘이 덜 든다.

유한요소해석의 해$\{u\}$는 연립방정식 $[K]\{u\}=\{f\}$을 풀어 구한다. 여기서 $[K]$는 대칭 정사각행렬이고, $\{u\}$와 $\{f\}$는 벡터이다. 본론을 시작하기 전에 이 책에서 사용하려는 행렬과 벡터의 계산방법을 먼저 소개하고자 한다.

1.2 행렬(行列 Matrix)

행렬 A의 요소 a_{ij}는 i 행 j 열 요소이다.

$$A = [a_{ij}]$$

[예제] 다음 행렬 A의 요소 a_{23}은 6이다.

$$A = \begin{bmatrix} 1 & 2 & 3 \\ 4 & 5 & 6 \end{bmatrix}$$

행렬 A와 B를 더하면

$$A+B=[a_{ij}+b_{ij}]$$

이 때 행렬 A와 행렬 B의 행 개수과 열 개수가 각각 같아야 한다.
상수 k와 행렬 A를 곱하면

$$kA=[k a_{ij}]$$

행렬 A와 행렬 B를 곱하면

$$AB=[a_{ir}b_{rj}]$$

이 때 행렬 A의 열 개수와 행렬 B의 행 개수가 같아야 한다.
행렬 A의 열 개수와 행렬 B의 행 개수가 n 일 때

$$a_{ir}b_{rj}=a_{i1}b_{1j}+a_{i2}b_{2j}+\dots+a_{in}b_{nj}$$

r과 같이 어느 항에 2 번 등장하는 index를 dummy index라고 부른다. i 나 j와 같이 어느 항에 1번만 등장하는 index를 free index라고 부른다.

[예제] $\begin{bmatrix} 1 & 2 & 3 \\ 4 & 5 & 6 \end{bmatrix}\begin{bmatrix} 7 & 10 \\ 8 & 11 \\ 9 & 12 \end{bmatrix}=\begin{bmatrix} 1*7+2*8+3*9 & 1*10+2*11+3*12 \\ 4*7+5*8+6*9 & 4*10+5*11+6*12 \end{bmatrix}$

(별해) Microsoft EXCEL의 함수 =MMULT(~,~)를 사용하여

A

1	2	3
4	5	6

B

7	10
8	11
9	12

AB

50	68
122	167

Microsoft EXCEL로 행렬 A와 행렬 B를 곱할 때 ① 행렬 AB의 자리를 마우스를 끌어 선택하고, ② 해당 함수 =MMULT(~,~)를 입력하고 행렬 A와 B를 마우스를 끌어 선택하고, ③ Ctrl+Shift+Enter 키를 동시에 눌러 마친다.(행렬 AB는 Array(배열)이므로)

입력하여야 할 cell은 테두리를 실선으로, 입력한 것으로 계산된 cell은 점선으로 구분하였다.

$(AB)C = A(BC)$ 이다.

[예제] Microsoft EXCEL의 함수 =MMULT(~,~)를 사용하여

A

1	2	3
4	5	6

B

7	10
8	11
9	12

C

1
-1

AB

50	68
122	167

(AB)C

-18
-45

BC

-3
-3
-3

A(BC)

-18
-45

$(AB)C = A(BC)$ 이므로 단순히 ABC로 적는다.

행렬 A의 전치(轉置 Transpose) 행렬 A^T는 행렬 A의 행과 열을 바꾼 것으로 $A = [a_{ij}]$일 때 $A^T = [a_{ji}]$이다.

[예제]

$$\begin{bmatrix} 1\,2\,3 \\ 4\,5\,6 \end{bmatrix}^T = \begin{bmatrix} 1 & 4 \\ 2 & 3 \\ 3 & 6 \end{bmatrix}$$

(별해) Microsoft EXCEL의 함수 =TRANSPOSE(~)를 사용하여

A

1	2	3
4	5	6

A^T

1	4
2	5
3	6

$(AB)^T = B^T A^T$이다.

[예제] Microsoft EXCEL의 함수 =TRANSPOSE(~)와 =MMULT(~,~)를

사용하여

A

1	2	3
4	5	6

B

7	10
8	11
9	12

AB

50	68
122	167

A^T

1	4
2	5
3	6

B^T

7	8	9
10	11	12

B^TA^T

50	122
68	167

$AA^{-1}=I$ 인 행렬 A^{-1}를 행렬 A의 역(逆 Inverse)행렬이라고 부른다. 여기서, 행렬 $I=[\delta_{ij}]$는 $\delta_{ij}=1$ ($i=j$ 이면), $\delta_{ij}=0$ ($i\neq j$ 이면)

$$I=\begin{bmatrix}1 & 0 \ldots 0 \\ 0 & 1 \ldots 0 \\ . & . \ldots . \\ 0 & 0 \ldots 1\end{bmatrix}$$

2×2 행렬 A의 행렬식(Determinant)은

$$\begin{vmatrix}a_{11} & a_{12} \\ a_{21} & a_{22}\end{vmatrix}=a_{11}a_{22}-a_{12}a_{21}$$

3×3 행렬 A의 행렬식은 1행을 따라서 전개하면

$$\begin{vmatrix}a_{11} & a_{12} & a_{13} \\ a_{21} & a_{22} & a_{23} \\ a_{31} & a_{32} & a_{33}\end{vmatrix}=a_{11}\begin{vmatrix}a_{22} & a_{23} \\ a_{32} & a_{33}\end{vmatrix}-a_{12}\begin{vmatrix}a_{21} & a_{23} \\ a_{31} & a_{33}\end{vmatrix}+a_{13}\begin{vmatrix}a_{21} & a_{22} \\ a_{31} & a_{32}\end{vmatrix}$$

2열을 따라 전개하면

$$\begin{vmatrix}a_{11} & a_{12} & a_{13} \\ a_{21} & a_{22} & a_{23} \\ a_{31} & a_{32} & a_{33}\end{vmatrix}=-a_{12}\begin{vmatrix}a_{21} & a_{23} \\ a_{31} & a_{33}\end{vmatrix}+a_{22}\begin{vmatrix}a_{11} & a_{13} \\ a_{31} & a_{33}\end{vmatrix}-a_{32}\begin{vmatrix}a_{11} & a_{13} \\ a_{21} & a_{23}\end{vmatrix}$$

그 결과는 같다.

[예제] 다음 행렬식을 구하시오.

$$\begin{vmatrix}1 & 2 & 3 \\ 4 & 5 & 4 \\ 3 & 2 & 1\end{vmatrix}$$

(풀이)

1행을 따라 전개하면

$$\begin{vmatrix} 1 & 2 & 3 \\ 4 & 5 & 4 \\ 3 & 2 & 1 \end{vmatrix} = 1\begin{vmatrix} 5 & 4 \\ 2 & 1 \end{vmatrix} - 2\begin{vmatrix} 4 & 4 \\ 3 & 1 \end{vmatrix} + 3\begin{vmatrix} 4 & 5 \\ 3 & 2 \end{vmatrix}$$

$$= 1*(-3) - 2*(-8) + 3*(-7) = -8$$

2열을 따라 전개하면

$$\begin{vmatrix} 1 & 2 & 3 \\ 4 & 5 & 4 \\ 3 & 2 & 1 \end{vmatrix} = -2\begin{vmatrix} 4 & 4 \\ 3 & 1 \end{vmatrix} + 5\begin{vmatrix} 1 & 3 \\ 3 & 1 \end{vmatrix} - 2\begin{vmatrix} 1 & 3 \\ 4 & 4 \end{vmatrix}$$

$$= -2*(-8) + 5*(-8) - 2*(-8) = -8$$

(별해)

Microsoft EXCEL의 함수 =MDETERM(~)를 사용하여

A		
1	2	3
4	5	4
3	2	1

|A|
-8

행렬식은 행렬은 아니므로 단순히 Enter만 눌러도 된다.

2×2 행렬 A의

$$A = \begin{bmatrix} a_{11} & a_{12} \\ a_{21} & a_{22} \end{bmatrix}$$

역행렬 A^{-1}은

$$A^{-1} = \frac{1}{a_{11}a_{22} - a_{12}a_{21}} \begin{bmatrix} a_{22} & -a_{12} \\ -a_{21} & a_{11} \end{bmatrix}$$

역행렬 A^{-1}는 다음 형태이다.

$$A^{-1} = \frac{1}{\begin{vmatrix} a_{11} & a_{12} \\ a_{21} & a_{22} \end{vmatrix}} \begin{bmatrix} b_{11} & b_{12} \\ b_{21} & b_{22} \end{bmatrix}$$

b_{ij}은 행렬 A의 j행과 i열을 지운 나머지 행렬의 행렬식에 $(-1)^{i+j}$를 곱한 것이다.

3×3 행렬 A

$$A=\begin{bmatrix} a_{11} & a_{12} & a_{13} \\ a_{21} & a_{22} & a_{23} \\ a_{31} & a_{32} & a_{33} \end{bmatrix}$$

의 역행렬 A^{-1}은

$$A^{-1}=\frac{1}{\begin{vmatrix} a_{11} & a_{12} & a_{13} \\ a_{21} & a_{22} & a_{23} \\ a_{31} & a_{32} & a_{33} \end{vmatrix}}\begin{bmatrix} b_{11} & b_{12} & b_{13} \\ b_{21} & b_{22} & b_{23} \\ b_{31} & b_{32} & b_{33} \end{bmatrix}$$

여기서

$$[b_{ij}]=\begin{bmatrix} \begin{vmatrix} a_{22} & a_{23} \\ a_{32} & a_{33} \end{vmatrix} & -\begin{vmatrix} a_{12} & a_{13} \\ a_{32} & a_{33} \end{vmatrix} & \begin{vmatrix} a_{12} & a_{13} \\ a_{22} & a_{23} \end{vmatrix} \\ -\begin{vmatrix} a_{21} & a_{23} \\ a_{31} & a_{33} \end{vmatrix} & \begin{vmatrix} a_{11} & a_{13} \\ a_{31} & a_{33} \end{vmatrix} & -\begin{vmatrix} a_{11} & a_{13} \\ a_{21} & a_{23} \end{vmatrix} \\ \begin{vmatrix} a_{21} & a_{22} \\ a_{31} & a_{32} \end{vmatrix} & -\begin{vmatrix} a_{11} & a_{22} \\ a_{31} & a_{32} \end{vmatrix} & \begin{vmatrix} a_{11} & a_{22} \\ a_{21} & a_{22} \end{vmatrix} \end{bmatrix}$$

$$A^{-1}=\frac{1}{a_{11}\begin{vmatrix} a_{22} & a_{23} \\ a_{32} & a_{33} \end{vmatrix}-a_{12}\begin{vmatrix} a_{21} & a_{23} \\ a_{31} & a_{33} \end{vmatrix}+a_{13}\begin{vmatrix} a_{21} & a_{22} \\ a_{31} & a_{32} \end{vmatrix}}\begin{bmatrix} \begin{vmatrix} a_{22} & a_{23} \\ a_{32} & a_{33} \end{vmatrix} & -\begin{vmatrix} a_{12} & a_{13} \\ a_{32} & a_{33} \end{vmatrix} & \begin{vmatrix} a_{12} & a_{13} \\ a_{22} & a_{23} \end{vmatrix} \\ -\begin{vmatrix} a_{21} & a_{23} \\ a_{31} & a_{33} \end{vmatrix} & \begin{vmatrix} a_{11} & a_{13} \\ a_{31} & a_{33} \end{vmatrix} & -\begin{vmatrix} a_{11} & a_{13} \\ a_{21} & a_{23} \end{vmatrix} \\ \begin{vmatrix} a_{21} & a_{22} \\ a_{31} & a_{32} \end{vmatrix} & -\begin{vmatrix} a_{11} & a_{22} \\ a_{31} & a_{32} \end{vmatrix} & \begin{vmatrix} a_{11} & a_{22} \\ a_{21} & a_{22} \end{vmatrix} \end{bmatrix}$$

[예제] 다음 3×3 행렬의 역행렬을 구하시오.

$$A=\begin{bmatrix} 1 & 2 & 3 \\ 4 & 5 & 4 \\ 3 & 2 & 1 \end{bmatrix}$$

(풀이)

$$A^{-1}=-\frac{1}{8}\begin{bmatrix} -3 & 4 & -7 \\ 8 & -8 & 8 \\ -7 & 4 & -3 \end{bmatrix}$$

(별해)

Microsoft EXCEL의 함수 =MINVERSE(~)를 사용하여

A

1	2	3
4	5	4
3	2	1

A^{-1}

0.375	-0.500	0.875
-1.000	1.000	-1.000
0.875	-0.500	0.375

다음이 성립한다.

$$AA^{-1}=\begin{bmatrix}1&0&0\\0&1&0\\0&0&1\end{bmatrix}$$

---■

Microsoft EXCEL로 연립방정식 $Ax=b$을 풀려면 역행렬 A^{-1}을 양변에 곱한다.

$$x=A^{-1}b$$

[예제] 연립방정식 $x+y=3$, $x-y=2$를 푸시오.

$$\begin{bmatrix}1&1\\1&-1\end{bmatrix}\begin{Bmatrix}x\\y\end{Bmatrix}=\begin{Bmatrix}3\\2\end{Bmatrix}$$

(풀이)

$$\begin{Bmatrix}x\\y\end{Bmatrix}=\begin{bmatrix}1&1\\1&-1\end{bmatrix}^{-1}\begin{Bmatrix}3\\2\end{Bmatrix}$$

$$=\begin{bmatrix}0.5&0.5\\0.5&-0.5\end{bmatrix}\begin{Bmatrix}3\\2\end{Bmatrix}$$

$$=\begin{Bmatrix}2.5\\0.5\end{Bmatrix}$$

(별해) Microsoft EXCEL의 함수 =MMULT(MINVERSE(~),~)을 사용하여

A

1	1
1	-1

b

3
2

x

2.5
0.5

---■

[예제] 연립방정식 $x-y-z=3$, $-x+y-z=2$, $-x-y+z=1$을 푸시오.

Microsoft EXCEL의 함수 =MMULT(MINVERSE(~),~)을 사용하여

A				b		x
1	-1	-1		3		-1.5
-1	1	-1		2		-2.0
-1	-1	1		1		-2.5

■

연립방정식 $[K]\{u\}=\{f\}$의 해 $\{u\}$를 구할 때 $[K]$와 $\{f\}$의 모든 성분이 주어진 경우 양변에 역행렬 $[K]^{-1}$을 곱하여 $\{u\}=[K]^{-1}\{f\}$로 구한다.

$$\begin{bmatrix} k_{11} & k_{12} & k_{13} & \cdots & k_{1n} \\ k_{21} & k_{22} & k_{23} & \cdots & k_{2n} \\ k_{31} & k_{32} & k_{33} & \cdots & k_{3n} \\ . & . & . & \cdots & . \\ k_{n1} & k_{n2} & k_{n3} & \cdots & k_{nn} \end{bmatrix} \begin{Bmatrix} u_1 \\ u_2 \\ u_3 \\ . \\ u_n \end{Bmatrix} = \begin{Bmatrix} F_1 \\ F_2 \\ F_3 \\ . \\ F_n \end{Bmatrix}$$

$$\begin{Bmatrix} u_1 \\ u_2 \\ u_3 \\ . \\ u_n \end{Bmatrix} = \begin{bmatrix} k_{11} & k_{12} & k_{13} & \cdots & k_{1n} \\ k_{21} & k_{22} & k_{23} & \cdots & k_{2n} \\ k_{31} & k_{32} & k_{33} & \cdots & k_{3n} \\ . & . & . & \cdots & . \\ k_{n1} & k_{n2} & k_{n3} & \cdots & k_{nn} \end{bmatrix}^{-1} \begin{Bmatrix} F_1 \\ F_2 \\ F_3 \\ . \\ F_n \end{Bmatrix}$$

유한요소법에서는 i 행 변위$\{u_i\}$와 하중$\{F_i\}$ 중 어느 한 쪽만 주어진다. $u_1=0$, $F_2=0$, $u_3=2$, $F_4=\ldots=F_{n-1}=0$, $F_n=10$와 같이.

$$\begin{bmatrix} k_{11} & k_{12} & k_{13} & \cdots & k_{1n} \\ k_{21} & k_{22} & k_{23} & \cdots & k_{2n} \\ k_{31} & k_{32} & k_{33} & \cdots & k_{3n} \\ . & . & . & \cdots & . \\ k_{n1} & k_{n2} & k_{n3} & \cdots & k_{nn} \end{bmatrix} \begin{Bmatrix} 0 \\ u_2 \\ 2 \\ . \\ u_n \end{Bmatrix} = \begin{Bmatrix} F_1 \\ 0 \\ F_3 \\ . \\ 10 \end{Bmatrix}$$

변위 $u_1=0$에 1열 k_{1j}, 변위 $u_3=2$에 3열 k_{3j}를 곱하여 우변으로 넘긴다.

$$\begin{bmatrix} 0 & k_{12} & 0 & \cdots & k_{1n} \\ 0 & k_{22} & 0 & \cdots & k_{2n} \\ 0 & k_{32} & 0 & \cdots & k_{3n} \\ . & . & . & \cdots & . \\ 0 & k_{n2} & 0 & \cdots & k_{nn} \end{bmatrix} \begin{Bmatrix} 0 \\ u_2 \\ 2 \\ . \\ u_n \end{Bmatrix} = \begin{Bmatrix} F_1-2k_{13} \\ 0-2k_{23} \\ F_3-2k_{33} \\ . \\ 10-2k_{n3} \end{Bmatrix}$$

$u_1=0$이므로 좌변 1행 1열을 1, 1행 나머지 1행과 1열을 0, 우변 1행을

0으로 바꾼다.

$$\begin{bmatrix} 1 & 0 & 0 & \dots & 0 \\ 0 & k_{22} & 0 & \dots & k_{2n} \\ 0 & k_{32} & 0 & \dots & k_{3n} \\ . & . & . & \dots & . \\ 0 & k_{n2} & 0 & \dots & k_{nn} \end{bmatrix} \begin{Bmatrix} u_1 \\ u_2 \\ 2 \\ . \\ u_n \end{Bmatrix} = \begin{Bmatrix} 0 \\ 0-2k_{23} \\ F_3-2k_{33} \\ . \\ 10-2k_{n3} \end{Bmatrix}$$

$u_3=2$ 이므로 좌변 3행 3열을 1, 1행 나머지 3행과 3열을 0, 우변 3행을 2로 바꾼다.

$$\begin{bmatrix} 1 & 0 & 0 & \dots & 0 \\ 0 & k_{22} & 0 & \dots & k_{2n} \\ 0 & 0 & 1 & \dots & 0 \\ . & . & . & \dots & . \\ 0 & k_{n2} & 0 & \dots & k_{nn} \end{bmatrix} \begin{Bmatrix} u_1 \\ u_2 \\ u_3 \\ . \\ u_n \end{Bmatrix} = \begin{Bmatrix} 0 \\ 0-2k_{23} \\ 2 \\ . \\ 10-2k_{n3} \end{Bmatrix}$$

이리하여 $[k_{ij}]$, $\{f_i\}$은 모두 주어지고 $\{u_i\}$를 구하는 경우와 같게 되었다. 연립방정식의 해는 양변에 역행렬 $[K]^{-1}$을 곱하여 $\{u\}=[K]^{-1}\{f\}$로 구한다.

$$\begin{Bmatrix} u_1 \\ u_2 \\ u_3 \\ . \\ u_n \end{Bmatrix} = \begin{bmatrix} 1 & 0 & 0 & \dots & 0 \\ 0 & k_{22} & 0 & \dots & k_{2n} \\ 0 & 0 & 1 & \dots & 0 \\ . & . & . & \dots & . \\ 0 & k_{n2} & 0 & \dots & k_{nn} \end{bmatrix}^{-1} \begin{Bmatrix} 0 \\ 0-2k_{23} \\ 2 \\ . \\ 10-2k_{n3} \end{Bmatrix}$$

[예제] 연립방정식 $2x-2-z=-3$, $x+4+z=v$, $-x-2+2z=3$을 푸시오.

(풀이)

$$\begin{Bmatrix} 2 & -1 & -1 \\ 1 & 2 & 1 \\ -1 & -1 & 2 \end{Bmatrix} \begin{Bmatrix} x \\ 2 \\ z \end{Bmatrix} = \begin{Bmatrix} -3 \\ v \\ 3 \end{Bmatrix}$$

$y=2$에 2열을 곱하여 우변으로 넘긴다.

$$\begin{Bmatrix} 2 & 0 & -1 \\ 1 & 0 & 1 \\ -1 & 0 & 2 \end{Bmatrix} \begin{Bmatrix} x \\ 2 \\ z \end{Bmatrix} = \begin{Bmatrix} -3+2 \\ v-4 \\ 3+2 \end{Bmatrix}$$

$y=2$로 지정되었으므로 좌변 2행 2열을 1, 나머지 2행을 0, 우변 2행을 2로 바꾼다.

$$\begin{Bmatrix} 2 & 0 & -1 \\ 0 & 1 & 0 \\ -1 & 0 & 2 \end{Bmatrix} \begin{Bmatrix} x \\ y \\ z \end{Bmatrix} = \begin{Bmatrix} -1 \\ 2 \\ 5 \end{Bmatrix}$$

역행렬을 양변에 곱하여 풀면

$$\begin{Bmatrix} x \\ y \\ z \end{Bmatrix} = \begin{Bmatrix} 2 & 0 & -1 \\ 0 & 1 & 0 \\ -1 & 0 & 2 \end{Bmatrix}^{-1} \begin{Bmatrix} -1 \\ 2 \\ 5 \end{Bmatrix} = \frac{1}{3}\begin{Bmatrix} 2 & 0 & 1 \\ 0 & 3 & 0 \\ 1 & 0 & 2 \end{Bmatrix} \begin{Bmatrix} -1 \\ 2 \\ 5 \end{Bmatrix} = \begin{Bmatrix} 1 \\ 2 \\ 3 \end{Bmatrix}$$

x, z를 대입하여

$$\begin{Bmatrix} 2 & -1 & -1 \\ 1 & 2 & 1 \\ -1 & -1 & 2 \end{Bmatrix} \begin{Bmatrix} 1 \\ 2 \\ 3 \end{Bmatrix} = \begin{Bmatrix} -3 \\ 8 \\ 3 \end{Bmatrix}$$

v는

$$v = 3$$

(별해)

A

2	-1	-1
1	2	1
-1	-1	2

b

-3
3

x

2

A

2	0	-1
0	1	0
-1	0	2

b

-1
2
5

x

1
2
3

b

-3
8
3

EXCEL에서 $\sin\theta$, $\cos\theta$, $\tan\theta$의 θ는 radians으로 넣어야 한다.

[예제] x와 y 각각 0°, 30°, 60°, ... 360°에 대하여 다음을 확인하시오.

$$\sin(x+y) - \sin x \cos y - \cos x \sin y = 0$$
$$\cos(x+y) - \cos x \cos y + \sin x \sin y = 0$$

Microsoft EXCEL의 함수 =SIN(RADIANS(~)), =COS(RADIANS(~))를 사용한다. 절대참조와 상대참조를 사용하여야 쉽다.

$\sin(x+y)$

y\x	0	30	60	90	120	150	180	210	240	270	300
0	0.000	0.500	0.866	1.000	0.866	0.500	0.000	-0.500	-0.866	-1.000	-0.866
30	0.500	0.866	1.000	0.866	0.500	0.000	-0.500	-0.866	-1.000	-0.866	-0.500
60	0.866	1.000	0.866	0.500	0.000	-0.500	-0.866	-1.000	-0.866	-0.500	0.000
90	1.000	0.866	0.500	0.000	-0.500	-0.866	-1.000	-0.866	-0.500	0.000	0.500
120	0.866	0.500	0.000	-0.500	-0.866	-1.000	-0.866	-0.500	0.000	0.500	0.866
150	0.500	0.000	-0.500	-0.866	-1.000	-0.866	-0.500	0.000	0.500	0.866	1.000
180	0.000	-0.500	-0.866	-1.000	-0.866	-0.500	0.000	0.500	0.866	1.000	0.866
210	-0.500	-0.866	-1.000	-0.866	-0.500	0.000	0.500	0.866	1.000	0.866	0.500
240	-0.866	-1.000	-0.866	-0.500	0.000	0.500	0.866	1.000	0.866	0.500	0.000
270	-1.000	-0.866	-0.500	0.000	0.500	0.866	1.000	0.866	0.500	0.000	-0.500
300	-0.866	-0.500	0.000	0.500	0.866	1.000	0.866	0.500	0.000	-0.500	-0.866

$\cos(x+y)$

y\x	0	30	60	90	120	150	180	210	240	270	300
0	1.000	0.866	0.500	0.000	-0.500	-0.866	-1.000	-0.866	-0.500	0.000	0.500
30	0.866	0.500	0.000	-0.500	-0.866	-1.000	-0.866	-0.500	0.000	0.500	0.866
60	0.500	0.000	-0.500	-0.866	-1.000	-0.866	-0.500	0.000	0.500	0.866	1.000
90	0.000	-0.500	-0.866	-1.000	-0.866	-0.500	0.000	0.500	0.866	1.000	0.866
120	-0.500	-0.866	-1.000	-0.866	-0.500	0.000	0.500	0.866	1.000	0.866	0.500
150	-0.866	-1.000	-0.866	-0.500	0.000	0.500	0.866	1.000	0.866	0.500	0.000
180	-1.000	-0.866	-0.500	0.000	0.500	0.866	1.000	0.866	0.500	0.000	-0.500
210	-0.866	-0.500	0.000	0.500	0.866	1.000	0.866	0.500	0.000	-0.500	-0.866
240	-0.500	0.000	0.500	0.866	1.000	0.866	0.500	0.000	-0.500	-0.866	-1.000
270	0.000	0.500	0.866	1.000	0.866	0.500	0.000	-0.500	-0.866	-1.000	-0.866
300	0.500	0.866	1.000	0.866	0.500	0.000	-0.500	-0.866	-1.000	-0.866	-0.500

EXCEL에서 π는 =pi()로 입력한다. x^y은 =x^y, $\sqrt{x}$는 =SQRT(x)이나 =x^1/2, $\tan^{-1}(y/x)$는 =ATAN(y/x)이나 =ATAN2(x,y)로 입력한다.

1.3 벡터(Vector)

위치, 변위, 속도, 가속도, 힘, 모멘트 등이 크기와 방향으로 나타내는 벡터이다. 이 책에서는 2차원 벡터 (x,y)나 3차원 벡터 (x,y,z)만을 사용한다.

1.3.1 벡터의 내적(內積 Inner Product)

2차원 벡터 (a_1, a_2)와 (b_1, b_2)의 내적은

$$(a_1, a_2) \cdot (b_1, b_2) = a_1 b_1 + a_2 b_2$$

같은 벡터 a끼리 내적은

$$(a_1, a_2) \cdot (a_1, a_2) = a_1^2 + a_2^2 = a^2$$

즉, 그 벡터의 크기 a의 제곱이다.

서로 수직인 벡터끼리 내적은

$$(a_1, a_2) \cdot (-a_2, a_1) = -a_1 a_2 + a_2 a_1 = 0$$

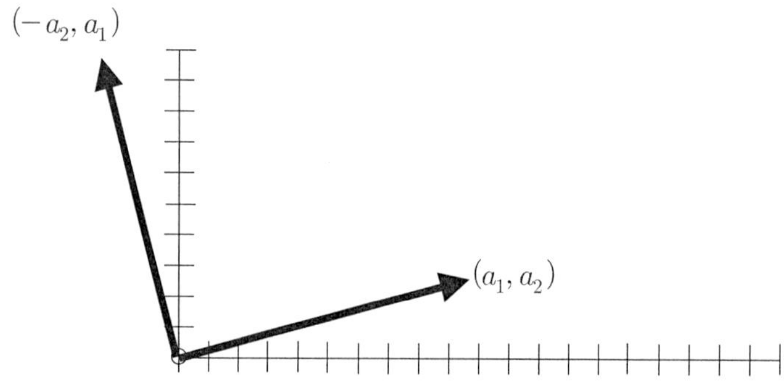

서로 수직인 벡터

벡터 b를 다음과 같이 벡터 a에 평행인 성분 $p(a_1, a_2)$과 수직인 성분 $q(-a_2, a_1)$으로 분해하여 보자.

$$(b_1, b_2) = p(a_1, a_2) + q(-a_2, a_1)$$

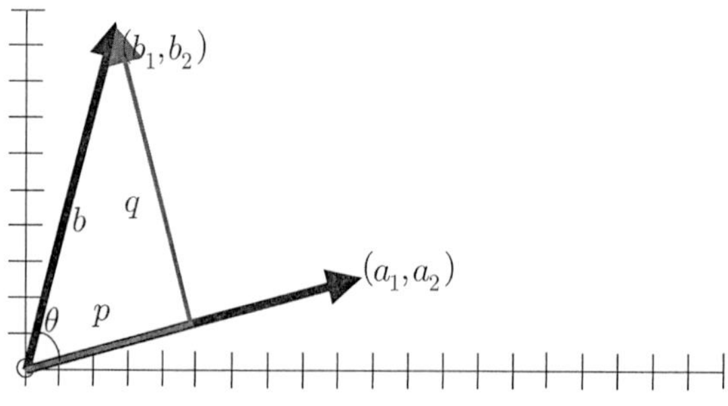

벡터의 내적의 의미

벡터 a와 벡터 b를 내적하면

$$(a_1, a_2) \cdot (b_1, b_2) = (a_1, a_2) \cdot [p(a_1, a_2) + q(-a_2, a_1)]$$

$$= pa^2 + 0$$

$pa = b\cos\theta$이므로

$$(a_1, a_2) \cdot (b_1, b_2) = ab\cos\theta$$

[예제] 벡터 $a = (\cos\theta_1, \sin\theta_1)$와 벡터 $b = (\cos\theta_2, \sin\theta_2)$의 사잇각 θ를 구하시오.

(풀이)

$$(\cos\theta_1, \sin\theta_1) \cdot (\cos\theta_2, \sin\theta_2) = \cos\theta_1\cos\theta_2 + \sin\theta_1\sin\theta_2$$

$$= \cos(\theta_2 - \theta_1)$$

$a = b = 1$이므로 사잇각 $\theta = \theta_2 - \theta_1$

---■

[예제] 3차원 벡터 (1, 1, 1)이 x 방향 단위 벡터 (1, 0, 0), y 방향 벡터 (0, 1, 0), z 방향 벡터 (0, 0, 1)과 이루는 각을 구하시오.

(풀이)

x축과 이루는 각

$$(1,1,1) \cdot (1,0,0) = (\sqrt{3} \cdot 1)\cos\theta_1$$

$$\cos\theta_1 \approx 54.7^\circ$$

y축과 이루는 각

$$(1,1,1) \cdot (0,1,0) = (\sqrt{3} \cdot 1)\cos\theta_2$$

$$\cos\theta_2 \approx 54.7^\circ$$

z축과 이루는 각

$$(1,1,1) \cdot (0,0,1) = (\sqrt{3} \cdot 1)\cos\theta_3$$

$$\cos\theta_3 \approx 54.7^\circ$$

---■

[예제] 어느 단위 벡터 (n_1, n_2, n_3)가 x축과 이루는 각이 45°, y축과 이루는 각이 60°이면 z축과 이루는 각은? 단, $n_1 > 0$, $n_2 > 0$, $n_3 > 0$

(풀이)

$$(n_1, n_2, n_3) \cdot (1,0,0) = \cos 45^\circ$$
$$(n_1, n_2, n_3) \cdot (0,1,0) = \cos 60^\circ$$

즉,

$$n_1 = \cos 45^\circ$$
$$n_2 = \cos 60^\circ$$

$n_1^2 + n_2^2 + n_3^2 = 1$ 이므로

$$n_3 = \sqrt{1 - \cos^2 45^\circ - \cos^2 60^\circ} = \frac{1}{2}$$
$$\cos^{-1}\left(\frac{1}{2}\right) = 60^\circ$$

$X-Y$좌표계로 (x, y), 이 좌표계를 반시계방향으로 θ만큼 회전한 $X'-Y'$좌표계로 (x', y')일 때

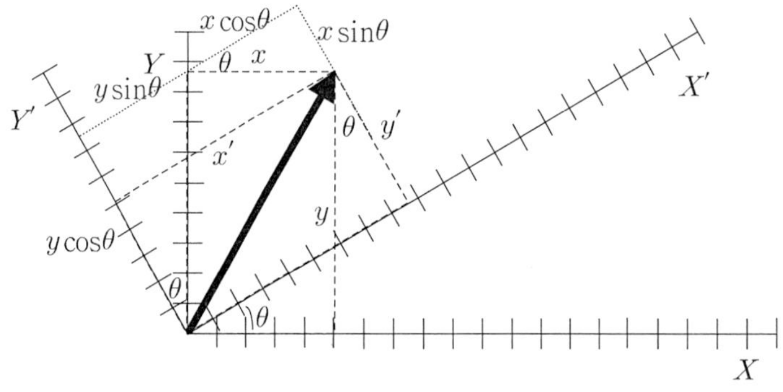

좌표계의 회전에 대한 좌표 변환

$$\begin{Bmatrix} x' \\ y' \end{Bmatrix} = \begin{bmatrix} \cos\theta & \sin\theta \\ -\sin\theta & \cos\theta \end{bmatrix} \begin{Bmatrix} x \\ y \end{Bmatrix}$$

$$\begin{Bmatrix} x \\ y \end{Bmatrix} = \begin{bmatrix} \cos\theta & -\sin\theta \\ \sin\theta & \cos\theta \end{bmatrix} \begin{Bmatrix} x' \\ y' \end{Bmatrix}$$

[예제] 직사각형의 4 꼭지점이 (0,0), (2,0), (2,1), (0,1)일 때 이 직사각형을 반시계방향으로 30° 회전하였을 때 4꼭지점의 좌표를 구하시오.

좌표계가 반시계방향으로 30° 회전하였을 때 4꼭지점의 좌표와 같으므로

θ	-30
$\cos\theta$	0.866
$\sin\theta$	-0.500

x	y	x'	y'
0	0	0.000	0.000
2	0	1.732	1.000
2	1	1.232	1.866
0	1	-0.500	0.866
0	0	0.000	0.000

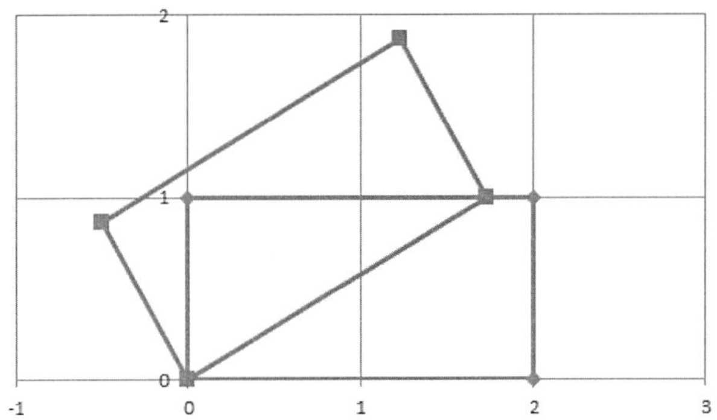

직사각형의 강체회전

1.3.2 벡터의 외적(外積 Outer Product)

3차원 벡터 (a_1, a_2, a_3)와 (b_1, b_2, b_3)의 외적은

$$(a_1, a_2, a_3) \times (b_1, b_2, b_3) = (a_2b_3 - a_3b_2,\ a_3b_1 - a_1b_3,\ a_1b_2 - a_2b_1)$$

2차원 벡터 $(a_1, a_2, 0)$와 $(b_1, b_2, 0)$를 외적하면

$$(a_1, a_2, 0) \times (b_1, b_2, 0) = (0,\ 0,\ a_1b_2 - a_2b_1)$$

벡터 b를 다시 벡터 a에 평행인 성분 $p(a_1, a_2)$과 수직인 성분 $q(-a_2, a_1)$으로 분해하여 보자.

$$(b_1, b_2) = p(a_1, a_2) + q(-a_2, a_1)$$

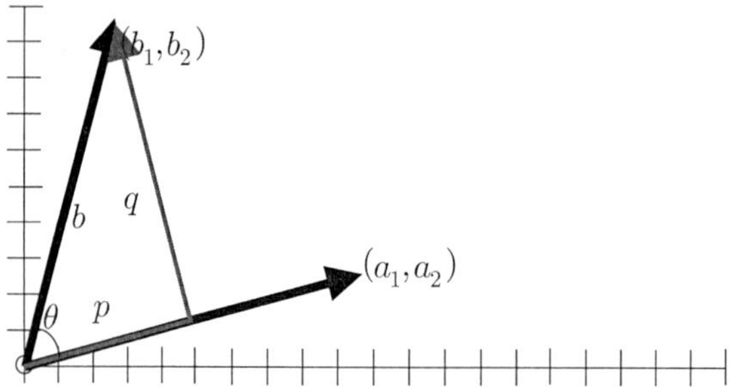

벡터의 외적의 의미

$q(-a_2, a_1)$와 (b_1, b_2)를 내적하면

$$q(-a_2, a_1)\cdot(b_1, b_2) = q(a_1b_2 - a_2b_1)$$

한편

$$q(-a_2, a_1)\cdot(b_1, b_2) = (qa)(b)\cos(90^\circ - \theta)$$

$$= qab\sin\theta$$

결국,

$$a_1b_2 - a_2b_1 = ab\sin\theta$$

즉, 벡터 $(a_1, a_2, 0)\times(b_1, b_2, 0)$의 길이 $|(a_1, a_2, 0)\times(b_1, b_2, 0)|$는 $ab\sin\theta$이다.

2차원 벡터 a와 벡터 b가 이루는 삼각형의 면적은

$$A = |(a_1, a_2, 0)\times(b_1, b_2, 0)|/2$$

3차원 벡터 a와 벡터 b가 이루는 삼각형의 면적은

$$A = |(a_1, a_2, a_3)\times(b_1, b_2, b_3)|/2$$

[예제] 다음 2 벡터의 내적과 외적을 구하시오. 그리고, 2 벡터가 이루는 삼각형의 면적을 구하시오.

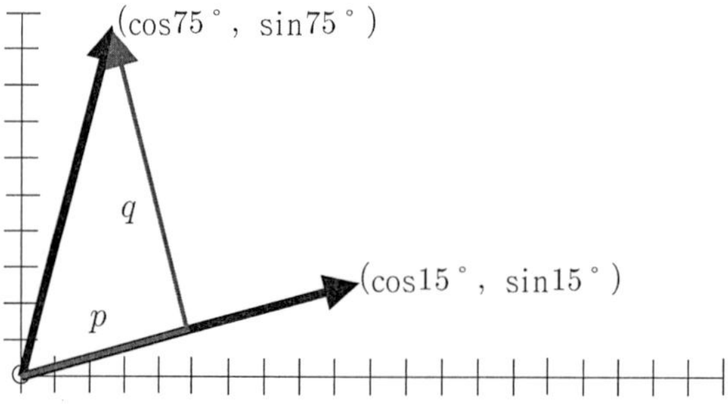

내적은

$$\begin{aligned}(\cos 15^\circ, \sin 15^\circ, 0)\cdot(\cos 75^\circ, \sin 75^\circ, 0) &= \cos 15^\circ \cos 75^\circ + \sin 15^\circ \sin 75^\circ \\ &= \cos(15^\circ - 75^\circ) \\ &= \cos 60^\circ \\ &= p\end{aligned}$$

외적은

$$\begin{aligned}(\cos 15^\circ, \sin 15^\circ, 0)\times(\cos 75^\circ, \sin 75^\circ, 0) &= (0,\ 0, \cos 15^\circ \sin 75^\circ - \sin 15^\circ \cos 75^\circ) \\ &= (0,\ 0, \sin(-15^\circ + 75^\circ)) \\ &= (0,\ 0, \sin 60^\circ) \\ &= (0,\ 0,\ q)\end{aligned}$$

$A = q/2 = \sin 60^\circ/2 = \sqrt{3}/4$

--■

[예제] 원점에서 시작하는 3차원 벡터 $a=(1,0,0)$, $b=(1,1,0)$와 $c=(1,1,1)$이 이루는 사면체의 체적을 구하시오.

(풀이)

$a\times b=(0,0,1)$이므로 $|a\times b|=1$이고 벡터 a와 b가 이루는 삼각형의 넓이는 $|a\times b|/2=0.5$

$(a\times b)/|a\times b|\cdot c=1$이므로 사면체의 높이는 1

따라서 사면체의 체적은 $0.5*1/3=1/6$

--■

[연습문제] 다음 연립방정식의 해를 구하시오.

$$\begin{Bmatrix} 3 & 1 & -1 \\ 1 & 2 & 1 \\ -1 & 1 & 1 \end{Bmatrix}\begin{Bmatrix} x \\ 2 \\ z \end{Bmatrix}=\begin{Bmatrix} 2 \\ v \\ 4 \end{Bmatrix}$$

정답 $x=1,\ v=8,\ z=3$

[연습문제] 다음 연립방정식을 푸시오.

$$\begin{bmatrix} 1 & -1 & 0 & 0 \\ -1 & 2 & -1 & 0 \\ 0 & -1 & 2 & -1 \\ 0 & 0 & -1 & 1 \end{bmatrix} \begin{Bmatrix} 0 \\ b \\ c \\ 1 \end{Bmatrix} = \begin{Bmatrix} p \\ 0 \\ 0 \\ s \end{Bmatrix}$$

[연습문제] 벡터 (1, 0, 0)과 (1, 2, 0)이 이루는 각을 구하시오.

정답 63.4°

[연습문제] 벡터 (1, 2, 3)과 (3, 2, 1)이 이루는 삼각형의 넓이를 구하시오.

정답 4.9

[연습문제] 벡터 a (1,0,0), 벡터 b (1,2,0), 벡터 c (1,2,3)가 이루는 사면체의 부피를 구하시오.

정답 1

[연습문제] 점 (1,2,3)을 벡터 (1,1,1)에 관하여 30° 회전한 점의 좌표를 구하시오.

1.4 단위(單位 Units)

유한요소 연립방정식 $[K]\{u\}=\{f\}$에서 유한요소강성행렬 $[K]$의 단위를 살펴보자. 편의상 1차원 bar 요소의 강성행렬을 살펴보면

$$[K]=\frac{EA}{L}\begin{bmatrix} 1 & -1 \\ -1 & 1 \end{bmatrix}$$

여기서 E는 탄성계수, A는 단면적, L은 길이다. 이것의 단위로 각각 GPa, mm^2, mm를 사용하면 GPa는 kN/mm^2이므로 $[K]$의 단위는 kN/mm이 된다.

변위 $\{u\}$를 mm 단위로 얻으려면 하중 $\{f\}$를 kN 단위로 입력하여야 한다. 다른 단위조합을 몇 가지 더 찾아보면

Case	E	A	L	$[K]$	$\{u\}$	$\{f\}$
1	GPa	mm^2	mm	kN/mm	mm	kN
2	MPa	mm^2	mm	N/mm	mm	N
3	kgf/mm^2	mm^2	mm	kgf/mm	mm	kgf
4	psi	in^2	in	lbf/in	in	lbf

[예제] 강의 밀도 ρ=7.8e-6 kg/mm^3이다. 체적 V=1 mm^3인 강이 중력가속도 9.8 m/s^2을 받을 때 중력을 kN, N, kgf 단위로 구하시오.

(풀이) 중력 ρVg=7.8e-6*1*9.8=76e-6 kg m/s^2=76e-6 N
=76e-9 kN
=7.8e-6 kgf

[예제] 강의 밀도 ρ=7.8e-6 kg/mm^3이다. 체적 V=1 mm^3인 강이 회전반경 100 mm, 회전속도 1,800 rpm으로 등속원운동할 때 원심력을 kN, N, kgf 단위로 구하시오.

(풀이) 각속도 ω=2π*1,800/60=188 rad/s
원심력 $\rho Vr\omega^2$=7.8e-6*1*0.100*188^2=27.7e-3 kg m/s^2=27.7e-3 N
=27.7e-6 kN
=2.8e-3 kgf
이 원심력은 중력의 363배이다.

[예제] 수심 10 m 수압을 구하시오.

(풀이) 물의 밀도 ρ=1.0e-6 kg/mm^3이다. 단면적 1 mm^2, 높이 10 m 물기둥의 체적 V=10,000 mm^3.
중력 ρVg=1.0e-6*10,000*9.8=100e-3 kg m/s^2=100e-3 N
=100e-6 kN
=10e-3 kgf

압력 p=100 kPa

2. 1차원 유한요소

선 형태인 요소로 인장압축을 받는 bar 요소와 굽힘을 받는 beam 요소 등이 1차원 요소에 해당한다. bar 요소를 회전하여 truss 요소로, beam 요소를 회전하여 frame 요소로 발전한다.

2.1 bar 요소

bar 요소는 단순히 길이방향으로 인장되거나 압축되기만 하는 요소로서 절점에 길이방향 변위 u만 허용된다. bar 요소는 인장 압축 스프링과 비슷하다.

다음은 각각 정정계(靜定系. Statically Determinate System 정역학만 사용하여도 힘이 결정됨.)와 부정정계(不靜定系. Statically Indeterminate System 정역학 외에 변형도 고려하여야 힘이 결정됨.) 인장압축문제이다. 이론적으로 풀기는 정정계 문제보다 부정정계 문제가 복잡하지만, 유한요소로 해를 구하는 데는 부정정계 문제가 정정계 문제보다 특별히 더 복잡할 것이 없다.

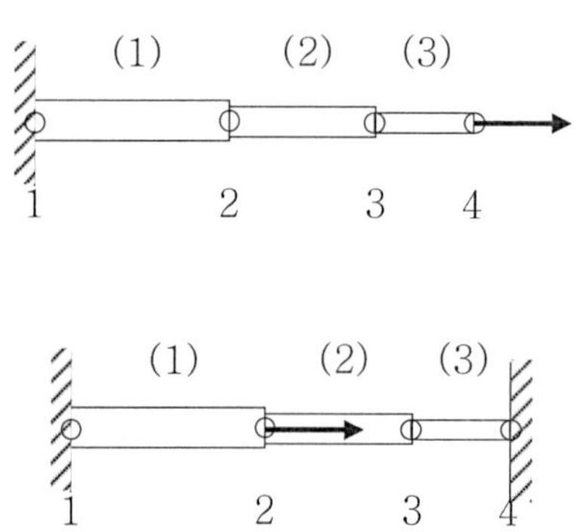

정정계와 부정정계 1차원 문제

절점 i와 i+1로 이루어진 어느 요소 (i)에서 절점 i와 i+1에 각각 작용하는 외력 $F_{x(i)}$와 $F_{x(i+1)}$와 발생하는 변위 u_i와 u_{i+1}의 관계를 구하여 보자. 절점 i와 i+1에 변위 u_i와 u_{i+1}가 발생하면 이 요소는 $(u_{i+1}-u_i)$만큼 늘어난다.

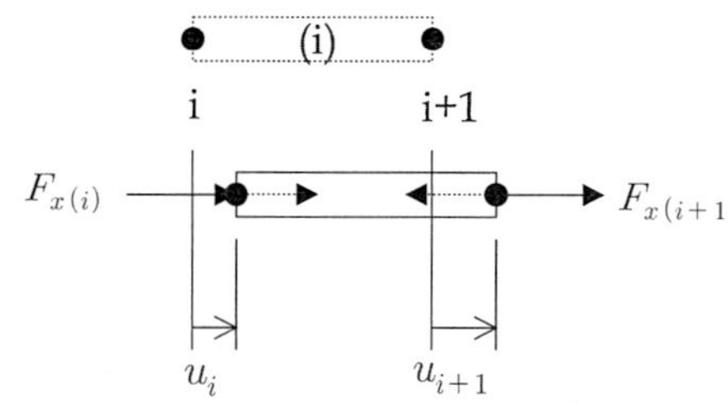

bar 요소 절점의 변위, 절점에 작용하는 외력

bar 요소의 변형률은 $(u_{i+1}-u_i)/L_i$, 응력은 $E(u_{i+1}-u_i)/L_i$, ⇢과 ⇠로 표시된 내부 인장력은 $EA_i(u_{i+1}-u_i)/L_i$이다. 여기서 E는 탄성계수, A_i는 단면적, L_i는 길이이다.

절점 i에 작용하는 내력(內力) $k_i(u_{i+1}-u_i)$과 외력(外力) $F_{x(i)}$이 평형을 이루므로

$$k_i(u_{i+1}-u_i)+F_{x(i)}=0$$

여기서 스프링상수 $k_i=EA_i/L_i$

절점 i+1에 작용하는 내력(內力) $-k_i(u_{i+1}-u_i)$와 외력(外力) $F_{x(i+1)}$도 평형을 이루므로

$$-k_i(u_{i+1}-u_i)+F_{x(i+1)}=0$$

내력의 방향이 절점 i에서는 $+x$ 방향, 절점 i+1에서는 $-x$ 방향인 것에 주의하시오.

행렬을 사용하여 요소 (i)에 대한 평형조건을 정리하면

$$k_i\begin{bmatrix}1 & -1\\ -1 & 1\end{bmatrix}\begin{Bmatrix}u_i\\ u_{i+1}\end{Bmatrix}=\begin{Bmatrix}F_{x(i)}\\ F_{x(i+1)}\end{Bmatrix}$$

요소 (1), (2), (3) 각각에 대하여

$$k_1\begin{bmatrix}1 & -1\\ -1 & 1\end{bmatrix}\begin{Bmatrix}u_1\\ u_2\end{Bmatrix}=\begin{Bmatrix}F_{x1}^{(1)}\\ F_{x2}^{(1)}\end{Bmatrix}$$

$$k_2\begin{bmatrix}1 & -1\\ -1 & 1\end{bmatrix}\begin{Bmatrix}u_2\\ u_3\end{Bmatrix}=\begin{Bmatrix}F_{x2}^{(2)}\\ F_{x3}^{(2)}\end{Bmatrix}$$

$$k_3\begin{bmatrix} 1 & -1 \\ -1 & 1 \end{bmatrix}\begin{Bmatrix} u_3 \\ u_4 \end{Bmatrix} = \begin{Bmatrix} F_{x3}^{(3)} \\ F_{x4}^{(3)} \end{Bmatrix}$$

여기서 $F_{x2}^{(1)}$와 $F_{x2}^{(2)}$의 첨자 (1)과 (2)는 각각 요소 (1)과 (2)에 관련되어 절점 2에 작용하는 외력을 가리킨다. 결국 요소 (1)과 (2)을 연결하는 절점 2에는 외력 $F_{x2}^{(1)}+F_{x2}^{(2)}$이 작용한다.

요소 (1)~(3)에 대한 것을 다음과 같이 조합한다. 요소 (1)과 (2)는 절점 2에서, 요소 (2)와 (3)은 절점 3에서 연결된다.

$$\begin{bmatrix} k_1 & -k_1 & 0 & 0 \\ -k_1 & k_1+k_2 & -k_2 & 0 \\ 0 & -k_2 & k_2+k_3 & -k_3 \\ 0 & 0 & -k_3 & k_3 \end{bmatrix}\begin{Bmatrix} u_1 \\ u_2 \\ u_3 \\ u_4 \end{Bmatrix} = \begin{Bmatrix} F_{x1}^{(1)} \\ F_{x2}^{(1)}+F_{x2}^{(2)} \\ F_{x3}^{(2)}+F_{x3}^{(3)} \\ F_{x4}^{(3)} \end{Bmatrix}$$

다음과 같이 요소 (1)~(3) 소재는 같고, 지름과 길이는 다른 경우를 다루어 보자.

Element	E(GPa)	D(mm)	L(mm)
(1)		40	200
(2)	200	30	150
(3)		20	100

[예제-집중하중] 절점 1을 고정하고 절점 4에 힘 100 kN을 작용할 때 절점 1에 작용하는 반작용력과 절점 2, 3, 4의 변위를 구하시오.

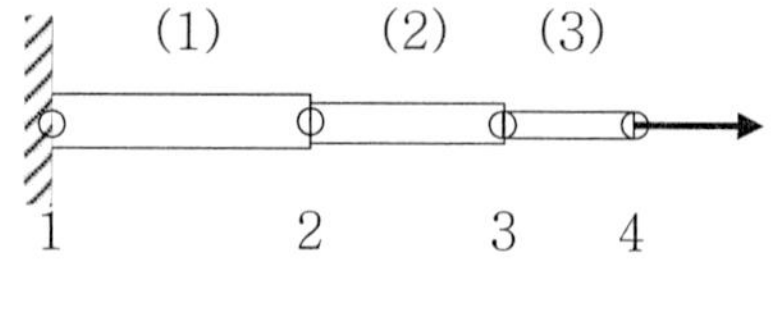

(풀이) 경계조건은

$$u_1=0$$

$$F_{x2}^{1}+F_{x2}^{2}=0,\ \ F_{x3}^{2}+F_{x3}^{3}=0,\ \ F_{x4}^{3}=100\ \text{kN}$$

단면적 $A=\pi d^2/4$을 구하여 스프링상수 $k_i=EA_i/L_i$에 대입하면 요소강성행렬 $[K]$은

	요소 (1)			요소 (2)			요소 (3)	
E	200	GPa	E	200	GPa	E	200	GPa
d	40	mm	d	30	mm	d	20	mm
A	1,257	mm^2	A	707	mm^2	A	314	mm^2
L	200	mm	L	150	mm	L	100	mm
k	1,257	kN/mm	k	942	kN/mm	k	628	kN/mm

[K]

1,257	-1,257
-1,257	1,257

[K]

942	-942
-942	942

[K]

628	-628
-628	628

요소 (1)에 대한 것을 마우스로 끌어 Ctrl+c, 요소 (2)나 (3)에 대한 자리에 Ctrl+v하고 회색 셀 데이터만 수정한다.

요소 (1)은 절점 1-2, 요소 (2)는 절점 2-3, 요소 (3)은 절점 3-4와 관련되므로 2x2 요소강성행렬 $[K]$를 4x4 전체강성행렬에 다음과 같은 위치에 배치하여야 한다. 이 때 Ctrl+c, Ctrl+v를 사용하지 말고 =을 사용하여 연결시켜야 한다.(중요) 그 후 자리를 옮겨야 하면 Ctrl+x, Ctrl+v를 사용한다.

Element 1

1,257	-1,257		
-1,257	1,257		

Element 2

	942	-942	
	-942	942	

Element 3

		628	-628
		-628	628

[kN/mm]

요소 (1)~(3)에 대한 요소강성행렬을 더하면 요소 (1)과 (2)는 절점 2에서, 요소 (2)과 (3)은 절점 3에서 연결되고, 이것이 전체강성행렬 $[K]$이다. 그리고, 절점 1 변위 u_1=0, 절점 4에 작용하는 외력 F_4=100 kN을 입력한다.

Global Stiffness Matrix				Displace...	Load
1,257	-1,257	0	0	0	
-1,257	2,199	-942	0		
0	-942	1,571	-628		
0	0	-628	628		100

절점 1의 변위가 지정되었으므로 1행과 1열을 다음과 같이 바꿔 $\{u\}=[K]^{-1}\{f\}$로 변위를 구한다.

				Displace...	Load
1	0	0	0	0.000	0
0	2,199	-942	0	0.080	0
0	-942	1,571	-628	0.186	0
0	0	-628	628	0.345	100

$$\begin{Bmatrix} u_1 \\ u_2 \\ u_3 \\ u_4 \end{Bmatrix} = \begin{Bmatrix} 0.000 \\ 0.080 \\ 0.186 \\ 0.345 \end{Bmatrix} \ [\mathrm{mm}]$$

변위를 대입하여 $[K]\{u\}=\{f\}$를 구하면

-100
0
0
100

$$F_{x1}^{1} = -100 \ \mathrm{kN}$$

다음은 CATIA 구조해석모듈로 구한 변위분포로 앞에서 구한 변위분포가 이것과 잘 일치한다.

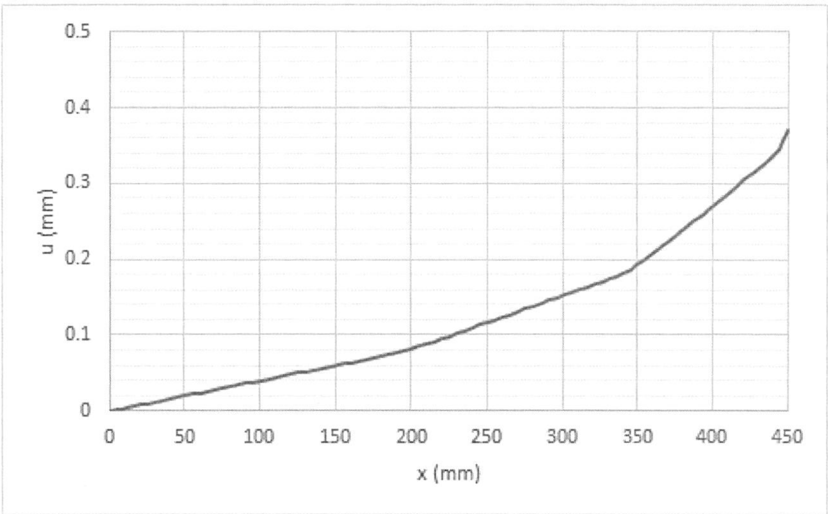

좌측단을 고정하고 우측단에 x 방향 외력을 받는 3단봉의 변위분포

[예제-강제변위] 절점 1을 고정하고 절점 4를 1 mm 만큼 당겼을 때 절점 1에 작용하는 반작용력과 절점 2, 3의 변위를 구하시오.

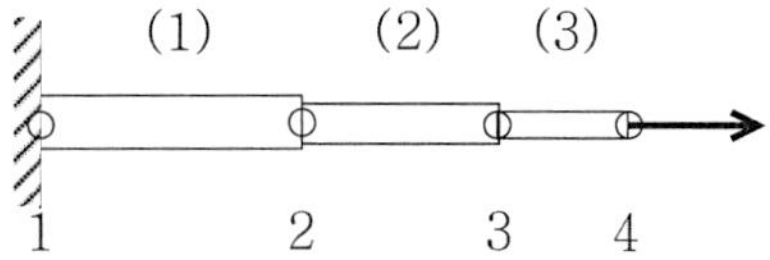

(풀이) 경계조건은

$$u_1=0, \quad u_4=1 \text{ mm}$$

$$F_{x2}^1+F_{x2}^2=F_{x3}^2+F_{x3}^3=0$$

요소 (1)~(3)에 대한 요소강성행렬을 더하면 전체강성행렬 $[K]$. 요소의 길이와 지름이 앞 예제와 같으므로 강성행렬도 같다. 그리고, 절점 1 변위 u_1 =0, 절점 4의 변위 u_4=1을 입력한다.

Global Stiffness Matrix				{u}	{f}
1,257	-1,257	0	0	0	
-1,257	2,199	-942	0		
0	-942	1,571	-628		
0	0	-628	628	1	

절점 1, 4의 변위가 지정되었으므로 1행과 1열, 4행과 4열을 다음과 같이

바꿔 $\{u\}=[K]^{-1}\{f\}$로 변위를 구한다.

				{u}	{f}
1	0	0	0	0.000	0
0	2,199	-942	0	0.231	0
0	-942	1,571	0	0.538	628
0	0	0	1	1.000	1

여기서 $628=-k_{34}*u_4$

$$\begin{Bmatrix} u_1 \\ u_2 \\ u_3 \\ u_4 \end{Bmatrix} = \begin{Bmatrix} 0.000 \\ 0.231 \\ 0.538 \\ 1.000 \end{Bmatrix} \text{ mm}$$

변위를 대입하여 $[K]\{u\}=\{f\}$를 구하면

-290
0
0
290

$$F_{x1}^{1}=-290 \text{ kN}$$

[예제-양단구속] 절점 1, 4를 고정하고 절점 2에 외력 100 kN이 작용할 때 절점 1, 4의 반작용력과 절점 2, 3의 변위를 구하시오.

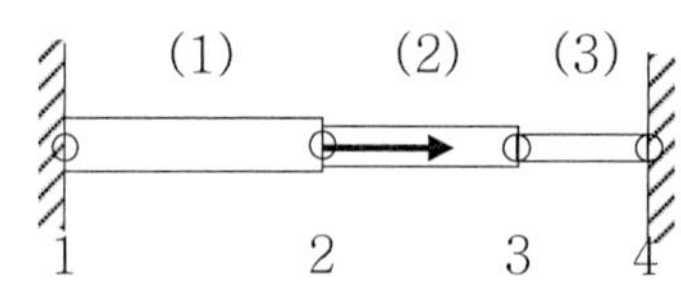

(풀이) 경계조건은

$$u_1=u_4=0$$

$$F_{x2}^{1}+F_{x2}^{2}=100 \text{ kN}, \qquad F_{x3}^{2}+F_{x3}^{3}=0$$

요소 (1)~(3)에 대한 요소강성행렬을 더하면 전체강성행렬 $[K]$. 역시 이것은 앞 예제와 같다. 그리고, 절점 1 변위 u_1=0, 절점 4의 변위 u_4=0, 절점 2에 작용하는 외력 F_2=100 kN을 입력한다.

Global Stiffness Matrix				{u}	{f}
1,257	-1,257	0	0	0	
-1,257	2,199	-942	0		100
0	-942	1,571	-628		
0	0	-628	628	0	

절점 1, 4의 변위가 지정되었으므로 1행과 1열, 4행과 4열을 다음과 같이 바꿔 $\{u\}=[K]^{-1}\{f\}$로 변위를 구한다.

				{u}	{f}
1	0	0	0	0.000	0
0	2,199	-942	0	0.061	100
0	-942	1,571	0	0.037	0
0	0	0	1	0.000	0

$$\begin{Bmatrix} u_1 \\ u_2 \\ u_3 \\ u_4 \end{Bmatrix} = \begin{Bmatrix} 0.000 \\ 0.061 \\ 0.037 \\ 0.000 \end{Bmatrix} \text{ mm}$$

변위를 대입하여 $[K]\{u\}=\{f\}$를 구하면

-77
100
0
-23

$$F_{x1}^{1}=-77 \text{ kN},\ F_{x4}^{3}=-23 \text{ kN}$$

다음은 CATIA 구조해석모듈로 구한 변위분포로 앞에서 구한 변위분포가 이것과 잘 일치한다.

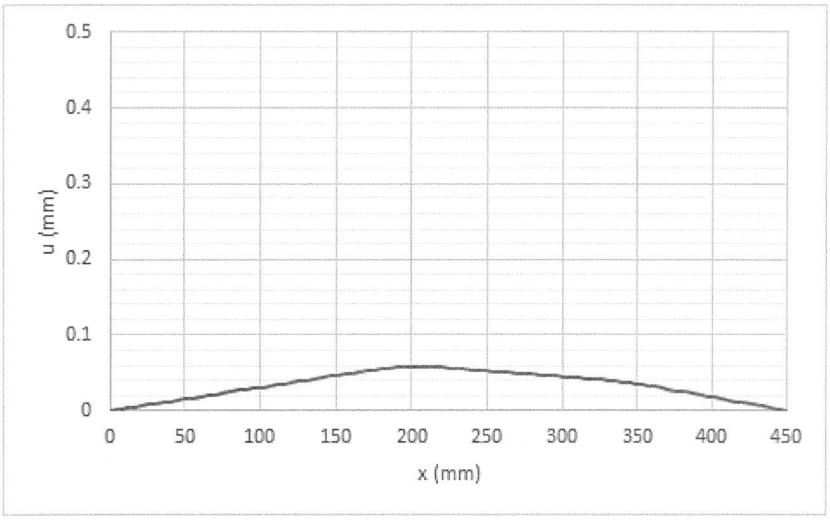

양단을 고정하고 중간에 x 방향 외력을 받는 3단봉의 변위분포

[예제-중력] 절점 1을 고정하고 전체 요소에 중력이 작용할 때 절점 1에 작용하는 반작용력과 절점 2, 3, 4의 변위를 구하시오.

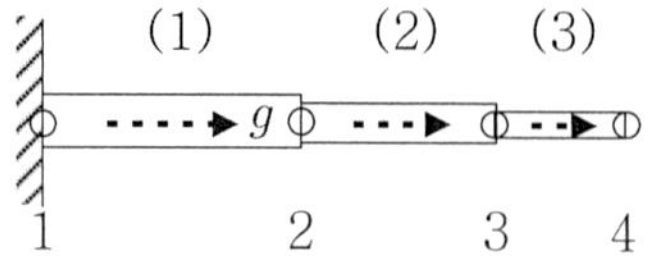

(풀이) 경계조건은

$$u_1 = 0$$

요소 (1)의 무게는 $\rho A_1 L_1 g = 7.8e-6*1,257*200*9.807/1e3 = 0.01923$ kN

요소 (2)의 무게는 $\rho A_2 L_2 g = 7.8e-6*707*150*9.807/1e3 = 0.00811$ kN

요소 (3)의 무게는 $\rho A_3 L_3 g = 7.8e-6*314*100*9.807/1e3 = 0.00240$ kN

요소 (1)의 중력은 절점 1과 2에, ..., 요소 (3)의 중력은 절점 3과 4에 나눠주면

$$F_{x2}^1 + F_{x2}^2 = 0.0137 \text{ kN}$$

$$F_{x3}^2 + F_{x3}^3 = 0.0053 \text{ kN}$$

$$F_{x4}^3 = 0.0012 \text{ kN}$$

요소 (1)~(3)에 대한 요소강성행렬을 더하면 전체강성행렬 $[K]$. 그리고, 절점 1 변위 u_1=0, 절점 2~4에 배분한 중력을 입력한다.

Global Stiffness Matrix				{u}	{f}
1,257	-1,257	0	0	0	
-1,257	2,199	-942	0		0.0137
0	-942	1,571	-628		0.0053
0	0	-628	628		0.0012

절점 1의 변위가 지정되었으므로 1행과 1열을 다음과 같이 바꿔 $\{u\}=[K]^{-1}\{f\}$로 변위를 구한다.

				{u}	{f}
1	0	0	0	0.000000	0.0000
0	2,199	-942	0	0.000016	0.0137
0	-942	1,571	-628	0.000023	0.0053
0	0	-628	628	0.000025	0.0012

$$\begin{Bmatrix} u_1 \\ u_2 \\ u_3 \\ u_4 \end{Bmatrix} = \begin{Bmatrix} 0.000000 \\ 0.000016 \\ 0.000023 \\ 0.000025 \end{Bmatrix} \text{ mm}$$

변위를 대입하여 $[K]\{u\}=\{f\}$를 구하면

-0.0201
0.0137
0.0053
0.0012

$$F_{x1}^{1} = -0.0201 \text{ kN}$$

다음은 CATIA 구조해석모듈로 구한 변위분포로 앞에서 구한 변위분포가 이것과 잘 일치한다.

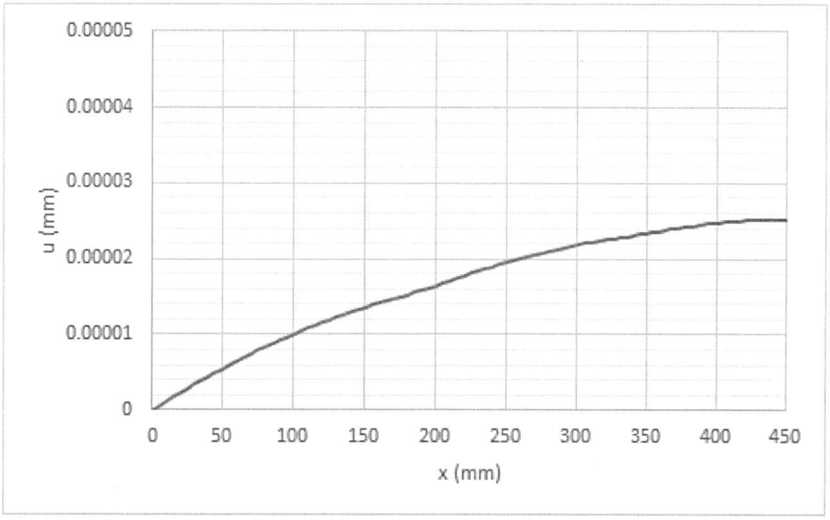

좌측단을 고정하고 x 방향 중력을 받는 3단봉의 변위분포

---■

[예제-원심력] 절점 1을 지나는 축에 관하여 120 rpm으로 회전할 때 절점 1에 작용하는 반작용력과 절점 2, 3, 4의 변위를 구하시오.

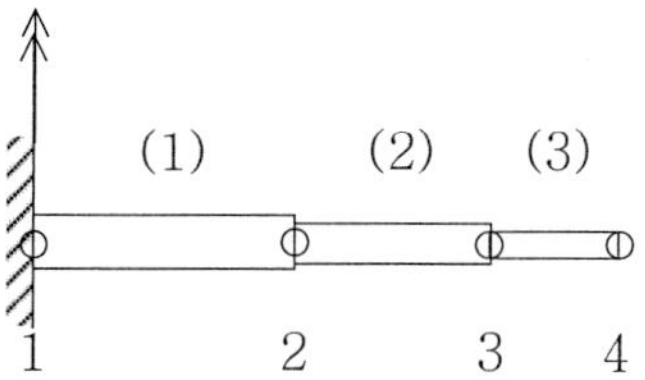

(풀이) 경계조건은

$$u_1=0$$

각속도는

$$\omega = 2\pi\frac{120}{60} = 12.6\ \text{rad/s}$$

요소 (1)의 원심력은 절점 1과 2에 다음과 같이 배분한다. (3장 참조)

$$\int_0^{200}\begin{Bmatrix}1-\dfrac{x}{200}\\ \dfrac{x}{200}\end{Bmatrix}x\omega^2\rho A_1 dx =$$

$$\begin{Bmatrix}\dfrac{200^2}{6}\\ \dfrac{200^2}{3}\end{Bmatrix}*12.6^2*7.8e-6*1{,}257/1e6 = \begin{Bmatrix}0.0103\\0.0206\end{Bmatrix}\ \text{kN}$$

요소 (2)의 원심력은 절점 2와 3에 다음과 같이 배분한다.

$$\int_0^{150}\begin{Bmatrix}1-\dfrac{x}{150}\\ \dfrac{x}{150}\end{Bmatrix}(x+200)\omega^2\rho A_2 dx =$$

$$\begin{Bmatrix}100*150+\dfrac{150^2}{6}\\ 100*150+\dfrac{150^2}{3}\end{Bmatrix}12.6^2*7.8e-6*707/1e6 = \begin{Bmatrix}0.0163\\0.0196\end{Bmatrix}\ \text{kN}$$

요소 (3)의 원심력은 절점 3과 4에 다음과 같이 배분한다.

$$\int_0^{100}\begin{Bmatrix}1-\dfrac{x}{100}\\ \dfrac{x}{100}\end{Bmatrix}\frac{(x+350)\omega^2}{g}\rho A_3 dx =$$

$$\begin{Bmatrix}175*100+\dfrac{100^2}{6}\\ 175*100+\dfrac{100^2}{3}\end{Bmatrix}12.6^2*7.8e-6*314/1e6 = \begin{Bmatrix}0.0074\\0.0081\end{Bmatrix}\ \text{kN}$$

요소 (1)~(3)에 대한 요소강성행렬을 더하면 전체강성행렬 $[K]$. 그리고, 절점 2~4에 배분한 원심력을 입력하면

Global Stiffness Matrix				{u}	{f}
1,257	-1,257	0	0	0	
-1,257	2,199	-942	0		0.0370
0	-942	1,571	-628		0.0270
0	0	-628	628		0.0081

절점 1의 변위가 지정되었으므로 1행과 1열을 다음과 같이 바꿔 $\{u\}=[K]^{-1}\{f\}$로 변위를 구한다.

				{u}	{f}
1	0	0	0	0.000000	0.0000
0	2,199	-942	0	0.000057	0.0370
0	-942	1,571	-628	0.000095	0.0270
0	0	-628	628	0.000107	0.0081

$$\begin{Bmatrix} u_1 \\ u_2 \\ u_3 \\ u_4 \end{Bmatrix} = \begin{Bmatrix} 0.000000 \\ 0.000057 \\ 0.000095 \\ 0.000107 \end{Bmatrix} \text{ [mm]}$$

변위를 대입하여 $[K]\{u\}=\{f\}$를 구하면

-0.0720
0.0370
0.0270
0.0081

$$F_{x1}^{1} = -0.0338 \text{ kN}$$

다음은 CATIA 구조해석모듈로 구한 변위분포로 앞에서 구한 변위분포가 이것과 잘 일치한다.

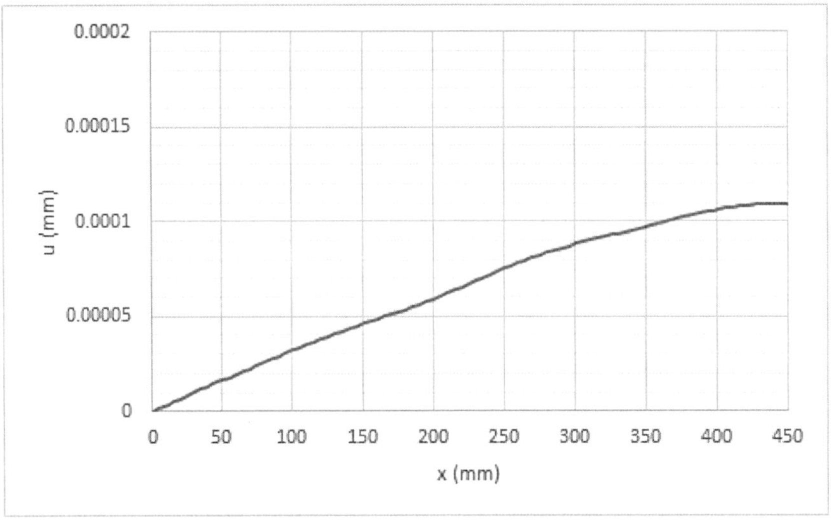

x 방향 원심력을 받는 3단봉의 변위분포

외력 외에 열팽창으로도 변위가 발생한다.

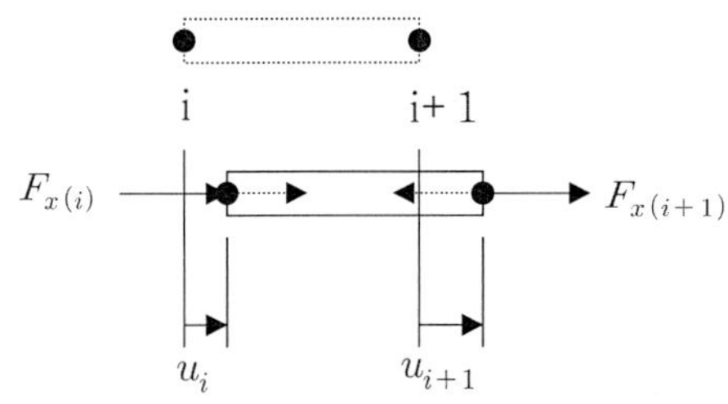

bar 요소 절점의 변위와 절점에 작용하는 외력

절점 i와 i+1로 이루어진 어느 요소 (i)에서 절점 i와 i+1에 각각 작용하는 외력 $F_{x(i)}$와 $F_{x(i+1)}$, 요소의 온도상승 T와 발생하는 변위 u_i와 u_{i+1}의 관계를 구하여 보자. 절점 i와 i+1에 변위 u_i와 u_{i+1}가 발생하면 이 요소는 $(u_{i+1}-u_i)$만큼 늘어난다. 선형열팽창계수 α일 때 온도상승 T로 αTL_i만큼 늘어난다. 전체 늘어난 것 중 이 열팽창을 제외한 $(u_{i+1}-u_i)-\alpha TL_i$이 기계적 힘을 받아 늘어난 것이다. 따라서, 내부 인장력은 $EA_i[(u_{i+1}-u_i)-\alpha TL]/L_i$ 이다. 여기서, 스프링상수 $k_i=EA_i/L_i$이다.

절점 i에 작용하는 내력(內力) $k_i(u_{i+1}-u_i-\alpha TL)$과 외력(外力) $F_{x(i)}$이 평형을 이루므로

$$k_i(u_{i+1}-u_i-\alpha TL)+F_{x(i)}=0$$

절점 i+1에 작용하는 내력(內力) $-k_i(u_{i+1}-u_i-\alpha TL)$과 외력(外力) $F_{x(i+1)}$이 평형을 이루므로

$$-k_i(u_{i+1}-u_i-\alpha TL)+F_{x(i+1)}=0$$

행렬을 사용하여 요소 (i)에 대한 평형조건을 정리하면

$$k_i\begin{bmatrix}1&-1\\-1&1\end{bmatrix}\begin{Bmatrix}u_i\\u_{i+1}\end{Bmatrix}=\begin{Bmatrix}F_{x(i)}\\F_{x(i+1)}\end{Bmatrix}-k_i\alpha TL_i\begin{Bmatrix}1\\1\end{Bmatrix}$$

요소 (1), (2), (3) 각각에 대한 것을 조합하여야 요소 (1)과 (2)는 절점 2에서, 요소 (2)와 (3)은 절점 3에서 연결된다.

$$\begin{bmatrix} k_1 & -k_1 & 0 & 0 \\ -k_1 & k_1+k_2 & -k_2 & 0 \\ 0 & -k_2 & k_2+k_3 & -k_3 \\ 0 & 0 & -k_3 & k_3 \end{bmatrix} \begin{Bmatrix} u_1 \\ u_2 \\ u_3 \\ u_4 \end{Bmatrix} = \begin{Bmatrix} F_{x1}^1 \\ F_{x2}^1 + F_{x2}^2 \\ F_{x3}^2 + F_{x3}^3 \\ F_{x4}^3 \end{Bmatrix} + \alpha T \begin{Bmatrix} -k_1 L_1 \\ k_1 L_1 - k_2 L_2 \\ k_2 L_2 - k_3 L_3 \\ k_3 L_3 \end{Bmatrix}$$

[예제-자유 열팽창] 절점 1만 고정하고 전체 온도가 100℃ 높아질 때 절점 1의 반작용력과 절점 2, 3, 4의 변위를 구하시오. (다른 외력은 작용하지 않음.) 선팽창계수 α=10e-6 mm/(mm °C)

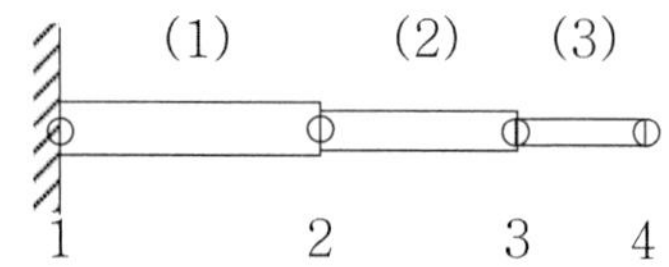

(풀이) 경계조건은

$$u_1=0$$

$$F_{x2}^1 + F_{x2}^2 = 0, \qquad F_{x3}^2 + F_{x3}^3 = 0, \qquad F_{x4}^3 = 0$$

2x2 요소강성행렬 $[K]$를 4x4 전체강성행렬에 다음 위치에 배치하여야 한다. 1x2 요소열하중을 1x4 전체열하중에 다음 위치에 배치하여야 한다.

Element 1

1,257	-1,257		
-1,257	1,257		

{f}

Mechanica	Thermal
	-251
	251

Element 2

	942	-942	
	-942	942	

	-141
	141

Element 3

		628	-628
		-628	628

	-63
	63

요소 (1)~(3)에 대한 요소강성행렬을 더하면 전체강성행렬 $[K]$. 그리고, 절점 1의 변위 u_1=0, 절점 1~4에 배분한 열하중$\{f^T\}$을 입력한다.

Global Stiffness Matrix				{u}	{f}	Mechanica	Thermal
1,257	-1,257	0	0	0	-251		-251
-1,257	2,199	-942	0		110		110
0	-942	1,571	-628		79		79
0	0	-628	628		63		63

절점 1의 변위가 지정되었으므로 1행과 1열을 다음과 같이 바꿔 $\{u\}=[K]^{-1}\{f\}$로 변위를 구한다.

				{u}	{f}
1	0	0	0	0.000	0
0	2,199	-942	0	0.200	110
0	-942	1,571	-628	0.350	79
0	0	-628	628	0.450	63

$$\begin{Bmatrix} u_1 \\ u_2 \\ u_3 \\ u_4 \end{Bmatrix} = \begin{Bmatrix} 0.000 \\ 0.200 \\ 0.350 \\ 0.450 \end{Bmatrix} \ [\text{mm}]$$

변위를 대입하여 $[K]\{u\}-\{f^T\}=\{f\}$를 구하면

Mechanica
0
0
0
0

$$F_{x1}^1 = 0 \text{ kN}$$

변위는 발생하였지만 구속되지 않아서 외력은 없다.

--■

[예제-구속 열팽창] 절점 1, 4를 고정하고 전체 온도가 100℃ 높아질 때 절점 1, 4의 반작용력과 절점 2, 3의 변위를 구하시오. (다른 외력은 작용하지 않음.)

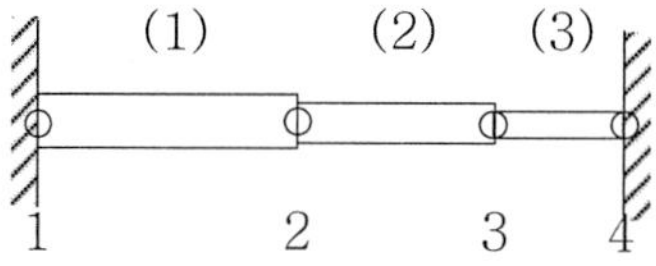

(풀이) 경계조건은

$$u_1 = u_4 = 0$$

$$F_{x2}^1 + F_{x2}^2 = 0, \qquad F_{x3}^2 + F_{x3}^3 = 0$$

요소 (1)~(3)에 대한 요소강성행렬을 더하면 전체강성행렬 $[K]$. 그리고, 절점 1의 변위 u_1=0, 절점 4의 변위 u_4=0, 절점 1~4에 배분한 열하중$\{f^T\}$을 입력한다.

Global Stiffness Matrix				{u}	{f}	Mechanica	Thermal
1,257	-1,257	0	0	0	-251		-251
-1,257	2,199	-942	0		110		110
0	-942	1,571	-628		79		79
0	0	-628	628	0	63		63

절점 1과 4의 변위가 지정되었으므로 1, 4행과 1, 4열을 다음과 같이 바꿔 $\{u\}=[K]^{-1}\{f\}$로 변위를 구한다.

				{u}	{f}
1	0	0	0	0.000	0
0	2,199	-942	0	0.096	110
0	-942	1,571	0	0.108	79
0	0	0	1	0.000	0

$$\begin{Bmatrix} u_1 \\ u_2 \\ u_3 \\ u_4 \end{Bmatrix} = \begin{Bmatrix} 0.000 \\ 0.096 \\ 0.108 \\ 0.000 \end{Bmatrix}$$

변위를 대입하여 $[K]\{u\}-\{f^T\}=\{f\}$를 구하면

{f}	Mechanica	Thermal
-121	130	-251
110	0	110
79	0	79
-68	-130	63

F^1_{x1}=130 kN, F^3_{x4}=-130 kN

2.2 truss 요소

truss 요소는 bar 요소를 임의의 각도로 기울인 것이다.

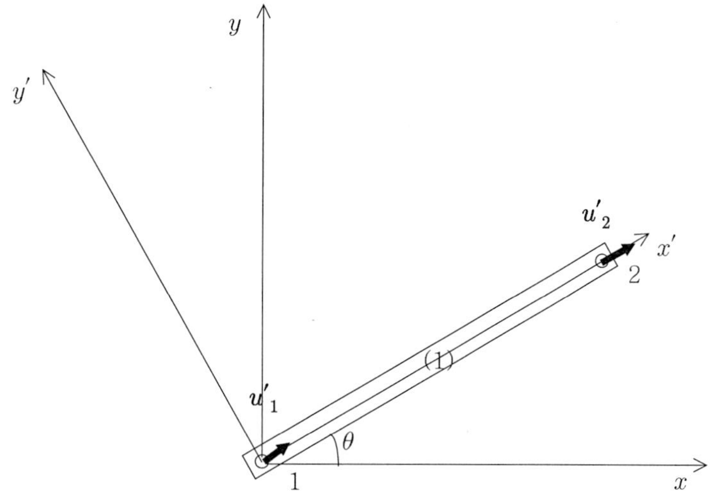

bar 요소를 θ 만큼 회전한 truss 요소

bar 요소는 길이방향(x' 방향)으로만 인장되거나 압축되므로

$$k\begin{bmatrix} 1 & -1 \\ -1 & 1 \end{bmatrix}\begin{Bmatrix} u'_1 \\ u'_2 \end{Bmatrix} = \begin{Bmatrix} F_{x'1} \\ F_{x'2} \end{Bmatrix}$$

x, y 방향 변위 $\{u_1,\ v_1,\ u_2,\ v_2\}$의 x' 방향 변위 성분 $\{u'_1,\ u'_2\}$을 구하면

$$\begin{Bmatrix} u'_1 \\ u'_2 \end{Bmatrix} = \begin{bmatrix} c\ s\ 0\ 0 \\ 0\ 0\ c\ s \end{bmatrix}\begin{Bmatrix} u_1 \\ v_1 \\ u_2 \\ v_2 \end{Bmatrix}$$

x' 방향 외력 $\{F_{x'1},\ F_{x'2}\}$의 x, y 방향 외력 성분 $\{F_{x1},\ F_{y1},\ F_{x2},\ F_{y2}\}$을 구하면

$$\begin{Bmatrix} F_{x1} \\ F_{y1} \\ F_{x2} \\ F_{y2} \end{Bmatrix} = \begin{bmatrix} c\ 0 \\ s\ 0 \\ 0\ c \\ 0\ s \end{bmatrix}\begin{Bmatrix} F_{x'1} \\ F_{x'2} \end{Bmatrix}$$

다음과 같이 $k\begin{bmatrix} 1 & -1 \\ -1 & 1 \end{bmatrix}\begin{Bmatrix} u'_1 \\ u'_2 \end{Bmatrix} = \begin{Bmatrix} F_{x'1} \\ F_{x'2} \end{Bmatrix}$를 x, y 방향에 관한 것으로 모두 바꾼다.

$$\begin{bmatrix} c & 0 \\ s & 0 \\ 0 & c \\ 0 & s \end{bmatrix} k \begin{bmatrix} 1 & -1 \\ -1 & 1 \end{bmatrix} \begin{bmatrix} c & s & 0 & 0 \\ 0 & 0 & c & s \end{bmatrix} \begin{Bmatrix} u_1 \\ v_1 \\ u_2 \\ v_2 \end{Bmatrix} = \begin{Bmatrix} F_{x1} \\ F_{y1} \\ F_{x2} \\ F_{y2} \end{Bmatrix}$$

정리하면

$$k \begin{bmatrix} c^2 & cs & -c^2 & -cs \\ cs & s^2 & -cs & -s^2 \\ -c^2 & -cs & c^2 & cs \\ -cs & -s^2 & cs & s^2 \end{bmatrix} \begin{Bmatrix} u_1 \\ v_1 \\ u_2 \\ v_2 \end{Bmatrix} = \begin{Bmatrix} F_{x1} \\ F_{y1} \\ F_{x2} \\ F_{y2} \end{Bmatrix}$$

[예제-트러스] 절점 1, 3을 고정하고 절점 2에 외력 10 kN이 작용할 때 절점 1, 3의 반작용력과 절점 2의 변위를 구하시오.

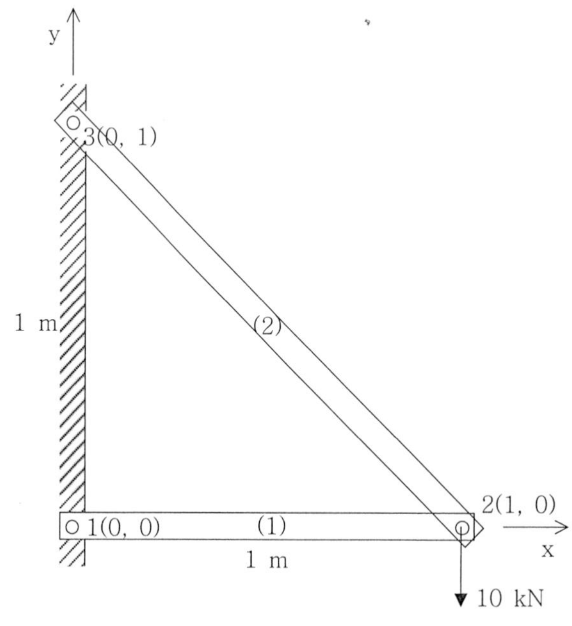

(풀이)

요소 (1) 절점 1에서 2를 향하는 방향이 x 방향이므로 θ=0°

E	200	GPa
A	229	mm^2
node	x	y
1	0	0
2	1	0
L	1.0	m
k	45.8	kN/mm
Θ	0.000	rad

[K]

45.8	0.0	-45.8	0.0
0.0	0.0	0.0	0.0
-45.8	0.0	45.8	0.0
0.0	0.0	0.0	0.0

요소 (2) 절점 3에서 2를 향하는 방향은 x축에서 반시계방향으로 45° 방향이므로 θ=-45°

E	200	GPa
A	229	mm^2
node	x	y
3	0	4
2	1	0
L	4.1	m
k	11.1	kN/mm
Θ	-1.326	rad

[K]

0.7	-2.6	-0.7	2.6
-2.6	10.5	2.6	-10.5
-0.7	2.6	0.7	-2.6
2.6	-10.5	-2.6	10.5

요소 (1)과 (2)에 대한 것을 조합하고, 절점 1의 변위 u_1=v_1=0, 절점 3의 변위 u_3=v_3=0, 절점 2에 작용하는 외력 F_{y2}=-100 kN을 입력하면

1		2		3			{u, v}	{f}
45.8	0.0	-45.8	0.0	0.0	0.0	1	0	
0.0	0.0	0.0	0.0	0.0	0.0		0	
-45.8	0.0	46.5	-2.6	-0.7	2.6	2		
0.0	0.0	-2.6	10.5	2.6	-10.5			-10
0.0	0.0	-0.7	2.6	0.7	-2.6	3	0	
0.0	0.0	2.6	-10.5	-2.6	10.5		0	

절점 1, 3의 변위가 지정되었으므로 해당 행과 열을 다음과 같이 바꿔 $\{u\}=[K]^{-1}\{f\}$로 변위를 구한다.

1		2		3			{u, v}	{f}
1.0	0.0	0.0	0.0	0.0	0.0	1	0.000	0
0.0	1.0	0.0	0.0	0.0	0.0		0.000	0
0.0	0.0	46.5	-2.6	0.0	0.0	2	-0.055	0
0.0	0.0	-2.6	10.5	0.0	0.0		-0.970	-10
0.0	0.0	0.0	0.0	1.0	0.0	3	0.000	0
0.0	0.0	0.0	0.0	0.0	1.0		0.000	0

$$\begin{Bmatrix} u_1 \\ v_1 \\ u_2 \\ v_2 \\ u_3 \\ v_3 \end{Bmatrix} = \begin{Bmatrix} 0.000 \\ 0.000 \\ -0.218 \\ -0.836 \\ 0.000 \\ 0.000 \end{Bmatrix} \text{ [mm]}$$

변위를 대입하여 $[K]\{u\}=\{f\}$를 구하면

3
0
0
-10
-3
10

F_{x1}=3 kN, F_{y2}=-10 kN, F_{x3}=-3 kN, F_{y3}=10 kN

[예제-트러스] 앞의 예제에서 절점 3만 (0, 0.5)로 옮기면 절점 2의 변위는?

$$\begin{Bmatrix} u_1 \\ v_1 \\ u_2 \\ v_2 \\ u_3 \\ v_3 \end{Bmatrix} = \begin{Bmatrix} 0.000 \\ 0.000 \\ -0.437 \\ -2.093 \\ 0.000 \\ 0.000 \end{Bmatrix} \text{ [mm]}$$

[예제-트러스] 앞의 예제에서 절점 3만 (0, 2)로 옮기면 절점 2의 변위는?

$$\begin{Bmatrix} u_1 \\ v_1 \\ u_2 \\ v_2 \\ u_3 \\ v_3 \end{Bmatrix} = \begin{Bmatrix} 0.000 \\ 0.000 \\ -0.109 \\ -0.665 \\ 0.000 \\ 0.000 \end{Bmatrix} \text{ [mm]}$$

[예제-트러스] 앞의 예제에서 절점 3만 (0, 4)로 옮기면 절점 2의 변위는?

$$\begin{Bmatrix} u_1 \\ v_1 \\ u_2 \\ v_2 \\ u_3 \\ v_3 \end{Bmatrix} = \begin{Bmatrix} 0.000 \\ 0.000 \\ -0.055 \\ -0.970 \\ 0.000 \\ 0.000 \end{Bmatrix} \text{ [mm]}$$

[예제-트러스 추가] 절점 1, 2, 3, 4의 반작용력과 절점 5의 변위를 구하시오. 탄성계수와 단면적, 작용 외력은 앞의 예제와 같다.

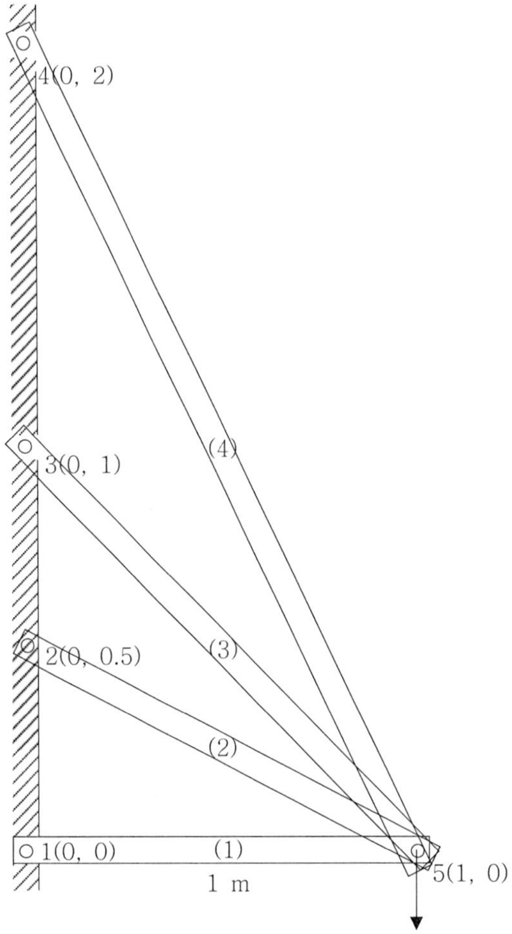

(풀이) 전체요소강성행렬, 변위와 하중 경계조건은

1		2		3		4		5			{u,v}	{f}
45.8	0.0	0.0	0.0	0.0	0.0	0.0	0.0	-45.8	0.0	1	0	
0.0	0.0	0.0	0.0	0.0	0.0	0.0	0.0	0.0	0.0		0	
0.0	0.0	32.8	-16.4	0.0	0.0	0.0	0.0	-32.8	16.4	2	0	
0.0	0.0	-16.4	8.2	0.0	0.0	0.0	0.0	16.4	-8.2		0	
0.0	0.0	0.0	0.0	16.2	-16.2	0.0	0.0	-16.2	16.2	3	0	
0.0	0.0	0.0	0.0	-16.2	16.2	0.0	0.0	16.2	-16.2		0	
0.0	0.0	0.0	0.0	0.0	0.0	4.1	-8.2	-4.1	8.2	4	0	
0.0	0.0	0.0	0.0	0.0	0.0	-8.2	16.4	8.2	-16.4		0	
-45.8	0.0	-32.8	16.4	-16.2	16.2	-4.1	8.2	98.9	-40.8	5		
0.0	0.0	16.4	-8.2	16.2	-16.2	8.2	-16.4	-40.8	40.8			-10

변위가 지정된 1~8 행과 열을 다음과 같이 고쳐 변위를 구한다.

1		2		3		4		5			{u,v}	{f}
1.0	0.0	0.0	0.0	0.0	0.0	0.0	0.0	0.0	0.0	1	0.00	0
0.0	1.0	0.0	0.0	0.0	0.0	0.0	0.0	0.0	0.0		0.00	0
0.0	0.0	1.0	0.0	0.0	0.0	0.0	0.0	0.0	0.0	2	0.00	0
0.0	0.0	0.0	1.0	0.0	0.0	0.0	0.0	0.0	0.0		0.00	0
0.0	0.0	0.0	0.0	1.0	0.0	0.0	0.0	0.0	0.0	3	0.00	0
0.0	0.0	0.0	0.0	0.0	1.0	0.0	0.0	0.0	0.0		0.00	0
0.0	0.0	0.0	0.0	0.0	0.0	1.0	0.0	0.0	0.0	4	0.00	0
0.0	0.0	0.0	0.0	0.0	0.0	0.0	1.0	0.0	0.0		0.00	0
0.0	0.0	0.0	0.0	0.0	0.0	0.0	0.0	98.9	-40.8	5	-0.17	0
0.0	0.0	0.0	0.0	0.0	0.0	0.0	0.0	-40.8	40.8		-0.42	-10

$\{f\}=[K]\{u\}$로 반작용력을 구하면

	{f}
1	7.9
	0.0
2	-1.2
	0.6
3	-4.0
	4.0
4	-2.7
	5.4
5	0.0
	-10.0

[예제-트러스] 절점 3에 외력 100 N이 작용할 때 절점 3의 처짐을 구하시오. 요소 (1)~(7)의 길이는 138 mm, 요소 (1)~(4), (5), (7)이 수평과 이루는 각도는 30°이다. 모든 요소의 단면적은 28.1 mm^{2}이다.

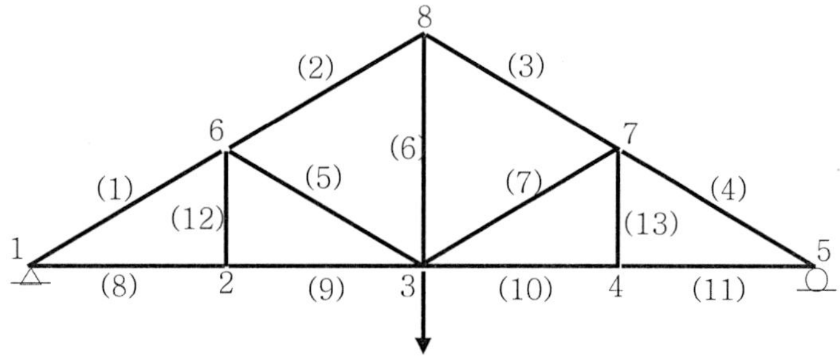

(풀이) 요소 (1)~(13)에 대한 요소강성행렬을 조합하면 전체강성행렬 $[K]$. 그리고, 절점 1 변위 u_1=v_1=0, 절점 5의 변위 v_5=0, 절점 3에 작용하는 외력 F_3=0.1 kN을 입력한다.

1		2		3		4		5		6		7		8		{u,v	{f}	
81	18	-49	0	0	0	0	0	0	0	-32	-18	0	0	0	0	0		1
18	11	0	0	0	0	0	0	0	0	-18	-11	0	0	0	0	0		
-49	0	98	0	-49	0	0	0	0	0	0	0	0	0	0	0			2
0	0	0	85	0	0	0	0	0	0	0	-85	0	0	0	0			
0	0	-49	0	162	0	-49	0	0	0	-32	18	-32	-18	0	0			3
0	0	0	0	0	64	0	0	0	0	18	-11	-18	-11	0	-43		-0.1	
0	0	0	0	-49	0	98	0	-49	0	0	0	0	0	0	0			4
0	0	0	0	0	0	0	85	0	0	0	0	0	-85	0	0			
0	0	0	0	0	0	-49	0	81	-18	0	0	-32	18	0	0			5
0	0	0	0	0	0	0	0	-18	11	0	0	18	-11	0	0	0		
-32	-18	0	0	-32	18	0	0	0	0	96	18	0	0	-32	-18			6
-18	-11	0	-85	18	-11	0	0	0	0	18	117	0	0	-18	-11			
0	0	0	0	-32	-18	0	0	-32	18	0	0	96	-18	-32	18			7
0	0	0	0	-18	-11	0	-85	18	-11	0	0	-18	117	18	-11			
0	0	0	0	0	0	0	0	0	0	-32	-18	-32	18	64	0			8
0	0	0	0	0	-43	0	0	0	0	-18	-11	18	-11	0	64			

절점 1의 x,y 방향 변위와 절점 5의 y 방향변위가 지정되었으므로 1, 2, 10행과 1, 2, 10열을 다음과 같이 바꿔 푼다.

1		2		3		4		5		6		7		8		{u,v}	{f}	
1	0	0	0	0	0	0	0	0	0	0	0	0	0	0	0	0.000	0.0	1
0	1	0	0	0	0	0	0	0	0	0	0	0	0	0	0	0.000	0.0	
0	0	98	0	-49	0	0	0	0	0	0	0	0	0	0	0	0.002	0.0	2
0	0	0	85	0	0	0	0	0	0	0	-85	0	0	0	0	-0.014	0.0	
0	0	-49	0	162	0	-49	0	0	0	-32	18	-32	-18	0	0	0.004	0.0	3
0	0	0	0	0	64	0	0	0	0	18	-11	-18	-11	0	-43	-0.018	-0.1	
0	0	0	0	-49	0	98	0	-49	0	0	0	0	0	0	0	0.005	0.0	4
0	0	0	0	0	0	0	85	0	0	0	0	0	-85	0	0	-0.014	0.0	
0	0	0	0	0	0	-49	0	81	0	0	0	-32	18	0	0	0.007	0.0	5
0	0	0	0	0	0	0	0	0	1	0	0	0	0	0	0	0.000	0.0	
0	0	0	0	-32	18	0	0	0	0	96	18	0	0	-32	-18	0.006	0.0	6
0	0	0	-85	18	-11	0	0	0	0	18	117	0	0	-18	-11	-0.014	0.0	
0	0	0	0	-32	-18	0	0	-32	0	0	0	96	-18	-32	18	0.001	0.0	7
0	0	0	0	-18	-11	0	-85	18	0	0	0	-18	117	18	-11	-0.014	0.0	
0	0	0	0	0	0	0	0	0	0	-32	-18	-32	18	64	0	0.004	0.0	8
0	0	0	0	0	-43	0	0	0	0	-18	-11	18	-11	0	64	-0.016	0.0	

변위를 대입하여 $[K]\{u\}=\{f\}$를 구하면

0.00	1
0.05	
0.00	2
0.00	
0.00	3
-0.10	
0.00	4
0.00	
0.00	5
0.05	
0.00	6
0.00	
0.00	7
0.00	
0.00	8
0.00	

F_{x1}=0, F_{y1}=0.05 kN, F_{x5}=0 kN, F_{y5}=0.05 kN

(별해)

좌우 대칭이므로 다음과 같이 좌측반만 해석하여도 좋다. 단, 하중도 반으로 나눠 작용하여야 한다.

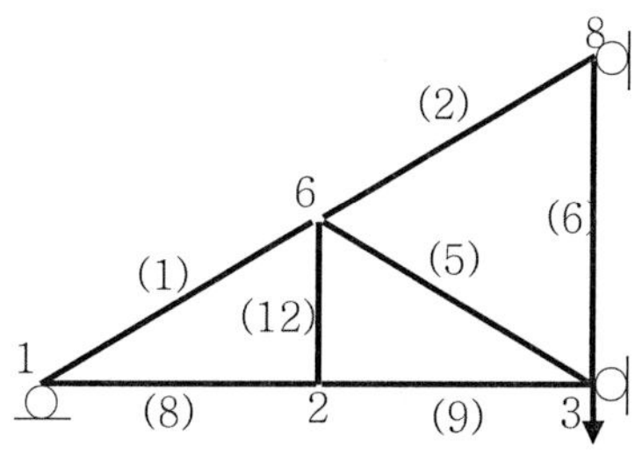

요소 (1)~(2), (5)~(6), (8)~(9), (12)에 대한 요소강성행렬을 조합하면 전체강성행렬 $[K]$. 그리고, 절점 1 변위 v_1=0, 절점 3의 변위 u_3=0, 절점 8의 변위 u_8=0, 절점 3에 작용하는 외력 F_3=-0.05 kN을 입력한다.

1		2		3		6		8		{u,v}	{f}	
81	18	-49	0	0	0	-32	-18	0	0			1
18	11	0	0	0	0	-18	-11	0	0	0		
-49	0	98	0	-49	0	0	0	0	0			2
0	0	0	85	0	0	0	-85	0	0			
0	0	-49	0	81	-18	-32	18	0	0	0		3
0	0	0	0	-18	32	18	-11	0	-21		-0.05	
-32	-18	0	0	-32	18	96	18	-32	-18			6
-18	-11	0	-85	18	-11	18	117	-18	-11			
0	0	0	0	0	0	-32	-18	32	18	0		8
0	0	0	0	0	-21	-18	-11	18	32			

절점 1의 y 방향 변위와 절점 3과 8의 x 방향변위가 지정되었으므로 해당 행과 열을 다음과 같이 바꿔 푼다.

1		2		3		6		8		{u,v}	{f}	
81	0	-49	0	0	0	-32	-18	0	0	-0.004	0.00	1
0	1	0	0	0	0	0	0	0	0	0.000	0.00	
-49	0	98	0	0	0	0	0	0	0	-0.002	0.00	2
0	0	0	85	0	0	0	-85	0	0	-0.014	0.00	
0	0	0	0	1	0	0	0	0	0	0.000	0.00	3
0	0	0	0	0	32	18	-11	0	-21	-0.018	-0.05	
-32	0	0	0	0	18	96	18	0	-18	0.002	0.00	6
-18	0	0	-85	0	-11	18	117	0	-11	-0.014	0.00	
0	0	0	0	0	0	0	0	1	0	0.000	0.00	8
0	0	0	0	0	-21	-18	-11	0	32	-0.016	0.00	

변위를 대입하여 $[K]\{u\}=\{f\}$를 구하면

0.00	1
0.05	
0.00	2
0.00	
0.09	3
-0.05	
0.00	6
0.00	
-0.09	8
0.00	

F_{y1}=0.05 kN, F_{y3}=0.09 kN, F_{x8}=-0.09 kN

[예제-트러스] 절점 7에 외력 100 N이 수평과 30° 비스듬히 작용할 때 절점 3의 처짐을 구하시오.

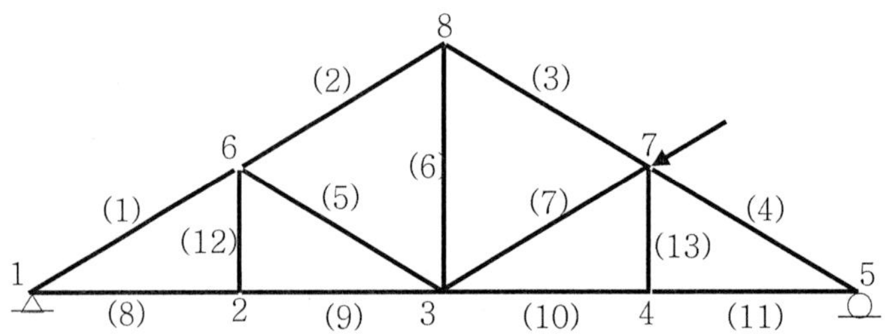

(풀이) 요소 (1)~(13)에 대한 요소강성행렬을 조합하면 전체강성행렬 $[K]$. 그리고, 외력 $\{f\}$은

1		2		3		4		5		6		7		8		{u,v	{f}	
81	18	-49	0	0	0	0	0	0	0	-32	-18	0	0	0	0	0		1
18	11	0	0	0	0	0	0	0	0	-18	-11	0	0	0	0	0		
-49	0	98	0	-49	0	0	0	0	0	0	0	0	0	0	0			2
0	0	0	85	0	0	0	0	0	0	0	-85	0	0	0	0			
0	0	-49	0	162	0	-49	0	0	0	-32	18	-32	-18	0	0			3
0	0	0	0	0	64	0	0	0	0	18	-11	-18	-11	0	-43			
0	0	0	0	-49	0	98	0	-49	0	0	0	0	0	0	0			4
0	0	0	0	0	0	0	85	0	0	0	0	0	-85	0	0			
0	0	0	0	0	0	-49	0	81	-18	0	0	-32	18	0	0			5
0	0	0	0	0	0	0	0	-18	11	0	0	18	-11	0	0	0		
-32	-18	0	0	-32	18	0	0	0	0	96	18	0	0	-32	-18			6
-18	-11	0	-85	18	-11	0	0	0	0	18	117	0	0	-18	-11			
0	0	0	0	-32	-18	0	0	-32	18	0	0	96	-18	-32	18		-0.087	7
0	0	0	0	-18	-11	0	-85	18	-11	0	0	-18	117	18	-11		-0.050	
0	0	0	0	0	0	0	0	0	0	-32	-18	-32	18	64	0			8
0	0	0	0	0	-43	0	0	0	0	-18	-11	18	-11	0	64			

절점 1의 x, y 방향 변위와 절점 5의 y 방향변위가 지정되었으므로 1, 2, 10행과 1, 2, 10열을 다음과 같이 바꿔 푼다.

1		2		3		4		5		6		7		8		{u,v}	{f}	
1	0	0	0	0	0	0	0	0	0	0	0	0	0	0	0	0.0000	0.000	1
0	1	0	0	0	0	0	0	0	0	0	0	0	0	0	0	0.0000	0.000	
0	0	98	0	-49	0	0	0	0	0	0	0	0	0	0	0	-0.0009	0.000	2
0	0	0	85	0	0	0	0	0	0	0	-85	0	0	0	0	-0.0026	0.000	
0	0	-49	0	162	0	-49	0	0	0	-32	18	-32	-18	0	0	-0.0018	0.000	3
0	0	0	0	0	64	0	0	0	0	18	-11	-18	-11	0	-43	-0.0059	0.000	
0	0	0	0	-49	0	98	0	-49	0	0	0	0	0	0	0	-0.0009	0.000	4
0	0	0	0	0	0	0	85	0	0	0	0	0	-85	0	0	-0.0080	0.000	
0	0	0	0	0	0	-49	0	81	0	0	0	-32	18	0	0	0.0000	0.000	5
0	0	0	0	0	0	0	0	0	1	0	0	0	0	0	0	0.0000	0.000	
0	0	0	0	-32	18	0	0	0	0	96	18	0	0	-32	-18	0.0001	0.000	6
0	0	0	-85	18	-11	0	0	0	0	18	117	0	0	-18	-11	-0.0026	0.000	
0	0	0	0	-32	-18	0	0	-32	0	0	0	96	-18	-32	18	-0.0033	-0.087	7
0	0	0	0	-18	-11	0	-85	18	0	0	0	-18	117	18	-11	-0.0080	-0.050	
0	0	0	0	0	0	0	0	0	0	-32	-18	-32	18	64	0	0.0000	0.000	8
0	0	0	0	0	-43	0	0	0	0	-18	-11	18	-11	0	64	-0.0047	0.000	

변위를 대입하여 $[K]\{u\}=\{f\}$를 구하면

0.087	1
0.025	
0.000	2
0.000	
0.000	3
0.000	
0.000	4
0.000	
0.000	5
0.025	
0.000	6
0.000	
-0.087	7
-0.050	
0.000	8
0.000	

F_{x1}=0.087 kN, F_{y1}=0.025 kN, F_{x5}=0, F_{y5}=0.025 kN

--■

2.3 beam 요소

beam 요소(보 요소)는 횡하중과 굽힘모멘트를 받아 굽혀지는 요소로 절점에 y 방향 변위 v와 z축에 관한 회전 θ_z만 허용된다. 비슷하게 절점에 y 방향 힘 F_y와 z축에 관한 굽힘모멘트 M_z만 작용한다.

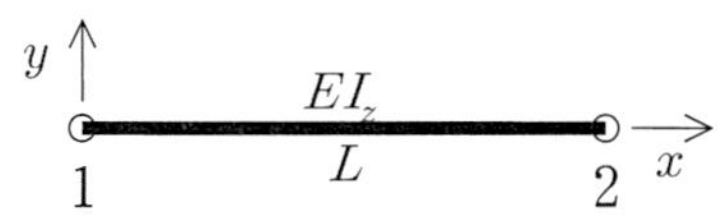

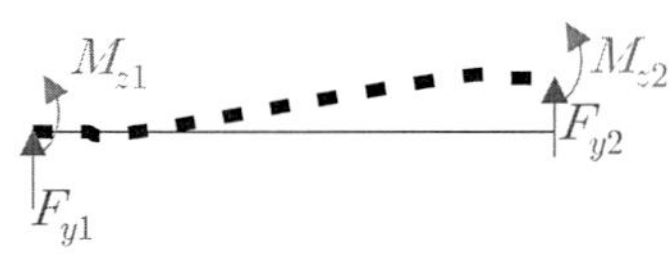

beam 요소 절점의 횡변위와 회전, 절점에 작용하는 횡하중과 굽힘모멘트

절점 1에서 x만큼 떨어진 단면에 작용하는 굽힘모멘트는

$$M_b = F_{y2}(L-x) + M_{z2}$$

이것은 굽힘강성 EI_z에 곡률 d^2v/dx^2을 곱한 것과 같으므로

$$EI_z\frac{d^2v}{dx^2} = F_{y2}(L-x) + M_{z2}$$

x에 관하여 적분하면

$$EI_z\frac{dv}{dx} = F_{y2}(Lx - \frac{x^2}{2}) + M_{z2}x + C_1$$

x에 관하여 또 적분하면

$$EI_zv = F_{y2}(L\frac{x^2}{2} - \frac{x^3}{6}) + M_{z2}\frac{x^2}{2} + C_1x + C_2$$

$x=0$과 $x=L$에서 $EI_z\frac{dv}{dx}(=EI_z\theta_z)$와 EI_zv를 구하면

$$EI_z\begin{Bmatrix} v_1 \\ \theta_{z1} \\ v_2 \\ \theta_{z2} \end{Bmatrix} = \begin{bmatrix} 0 & 0 & 0 & 1 \\ 0 & 0 & 1 & 0 \\ \frac{L^3}{3} & \frac{L^2}{2} & L & 1 \\ \frac{L^2}{2} & L & 1 & 0 \end{bmatrix} \begin{Bmatrix} F_{y2} \\ M_{z2} \\ C_1 \\ C_2 \end{Bmatrix}$$

양변에 역행렬을 곱하면

$$\begin{Bmatrix} F_{y2} \\ M_{z2} \\ C_1 \\ C_2 \end{Bmatrix} = \begin{bmatrix} 0 & 0 & 0 & 1 \\ 0 & 0 & 1 & 0 \\ \dfrac{L^3}{3} & \dfrac{L^2}{2} & L & 1 \\ \dfrac{L^2}{2} & L & 1 & 0 \end{bmatrix}^{-1} EI_z \begin{Bmatrix} v_1 \\ \theta_{z1} \\ v_2 \\ \theta_{z2} \end{Bmatrix}$$

$$= -\frac{12}{L^4} \begin{bmatrix} L & \dfrac{L^2}{2} & -L & \dfrac{L^2}{2} \\ -\dfrac{L^2}{2} & -\dfrac{L^3}{6} & \dfrac{L^2}{2} & -\dfrac{L^3}{3} \\ 0 & -\dfrac{L^4}{12} & 0 & 0 \\ -\dfrac{L^4}{12} & 0 & 0 & 0 \end{bmatrix} EI_z \begin{Bmatrix} v_1 \\ \theta_{z1} \\ v_2 \\ \theta_{z2} \end{Bmatrix}$$

한편 요소에 작용하는 힘과 모멘트의 평형조건은

$$F_{y1} + F_{y2} = 0$$

$$F_{y2}L + M_{z1} + M_{z2} = 0$$

행렬로 표시하면

$$\begin{Bmatrix} F_{y1} \\ M_{z1} \end{Bmatrix} = \begin{Bmatrix} -1 & 0 \\ -L & -1 \end{Bmatrix} \begin{Bmatrix} F_{y2} \\ M_{z2} \end{Bmatrix}$$

종합하면

$$\begin{Bmatrix} F_{y1} \\ M_{z1} \\ F_{y2} \\ M_{z2} \end{Bmatrix} = -\frac{12EI_z}{L^4} \begin{bmatrix} -L & -\dfrac{L^2}{2} & L & -\dfrac{L^2}{2} \\ -\dfrac{L^2}{2} & -\dfrac{L^3}{3} & \dfrac{L^2}{2} & -\dfrac{L^3}{6} \\ L & \dfrac{L^2}{2} & -L & \dfrac{L^2}{2} \\ -\dfrac{L^2}{2} & -\dfrac{L^3}{6} & \dfrac{L^2}{2} & -\dfrac{L^3}{3} \end{bmatrix} \begin{Bmatrix} v_1 \\ \theta_{z1} \\ v_2 \\ \theta_{z2} \end{Bmatrix}$$

정리하면

$$\begin{Bmatrix} F_{y1} \\ M_{z1} \\ F_{y2} \\ M_{z2} \end{Bmatrix} = \frac{EI_z}{L^3} \begin{bmatrix} 12 & 6L & -12 & 6L \\ 6L & 4L^2 & -6L & 2L^2 \\ -12 & -6L & 12 & -6L \\ 6L & 2L^2 & -6L & 4L^2 \end{bmatrix} \begin{Bmatrix} v_1 \\ \theta_{z1} \\ v_2 \\ \theta_{z2} \end{Bmatrix}$$

보 요소의 기본 변형모드 4가지는

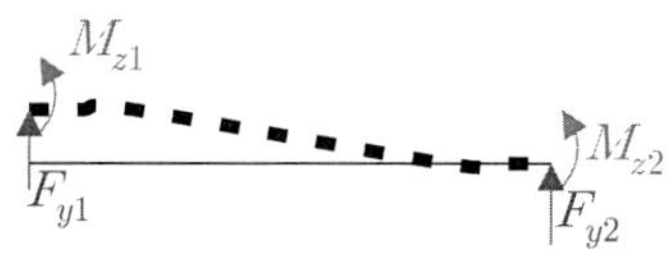

$$\begin{Bmatrix} v_1 \\ \theta_{z1} \\ v_2 \\ \theta_{z2} \end{Bmatrix} = \begin{Bmatrix} 1 \\ 0 \\ 0 \\ 0 \end{Bmatrix}$$

(a) $v_1 = 1$인 경우

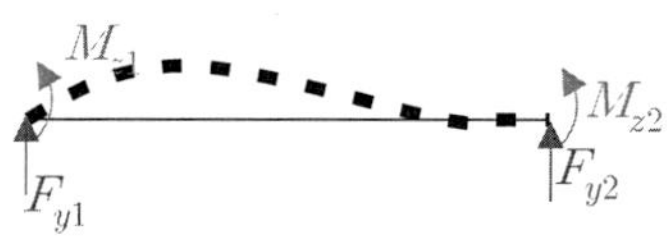

$$\begin{Bmatrix} v_1 \\ \theta_{z1} \\ v_2 \\ \theta_{z2} \end{Bmatrix} = \begin{Bmatrix} 0 \\ 1 \\ 0 \\ 0 \end{Bmatrix}$$

(b) $\theta_{z1} = 1$인 경우

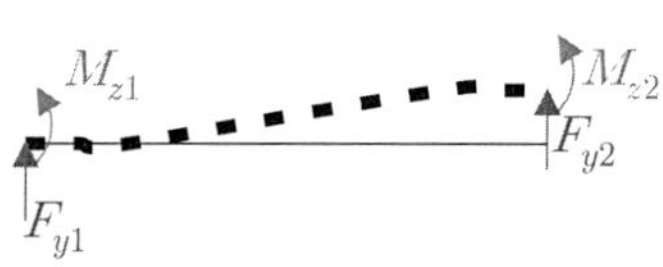

$$\begin{Bmatrix} v_1 \\ \theta_{z1} \\ v_2 \\ \theta_{z2} \end{Bmatrix} = \begin{Bmatrix} 0 \\ 0 \\ 1 \\ 0 \end{Bmatrix}$$

(c) $v_2 = 1$인 경우

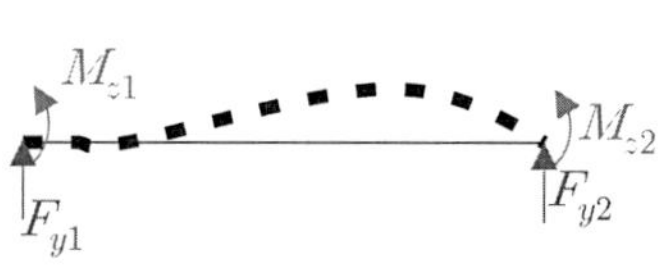

$$\begin{Bmatrix} v_1 \\ \theta_{z1} \\ v_2 \\ \theta_{z2} \end{Bmatrix} = \begin{Bmatrix} 0 \\ 0 \\ 0 \\ 1 \end{Bmatrix}$$

(d) $\theta_{z2} = 1$인 경우

보 요소의 기본 변형모드

[예제-집중하중] 절점 1을 고정하고 절점 4에 힘 10 kN을 작용할 때 절점 1에 작용하는 반작용력과 절점 2, 3, 4의 처짐과 기울기를 구하시오.

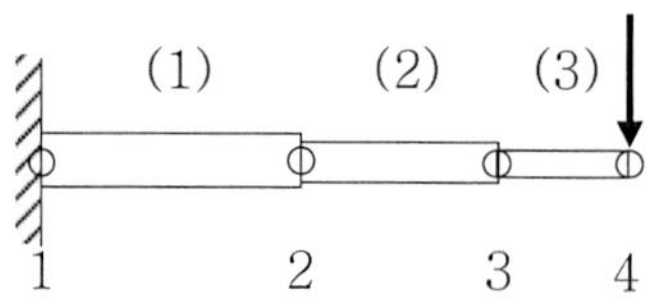

(풀이) 경계조건은

$$v_1 = 0, \quad \theta_{z1} = 0$$

$$F_{y2}^1 + F_{y2}^2 = F_{y3}^2 + F_{y3}^3 = 0, \quad F_{y4}^3 = -10 \text{ kN}$$

$$M_{z2}^1 + M_{z2}^2 = M_{z3}^2 + M_{z3}^3 = M_{z4}^3 = 0$$

굽힘관성모멘트 $I = \pi d^4/64$를 구하여 대입하면 요소강성행렬 $[K]$는

요소 (1)

E	200	GPa
D	40.0	mm
I	125,664	mm^4
L	200	mm
$12EI/L^4$	-0.188	

38	3,770	-38	3,770
3,770	502,655	-3,770	251,327
-38	-3,770	38	-3,770
3,770	251,327	-3,770	502,655

요소 (2)

E	200	GPa
D	30.0	mm
I	39,761	mm^4
L	150	mm
$12EI/L^4$	-0.188	

28	2,121	-28	2,121
2,121	212,058	-2,121	106,029
-28	-2,121	28	-2,121
2,121	106,029	-2,121	212,058

요소 (3)

E	200	GPa
D	20.0	mm
I	7,854	mm^4
L	100	mm
$12EI/L^4$	-0.188	

19	942	-19	942
942	62,832	-942	31,416
-19	-942	19	-942
942	31,416	-942	62,832

4x4 요소강성행렬을 8x8 전체강성행렬에 배치하면

요소 1

1		2		3		4		
38	3,770	-38	3,770					1
3,770	502,655	-3,770	251,327					
-38	-3,770	38	-3,770					2
3,770	251,327	-3,770	502,655					
								3
								4

요소 2

1		2		3		4		
								1
		28	2,121	-28	2,121			2
		2,121	212,058	-2,121	106,029			
		-28	-2,121	28	-2,121			3
		2,121	106,029	-2,121	212,058			
								4

요소 3

1		2		3		4		
								1
								2
				19	942	-19	942	3
				942	62,832	-942	31,416	
				-19	-942	19	-942	4
				942	31,416	-942	62,832	

요소 (1)~(3)에 대한 요소강성행렬을 더하면 전체강성행렬 $[K]$. 그리고, 절점 1 변위 $v_1 = \theta_{z1} = 0$, 절점 4에 작용하는 외력 F_{y4}=-10 kN(9열에 입력하여야 함에 주의)을 입력한다.

global stiffness matrix

1		2		3		4		{v,Θ}	{f,m}	
38	3,770	-38	3,770	0	0	0	0	0		1
3,770	502,655	-3,770	251,327	0	0	0	0	0		
-38	-3,770	66	-1,649	-28	2,121	0	0			2
3,770	251,327	-1,649	714,712	-2,121	106,029	0	0			
0	0	-28	-2,121	47	-1,178	-19	942			3
0	0	2,121	106,029	-1,178	274,889	-942	31,416			
0	0	0	0	-19	-942	19	-942		-10	4
0	0	0	0	942	31,416	-942	62,832			

절점 1의 변위와 회전이 지정되었으므로 1, 2행과 1, 2열을 다음과 같이 바꿔 $\{u\}=[K]^{-1}\{f\}$로 변위와 회전을 구한다.

1		2		3		4		{v,Θ}	{f,m}	
1	0	0	0	0	0	0	0	0.000	0	1
0	1	0	0	0	0	0	0	0.000	0	
0	0	66	-1,649	-28	2,121	0	0	-3.050	0	2
0	0	-1,649	714,712	-2,121	106,029	0	0	-0.028	0	
0	0	-28	-2,121	47	-1,178	-19	942	-10.058	0	3
0	0	2,121	106,029	-1,178	274,889	-942	31,416	-0.061	0	
0	0	0	0	-19	-942	19	-942	-18.266	-10	4
0	0	0	0	942	31,416	-942	62,832	-0.093	0	

$$\begin{Bmatrix} v_1 \\ \theta_{z1} \\ v_2 \\ \theta_{z2} \\ v_3 \\ \theta_{z3} \\ v_4 \\ \theta_{z4} \end{Bmatrix} = \begin{Bmatrix} 0.000 \\ 0.000 \\ -3.050 \\ -0.028 \\ -10.058 \\ -0.061 \\ -18.266 \\ -0.093 \end{Bmatrix} \text{ mm}$$

변위를 대입하여 $[K]\{u\}=\{f\}$를 구하면

10	1
4,500	
0	2
0	
0	3
0	
-10	4
0	

F_{y1}=10 kN, M_{z1}=4,500 N·m

다음은 CATIA 구조해석모듈로 구한 변위분포로 앞에서 구한 변위분포가 이것과 잘 일치한다.

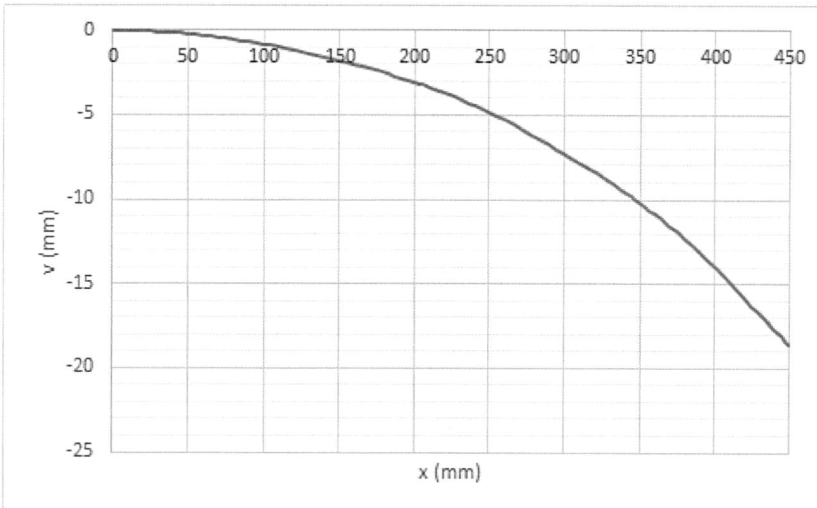

좌측단을 고정하고, 우측단에 집중하중을 받는 3단봉의 처짐

[연습문제] 다음과 같이 2배 더 분할하여 그 결과를 비교하시오.

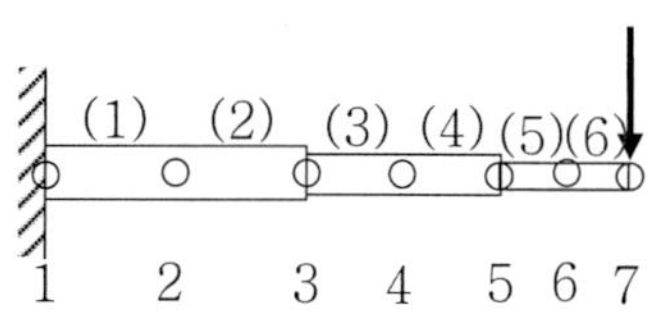

[예제-강제변위] 절점 1을 고정하고 절점 4를 1 mm 만큼 누를 때 절점 1에 작용하는 반작용력과 절점 2, 3, 4의 처짐과 기울기를 구하시오.

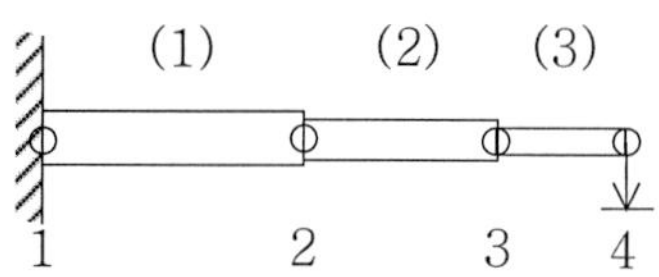

(풀이) 경계조건은

$$v_1=0,\qquad \theta_{z1}=0,\qquad v_4=-1\ \text{mm}$$

$$F_{y2}^1+F_{y2}^2=F_{y3}^2+F_{y3}^3=0$$

$$M_{z2}^1+M_{z2}^2=M_{z3}^2+M_{z3}^3=0$$

요소 (1)~(3)에 대한 요소강성행렬을 조합하면 전체강성행렬 $[K]$. 그리고, 절점 1 변위 $v_1=\theta_{z1}=0$, 절점 4의 변위 $v_4=-1$(9열에 입력하여야 함에 주의)을 입력한다.

global stiffness matrix

1		2		3		4		{v,Θ}	{f,m}	
38	3,770	-38	3,770	0	0	0	0	0		1
3,770	502,655	-3,770	251,327	0	0	0	0	0		
-38	-3,770	66	-1,649	-28	2,121	0	0			2
3,770	251,327	-1,649	714,712	-2,121	106,029	0	0			
0	0	-28	-2,121	47	-1,178	-19	942			3
0	0	2,121	106,029	-1,178	274,889	-942	31,416			
0	0	0	0	-19	-942	19	-942	-1		4
0	0	0	0	942	31,416	-942	62,832			

변위가 지정된 1,2,7행과 1,2,7열을 고쳐 $\{u\}=[K]^{-1}\{f\}$로 변위를 구한다. $F_{y3}=-k_{57}v_4$, $M_{z3}=-k_{67}v_4$, $F_{y4}=v_4$, $M_{z4}=-k_{87}v_4$로 하여야 하는 것에 주의.

1		2		3		4		{v,Θ}	{f,m}	
1	0	0	0	0	0	0	0	0.000	0	1
0	1	0	0	0	0	0	0	0.000	0	
0	0	66	-1,649	-28	2,121	0	0	-0.167	0	2
0	0	-1,649	714,712	-2,121	106,029	0	0	-0.002	0	
0	0	-28	-2,121	47	-1,178	0	942	-0.551	-19	3
0	0	2,121	106,029	-1,178	274,889	0	31,416	-0.003	-942	
0	0	0	0	0	0	1	0	-1.000	-1	4
0	0	0	0	942	31,416	0	62,832	-0.005	-942	

변위를 대입하여 $[K]\{u\}=\{f\}$를 구하면

0.5	1
246.4	
0.0	2
0.0	
0.0	3
0.0	
-0.5	4
0.0	

F_{y1}=0.5 kN, M_{z1}=246.4 Nm

2.4 frame 요소

beam 요소를 기울여보자.

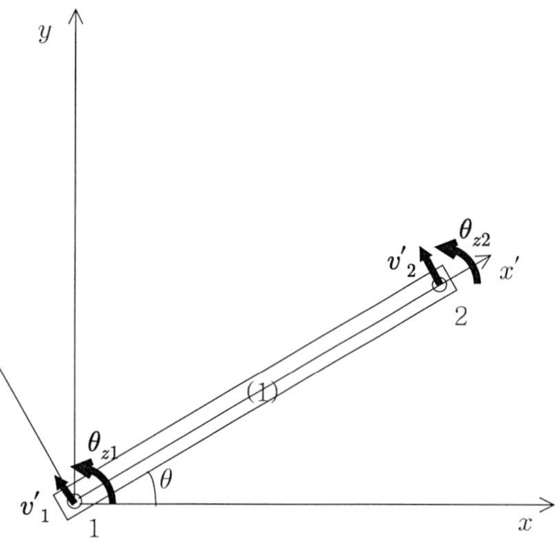

beam 요소를 θ 만큼 회전한 frame 요소

beam 요소는 횡방향(y' 방향)으로 이동하며 회전하므로

$$\frac{EI_z}{L^3}\begin{bmatrix} 12 & 6L & -12 & 6L \\ 6L & 4L^2 & -6L & 2L^2 \\ -12 & -6L & 12 & -6L \\ 6L & 2L^2 & -6L & 4L^2 \end{bmatrix}\begin{Bmatrix} v'_1 \\ \theta_{z1} \\ v'_2 \\ \theta_{z2} \end{Bmatrix}=\begin{Bmatrix} F_{y'1} \\ M_{z1} \\ F_{y'2} \\ M_{z2} \end{Bmatrix}$$

x, y 방향 변위$\{u_1, v_1, u_2, v_2\}$로 y' 방향 변위 $\{v'_1, v'_2\}$을 구하면 (z축은 이동하지 않음)

$$\begin{Bmatrix} v'_1 \\ \theta_{z1} \\ v'_2 \\ \theta_{z2} \end{Bmatrix}=\begin{bmatrix} -s & c & 0 & 0 & 0 & 0 \\ 0 & 0 & 1 & 0 & 0 & 0 \\ 0 & 0 & 0 & -s & c & 0 \\ 0 & 0 & 0 & 0 & 0 & 1 \end{bmatrix}\begin{Bmatrix} u_1 \\ v_1 \\ \theta_{z1} \\ u_2 \\ v_2 \\ \theta_{z2} \end{Bmatrix}$$

y' 방향 외력 $\{F_{y'1},\ F_{y'2}\}$의 $x,\ y$ 방향 외력 성분 $\{F_{x1},\ F_{y1},\ F_{x2},\ F_{y2}\}$을 구하면 (역시 z축은 이동하지 않음)

$$\begin{Bmatrix} F_{x1} \\ F_{y1} \\ M_{z1} \\ F_{x2} \\ F_{y2} \\ M_{z2} \end{Bmatrix} = \begin{bmatrix} -s & 0 & 0 & 0 \\ c & 0 & 0 & 0 \\ 0 & 1 & 0 & 0 \\ 0 & 0 & -s & 0 \\ 0 & 0 & c & 0 \\ 0 & 0 & 0 & 1 \end{bmatrix} \begin{Bmatrix} F_{y'1} \\ M_{z1} \\ F_{y'2} \\ M_{z2} \end{Bmatrix}$$

x, y 방향에 관한 것으로 모두 바꾸면

$$\begin{bmatrix} -s & 0 & 0 & 0 \\ c & 0 & 0 & 0 \\ 0 & 1 & 0 & 0 \\ 0 & 0 & -s & 0 \\ 0 & 0 & c & 0 \\ 0 & 0 & 0 & 1 \end{bmatrix} \frac{EI_z}{L^3} \begin{bmatrix} 12 & 6L & -12 & 6L \\ 6L & 4L^2 & -6L & 2L^2 \\ -12 & -6L & 12 & -6L \\ 6L & 2L^2 & -6L & 4L^2 \end{bmatrix} \begin{bmatrix} -s & c & 0 & 0 & 0 & 0 \\ 0 & 0 & 1 & 0 & 0 & 0 \\ 0 & 0 & 0 & -s & c & 0 \\ 0 & 0 & 0 & 0 & 0 & 1 \end{bmatrix} \begin{Bmatrix} u_1 \\ v_1 \\ \theta_{z1} \\ u_2 \\ v_2 \\ \theta_{z2} \end{Bmatrix} = \begin{Bmatrix} F_{x1} \\ F_{y1} \\ M_{z1} \\ F_{x2} \\ F_{y2} \\ M_{z2} \end{Bmatrix}$$

[예제-프레임] 절점 1, 4를 단순지지하고 절점 2를 750 N으로 누를 때 절점 1, 4에 작용하는 반작용력과 절점 1~4의 처짐과 기울기를 구하시오. 요소 (1)~(3)은 단면이 외경 34.0 mm, 두께 2.3 mm인 관(E=200 GPa)이다.

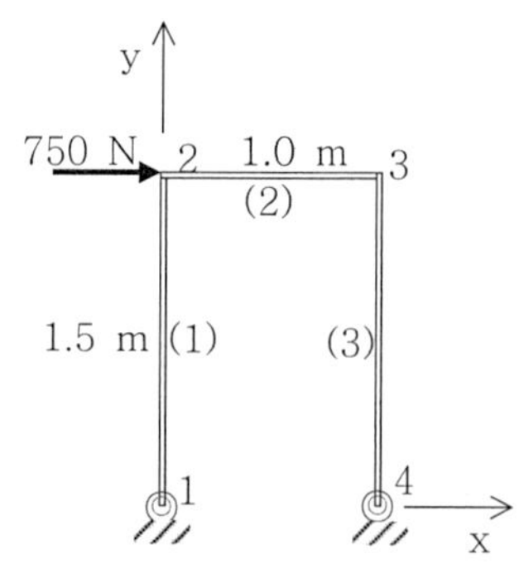

(풀이) 요소 (1)~(3)에 대하여

E	200	GPa
D	34.0	mm
t	2.3	mm
d	29.4	mm
I	28,923	mm^4

요소 (1)의 굽힘에 대한 요소강성행렬 (단위는 N/mm이나 N)

21	0	-15,426	-21	0	-15,426
0	0	0	0	0	0
-15,426	0	15,425,686	15,426	0	7,712,843
-21	0	15,426	21	0	15,426
0	0	0	0	0	0
-15,426	0	7,712,843	15,426	0	15,425,686

$$\begin{Bmatrix} u_1 \\ v_1 \\ \theta_{z1} \\ u_2 \\ v_2 \\ \theta_{z2} \end{Bmatrix}$$

요소 (1)의 인장압축에 대한 요소강성행렬 (단위는 N/mm)

0	0		0	0	
0	30,540		0	-30,540	
0	0		0	0	
0	-30,540		0	30,540	

$$\begin{Bmatrix} u_1 \\ v_1 \\ \theta_{z1} \\ u_2 \\ v_2 \\ \theta_{z2} \end{Bmatrix}$$

요소 (2)의 굽힘에 대한 요소강성행렬

0	0	0	0	0	0
0	69	34,708	0	-69	34,708
0	34,708	23,138,529	0	-34,708	11,569,264
0	0	0	0	0	0
0	-69	-34,708	0	69	-34,708
0	34,708	11,569,264	0	-34,708	23,138,529

$$\begin{Bmatrix} u_2 \\ v_2 \\ \theta_{z2} \\ u_3 \\ v_3 \\ \theta_{z3} \end{Bmatrix}$$

요소 (2)의 인장압축에 대한 요소강성행렬

45,811	0		-45,811	0	
0	0		0	0	
-45,811	0		45,811	0	
0	0		0	0	

$$\begin{Bmatrix} u_2 \\ v_2 \\ \theta_{z2} \\ u_3 \\ v_3 \\ \theta_{z3} \end{Bmatrix}$$

요소 (3)의 굽힘에 대한 요소강성행렬

21	0	15,426	-21	0	15,426
0	0	0	0	0	0
15,426	0	15,425,686	-15,426	0	7,712,843
-21	0	-15,426	21	0	-15,426
0	0	0	0	0	0
15,426	0	7,712,843	-15,426	0	15,425,686

$$\begin{Bmatrix} u_3 \\ v_3 \\ \theta_{z3} \\ u_4 \\ v_4 \\ \theta_{z4} \end{Bmatrix}$$

요소 (3)의 인장압축에 대한 요소강성행렬

0	0		0	0	
0	30,540		0	-30,540	
0	0		0	0	
0	-30,540		0	30,540	

$$\begin{Bmatrix} u_3 \\ v_3 \\ \theta_{z3} \\ u_4 \\ v_4 \\ \theta_{z4} \end{Bmatrix}$$

요소 (1)~(3)에 대한 요소강성행렬을 조합하면 전체강성행렬 $[K]$. 그리고, 절점 1 변위 $u_1 = v_1 = 0$, 절점 4의 변위 $u_4 = v_4 = 0$, 절점 2에 외력 F_{x2}=750 kN을 입력한다.

1			2			3			4			{v, θ}	{f, M}	
21	0	-15,426	-21	0	-15,426	0	0	0	0	0	0	0		1
0	30,540	0	0	-30,540	0	0	0	0	0	0	0	0		
-15,426	0	15,425,686	15,426	0	7,712,843	0	0	0	0	0	0			
-21	0	15,426	45,831	0	15,426	-45,811	0	0	0	0	0		750	2
0	-30,540	0	0	30,610	34,708	0	-69	34,708	0	0	0			
-15,426	0	7,712,843	15,426	34,708	38,564,214	0	-34,708	11,569,264	0	0	0			
0	0	0	-45,811	0	0	45,831	0	15,426	-21	0	15,426			3
0	0	0	0	-69	-34,708	0	30,610	-34,708	0	-30,540	0			
0	0	0	0	34,708	11,569,264	15,426	-34,708	38,564,214	-15,426	0	7,712,843			
0	0	0	0	0	0	-21	0	-15,426	21	0	-15,426	0		4
0	0	0	0	0	0	0	-30,540	0	0	30,540	0	0		
0	0	0	0	0	0	15,426	0	7,712,843	-15,426	0	15,425,686			

변위가 지정된 1~2, 10~11행과 열을 고쳐 $\{u\}=[K]^{-1}\{f\}$로 변위를 구한다.

1			2			3			4			{v, θ}	{f, M}	
1	0	0	0	0	0	0	0	0	0	0	0	0.0	0	1
0	1	0	0	0	0	0	0	0	0	0	0	0.0	0	
0	0	15,425,686	15,426	0	7,712,843	0	0	0	0	0	0	-0.089	0	
0	0	15,426	45,831	0	15,426	-45,811	0	0	0	0	0	97.4	750	2
0	0	0	0	30,610	34,708	0	-69	34,708	0	0	0	0.0	0	
0	0	7,712,843	15,426	34,708	38,564,214	0	-34,708	11,569,264	0	0	0	-0.016	0	
0	0	0	-45,811	0	0	45,831	0	15,426	0	0	15,426	97.3	0	3
0	0	0	0	-69	-34,708	0	30,610	-34,708	0	0	0	0.0	0	
0	0	0	0	34,708	11,569,264	15,426	-34,708	38,564,214	0	0	7,712,843	-0.016	0	
0	0	0	0	0	0	0	0	0	1	0	0	0.0	0	4
0	0	0	0	0	0	0	0	0	0	1	0	0.0	0	
0	0	0	0	0	0	15,426	0	7,712,843	0	0	15,425,686	-0.089	0	

변위를 대입하여 $[K]\{u\}=\{f\}$를 구하면

-375	1
-1,125	
0	
750	2
0	
0	
0	3
0	
0	
-375	4
1,125	
0	

[예제-프레임] 절점 1는 단순지지하고 절점 4는 구르게 하고 절점 2를 750 N으로 누를 때 4의 변위와 회전을 구하시오.

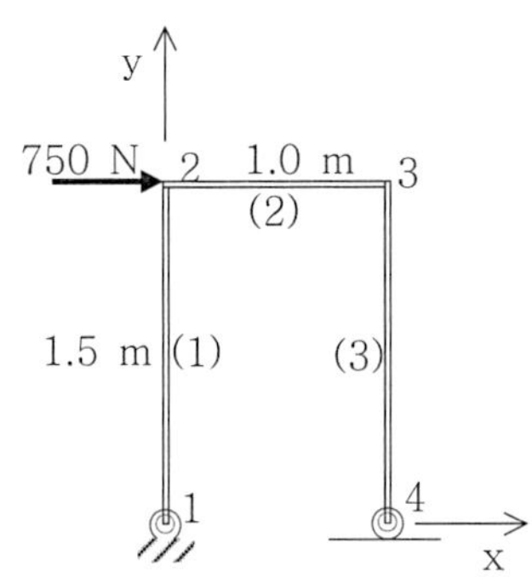

(풀이) 절점 1 변위 $u_1 = v_1 = 0$, 절점 4의 변위 $v_4 = 0$, 절점 2에 외력 F_{x2} =750 kN을 입력한다.

1			2			3			4			v,θ	f,m	
21	0	-15,426	-21	0	-15,426	0	0	0	0	0	0	0		1
0	30,540	0	0	-30,540	0	0	0	0	0	0	0	0		
-15,426	0	15,425,686	15,426	0	7,712,843	0	0	0	0	0	0			
-21	0	15,426	45,831	0	15,426	-45,811	0	0	0	0	0		750	2
0	-30,540	0	0	30,610	34,708	0	-69	34,708	0	0	0			
-15,426	0	7,712,843	15,426	34,708	38,564,214	0	-34,708	11,569,264	0	0	0			
0	0	0	-45,811	0	0	45,831	0	15,426	-21	0	15,426			3
0	0	0	0	-69	-34,708	0	30,610	-34,708	0	-30,540	0			
0	0	0	0	34,708	11,569,264	15,426	-34,708	38,564,214	-15,426	0	7,712,843			
0	0	0	0	0	0	-21	0	-15,426	21	0	-15,426			4
0	0	0	0	0	0	0	-30,540	0	0	30,540	0	0		
0	0	0	0	0	0	15,426	0	7,712,843	-15,426	0	15,425,686			

변위가 지정된 1~2, 11행과 열을 고쳐 $\{u\}=[K]^{-1}\{f\}$로 변위를 구한다.

1			2			3			4			{v,θ}	{f,M}	
1	0	0	0	0	0	0	0	0	0	0	0	0.0	0	1
0	1	0	0	0	0	0	0	0	0	0	0	0.0	0	
0	0	15,425,686	15,426	0	7,712,843	0	0	0	0	0	0	-0.211	0	
0	0	15,426	45,831	0	15,426	-45,811	0	0	0	0	0	243.2	750	2
0	0	0	0	30,610	34,708	0	-69	34,708	0	0	0	0.0	0	
0	0	7,712,843	15,426	34,708	38,564,214	0	-34,708	11,569,264	0	0	0	-0.065	0	
0	0	0	-45,811	0	0	45,831	0	15,426	-21	0	15,426	243.2	0	3
0	0	0	0	-69	-34,708	0	30,610	-34,708	0	0	0	0.0	0	
0	0	0	0	34,708	11,569,264	15,426	-34,708	38,564,214	-15,426	0	7,712,843	0.032	0	
0	0	0	0	0	0	-21	0	-15,426	21	0	-15,426	291.7	0	4
0	0	0	0	0	0	0	0	0	0	1	0	0.0	0	
0	0	0	0	0	0	15,426	0	7,712,843	-15,426	0	15,425,686	0.032	0	

u_4=291.7 mm, θ_4=0.032 rad

[예제-프레임] 절점 1과 4를 고정하고 절점 2를 750 N으로 누를 때 4의 변위와 회전을 구하시오.

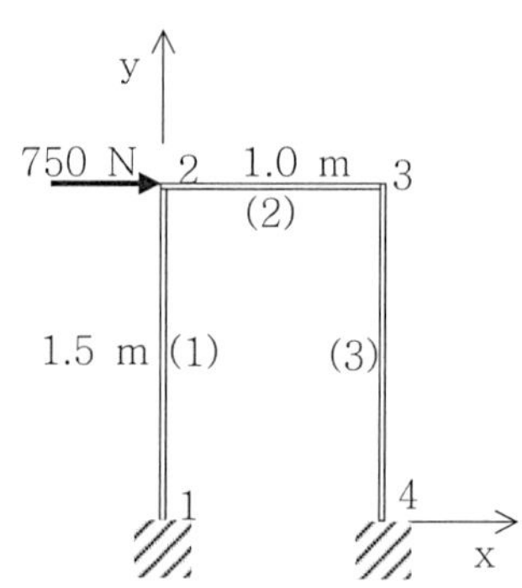

(풀이) 절점 1 변위와 회전 $u_1 = v_1 = \theta_{z1} = 0$, 절점 4의 변위와 회전 $u_4 = v_4 = \theta_{z4} = 0$, 절점 2에 외력 F_{x2}=750 kN을 입력한다.

1			2			3			4			{v,θ}	{f,M}	
21	0	-15,426	-21	0	-15,426	0	0	0	0	0	0	0		1
0	30,540	0	0	-30,540	0	0	0	0	0	0	0	0		
-15,426	0	15,425,686	15,426	0	7,712,843	0	0	0	0	0	0			
-21	0	15,426	45,831	0	15,426	-45,811	0	0	0	0	0		750	2
0	-30,540	0	0	30,610	34,708	0	-69	34,708	0	0	0			
-15,426	0	7,712,843	15,426	34,708	38,564,214	0	-34,708	11,569,264	0	0	0			
0	0	0	-45,811	0	0	45,831	0	15,426	-21	0	15,426			3
0	0	0	0	-69	-34,708	0	30,610	-34,708	0	-30,540	0			
0	0	0	0	34,708	11,569,264	15,426	-34,708	38,564,214	-15,426	0	7,712,843			
0	0	0	0	0	0	-21	0	-15,426	21	0	-15,426	0		4
0	0	0	0	0	0	0	-30,540	0	0	30,540	0	0		
0	0	0	0	0	0	15,426	0	7,712,843	-15,426	0	15,425,686	0		

변위가 지정된 1~3, 9~12 행과 열을 고쳐 $\{u\}=[K]^{-1}\{f\}$로 변위를 구한다.

1			2			3			4			{v,θ}	{f,M}	
1	0	0	0	0	0	0	0	0	0	0	0	0.0	0	1
0	1	0	0	0	0	0	0	0	0	0	0	0.0	0	
0	0	1	0	0	0	0	0	0	0	0	0	0.000	0	
0	0	0	45,831	0	15,426	-45,811	0	0	0	0	0	23.7	750	2
0	0	0	0	30,610	34,708	0	-69	34,708	0	0	0	0.0	0	
0	0	0	15,426	34,708	38,564,214	0	-34,708	11,569,264	0	0	0	-0.007	0	
0	0	0	-45,811	0	0	45,831	0	15,426	0	0	0	23.7	0	3
0	0	0	0	-69	-34,708	0	30,610	-34,708	0	0	0	0.0	0	
0	0	0	0	34,708	11,569,264	15,426	-34,708	38,564,214	0	0	0	-0.007	0	
0	0	0	0	0	0	0	0	0	1	0	0	0.0	0	4
0	0	0	0	0	0	0	0	0	0	1	0	0.0	0	
0	0	0	0	0	0	0	0	0	0	0	1	0.000	0	

---■

[예제-원형만곡보] 고리의 반지름 150 mm, 고리의 단면 bh=20*2 mm^2인 고리를 인장하중 100 N으로 늘릴 때 절점 1과 4의 변위를 구하시오.

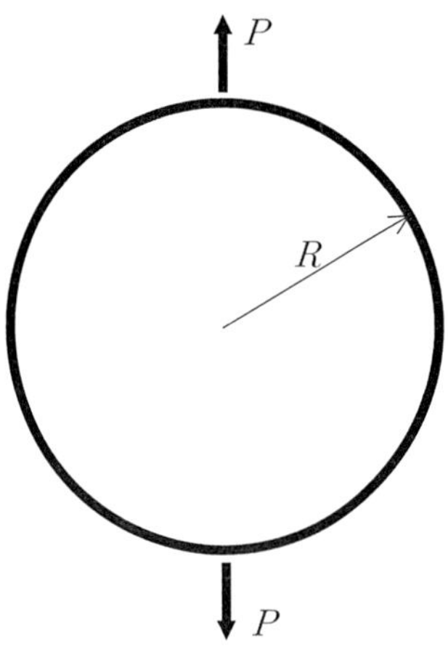

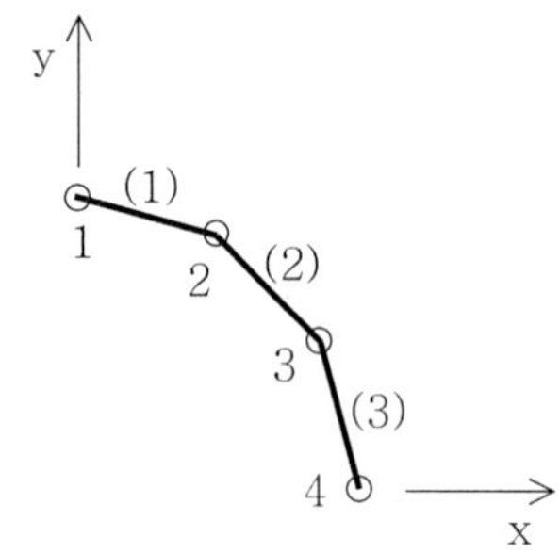

(풀이) 요소 (1)의 굽힘에 대한 요소강성행렬 (단위는 N/mm이나 N)

5	17	687	-5	-17	687
17	64	2,563	-17	-64	2,563
687	2,563	137,376	-687	-2,563	68,688
-5	-17	-687	5	17	-687
-17	-64	-2,563	17	64	-2,563
687	2,563	68,688	-687	-2,563	137,376

$$\begin{Bmatrix} u_1 \\ v_1 \\ \theta_{z1} \\ u_2 \\ v_2 \\ \theta_{z2} \end{Bmatrix}$$

요소 (1)의 인장압축에 대한 요소강성행렬 (단위는 N/mm)

96,130	-25,758		-96,130	25,758	
-25,758	6,902		25,758	-6,902	
-96,130	25,758		96,130	-25,758	
25,758	-6,902		-25,758	6,902	

$$\begin{Bmatrix} u_1 \\ v_1 \\ \theta_{z1} \\ u_2 \\ v_2 \\ \theta_{z2} \end{Bmatrix}$$

요소 (2)의 굽힘에 대한 요소강성행렬

34	34	1,877	-34	-34	1,877
34	34	1,877	-34	-34	1,877
1,877	1,877	137,376	-1,877	-1,877	68,688
-34	-34	-1,877	34	34	-1,877
-34	-34	-1,877	34	34	-1,877
1,877	1,877	68,688	-1,877	-1,877	137,376

$$\begin{Bmatrix} u_2 \\ v_2 \\ \theta_{z2} \\ u_3 \\ v_3 \\ \theta_{z3} \end{Bmatrix}$$

요소 (2)의 인장압축에 대한 요소강성행렬

51,516	-51,516		-51,516	51,516	
-51,516	51,516		51,516	-51,516	
-51,516	51,516		51,516	-51,516	
51,516	-51,516		-51,516	51,516	

$$\begin{Bmatrix} u_2 \\ v_2 \\ \theta_{z2} \\ u_3 \\ v_3 \\ \theta_{z3} \end{Bmatrix}$$

요소 (3)의 굽힘에 대한 요소강성행렬

64	17	2,563	-64	-17	2,563
17	5	687	-17	-5	687
2,563	687	137,376	-2,563	-687	68,688
-64	-17	-2,563	64	17	-2,563
-17	-5	-687	17	5	-687
2,563	687	68,688	-2,563	-687	137,376

$$\begin{Bmatrix} u_3 \\ v_3 \\ \theta_{z3} \\ u_4 \\ v_4 \\ \theta_{z4} \end{Bmatrix}$$

요소 (3)의 인장압축에 대한 요소강성행렬

6,902	-25,758		-6,902	25,758	
-25,758	96,130		25,758	-96,130	
-6,902	25,758		6,902	-25,758	
25,758	-96,130		-25,758	96,130	

$$\begin{Bmatrix} u_3 \\ v_3 \\ \theta_{z3} \\ u_4 \\ v_4 \\ \theta_{z4} \end{Bmatrix}$$

요소 (1)~(3)에 대한 요소강성행렬을 조합하면 전체강성행렬 $[K]$. 그리고, 절점 1 변위와 회전 $u_1 = \theta_{z1} = 0$, 절점 4의 변위와 회전 $v_4 = \theta_{z4} = 0$, 절점 1에 외력 F_{y1}=50 N을 입력한다. 변위가 지정된 1, 3, 11~12 행과 열을 고쳐 $\{u\} = [K]^{-1}\{f\}$로 변위를 구한다.

1			2			3			4			v,θ	f,M	
96,135	-25,741	687	-96,135	25,741	687	0	0	0	0	0	0	0		1
-25,741	6,966	2,563	25,741	-6,966	2,563	0	0	0	0	0	0		50	
687	2,563	137,376	-687	-2,563	68,688	0	0	0	0	0	0	0		
-96,135	25,741	-687	147,685	-77,223	1,190	-51,550	51,482	1,877	0	0	0			2
25,741	-6,966	-2,563	-77,223	58,516	-687	51,482	-51,550	1,877	0	0	0			
687	2,563	68,688	1,190	-687	274,752	-1,877	-1,877	68,688	0	0	0			
0	0	0	-51,550	51,482	-1,877	58,516	-77,223	687	-6,966	25,741	2,563			3
0	0	0	51,482	-51,550	-1,877	-77,223	147,685	-1,190	25,741	-96,135	687			
0	0	0	1,877	1,877	68,688	687	-1,190	274,752	-2,563	-687	68,688			
0	0	0	0	0	0	-6,966	25,741	-2,563	6,966	-25,741	-2,563			4
0	0	0	0	0	0	25,741	-96,135	-687	-25,741	96,135	-687	0		
0	0	0	0	0	0	2,563	687	68,688	-2,563	-687	137,376	0		

변위가 지정된 1, 3, 11~12행과 열을 고쳐 풀면

1			2			3			4			v,θ	f,m	
1	0	0	0	0	0	0	0	0	0	0	0	0.0	0	1
0	6,966	0	25,741	-6,966	2,563	0	0	0	0	0	0	8.9	50	
0	0	1	0	0	0	0	0	0	0	0	0	0.000	0	
0	25,741	0	147,685	-77,223	1,190	-51,550	51,482	1,877	0	0	0	-1.0	0	2
0	-6,966	0	-77,223	58,516	-687	51,482	-51,550	1,877	0	0	0	5.2	0	
0	2,563	0	1,190	-687	274,752	-1,877	-1,877	68,688	0	0	0	-0.081	0	
0	0	0	-51,550	51,482	-1,877	58,516	-77,223	687	-6,966	0	0	-5.5	0	3
0	0	0	51,482	-51,550	-1,877	-77,223	147,685	-1,190	25,741	0	0	0.7	0	
0	0	0	1,877	1,877	68,688	687	-1,190	274,752	-2,563	0	0	-0.068	0	
0	0	0	0	0	0	-6,966	25,741	-2,563	6,966	0	0	-8.2	0	4
0	0	0	0	0	0	0	0	0	0	1	0	0.0	0	
0	0	0	0	0	0	0	0	0	0	0	1	0.000	0	

변위를 대입하여 $[K]\{u\}=\{f\}$를 구하면

0	1
50	
4,665	
0	2
0	
0	
0	3
0	
0	
0	4
-50	
2,835	

다음은 CATIA 구조해석모듈로 구한 변위분포로 앞에서 구한 변위분포가 이것과 잘 일치한다.

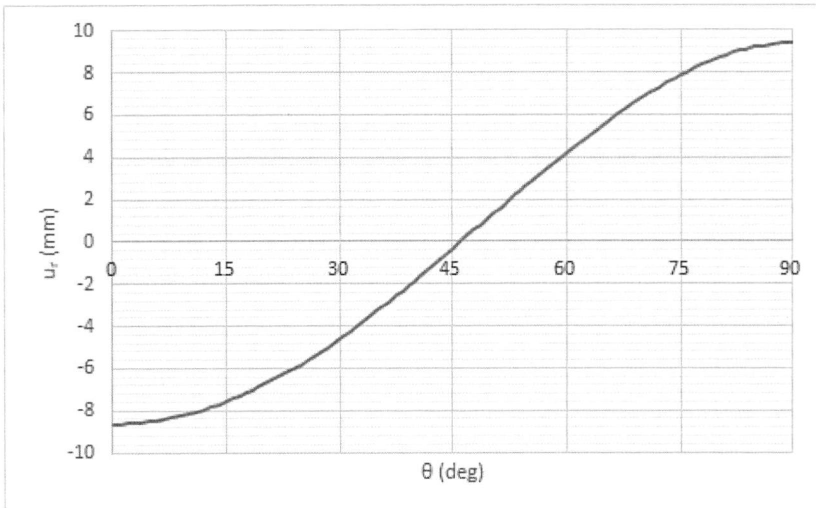

상하로 늘인 원형고리의 반경방향 변위

[예제-1/4 만곡보] 고리의 반지름 150 mm, 고리의 단면 bh=20*2 mm^{2}인 고리 1/4을 인장하중 100 N으로 늘릴 때 절점 1과 4의 변위를 구하시오.

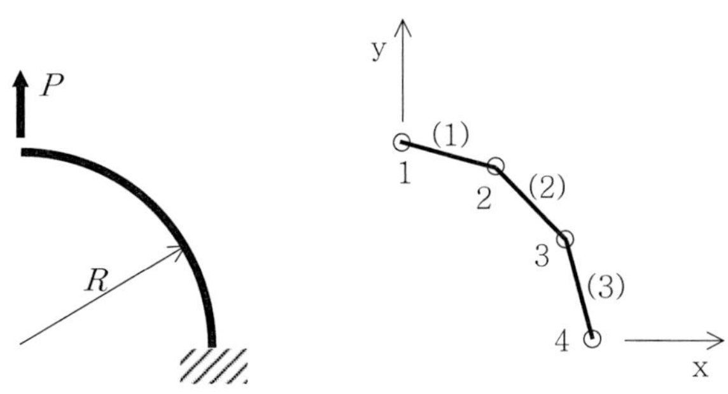

(풀이) 요소 (1)~(3)에 대한 요소강성행렬을 조합하면 전체강성행렬 $[K]$. 그리고, 절점 4의 변위와 회전 $u_4 = v_4 = \theta_{z4} = 0$, 절점 1에 외력 F_{y1}=50 N을 입력한다.

1			2			3			4			v,Θ	f,M	
96,135	-25,741	687	-96,135	25,741	687	0	0	0	0	0	0	0		1
-25,741	6,966	2,563	25,741	-6,966	2,563	0	0	0	0	0	0		50	
687	2,563	137,376	-687	-2,563	68,688	0	0	0	0	0	0	0		
-96,135	25,741	-687	147,685	-77,223	1,190	-51,550	51,482	1,877	0	0	0			2
25,741	-6,966	-2,563	-77,223	58,516	-687	51,482	-51,550	1,877	0	0	0			
687	2,563	68,688	1,190	-687	274,752	-1,877	-1,877	68,688	0	0	0			
0	0	0	-51,550	51,482	-1,877	58,516	-77,223	687	-6,966	25,741	2,563			3
0	0	0	51,482	-51,550	-1,877	-77,223	147,685	-1,190	25,741	-96,135	687			
0	0	0	1,877	1,877	68,688	687	-1,190	274,752	-2,563	-687	68,688			
0	0	0	0	0	0	-6,966	25,741	-2,563	6,966	-25,741	-2,563	0		4
0	0	0	0	0	0	25,741	-96,135	-687	-25,741	96,135	-687	0		
0	0	0	0	0	0	2,563	687	68,688	-2,563	-687	137,376	0		

변위가 지정된 10~12 행과 열을 고쳐 $\{u\}=[K]^{-1}\{f\}$로 변위를 구한다.

1			2			3			4			v,Θ	f,M	
96,135	-25,741	687	-96,135	25,741	687	0	0	0	0	0	0	31.3	0	1
-25,741	6,966	2,563	25,741	-6,966	2,563	0	0	0	0	0	0	46.9	50	
687	2,563	137,376	-687	-2,563	68,688	0	0	0	0	0	0	-0.407	0	
-96,135	25,741	-687	147,685	-77,223	1,190	-51,550	51,482	1,877	0	0	0	23.5	0	2
25,741	-6,966	-2,563	-77,223	58,516	-687	51,482	-51,550	1,877	0	0	0	17.7	0	
687	2,563	68,688	1,190	-687	274,752	-1,877	-1,877	68,688	0	0	0	-0.353	0	
0	0	0	-51,550	51,482	-1,877	58,516	-77,223	687	0	0	0	7.8	0	3
0	0	0	51,482	-51,550	-1,877	-77,223	147,685	-1,190	0	0	0	2.1	0	
0	0	0	1,877	1,877	68,688	687	-1,190	274,752	0	0	0	-0.204	0	
0	0	0	0	0	0	0	0	0	1	0	0	0.0	0	4
0	0	0	0	0	0	0	0	0	0	1	0	0.0	0	
0	0	0	0	0	0	0	0	0	0	0	1	0.000	0	

변위를 대입하여 $[K]\{u\}=\{f\}$를 구하면

0	1
50	
0	
0	2
0	
0	
0	3
0	
0	
0	4
-50	
7,500	

다음은 CATIA 구조해석모듈로 구한 변위분포로 앞에서 구한 변위분포가 이것과 잘 일치한다.

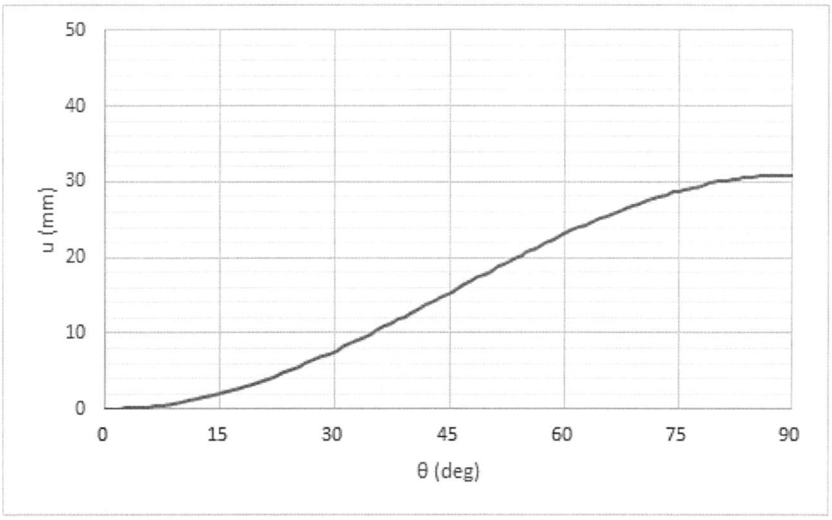

반경방향 집중하중을 받는 1/4 원형고리의 x 방향 변위

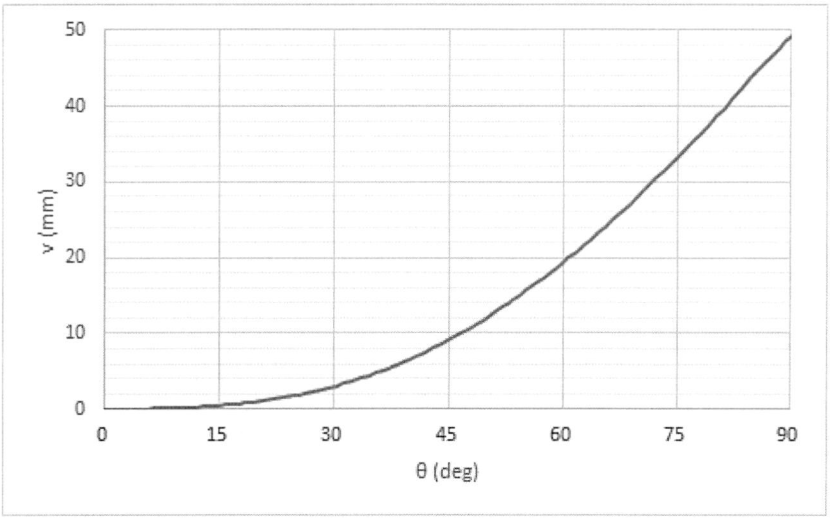

반경방향 집중하중을 받는 1/4 원형고리의 y 방향 변위

면외변형

beam 요소를 $x-y$ 평면 밖으로 기울여보자.

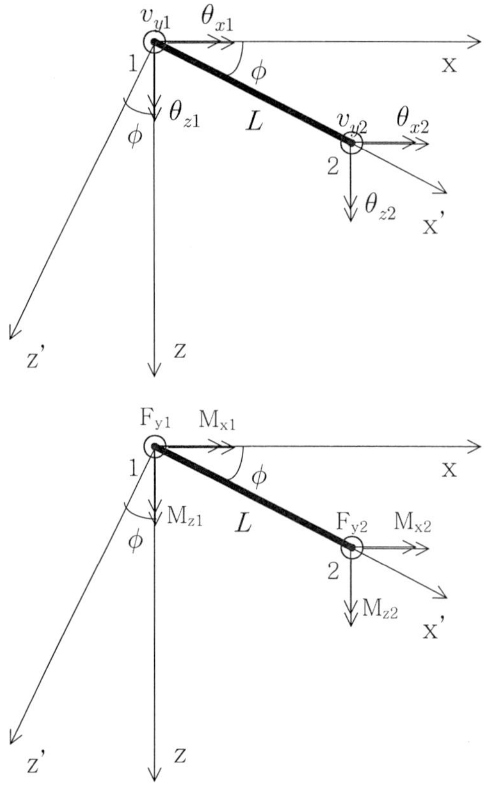

beam 요소를 ϕ 만큼 회전한 frame 요소

절점 2의 y 방향 변위 v_2는

$$v_2 = v_1 + (\theta_{z1}\cos\phi - \theta_{x1}\sin\phi)L + \int_0^L \frac{1}{EI}(F_{y2}x + M_{z2}\cos\phi - M_{x2}\sin\phi)x\,dx$$

절점 2의 z'축에 관한 회전 $(\theta_{z2}\cos\phi - \theta_{x2}\sin\phi)$는

$$(\theta_{z2}\cos\phi - \theta_{x2}\sin\phi) = (\theta_{z1}\cos\phi - \theta_{x1}\sin\phi) + \int_0^L \frac{1}{EI}(F_{y2}x + M_{z2}\cos\phi - M_{x2}\sin\phi)\,dx$$

절점 2의 x'축에 관한 회전 $(\theta_{z2}\sin\phi + \theta_{x2}\cos\phi)$는

$$(\theta_{z2}\sin\phi + \theta_{x2}\cos\phi) = (\theta_{z1}\sin\phi + \theta_{x1}\cos\phi) + \int_0^L \frac{1}{GJ}(M_{z2}\sin\phi + M_{x2}\cos\phi)\,dx$$

y 방향 힘의 평형

$$F_{y1} + F_{y2} = 0$$

z축에 관한 모멘트의 평형

$$M_{z1}+M_{z2}-F_{y1}L\cos\phi=0$$

x축에 관한 모멘트의 평형

$$M_{x1}+M_{x2}+F_{y1}L\cos\phi=0$$

종합하면

$$\begin{bmatrix} -1 & -Lc & Ls & 1 & 0 & 0 \\ 0 & -c & s & 0 & c & -s \\ 0 & -s & -c & 0 & s & c \\ 0 & 0 & 0 & 0 & 0 & 0 \\ 0 & 0 & 0 & 0 & 0 & 0 \\ 0 & 0 & 0 & 0 & 0 & 0 \end{bmatrix} \begin{Bmatrix} v_1 \\ \theta_{z1} \\ \theta_{x1} \\ v_2 \\ \theta_{z2} \\ \theta_{x2} \end{Bmatrix} = \begin{bmatrix} 0 & 0 & 0 & \frac{L^3}{3EI} & \frac{L^2c}{2EI} & -\frac{L^2s}{2EI} \\ 0 & 0 & 0 & \frac{L^2}{2EI} & \frac{Lc}{EI} & -\frac{Ls}{EI} \\ 0 & 0 & 0 & 0 & \frac{Ls}{GJ} & \frac{Lc}{GJ} \\ 1 & 0 & 0 & 1 & 0 & 0 \\ -Lc & 1 & 0 & 0 & 1 & 0 \\ Ls & 0 & 1 & 0 & 0 & 1 \end{bmatrix} \begin{Bmatrix} F_{y1} \\ M_{z1} \\ M_{x1} \\ F_{y2} \\ M_{z2} \\ M_{x2} \end{Bmatrix}$$

역행렬을 곱하여

$$\begin{bmatrix} 0 & 0 & 0 & \frac{L^3}{3EI} & \frac{L^2c}{2EI} & -\frac{L^2s}{2EI} \\ 0 & 0 & 0 & \frac{L^2}{2EI} & \frac{Lc}{EI} & -\frac{Ls}{EI} \\ 0 & 0 & 0 & 0 & \frac{Ls}{GJ} & \frac{Lc}{GJ} \\ 1 & 0 & 0 & 1 & 0 & 0 \\ -Lc & 1 & 0 & 0 & 1 & 0 \\ Ls & 0 & 1 & 0 & 0 & 1 \end{bmatrix}^{-1} \begin{bmatrix} -1 & -Lc & Ls & 1 & 0 & 0 \\ 0 & -c & s & 0 & c & -s \\ 0 & -s & -c & 0 & s & c \\ 0 & 0 & 0 & 0 & 0 & 0 \\ 0 & 0 & 0 & 0 & 0 & 0 \\ 0 & 0 & 0 & 0 & 0 & 0 \end{bmatrix} \begin{Bmatrix} v_1 \\ \theta_{z1} \\ \theta_{x1} \\ v_2 \\ \theta_{z2} \\ \theta_{x2} \end{Bmatrix} = \begin{Bmatrix} F_{y1} \\ M_{z1} \\ M_{x1} \\ F_{y2} \\ M_{z2} \\ M_{x2} \end{Bmatrix}$$

[예제-1/4 만곡보] 고리의 반지름 150 mm, 고리의 지름 5 mm인 고리 1/4을 인장하중 100 N으로 누를 때 절점 1과 4의 변위를 구하시오. E=200 GPa, G=79 GPa

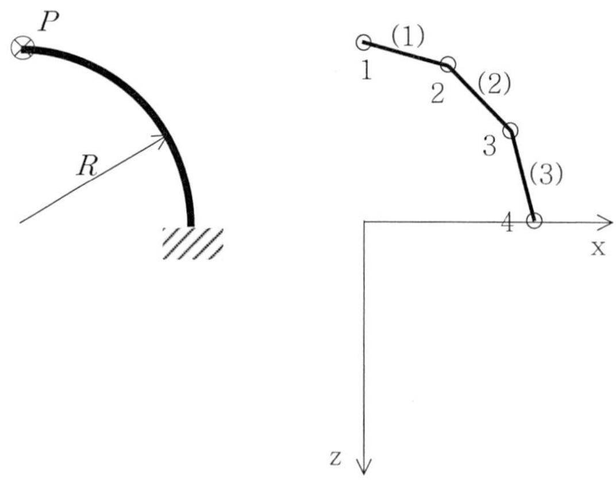

(풀이)

$$\begin{bmatrix} 0 & 0 & 0 & \frac{L^3}{3EI} & \frac{L^2c}{2EI} & -\frac{L^2s}{2EI} \\ 0 & 0 & 0 & \frac{L^2}{2EI} & \frac{Lc}{EI} & -\frac{Ls}{EI} \\ 0 & 0 & 0 & 0 & \frac{Ls}{GJ} & \frac{Lc}{GJ} \\ 1 & 0 & 0 & 1 & 0 & 0 \\ -Lc & 1 & 0 & 0 & 1 & 0 \\ Ls & 0 & 1 & 0 & 0 & 1 \end{bmatrix} =$$

0.00	0.00	0.00	25.43	0.47	-0.13
0.00	0.00	0.00	0.49	0.01	0.00
0.00	0.00	0.00	0.00	0.00	0.02
1.00	0.00	0.00	1.00	0.00	0.00
-75.00	1.00	0.00	0.00	1.00	0.00
20.10	0.00	1.00	0.00	0.00	1.00

$$\begin{bmatrix} -1 & -Lc & Ls & 1 & 0 & 0 \\ 0 & -c & s & 0 & c & -s \\ 0 & -s & -c & 0 & s & c \\ 0 & 0 & 0 & 0 & 0 & 0 \\ 0 & 0 & 0 & 0 & 0 & 0 \\ 0 & 0 & 0 & 0 & 0 & 0 \end{bmatrix} =$$

-1.00	-75.00	20.10	1.00	0.00	0.00
0.00	-0.97	0.26	0.00	0.97	-0.26
0.00	-0.26	-0.97	0.00	0.26	0.97
0.00	0.00	0.00	0.00	0.00	0.00
0.00	0.00	0.00	0.00	0.00	0.00
0.00	0.00	0.00	0.00	0.00	0.00

요소 (1)의 강성행렬은

$$\begin{bmatrix} 0 & 0 & 0 & \frac{L^3}{3EI} & \frac{L^2c}{2EI} & -\frac{L^2s}{2EI} \\ 0 & 0 & 0 & \frac{L^2}{2EI} & \frac{Lc}{EI} & -\frac{Ls}{EI} \\ 0 & 0 & 0 & 0 & \frac{Ls}{GJ} & \frac{Lc}{GJ} \\ 1 & 0 & 0 & 1 & 0 & 0 \\ -Lc & 1 & 0 & 0 & 1 & 0 \\ Ls & 0 & 1 & 0 & 0 & 1 \end{bmatrix}^{-1} \begin{bmatrix} -1 & -Lc & Ls & 1 & 0 & 0 \\ 0 & -c & s & 0 & c & -s \\ 0 & -s & -c & 0 & s & c \\ 0 & 0 & 0 & 0 & 0 & 0 \\ 0 & 0 & 0 & 0 & 0 & 0 \\ 0 & 0 & 0 & 0 & 0 & 0 \end{bmatrix} =$$

0.16	5.90	-1.58	-0.16	5.90	-1.58
5.90	299.11	-63.42	-5.90	143.28	-55.12
-1.58	-63.42	79.42	1.58	-55.12	-47.66
-0.16	-5.90	1.58	0.16	-5.90	1.58
5.90	143.28	-55.12	-5.90	299.11	-63.42
-1.58	-55.12	-47.66	1.58	-63.42	79.42

요소 (2)의 강성행렬은

0.16	4.32	-4.32	-0.16	4.32	-4.32
4.32	189.26	-126.83	-4.32	47.81	-110.24
-4.32	-126.83	189.26	4.32	-110.24	47.81
-0.16	-4.32	4.32	0.16	-4.32	4.32
4.32	47.81	-110.24	-4.32	189.26	-126.83
-4.32	-110.24	47.81	4.32	-126.83	189.26

요소 (3)의 강성행렬은

0.16	1.58	-5.90	-0.16	1.58	-5.90
1.58	79.42	-63.42	-1.58	-47.66	-55.12
-5.90	-63.42	299.11	5.90	-55.12	143.28
-0.16	-1.58	5.90	0.16	-1.58	5.90
1.58	-47.66	-55.12	-1.58	79.42	-63.42
-5.90	-55.12	143.28	5.90	-63.42	299.11

요소 (1)~(3)에 대한 요소강성행렬을 조합하면 전체강성행렬 $[K]$. 그리고, 절점 4의 변위와 회전 $v_4 = \theta_{z4} = \theta_{x4} = 0$, 절점 1에 외력 F_{y1}=100 N을 입력한다.

1			2			3			4				{v, t_z, t_x}	{F_y, M_z, M_x}
0	6	-2	0	6	-2	0	0	0	0	0	0	1		-0.1
6	299	-63	-6	143	-55	0	0	0	0	0	0			
-2	-63	79	2	-55	-48	0	0	0	0	0	0			
0	-6	2	0	-2	-3	0	4	-4	0	0	0	2		
6	143	-55	-2	488	-190	-4	48	-110	0	0	0			
-2	-55	-48	-3	-190	269	4	-110	48	0	0	0			
0	0	0	0	-4	4	0	-3	-2	0	2	-6	3		
0	0	0	4	48	-110	-3	269	-190	-2	-48	-55			
0	0	0	-4	-110	48	-2	-190	488	6	-55	143			
0	0	0	0	0	0	0	-2	6	0	-2	6	4	0	
0	0	0	0	0	0	2	-48	-55	-2	79	-63		0	
0	0	0	0	0	0	-6	-55	143	6	-63	299		0	

변위가 지정된 10~12 행과 열을 고쳐 $\{u\} = [K]^{-1}\{f\}$로 변위를 구한다.

	{v, t_z, t_x}
1	-65.050
	0.398
	-0.197
2	-32.525
	0.350
	-0.184
3	-7.754
	0.212
	-0.133
4	0.000
	0.000
	0.000

변위를 대입하여 $[K]\{u\}=\{f\}$를 구하면

	F_y, M_z, M_x
1	-0.1
	0.0
	0.0
2	0.0
	0.0
	0.0
3	0.0
	0.0
	0.0
4	0.1
	-15.0
	15.0

다음은 CATIA 구조해석모듈로 구한 변위분포로 앞에서 구한 변위분포가 이것과 잘 일치한다.

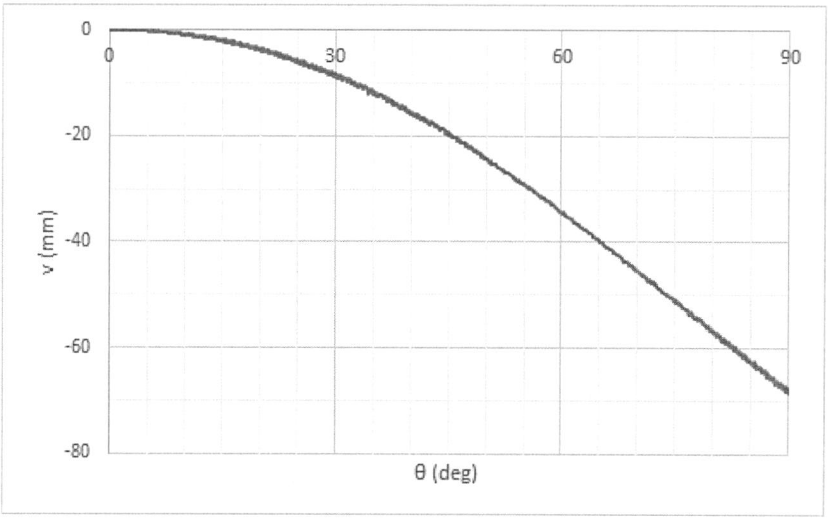

반경방향 집중하중을 받는 1/4 원형고리의 z 방향 변위

[연습문제-bar 요소의 추가] 외경 40 mm, 내경 30 mm, 길이 250 mm인 원통을 끼워 절점 2와 4를 연결하였다. 절점 1을 고정하고 절점 4에 힘 100 kN을 작용할 때 절점 1에 작용하는 반작용력과 절점 2, 3, 4의 변위를 구하시오.

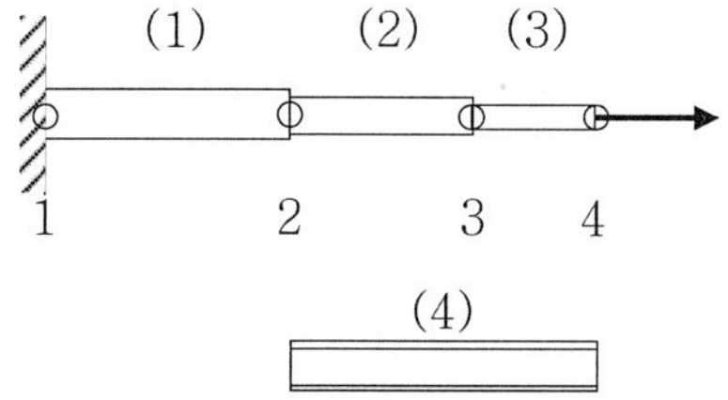

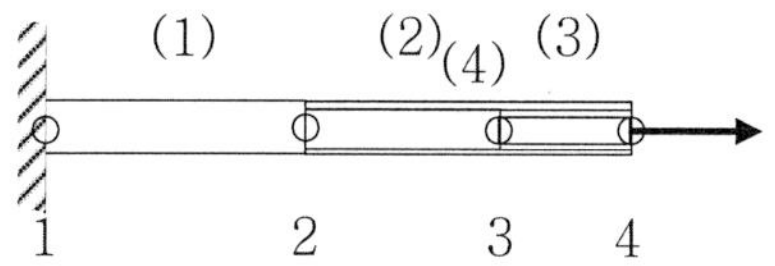

[연습문제-bar 요소의 추가] 외경 50 mm, 내경 40 mm, 길이 4,500 mm 인 원통을 끼워 절점 1과 4를 연결하였다. 절점 1을 고정하고 전체 온도가 100℃ 높아질 때 절점 2-4의 변위를 구하시오.

요소 (1)-(3)은 강봉으로 E=200 GPa, 요소 (4)는 알루미늄 관으로 E=75 GPa.

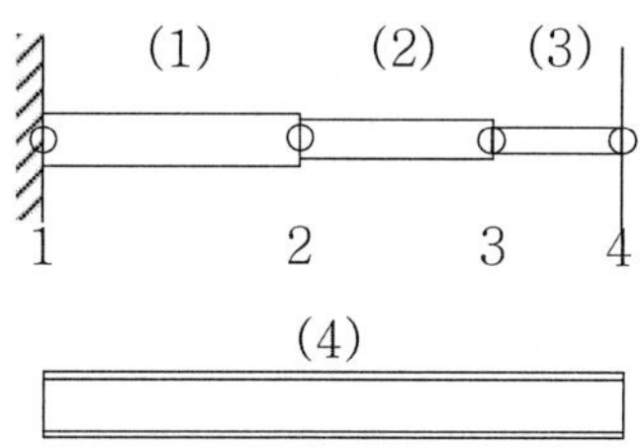

[연습문제-트러스] 격자 1칸은 1 m이다. 모든 요소의 단면적은 15,000 mm^2이다.

중앙에 50 kN이 작용할 때 하중점의 처짐을 구하시오. E=200 GPa.

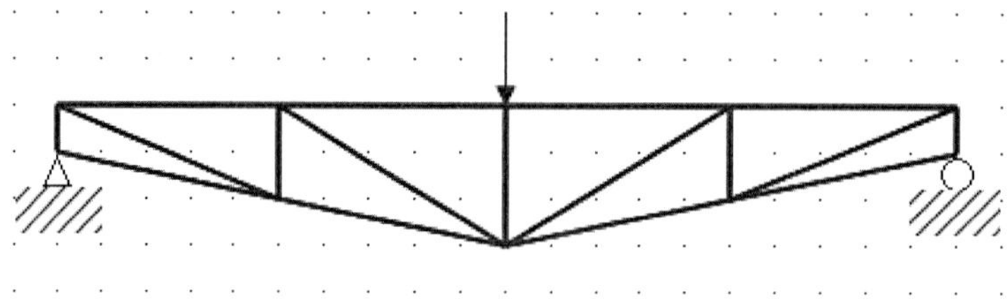

[연습문제] 절점 1, 4를 고정하고 절점 2에 힘 10 kN을 작용할 때 절점 1, 4에 작용하는 반작용력과 절점 2, 3의 처짐과 기울기를 구하시오.

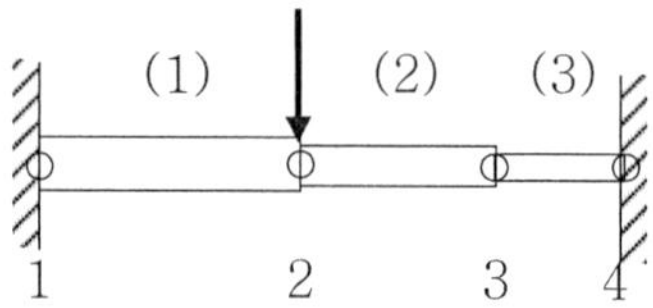

[연습문제-2단보의 최대처짐] 절점 1, 4를 고정하고 절점 2에 힘 1 kN을 작용할 때 절점 2와 3의 거리 x를 바꿔보며 최대처짐이 발생하는 위치 x를 구하시오.

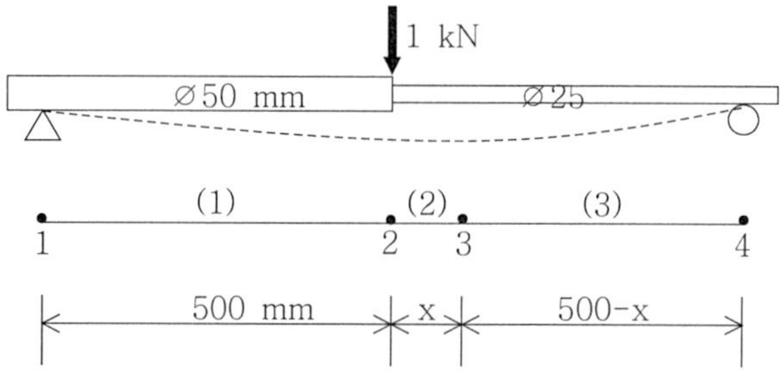

[연습문제-다단보의 처짐] 절점 4의 처짐을 구하시오.

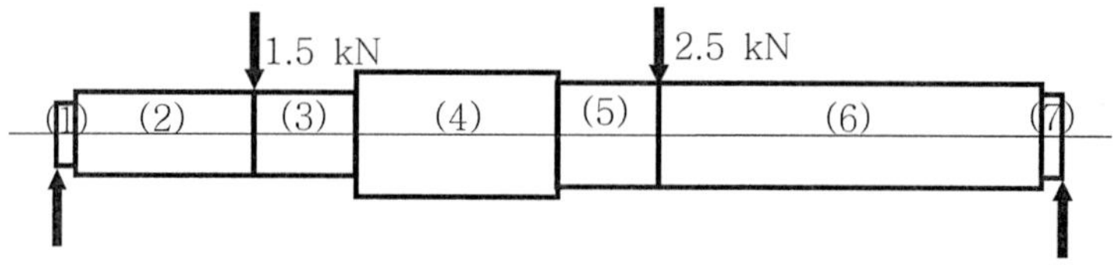

Element	E(GPa)	D(mm)	L(mm)
(1)	200	30	10
(2)	200	40	90
(3)	200	40	50
(4)	200	60	100
(5)	200	50	50
(6)	200	50	190
(7)	200	40	10

[연습문제-ㄱ자형 보의 변위와 회전] 다음과 같은 두께 10 mm "ㄱ"자 평판에 집중하중이 작용할 때 보 요소 2개를 사용하여 절점의 변위를 구하시오. E=200 GPa, ν=0.3

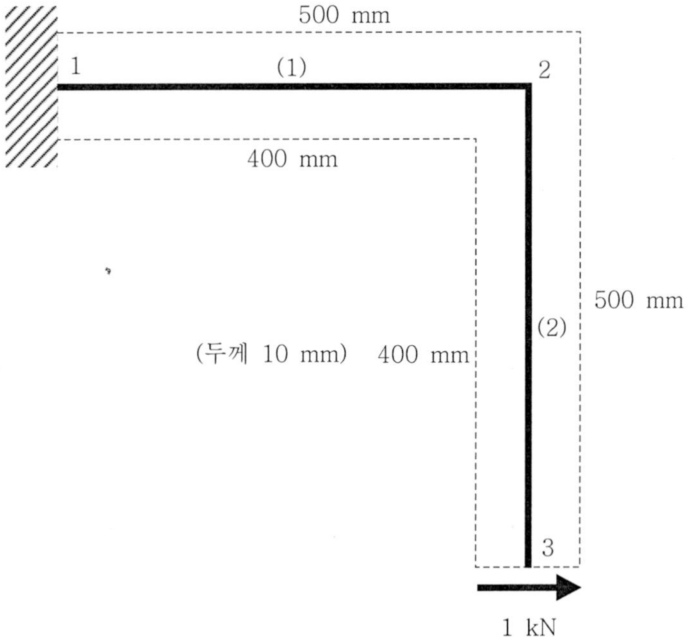

[연습문제-프레임의 변형] 절점 1, 4를 고정하고 요소 (2)의 중앙을 750 N으로 수직방향(y 방향)으로 당길 때 절점 1, 4에 작용하는 반작용력 모멘트와 절점 2~3의 처짐과 기울기를 구하시오. 요소 (1)~(3)은 단면이 외경 34.0 mm, 두께 2.3 mm인 관(E=200 GPa)이다. 대칭성을 이용하여 우측반만 해석하시오.

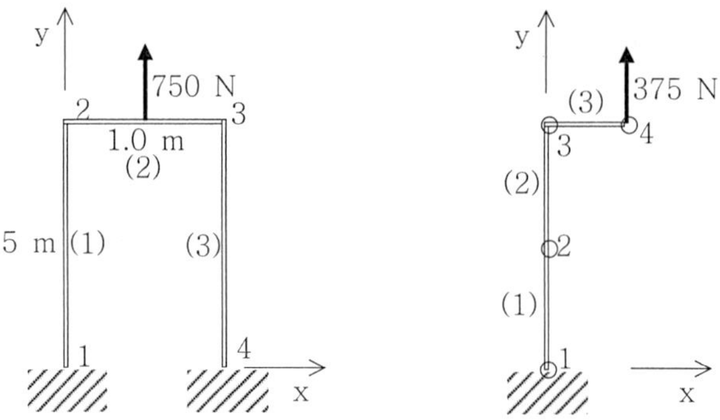

[연습문제-원심력을 받는 고리] 반지름 200 mm, 두께 2 mm, 너비 20 mm인 반원 강판을 끝에 관하여 1,800 rpm으로 회전할 때 절점 1~7의 변위와 인장력과 굽힘모멘트를 구하시오.

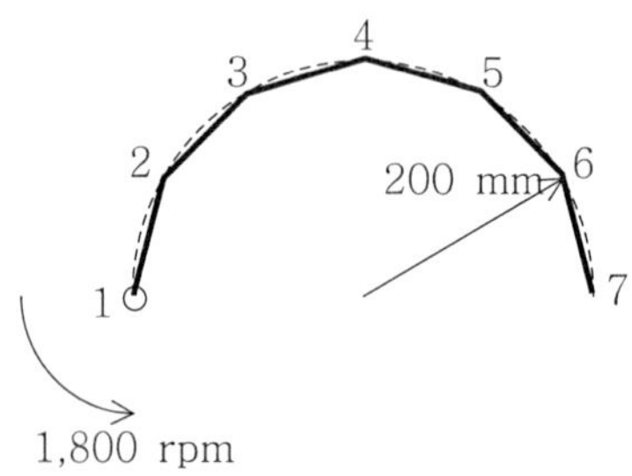

[연습문제-고리의 면외굽힘] 고리의 반지름 150 mm, 고리의 단면 지름 10 mm인 고리 1/4 끝을 하중 100 N으로 앞으로(z 방향) 당길 때 절점 1과 4의 변위를 구하시오.

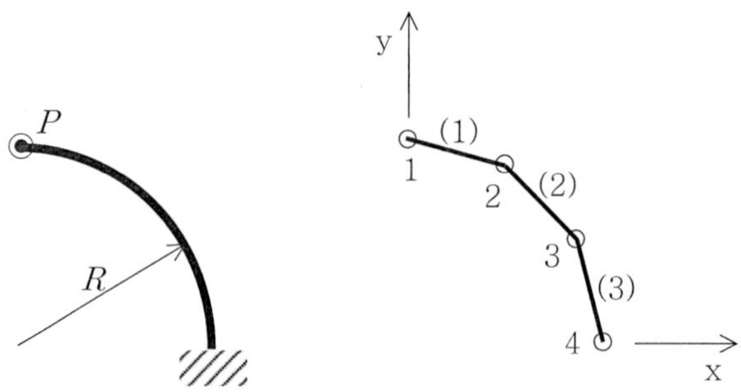

[연습문제-집게의 면내굽힘] 강판집게에 대하여 다음과 같이 요소 ①~④ 4개(절점 1~5 5개)를 사용하여 절점 5의 변위과 회전, 절점 1에 작용하는 반작용력과 모멘트를 구하시오.

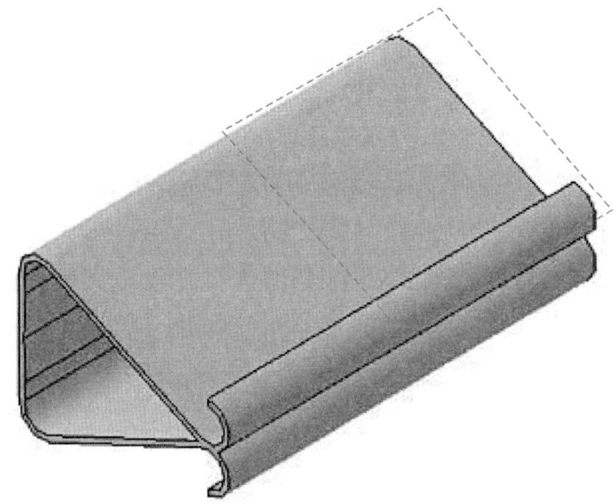

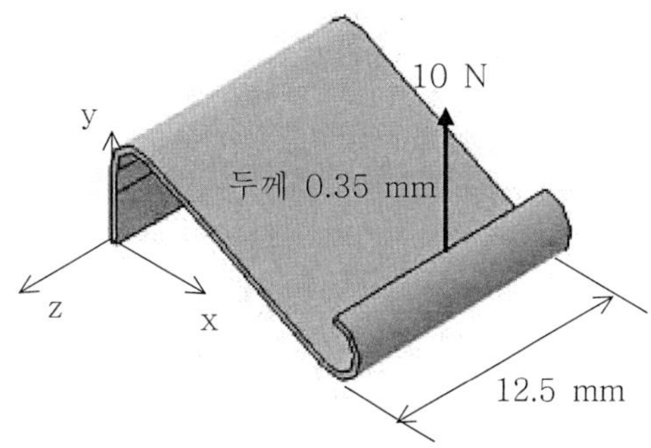

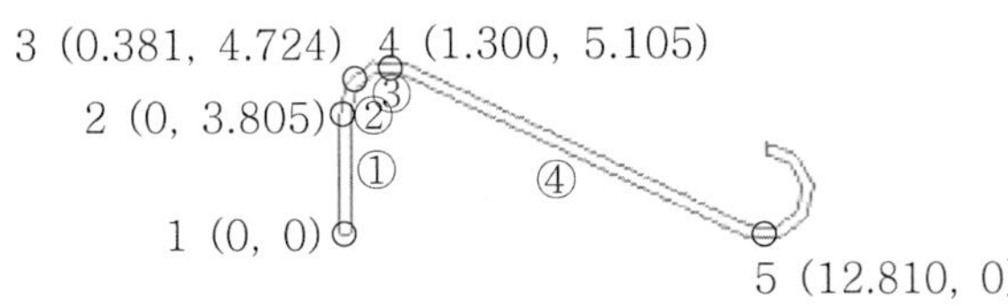

[연습문제-고리의 면외굽힘] 굵은 강선을 원호와 직선으로 구부리고 그 중심 양단을 상하방향으로 당기고 눌러 2 mm 만큼 어긋나게 하였다. 이 때 작용한 힘을 구하시오. E=200 GPa, G=79 GPa

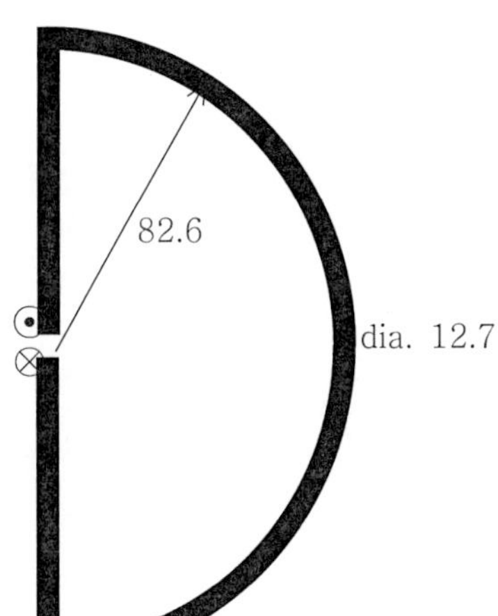

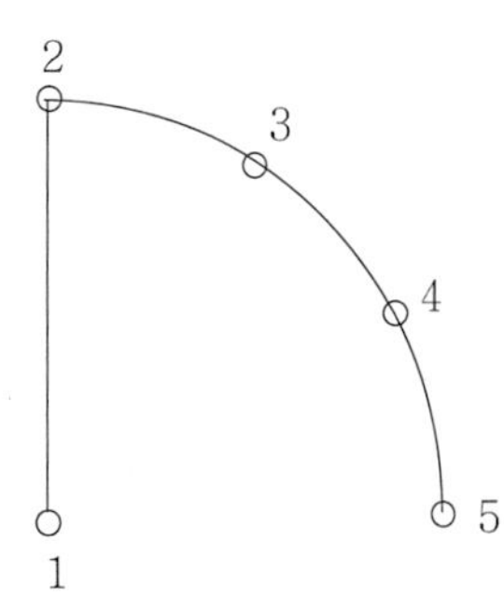

[연습문제-클립의 면외굽힘] paper clip에 두께 1 mm 종이를 끼우기 ①시작할 때(절점 2와 14, 절점 7과 17 상대적인 처짐이 1 mm)와 ②완료할 때(절점 1과 13, 절점 8과 18 상대적인 처짐이 1 mm) 벌리는 힘을 구하시

오.

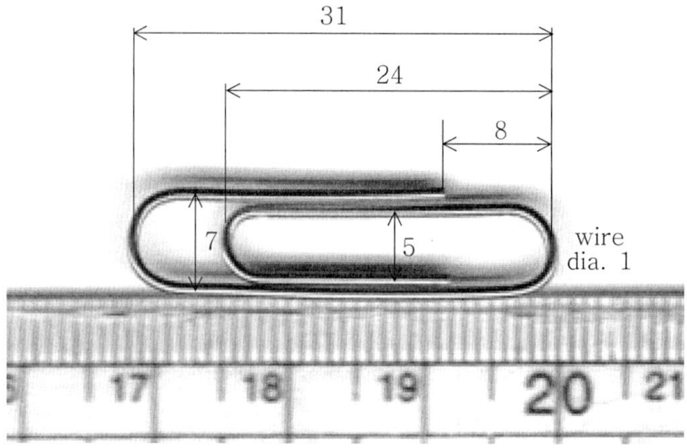
31
24
8
7
5
wire
dia. 1
17
18
19
20
21

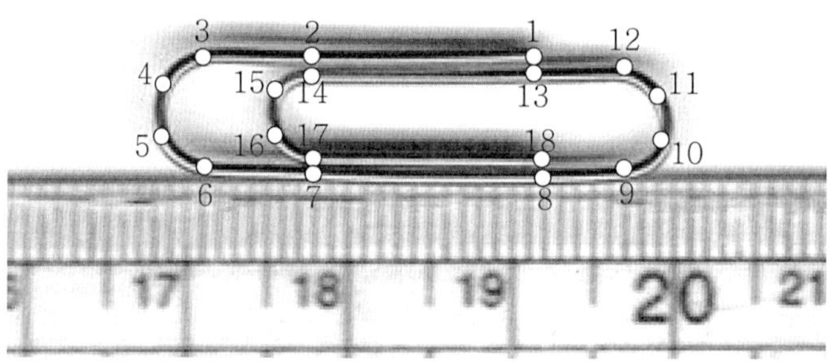
1
2
3
4
5
6
7
8
9
10
11
12
13
14
15
16
17
18
17
18
19
20
21

3. 2차원 요소

면 형태인 요소로 삼각형 요소, 직사각형 요소와 사각형 요소 등이 이에 해당한다. 이것으로 평면문제나 축대칭문제의 해를 구한다. 절점당 x, y 방향 변위 u, v가 허용된다.

3.1 삼각형 유한요소

삼각형 요소는 절점 3개로 이루어진 2차원 평면요소이다.

<u>면적좌표</u>

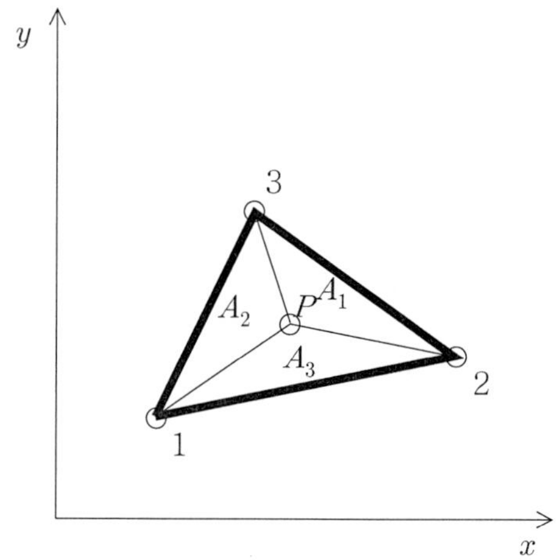

삼각형 요소 내부의 변위를 보간할 때 사용하는 면적좌표

삼각형 내부 어느 점 P의 2차원 면적좌표 $(r_1,\ r_2,\ r_3)$는

$$r_1 = \frac{A_1}{A},\ r_2 = \frac{A_2}{A},\ r_3 = \frac{A_3}{A}$$

여기서 $r_1,\ r_2,\ r_3$는 점 P로 결정된 삼각형 내부 3 부분 각각의 면적 A_1, A_2, A_3와 삼각형 전체 면적 A의 비이다.

$$A_1 + A_2 + A_3 = A$$

이므로

$$r_1 + r_2 + r_3 = 1$$

$r_1,\ r_2,\ r_3$ 중 2 개만 주어지면 나머지는 1 개는 결정된다.

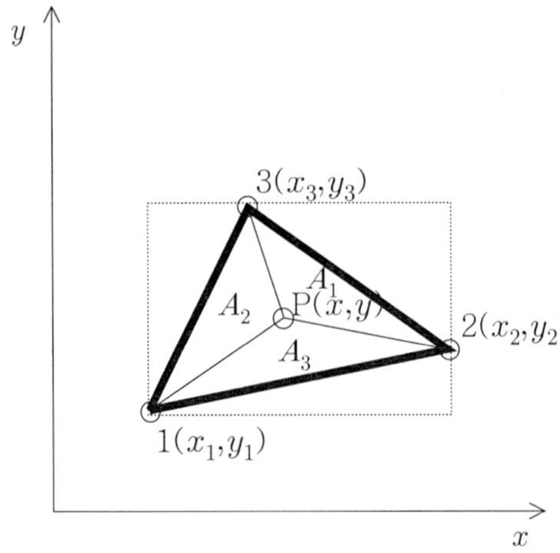

삼각형 요소 내부의 변위를 보간할 때 사용하는 면적좌표의 계산

절점 1, 2, 3으로 이루어진 삼각형 요소의 면적을, 사각형의 면적(점선)에서 사각형과 삼각형 사이의 면적을 빼어 구하면

$$A=(x_2-x_1)(y_3-y_1)-\frac{1}{2}[(x_2-x_1)(y_2-y_1)+(x_2-x_3)(y_3-y_2)+(x_3-x_1)(y_3-y_1)]$$

$$=\frac{1}{2}[x_1(y_2-y_3)+x_2(y_3-y_1)+x_3(y_1-y_2)]$$

다른 방법으로 절점 1에서 2를 향하는 벡터 $(x_2-x_1,\ y_2-y_1)$와 절점 1에서 3을 향하는 벡터 $(x_3-x_1,\ y_3-y_1)$의 외적을 이용하여 구하면

$$\begin{aligned} A &= \frac{1}{2}\left|\left|(x_2-x_1, y_2-y_1,\ 0)\times(x_3-x_1, y_3-y_1,\ 0)\right|\right| \\ &= \frac{1}{2}[(x_2-x_1)(y_3-y_1)-(x_3-x_1)(y_2-y_1)] \\ &= \frac{1}{2}[x_1(y_2-y_3)+x_2(y_3-y_1)+x_3(y_1-y_2)] \end{aligned}$$

결과는 같다.

절점 $1(x_1,y_1)$ 대신에 삼각형 요소 내부의 점 $\mathrm{P}(x,y)$로 바꾸면

$$A_1=\frac{1}{2}[x(y_2-y_3)+x_2(y_3-y)+x_3(y-y_2)]$$

절점 $2(x_2,y_2)$ 대신에 삼각형 요소 내부의 점 $\mathrm{P}(x,y)$로 바꾸면

$$A_2 = \frac{1}{2}[x_1(y - y_3) + x(y_3 - y_1) + x_3(y_1 - y)]$$

절점 $3(x_3, y_3)$ 대신에 삼각형 요소 내부의 점 $\mathrm{P}(x, y)$로 바꾸면

$$A_3 = \frac{1}{2}[x_1(y_2 - y) + x_2(y - y_1) + x(y_1 - y_2)]$$

[예제-면적좌표] 삼각형의 무게중심의 면적좌표 $(r_1,\ r_2,\ r_3)$를 구하시오.

(풀이) 무게중심으로 결정된 삼각형 내부 3 부분의 면적이 같아야 하므로

$$A_1 = A_2 = A_3 = \frac{1}{3}A$$

따라서

$$(r_1, r_2, r_3) = (\frac{1}{3}, \frac{1}{3}, \frac{1}{3})$$

---■

요소 내부 어느 점 P의 변위는 절점의 변위에 관련된 면적좌표를 곱한 것을 더하여

$$\begin{Bmatrix} u \\ v \end{Bmatrix} = \begin{bmatrix} r_1 & 0 & r_2 & 0 & r_3 & 0 \\ 0 & r_1 & 0 & r_2 & 0 & r_3 \end{bmatrix} \begin{Bmatrix} u_1 \\ v_1 \\ u_2 \\ v_2 \\ u_3 \\ v_3 \end{Bmatrix}$$

절점 1에서 $(r_1, r_2, r_3) = (1,0,0)$이므로 $u = u_1,\ v = v_1$

절점 2에서 $(r_1, r_2, r_3) = (0,1,0)$이므로 $u = u_2,\ v = v_2$

절점 3에서 $(r_1, r_2, r_3) = (0,0,1)$이므로 $u = u_3,\ v = v_3$

변형률(strain)

변형이란 $\frac{\partial u}{\partial x}$, $\frac{\partial u}{\partial y}$, $\frac{\partial v}{\partial x}$, $\frac{\partial v}{\partial y}$가 발생한 것으로, 즉 변위 u, v의 기울기가 존재하는 것이다.

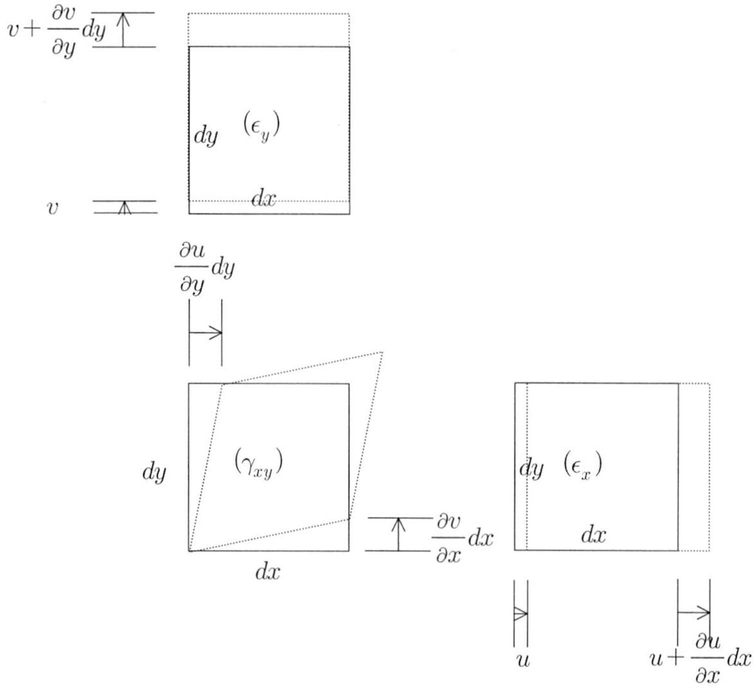

수직, 전단변형률과 x, y 방향 변위의 관계

$\frac{\partial u}{\partial x}$나 $\frac{\partial v}{\partial y}$이 존재하면 x나 y 방향으로 늘어나지만 찌그러지지는 않는다. 이와 반대로 $\frac{\partial u}{\partial y}$나 $\frac{\partial v}{\partial x}$이 존재하면 찌그러지지만 늘어나지는 않는다)

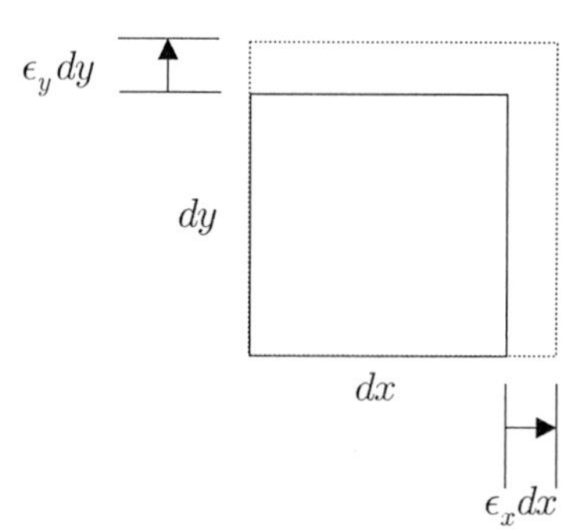

수직변형률에 따르는 체적 증가

$\epsilon_x = \frac{\partial u}{\partial x}$과 $\epsilon_y = \frac{\partial v}{\partial y}$을 수직(垂直) 변형률, $\gamma_{xy} = \left(\frac{\partial u}{\partial y} + \frac{\partial v}{\partial x}\right)$을 전단(剪斷) 변

형률이라고 부른다.

수직 변형률 발생하면 미소 직육면체 3 변의 길이 dx, dy, dz는

$$(1+\epsilon_x)dx,\ (1+\epsilon_y)dy,\ (1+\epsilon_z)dz\text{로 변한다.}$$

$\epsilon_x \ll 1$, $\epsilon_y \ll 1$, $\epsilon_z \ll 1$이면 고차항 $\epsilon_x\epsilon_y$, ..., $\epsilon_x\epsilon_y\epsilon_z$을 무시하여 직육면체의 체적 증분 ΔV는

$$\Delta V = [(1+\epsilon_x)(1+\epsilon_y)(1+\epsilon_z)-1]\,dx\,dy\,dz$$

$$\approx (\epsilon_x+\epsilon_y+\epsilon_z)\,dx\,dy\,dz$$

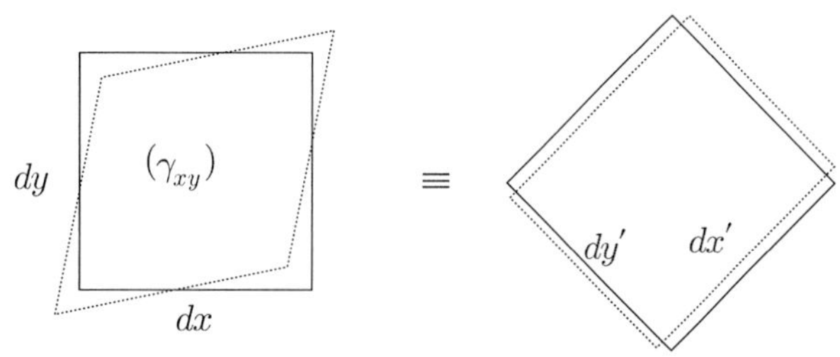

전단변형률에 따르는 체적 증가

전단 변형률 γ_{xy}이 존재하는 경우 Mohr 원을 그리면 45° 회전한 좌표계에 관하여

$$\epsilon_x{}' = \gamma_{xy}/2 \qquad \epsilon_y{}' = -\gamma_{xy}/2 \qquad \epsilon_z{}' = 0$$

체적 증분은

$$\Delta V = [(1+\epsilon_x{}')(1+\epsilon_y{}')(1+\epsilon_z{}')-1]\,dx\,dy\,dz$$

$$\approx (\epsilon_x{}'+\epsilon_y{}'+\epsilon_z{}')\,dx\,dy\,dz$$

$$= (\gamma_{xy}-\gamma_{xy})/2$$

$$= 0$$

체적은 변하지 않는다.

삼각형 요소 내부의 변형률을 구하여 보자.

$$\epsilon_x = \frac{\partial u}{\partial x}, \qquad \epsilon_y = \frac{\partial v}{\partial y}, \qquad \gamma_{xy} = \left(\frac{\partial u}{\partial y} + \frac{\partial v}{\partial x}\right)$$

x 방향 변위는

$$u = r_1 u_1 + r_2 u_2 + r_3 u_3$$

요소 내부에서 보간함수 r_1, r_2, r_3만 변하고, 절점변위 u_1, u_2, u_3는 변하지 않으므로 기울기는

$$\frac{\partial u}{\partial x} = \frac{\partial r_1}{\partial x} u_1 + \frac{\partial r_2}{\partial x} u_2 + \frac{\partial r_3}{\partial x} u_3$$

$$\frac{\partial u}{\partial y} = \frac{\partial r_1}{\partial y} u_1 + \frac{\partial r_2}{\partial y} u_2 + \frac{\partial r_3}{\partial y} u_3$$

y 방향 변위는

$$v = r_1 v_1 + r_2 v_2 + r_3 v_3$$

역시, 요소 내부에서 보간함수 r_1, r_2, r_3만 변하고, 절점변위 u_1, u_2, u_3는 변하지 않으므로 기울기는

$$\frac{\partial v}{\partial x} = \frac{\partial r_1}{\partial x} v_1 + \frac{\partial r_2}{\partial x} v_2 + \frac{\partial r_3}{\partial x} v_3$$

$$\frac{\partial v}{\partial y} = \frac{\partial r_1}{\partial y} v_1 + \frac{\partial r_2}{\partial y} v_2 + \frac{\partial r_3}{\partial y} v_3$$

보간함수 r_1, r_2, r_3를 편미분하면

$$\frac{\partial r_1}{\partial x} = \frac{y_2 - y_3}{2A}, \quad \frac{\partial r_2}{\partial x} = \frac{y_3 - y_1}{2A}, \quad \frac{\partial r_3}{\partial x} = \frac{y_1 - y_2}{2A}$$

$$\frac{\partial r_1}{\partial y} = \frac{x_3 - x_2}{2A}, \quad \frac{\partial r_2}{\partial y} = \frac{x_1 - x_3}{2A}, \quad \frac{\partial r_3}{\partial y} = \frac{x_2 - x_1}{2A}$$

변형률은

$$\begin{Bmatrix} \epsilon_x \\ \epsilon_y \\ \gamma_{xy} \end{Bmatrix} = \frac{1}{2A} \begin{bmatrix} y_2 - y_3 & 0 & y_3 - y_1 & 0 & y_1 - y_2 & 0 \\ 0 & x_3 - x_2 & 0 & x_1 - x_3 & 0 & x_2 - x_1 \\ x_3 - x_2 & y_2 - y_3 & x_1 - x_3 & y_3 - y_1 & x_2 - x_1 & y_1 - y_2 \end{bmatrix} \begin{Bmatrix} u_1 \\ v_1 \\ u_2 \\ v_2 \\ u_3 \\ v_3 \end{Bmatrix}$$

[예제-강체운동] 평행이동한 경우 변형률이 발생하지 않음을 확인하시오.

(풀이) 평행이동한 경우

$$u_1 = u_2 = u_3 = u_0, \quad v_1 = v_2 = v_3 = v_0$$

$$\begin{Bmatrix} \epsilon_x \\ \epsilon_y \\ \gamma_{xy} \end{Bmatrix} = \frac{1}{2A} \begin{bmatrix} y_2 - y_3 & 0 & y_3 - y_1 & 0 & y_1 - y_2 & 0 \\ 0 & x_3 - x_2 & 0 & x_1 - x_3 & 0 & x_2 - x_1 \\ x_3 - x_2 & y_2 - y_3 & x_1 - x_3 & y_3 - y_1 & x_2 - x_1 & y_1 - y_2 \end{bmatrix} \begin{Bmatrix} u_0 \\ v_0 \\ u_0 \\ v_0 \\ u_0 \\ v_0 \end{Bmatrix} = \begin{Bmatrix} 0 \\ 0 \\ 0 \end{Bmatrix}$$

---■

[예제-강체운동] 회전한 경우 변형률이 발생하지 않음을 확인하시오.

(풀이) 회전한 경우 $\theta \ll 1$이면

$u_1 = -y_1\theta,\ v_1 = x_1\theta,\ u_2 = -y_2\theta,\ v_2 = x_2\theta,\ u_3 = -y_3\theta,\ v_3 = x_3\theta$이므로

$$\begin{Bmatrix} \epsilon_x \\ \epsilon_y \\ \gamma_{xy} \end{Bmatrix} = \frac{1}{2A} \begin{bmatrix} y_2 - y_3 & 0 & y_3 - y_1 & 0 & y_1 - y_2 & 0 \\ 0 & x_3 - x_2 & 0 & x_1 - x_3 & 0 & x_2 - x_1 \\ x_3 - x_2 & y_2 - y_3 & x_1 - x_3 & y_3 - y_1 & x_2 - x_1 & y_1 - y_2 \end{bmatrix} \begin{Bmatrix} -y_1 \\ x_1 \\ -y_2 \\ x_2 \\ -y_3 \\ x_3 \end{Bmatrix} \theta = \begin{Bmatrix} 0 \\ 0 \\ 0 \end{Bmatrix}$$

---■

평면응력(Plane Stress)

반지름 r, 두께 t인 박벽원통이 내압 p를 받을 때 내표면에서 반경방향 응력 $\sigma_r = -p$, 외표면에서 $\sigma_r = 0$이므로 $-p \leq \sigma_r \leq 0$이다. $t \ll r$ 이면 반경방향 응력 σ_r은 접선방향 응력 $\sigma_\theta = pr/t$보다 충분히 작다. 그리고, 대칭이므로 $\tau_{r\theta} = \tau_{rz} = 0$이다. $\sigma_r = 0$로 취급하여 $\sigma_r = \tau_{r\theta} = \tau_{rz} = 0$인 상태를 평면응력상태라고 부른다.

$\sigma_x,\ \sigma_y,\ \tau_{xy}$만 존재하고 $\sigma_z = \tau_{xz} = \tau_{yz} = 0$일 때 Hook의 법칙은

$$\begin{Bmatrix} \epsilon_x \\ \epsilon_y \\ \gamma_{xy} \end{Bmatrix} = \frac{1}{E} \begin{bmatrix} 1 & -\nu & 0 \\ -\nu & 1 & 0 \\ 0 & 0 & 2(1+\nu) \end{bmatrix} \begin{Bmatrix} \sigma_x \\ \sigma_y \\ \tau_{xy} \end{Bmatrix}$$

역변환하면

$$\begin{Bmatrix} \sigma_x \\ \sigma_y \\ \tau_{xy} \end{Bmatrix} = \frac{E}{1-\nu^2} \begin{bmatrix} 1 & \nu & 0 \\ \nu & 1 & 0 \\ 0 & 0 & (1-\nu)/2 \end{bmatrix} \begin{Bmatrix} \epsilon_x \\ \epsilon_y \\ \gamma_{xy} \end{Bmatrix}$$

종합하면 삼각형 요소 내부의 응력 $\{\sigma_x, \sigma_y, \tau_{xy}\}$은

$$\begin{Bmatrix} \sigma_x \\ \sigma_y \\ \tau_{xy} \end{Bmatrix} = \frac{E}{1-\nu^2} \begin{bmatrix} 1 & \nu & 0 \\ \nu & 1 & 0 \\ 0 & 0 & (1-\nu)/2 \end{bmatrix}$$

$$\frac{1}{2A} \begin{bmatrix} y_2-y_3 & 0 & y_3-y_1 & 0 & y_1-y_2 & 0 \\ 0 & x_3-x_2 & 0 & x_1-x_3 & 0 & x_2-x_1 \\ x_3-x_2 & y_2-y_3 & x_1-x_3 & y_3-y_1 & x_2-x_1 & y_1-y_2 \end{bmatrix} \begin{Bmatrix} u_1 \\ v_1 \\ u_2 \\ v_2 \\ u_3 \\ v_3 \end{Bmatrix}$$

평면변형(Plane Strain)

댐이나 터널과 같이 단면이 일정하고 긴 경우 단면 변형은 일정하고 길이 방향 변위는 억제된다. $\epsilon_z = \gamma_{xz} = \gamma_{yz} = 0$인 상태를 평면변형률상태라고 부른다.

$\epsilon_z = 0$이면 $0 = \frac{1}{E}[\sigma_z - \nu(\sigma_x + \sigma_y)]$이므로

$$\sigma_z = \nu(\sigma_x + \sigma_y)$$

σ_x, σ_y, σ_z, τ_{xy}가 존재할 때 Hook의 법칙은

$$\begin{Bmatrix} \epsilon_x \\ \epsilon_y \\ \gamma_{xy} \end{Bmatrix} = \frac{1}{E} \begin{bmatrix} 1 & -\nu & -\nu & 0 \\ -\nu & 1 & -\nu & 0 \\ 0 & 0 & 0 & 2(1+\nu) \end{bmatrix} \begin{Bmatrix} \sigma_x \\ \sigma_y \\ \sigma_z \\ \tau_{xy} \end{Bmatrix}$$

$\sigma_z = \nu(\sigma_x + \sigma_y)$을 대입하여 정리하면

$$\begin{Bmatrix} \epsilon_x \\ \epsilon_y \\ \gamma_{xy} \end{Bmatrix} = \frac{1}{E} \begin{bmatrix} 1-\nu^2 & -\nu-\nu^2 & 0 \\ -\nu-\nu^2 & 1-\nu^2 & 0 \\ 0 & 0 & 2(1+\nu) \end{bmatrix} \begin{Bmatrix} \sigma_x \\ \sigma_y \\ \tau_{xy} \end{Bmatrix}$$

역변환하면

$$\begin{Bmatrix}\sigma_x\\\sigma_y\\\tau_{xy}\end{Bmatrix}=\frac{E}{(1+\nu)(1-2\nu)}\begin{bmatrix}1-\nu & \nu & 0\\\nu & 1-\nu & 0\\0 & 0 & (1-2\nu)/2\end{bmatrix}\begin{Bmatrix}\epsilon_x\\\epsilon_y\\\gamma_{xy}\end{Bmatrix}$$

종합하면 삼각형 요소 내부의 응력 $\{\sigma_x,\ \sigma_y,\ \tau_{xy}\}$은

$$\begin{Bmatrix}\sigma_x\\\sigma_y\\\tau_{xy}\end{Bmatrix}=\frac{E}{(1+\nu)(1-2\nu)}\begin{bmatrix}1-\nu & \nu & 0\\\nu & 1-\nu & 0\\0 & 0 & (1-2\nu)/2\end{bmatrix}$$

$$\left[\frac{1}{2A}\begin{bmatrix}y_2-y_3 & 0 & y_3-y_1 & 0 & y_1-y_2 & 0\\0 & x_3-x_2 & 0 & x_1-x_3 & 0 & x_2-x_1\\x_3-x_2 & y_2-y_3 & x_1-x_3 & y_3-y_1 & x_2-x_1 & y_1-y_2\end{bmatrix}\right]\begin{Bmatrix}u_1\\v_1\\u_2\\v_2\\u_3\\v_3\end{Bmatrix}$$

요약하면

$$\{u\}=[N]\{u_i\}$$

$$\{\epsilon\}=[B]\{u_i\}$$

$$\{\sigma\}=[E][B]\{u_i\}$$

가상변위의 원리 (Principle of Variational Displacement)

편미분 형태인 평형조건을 적분 형태로 바꾼 것이 필요하다.

물체 내부 다음과 같은 미소(微小)요소에 평형조건 $\sum F_x=0$과 $\sum F_y=0$을 적용하자. (평형조건 $\sum M_z=0$은 이미 적용되어 $\tau_{xy}=\tau_{yx}$ 즉, τ_{xy}와 τ_{yx}는 같다.)

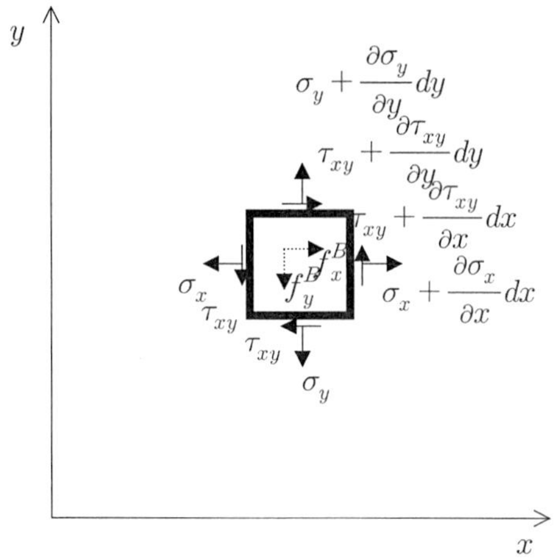

직사각형 미소요소에 작용하는 응력과 체적력

$\sum F_x = 0$이려면

$$-\sigma_x dy + \left(\sigma_x + \frac{\partial \sigma_x}{\partial x} dx\right) dy - \tau_{xy} dx + \left(\tau_{xy} + \frac{\partial \tau_{xy}}{\partial y} dy\right) dx + f_x^B dx dy = 0$$

$\sum F_y = 0$이려면

$$-\sigma_y dx + \left(\sigma_y + \frac{\partial \sigma_y}{\partial y} dy\right) dx - \tau_{xy} dy + \left(\tau_{xy} + \frac{\partial \tau_{xy}}{\partial x} dx\right) dy + f_y^B dx dy = 0$$

간단히 하면

$$\frac{\partial \sigma_x}{\partial x} + \frac{\partial \tau_{xy}}{\partial y} + f_x^B = 0, \quad \frac{\partial \tau_{xy}}{\partial x} + \frac{\partial \sigma_y}{\partial y} + f_y^B = 0$$

요소 내부 모든 점에서 성립하여야 한다.

가상(假想)변위 δu, δv는 변위경계조건을 어기지 않는 임의의 미소변위다.

요소 내부 모든 점에서

$$\frac{\partial \sigma_x}{\partial x} + \frac{\partial \tau_{xy}}{\partial y} + f_x^B = 0, \quad \frac{\partial \tau_{xy}}{\partial x} + \frac{\partial \sigma_y}{\partial y} + f_y^B = 0$$

이므로 요소 내부 모든 임의의 영역 A에 대하여

$$\int_A \left[\left(\frac{\partial \sigma_x}{\partial x} + \frac{\partial \tau_{xy}}{\partial y} + f_x^B \right)(\delta u) + \left(\frac{\partial \tau_{xy}}{\partial x} + \frac{\partial \sigma_y}{\partial y} + f_y^B \right)(\delta v) \right] dx\, dy = 0$$

이 성립한다.

[예제] 다음 Green 정리를 이용하여 타원의 면적을 구하라.

$$\int_A dx\,dy = \int_S x\,dy$$
$$= \int_S x\,n_x\,dS$$

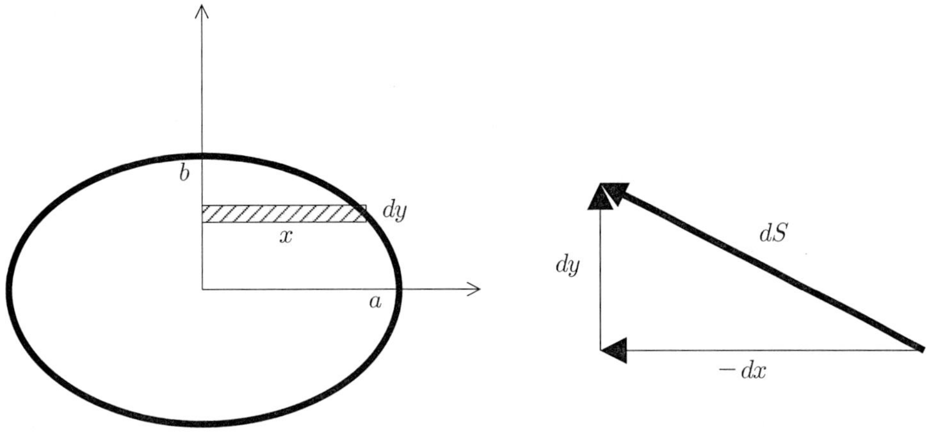

선적분으로 타원의 넓이를 계산

(풀이) 다음 타원에 대하여

$$\frac{x^2}{a^2} + \frac{y^2}{b^2} = 1$$

$x = a\cos\theta$, $y = b\sin\theta$와 같이 치환한다.

$$\int_A dx\,dy = \int_S x\,dy$$

$$= \int_0^{2\pi} (a\cos\theta)(b\cos\theta\,d\theta)$$

$$= ab\int_0^{2\pi} \cos^2\theta\,d\theta$$

$$= ab\int_0^{2\pi} \frac{1+\cos 2\theta}{2}\,d\theta$$

$$= \pi ab$$

[예제] 다음 Green 정리를 이용하여 타원의 면적을 구하라.

$$\int_A dx\,dy = -\int_S y\,dx$$
$$= \int_S y\,n_y\,dS$$

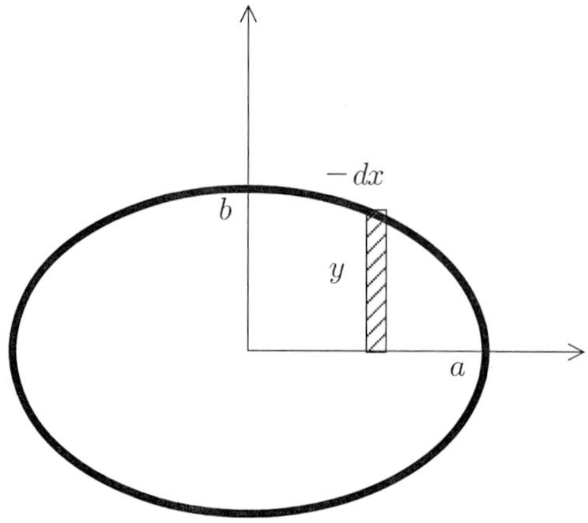

선적분으로 타원의 넓이를 계산

(풀이)

$$\int_A dx\,dy = -\int_S y\,dx$$

$$= \int_0^{2\pi} (b\sin\theta)\,(a\sin\theta\,d\theta)$$

$$= ab\int_0^{2\pi} \sin^2\theta\,d\theta$$

$$= ab\int_0^{2\pi} \frac{1-\cos 2\theta}{2}\,d\theta$$

$$= \pi ab$$

적분 형태인 평형조건

$$\int_A \left[\left(\frac{\partial\sigma_x}{\partial x} + \frac{\partial\tau_{xy}}{\partial y} + f_x^B\right)(\delta u) + \left(\frac{\partial\tau_{xy}}{\partial x} + \frac{\partial\sigma_y}{\partial y} + f_y^B\right)(\delta v)\right] dx\,dy = 0$$

에 부분적분과 Green 정리를 이용하여

$$\int_S [\sigma_x(\delta u)+\tau_{xy}(\delta v)]n_x dS - \int_A \left[\sigma_x \frac{\partial(\delta u)}{\partial x}+\tau_{xy}\frac{\partial(\delta v)}{\partial x}\right]dx\,dy +$$

$$\int_S [\tau_{xy}(\delta u)+\sigma_y(\delta v)]n_y dS - \int_A \left[\tau_{xy} \frac{\partial(\delta u)}{\partial y}+\sigma_y\frac{\partial(\delta v)}{\partial y}\right]dx\,dy +$$

$$\int_A \left[f_x^B(\delta u)+f_y^B(\delta v)\right]dx\,dy = 0$$

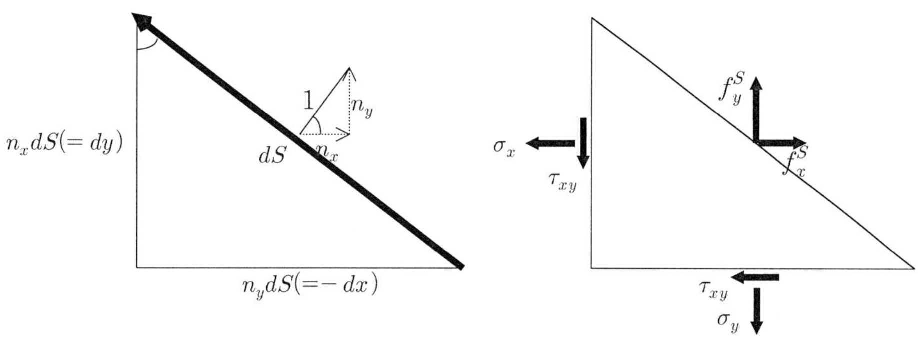

영역의 경계에 작용하는 장력 f_x^S, f_y^S

경계 미소(微小)요소에 평형조건 $\sum F_x = 0$과 $\sum F_y = 0$을 적용하면

$$\sigma_x dy - \tau_{xy} dx = f_x^S dS$$

$$\tau_{xy} dy - \sigma_y dx = f_y^S dS$$

결국

$$\sigma_x n_x + \tau_{xy} n_y = f_x^S$$

$$\tau_{xy} n_x + \sigma_y n_y = f_y^S$$

이 관계를 적분형태 평형조건에 대입하면

$$\int_A \left[\frac{\partial(\delta u)}{\partial x}\sigma_x + \frac{\partial(\delta v)}{\partial y}\sigma_y + \left\{\frac{\partial(\delta v)}{\partial x}+\frac{\partial(\delta v)}{\partial x}\right\}\tau_{xy}\right]dx\,dy =$$

$$\int_S \left[(\delta u)f_x^S + (\delta v)f_y^S\right]dS + \int_A \left[(\delta u)f_x^B + (\delta v)f_y^B\right]dx\,dy$$

행렬을 사용하여 정리하면

$$\int_A [\delta\epsilon_x \, \delta\epsilon_y \, \delta\gamma_{xy}] \begin{Bmatrix} \sigma_x \\ \sigma_y \\ \tau_{xy} \end{Bmatrix} dx\,dy = \int_S [\delta u \, \delta v] \begin{Bmatrix} f_x^S \\ f_y^S \end{Bmatrix} dS + \int_A [\delta u \, \delta v] \begin{Bmatrix} f_x^B \\ f_y^B \end{Bmatrix} dx\,dy$$

3차원문제인 경우 요소 내부 모든 점에서

$$\frac{\partial \sigma_x}{\partial x} + \frac{\partial \tau_{xy}}{\partial y} + \frac{\partial \tau_{xz}}{\partial z} + F_x = 0$$

$$\frac{\partial \tau_{xy}}{\partial x} + \frac{\partial \sigma_y}{\partial y} + \frac{\partial \tau_{yz}}{\partial z} + F_y = 0$$

$$\frac{\partial \tau_{xz}}{\partial x} + \frac{\partial \tau_{yz}}{\partial y} + \frac{\partial \sigma_z}{\partial z} + F_z = 0$$

이 만족된다.

그리고, 요소 내부 모든 영역에 대하여

$$\int_V [\delta\epsilon_x \, \delta\epsilon_y \, \delta\epsilon_z \, \delta\gamma_{xy} \, \delta\gamma_{yz} \, \delta\gamma_{xz}] \begin{Bmatrix} \sigma_x \\ \sigma_y \\ \sigma_z \\ \tau_{xy} \\ \tau_{yz} \\ \tau_{xz} \end{Bmatrix} dx\,dy\,dz =$$

$$\int_S [\delta u \, \delta v \, \delta w] \begin{Bmatrix} f_x^S \\ f_y^S \\ f_z^S \end{Bmatrix} dS + \int_V [\delta u \, \delta v \, \delta w] \begin{Bmatrix} f_x^B \\ f_y^B \\ f_z^B \end{Bmatrix} dx\,dy\,dz$$

요약하면

$$\int_V \{\delta\epsilon\}^T \{\sigma\} \, dV = \int_S \{\delta u\}^T \{\Phi\} \, dS + \int_V \{\delta u\}^T \{F\} \, dV$$

[예제] 인장하중을 받는 균일단면 bar에 대하여 가상변위의 원리가 성립함을 확인하시오.

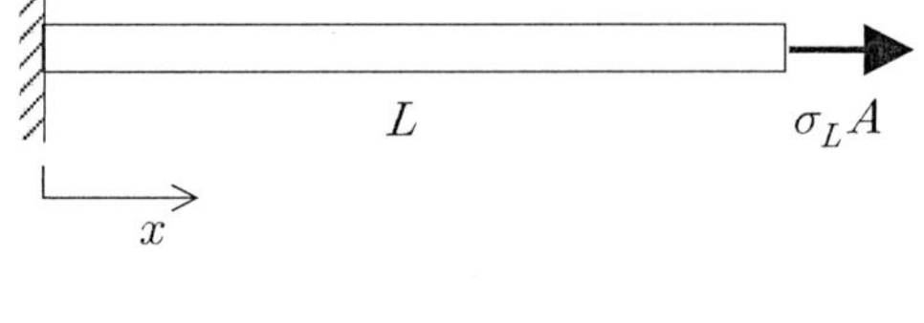

(풀이) 평형상태는 $\sigma_x = \sigma_L$ 이다.

가상변위의 원리는

$$\int_0^L (\delta\epsilon_x)\,\sigma_x A\,dx = (\delta u_L)\sigma_L A$$

(a) 가상변위

$$\delta u = \frac{x}{L}\,\delta u_L$$

$x=0$에서 $\delta u = 0$이므로 경계조건을 만족한다. (admissible)

가상 변형률은

$$\delta\epsilon_x = \frac{\partial(\delta u)}{\partial x}$$

대입하면

$$\delta\epsilon_x = \frac{1}{L}\,\delta u_L$$

가상변위의 원리에 대입하면 등식이 성립한다.

$$(\delta u_L)\int_0^L \frac{1}{L}\,\sigma_L A\,dx = (\delta u_L)\sigma_L A$$

(b) 가상변위

$$\delta u = \left[2\left(\frac{x}{L}\right) - \left(\frac{x}{L}\right)^2\right]\delta u_L$$

$x=0$에서 $\delta u = 0$이므로 경계조건을 만족한다. (admissible)

가상 변형률은

$$\delta\epsilon_x = \frac{2}{L}\left(1 - \frac{x}{L}\right)\delta u_L$$

가상변위의 원리에 대입하면 등식이 성립한다.

$$(\delta u_L)\int_0^L \frac{2}{L}\left(1 - \frac{x}{L}\right)\sigma_L A\,dx = (\delta u_L)\sigma_L A$$

---■

[연습문제] 인장하중을 받는 균일단면 bar에 대하여 가상변위

$\delta u = \delta u_L \sin\left(\frac{\pi x}{2L}\right)$에 대하여 가상변위의 원리가 성립함을 확인하시오.

가상변위의 원리는

$$\int_V \{\delta\epsilon\}^T\{\sigma\}\,dV = \int_S \{\delta u\}^T\{\Phi\}\,dS + \int_V \{\delta u\}^T\{F\}\,dV$$

(a) 변형률 $\{\epsilon\} = [B]\{u_i\}$와 같이

$$\{\delta\epsilon\} = [B]\{\delta u_i\}$$

전치행렬은

$$\{\delta\epsilon\}^T = \{\delta u_i\}^T[B]^T$$

(b) 응력

$$\{\sigma\} = [E][B]\{u_i\}$$

(c) 변위

$$\{u\} = [N]\{u_i\}$$

전치행렬은

$$\{\delta u\}^T = \{\delta u_i\}^T[N]^T$$

(a), (b), (c)를 가상변위의 원리에 대입하면

$$\{\delta u_i\}^T\left[\int_V [B]^T[E][B]\,dV\right]\{u_i\} =$$

$$\{\delta u_i\}^T\int_S [N]^T\{\Phi\}\,dS + \{\delta u_i\}^T\int_V [N]^T\{F\}\,dV$$

임의의$\{\delta u_i\}$에 대하여 성립하여야 하므로

$$\left[\int_V [B]^T[E][B]\,dV\right]\{u_i\} = \int_S [N]^T\{\Phi\}\,dS + \int_V [N]^T\{F\}\,dV$$

요약하면

$$[K]\{u_i\} = \{f\}$$

여기서

$$[K] = \int_V [B]^T[E][B]\,dV$$

$$\{F\} = \int_S [N]^T \{\Phi\}\, dS + \int_V [N]^T \{F\}\, dV$$

다음과 같이 3절점 삼각형 요소에 대하여 $[B]$는 상수행렬이다.

$$\begin{Bmatrix} \sigma_x \\ \sigma_y \\ \tau_{xy} \end{Bmatrix} = \frac{E}{(1+\nu)(1-2\nu)} \begin{bmatrix} 1-\nu & \nu & 0 \\ \nu & 1-\nu & 0 \\ 0 & 0 & (1-2\nu)/2 \end{bmatrix}$$

$$\frac{1}{2A} \begin{bmatrix} y_2-y_3 & 0 & y_3-y_1 & 0 & y_1-y_2 & 0 \\ 0 & x_3-x_2 & 0 & x_1-x_3 & 0 & x_2-x_1 \\ x_3-x_2 & y_2-y_3 & x_1-x_3 & y_3-y_1 & x_2-x_1 & y_1-y_2 \end{bmatrix} \begin{Bmatrix} u_1 \\ v_1 \\ u_2 \\ v_2 \\ u_3 \\ v_3 \end{Bmatrix}$$

즉,

$$\{\sigma\} = [E]\,[B]\,\{u_i\}$$

따라서 요소강성행렬 적분은 다음 좌변과 같이 단순히 체적을 곱하면 된다.

$$[B]^T [E]\,[B]\, At\ \{u_i\} = \int_S [N]^T \{\Phi\}\, dS + \int_V [N]^T \{F\}\, dV$$

즉,

$$[K] = [B]^T [E]\,[B]\, At$$

$$[K] = \frac{1}{2A} \begin{bmatrix} y_2-y_3 & 0 & x_3-x_2 \\ 0 & x_3-x_2 & y_2-y_3 \\ y_3-y_1 & 0 & x_1-x_3 \\ 0 & x_1-x_3 & y_3-y_1 \\ y_1-y_2 & 0 & x_2-x_1 \\ 0 & x_2-x_1 & y_1-y_2 \end{bmatrix} \frac{E}{1-\nu^2} \begin{bmatrix} 1 & \nu & 0 \\ \nu & 1 & 0 \\ 0 & 0 & (1-\nu)/2 \end{bmatrix}$$

$$\frac{1}{2A} \begin{bmatrix} y_2-y_3 & 0 & y_3-y_1 & 0 & y_1-y_2 & 0 \\ 0 & x_3-x_2 & 0 & x_1-x_3 & 0 & x_2-x_1 \\ x_3-x_2 & y_2-y_3 & x_1-x_3 & y_3-y_1 & x_2-x_1 & y_1-y_2 \end{bmatrix} tA$$

[예제-균일인장] 가로 100 mm, 세로 50 mm, 두께 5 mm인 평판에 인장력 2.5 kN이 작용할 때 절점 3, 4의 변위를 구하시오. E=200 GPa, ν=0.3

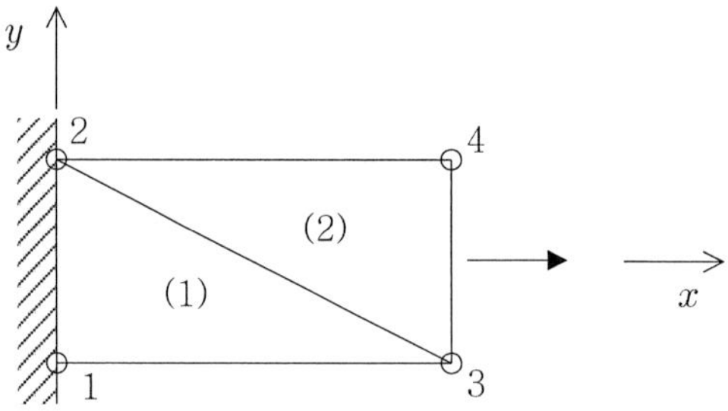

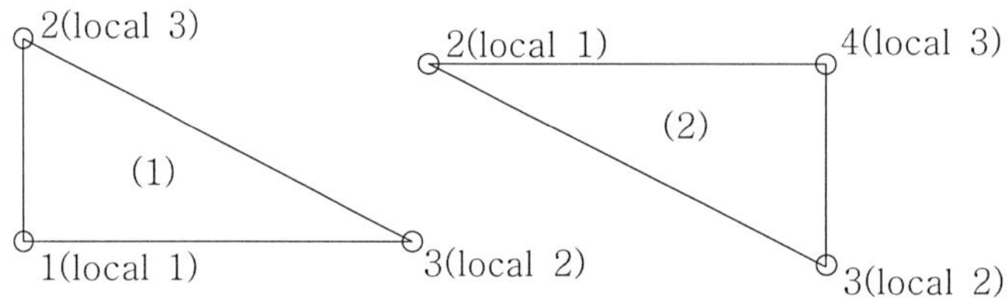

(풀이)

요소 (1)에 대하여 A=2,500 mm^2, t=5 mm

$[B]$ 행렬

$$\begin{Bmatrix}\epsilon_x\\ \epsilon_y\\ \gamma_{xy}\end{Bmatrix}=[B]\begin{Bmatrix}u_1\\ v_1\\ u_3\\ v_3\\ u_2\\ v_2\end{Bmatrix}[\mathrm{mm}]$$

-0.010	0.000	0.010	0.000	0.000	0.000
0.000	-0.020	0.000	0.000	0.000	0.020
-0.020	-0.010	0.000	0.010	0.020	0.000

$[E]$ 행렬

$$\begin{Bmatrix}\sigma_x\\ \sigma_y\\ \tau_{xy}\end{Bmatrix}[\mathrm{GPa}]=[E]\begin{Bmatrix}\epsilon_x\\ \epsilon_y\\ \gamma_{xy}\end{Bmatrix}$$

220	66	0
66	220	0
0	0	77

요소강성행렬 $[B]^T[E][B]At$

659	357	-275	-192	-385	-165
357	1195	-165	-96	-192	-1099
-275	-165	275	0	0	165
-192	-96	0	96	192	0
-385	-192	0	192	385	0
-165	-1099	165	0	0	1099

[kN/mm]

요소 (1) sheet를을 복사하여 뒤에 삽입하고, 요소 (2)로 이름을 바꾸고

<u>수정한다.</u> 요소 (2)에 대하여 $A=2{,}500\ \text{mm}^2$, t=5 mm

$[B]$ 행렬

$$\begin{Bmatrix}\epsilon_x\\ \epsilon_y\\ \gamma_{xy}\end{Bmatrix}=\begin{bmatrix}-0.010 & 0.000 & 0.000 & 0.000 & 0.010 & 0.000\\ 0.000 & 0.000 & 0.000 & -0.020 & 0.000 & 0.020\\ 0.000 & -0.010 & -0.020 & 0.000 & 0.020 & 0.010\end{bmatrix}\begin{Bmatrix}u_2\\ v_2\\ u_3\\ v_3\\ u_4\\ v_4\end{Bmatrix}[\text{mm}]$$

$[E]$ 행렬

$$\begin{Bmatrix}\sigma_x\\ \sigma_y\\ \tau_{xy}\end{Bmatrix}[\text{GPa}]=\begin{bmatrix}220 & 66 & 0\\ 66 & 220 & 0\\ 0 & 0 & 77\end{bmatrix}\begin{Bmatrix}\epsilon_x\\ \epsilon_y\\ \gamma_{xy}\end{Bmatrix}$$

요소강성행렬 $[B]^T[E][B]tA$

275	0	0	165	-275	-165
0	96	192	0	-192	-96
0	192	385	0	-385	-192
165	0	0	1099	-165	-1099
-275	-192	-385	-165	659	357
-165	-96	-192	-1099	357	1195

[kN/mm]

요소 (1)과 요소 (2)의 강성행렬을 조합하고 변위와 하중 경계조건을 입력하면

1		2		3		4		{u, v}	{f}	
659	357	-385	-165	-275	-192	0	0	0		1
357	1195	-192	-1099	-165	-96	0	0	0		
-385	-192	659	0	0	357	-275	-165	0		2
-165	-1099	0	1195	357	0	-192	-96	0		
-275	-165	0	357	659	0	-385	-192		1.25	3
-192	-96	357	0	0	1195	-165	-1099			
0	0	-275	-192	-385	-165	659	357		1.25	4
0	0	-165	-96	-192	-1099	357	1195			

변위가 지정된 1~4 행과 열을 고쳐 $\{u\}=[K]^{-1}\{f\}$로 변위를 구한다.

1		2		3		4		{u, v}	{f}	
1	0	0	0	0	0	0	0	0.000	0.000	1
0	1	0	0	0	0	0	0	0.000	0.000	
0	0	1	0	0	0	0	0	0.000	0.000	2
0	0	0	1	0	0	0	0	0.000	0.000	
0	0	0	0	659	0	-385	-192	0.005	1.250	3
0	0	0	0	0	1195	-165	-1099	0.000	0.000	
0	0	0	0	-385	-165	659	357	0.005	1.250	4
0	0	0	0	-192	-1099	357	1195	-0.001	0.000	

$$\begin{Bmatrix} u_1 \\ v_1 \\ u_2 \\ v_2 \\ u_3 \\ v_3 \\ u_4 \\ v_4 \end{Bmatrix} = \begin{Bmatrix} 0.000 \\ 0.000 \\ 0.000 \\ 0.000 \\ 0.005 \\ 0.000 \\ 0.005 \\ -0.001 \end{Bmatrix}$$

변위를 대입하여 $[K]\{u\}=\{f\}$를 구하면

1	-1.250
	-0.751
2	-1.250
	0.751
3	1.250
	0.000
4	1.250
	0.000

F_{x1}=-1.25 kN, F_{y1}=-0.75 kN, F_{x2}=-1.25 kN, F_{y2}=0.75 kN

요소 (1) 응력은

$\begin{Bmatrix} \sigma_x \\ \sigma_y \\ \tau_{xy} \end{Bmatrix}=$

220	66	0
66	220	0
0	0	77

-0.010	0.000	0.010	0.000	0.000	0.000
0.000	-0.020	0.000	0.000	0.000	0.020
-0.020	-0.010	0.000	0.010	0.020	0.000

$$\begin{Bmatrix} 0.000 \\ 0.000 \\ 0.005 \\ 0.000 \\ 0.000 \\ 0.000 \end{Bmatrix} = \begin{Bmatrix} 0.010 \\ 0.003 \\ 0.000 \end{Bmatrix} \text{[GPa]}$$

요소 (2) 응력은

$$\begin{Bmatrix}\sigma_x\\ \sigma_y\\ \tau_{xy}\end{Bmatrix}=\begin{bmatrix}220 & 66 & 0\\ 66 & 220 & 0\\ 0 & 0 & 77\end{bmatrix}$$

$$\begin{bmatrix}-0.010 & 0.000 & 0.000 & 0.000 & 0.010 & 0.000\\ 0.000 & 0.000 & 0.000 & -0.020 & 0.000 & 0.020\\ 0.000 & -0.010 & -0.020 & 0.000 & 0.020 & 0.010\end{bmatrix}\begin{Bmatrix}0.000\\ 0.000\\ 0.005\\ 0.000\\ 0.005\\ -0.001\end{Bmatrix}=\begin{Bmatrix}0.010\\ 0.000\\ 0.000\end{Bmatrix}[\mathrm{GPa}]$$

[예제-균일전단] 가로 100 mm, 세로 50 mm, 두께 5 mm인 평판에 전단력 2.5 kN이 작용할 때 절점 3, 4의 변위를 구하시오. E=200 GPa, ν=0.3

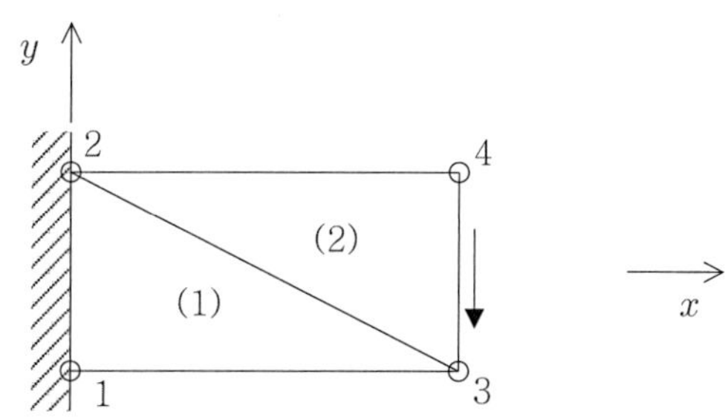

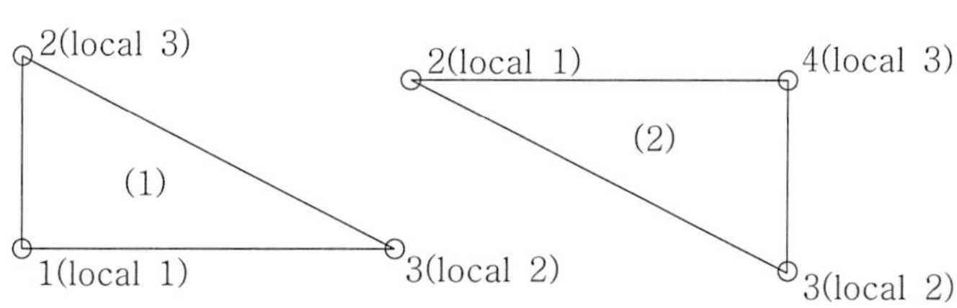

(풀이) 요소 (1)과 요소 (2)의 강성행렬을 조합하고 변위와 하중 경계조건을 입력하면

1		2		3		4		{u, v}	{f}	
659	357	-385	-165	-275	-192	0	0	0		1
357	1,195	-192	-1,099	-165	-96	0	0	0		
-385	-192	659	0	0	357	-275	-165	0		2
-165	-1,099	0	1,195	357	0	-192	-96	0		
-275	-165	0	357	659	0	-385	-192			3
-192	-96	357	0	0	1,195	-165	-1,099		-1.25	
0	0	-275	-192	-385	-165	659	357			4
0	0	-165	-96	-192	-1,099	357	1,195		-1.25	

변위가 지정된 1~4 행과 열을 고쳐 $\{u\}=[K]^{-1}\{f\}$로 변위를 구한다.

1		2		3		4		{u, v}	{f}	
1	0	0	0	0	0	0	0	0.000	0.000	1
0	1	0	0	0	0	0	0	0.000	0.000	
0	0	1	0	0	0	0	0	0.000	0.000	2
0	0	0	1	0	0	0	0	0.000	0.000	
0	0	0	0	659	0	-385	-192	-0.004	0.000	3
0	0	0	0	0	1,195	-165	-1,099	-0.021	-1.250	
0	0	0	0	-385	-165	659	357	0.005	0.000	4
0	0	0	0	-192	-1,099	357	1,195	-0.022	-1.250	

$$\begin{Bmatrix} u_1 \\ v_1 \\ u_2 \\ v_2 \\ u_3 \\ v_3 \\ u_4 \\ v_4 \end{Bmatrix} = \begin{Bmatrix} 0.000 \\ 0.000 \\ 0.000 \\ 0.000 \\ -0.004 \\ -0.021 \\ 0.005 \\ -0.022 \end{Bmatrix}$$

변위를 대입하여 $[K]\{u\}=\{f\}$를 구하면

1	5.000
	2.603
2	-5.000
	-0.103
3	0.000
	-1.250
4	0.000
	-1.250

F_{x1}=5.00 kN, F_{y1}=2.60 kN, F_{x2}=-5.00 kN, F_{y2}=-0.10 kN

요소 (1) 응력은

$$\begin{Bmatrix} \sigma_x \\ \sigma_y \\ \tau_{xy} \end{Bmatrix} =$$

220	66	0
66	220	0
0	0	77

$$\begin{bmatrix} -0.010 & 0.000 & 0.010 & 0.000 & 0.000 & 0.000 \\ 0.000 & -0.020 & 0.000 & 0.000 & 0.000 & 0.020 \\ -0.020 & -0.010 & 0.000 & 0.010 & 0.020 & 0.000 \end{bmatrix} \begin{Bmatrix} 0.000 \\ 0.000 \\ -0.004 \\ -0.021 \\ 0.000 \\ 0.000 \end{Bmatrix} = \begin{Bmatrix} -0.008 \\ -0.002 \\ -0.016 \end{Bmatrix} [\mathrm{GPa}]$$

요소 (2) 응력은

$$\begin{Bmatrix} \sigma_x \\ \sigma_y \\ \tau_{xy} \end{Bmatrix} = \begin{bmatrix} 220 & 66 & 0 \\ 66 & 220 & 0 \\ 0 & 0 & 77 \end{bmatrix}$$

$$\begin{bmatrix} -0.010 & 0.000 & 0.000 & 0.000 & 0.010 & 0.000 \\ 0.000 & 0.000 & 0.000 & -0.020 & 0.000 & 0.020 \\ 0.000 & -0.010 & -0.020 & 0.000 & 0.020 & 0.010 \end{bmatrix} \begin{Bmatrix} 0.000 \\ 0.000 \\ -0.004 \\ -0.021 \\ 0.005 \\ -0.022 \end{Bmatrix} = \begin{Bmatrix} 0.008 \\ -0.003 \\ -0.004 \end{Bmatrix} [\mathrm{GPa}]$$

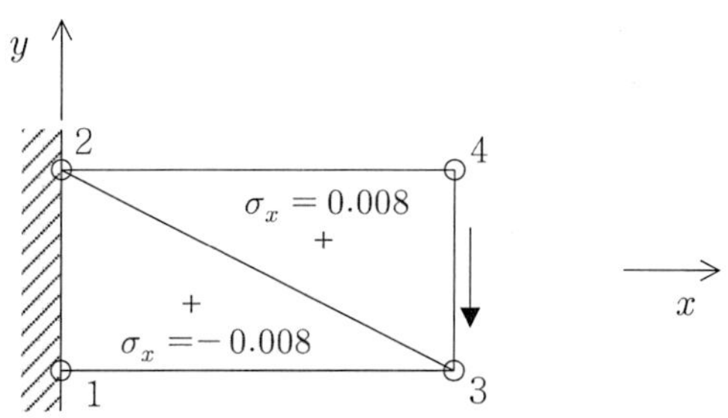

---■

[예제-균일전단] 삼각형 요소 4배 많이 사용하여, 가로 100 mm, 세로 50 mm, 두께 5 mm인 평판에 전단력 2.5 kN이 작용할 때 절점 3, 4의 변위를 구하시오. E=200 GPa, ν=0.3

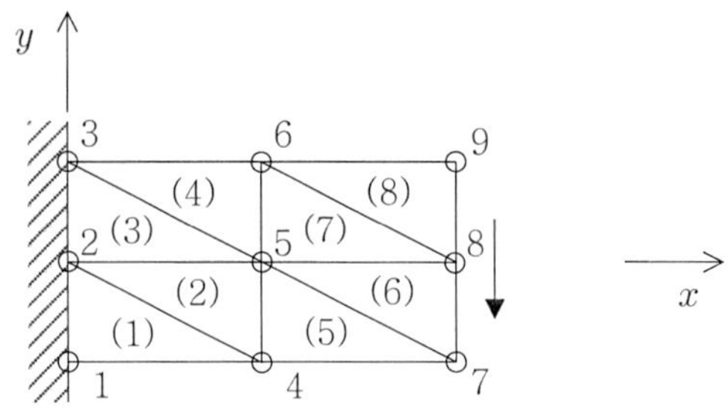

(풀이)

형상과 크기가 같은 요소 (1), (3), (5), (7)은 서로 요소강성행렬이 같다. 또 요소 (2), (4), (6), (8)은 서로 요소강성행렬이 같다.

1		2		3		4		5		6		7		8		9			{u, v}	{f}
659	357	-385	-165	0	0	-275	-192	0	0	0	0	0	0	0	0	0	0	1	0	
357	1,195	-192	-1,099	0	0	-165	-96	0	0	0	0	0	0	0	0	0	0		0	
-385	-192	1,319	357	-385	-165	0	357	-549	-357	0	0	0	0	0	0	0	0	2	0	
-165	-1,099	357	2,390	-192	-1,099	357	0	-357	-192	0	0	0	0	0	0	0	0		0	
0	0	-385	-192	659	0	0	0	0	357	-275	-165	0	0	0	0	0	0	3	0	
0	0	-165	-1,099	0	1,195	0	0	357	0	-192	-96	0	0	0	0	0	0		0	
-275	-165	0	357	0	0	1,319	357	-769	-357	0	0	-275	-192	0	0	0	0	4		
-192	-96	357	0	0	0	357	2,390	-357	-2,198	0	0	-165	-96	0	0	0	0			
0	0	-549	-357	0	357	-769	-357	2,637	714	-769	-357	0	357	-549	-357	0	0	5		
0	0	-357	-192	357	0	-357	-2,198	714	4,780	-357	-2,198	357	0	-357	-192	0	0			
0	0	0	0	-275	-192	0	0	-769	-357	1,319	357	0	0	0	357	-275	-165	6		
0	0	0	0	-165	-96	0	0	-357	-2,198	357	2,390	0	0	357	0	-192	-96			
0	0	0	0	0	0	-275	-165	0	357	0	0	659	0	-385	-192	0	0	7		
0	0	0	0	0	0	-192	-96	357	0	0	0	0	1,195	-165	-1,099	0	0			-0.625
0	0	0	0	0	0	0	0	-549	-357	0	357	-385	-165	1,319	357	-385	-192	8		
0	0	0	0	0	0	0	0	-357	-192	357	0	-192	-1,099	357	2,390	-165	-1,099			-1.25
0	0	0	0	0	0	0	0	0	0	-275	-192	0	0	-385	-165	659	357	9		
0	0	0	0	0	0	0	0	0	0	-165	-96	0	0	-192	-1,099	357	1,195			-0.625

변위는

1		2		3		4		5		6		7		8		9			{u, v}	{f}
1	0	0	0	0	0	0	0	0	0	0	0	0	0	0	0	0	0	1	0.000	0
0	1	0	0	0	0	0	0	0	0	0	0	0	0	0	0	0	0		0.000	0
0	0	1	0	0	0	0	0	0	0	0	0	0	0	0	0	0	0	2	0.000	0
0	0	0	1	0	0	0	0	0	0	0	0	0	0	0	0	0	0		0.000	0
0	0	0	0	1	0	0	0	0	0	0	0	0	0	0	0	0	0	3	0.000	0
0	0	0	0	0	1	0	0	0	0	0	0	0	0	0	0	0	0		0.000	0
0	0	0	0	0	0	1319	357	-769	-357	0	0	-275	-192	0	0	0	0	4	-0.008	0
0	0	0	0	0	0	357	2390	-357	-2198	0	0	-165	-96	0	0	0	0		-0.015	0
0	0	0	0	0	0	-769	-357	2637	714	-769	-357	0	357	-549	-357	0	0	5	0.000	0
0	0	0	0	0	0	-357	-2198	714	4780	-357	-2198	357	0	-357	-192	0	0		-0.015	0
0	0	0	0	0	0	0	0	-769	-357	1319	357	0	0	0	357	-275	-165	6	0.008	0
0	0	0	0	0	0	0	0	-357	-2198	357	2390	0	0	357	0	-192	-96		-0.015	0
0	0	0	0	0	0	-275	-165	0	357	0	0	659	0	-385	-192	0	0	7	-0.011	0
0	0	0	0	0	0	-192	-96	357	0	0	0	0	1195	-165	-1099	0	0		-0.040	-0.625
0	0	0	0	0	0	0	0	-549	-357	0	357	-385	-165	1319	357	-385	-192	8	0.000	0
0	0	0	0	0	0	0	0	-357	-192	357	0	-192	-1099	357	2390	-165	-1099		-0.041	-1.25
0	0	0	0	0	0	0	0	0	0	-275	-192	0	0	-385	-165	659	357	9	0.011	0
0	0	0	0	0	0	0	0	0	0	-165	-96	0	0	-192	-1099	357	1195		-0.041	-0.625

응력은

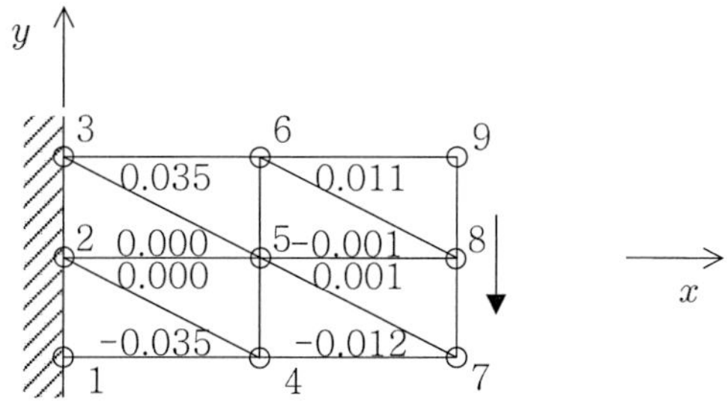

다음은 CATIA 구조해석모듈로 구한 변위분포와 응력분포로 앞에서 구한 변위분포와 응력분포가 이것과 잘 일치하지 않는다. 삼각형요소를 더 많이 사용하여야 한다.

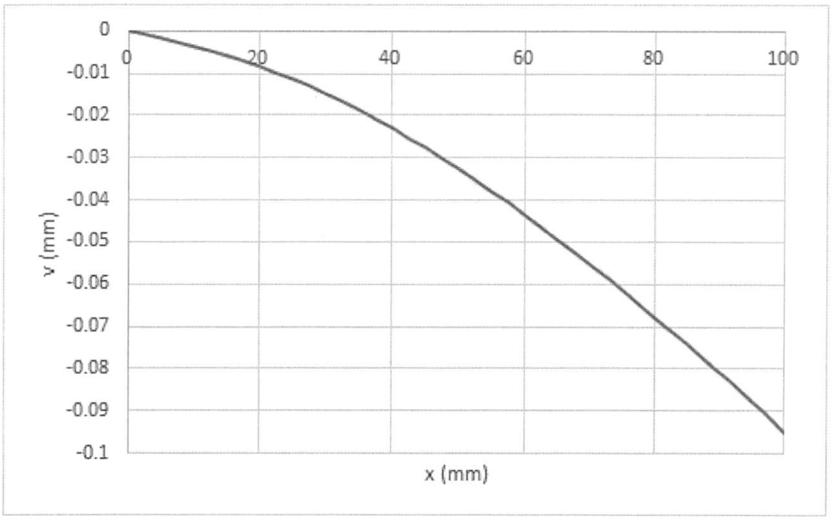

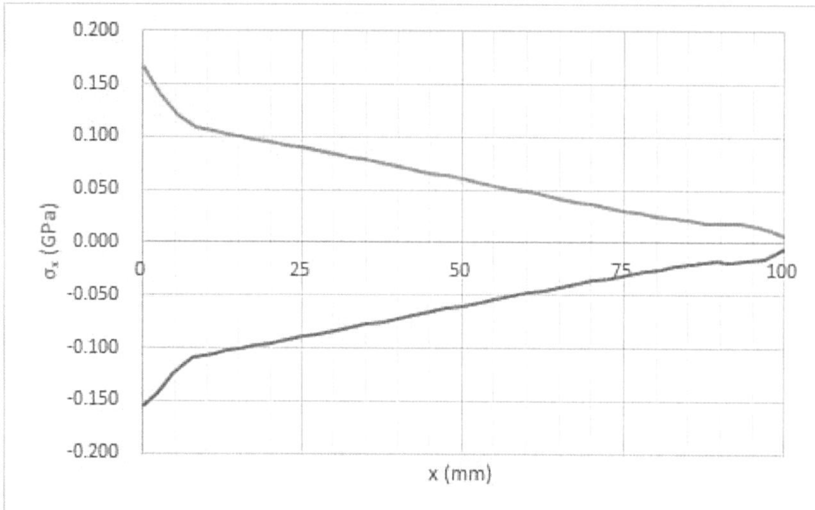

[예제-끼워맞춤. 국부좌표계] 다음과 같이 반경방향 죔새 0.05 mm가 존재하는 끼워맞춤 결과 발생하는 접촉압력을 범위 0~5°만 모델링하여 구하시오. E=200 GPa, ν=0.3 축방향 길이는 10 mm

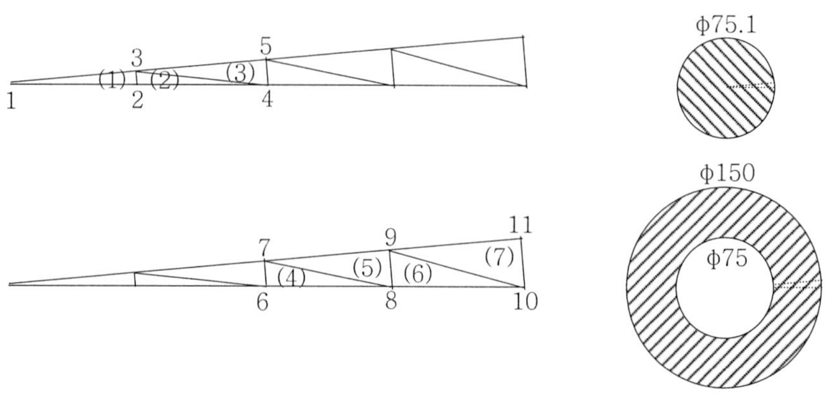

(풀이) ① 요소 (1)~(3) 축

요소 (1)의 절점

node	r	Θ	x	y
1	0	0	0.0	0.0
2	18.775	0	18.8	0.0
3	18.775	5	18.7	1.6

국부좌표를 전체좌표로 변환 (3.3 사각형요소를 참조)

$$\begin{Bmatrix} u_1 \\ v_1 \\ u_2 \\ v_2 \\ u_3 \\ v_3 \end{Bmatrix} = \begin{bmatrix} 1.000 & 0.000 & 0.000 & 0.000 & 0.000 & 0.000 \\ 0.000 & 1.000 & 0.000 & 0.000 & 0.000 & 0.000 \\ 0.000 & 0.000 & 1.000 & 0.000 & 0.000 & 0.000 \\ 0.000 & 0.000 & 0.000 & 1.000 & 0.000 & 0.000 \\ 0.000 & 0.000 & 0.000 & 0.000 & 0.996 & -0.087 \\ 0.000 & 0.000 & 0.000 & 0.000 & 0.087 & 0.996 \end{bmatrix} \begin{Bmatrix} u_1 \\ v_1 \\ u_2 \\ v_2 \\ u'_3 \\ v'_3 \end{Bmatrix}$$

$[B]$ 행렬

$$\begin{Bmatrix} \epsilon_x \\ \epsilon_y \\ \gamma_{xy} \end{Bmatrix} = \begin{bmatrix} -0.053 & 0.000 & 0.053 & 0.000 & 0.000 & 0.000 \\ 0.000 & -0.002 & 0.000 & -0.609 & 0.000 & 0.611 \\ -0.002 & -0.053 & -0.609 & 0.053 & 0.611 & 0.000 \end{bmatrix} \begin{Bmatrix} u_1 \\ v_1 \\ u_2 \\ v_2 \\ u_3 \\ v_3 \end{Bmatrix} [\mathrm{mm}]$$

$[E]$ 행렬

$$\begin{Bmatrix} \sigma_x \\ \sigma_y \\ \tau_{xy} \end{Bmatrix} [\mathrm{GPa}] = \begin{bmatrix} 220 & 66 & 0 \\ 66 & 220 & 0 \\ 0 & 0 & 77 \end{bmatrix} \begin{Bmatrix} \epsilon_x \\ \epsilon_y \\ \gamma_{xy} \end{Bmatrix}$$

요소강성행렬은

$$[T]^T[B]^T[E][B][T]tA = \begin{bmatrix} 96 & 3 & -79 & 327 & -45 & -327 \\ 3 & 34 & 382 & 14 & -387 & -14 \\ -79 & 382 & 4,475 & -712 & -4,351 & 712 \\ 327 & 14 & -712 & 12,546 & -712 & -12,546 \\ -45 & -387 & -4,351 & -712 & 4,475 & 712 \\ -327 & -14 & 712 & -12,546 & 712 & 12,546 \end{bmatrix}$$

(열 번호 1, 2, 3 / 행 번호 1, 2, 3)

1		2		3		4		5		
96	3	-79	327	-45	-327					1
3	34	382	14	-387	-14					
-79	382	4,475	-712	-4,351	712					2
327	14	-712	12,546	-712	-12,546					
-45	-387	-4,351	-712	4,475	712					3
-327	-14	712	-12,546	712	12,546					
										4
										5

<u>요소 (1) sheet를 복사하여 뒤에 삽입하고, 요소 (2)로 이름을 바꾸고 수정한다.</u> 요소 (2)

1		2		3		4		5		
										1
		4,542	717	-4,442	58	-113	-387			2
		717	12,738	-1,486	-12,575	-332	-82			
		-4,442	-1,486	4,475	712	45	387			3
		58	-12,575	712	12,546	327	14			
		-113	-332	45	327	96	3			4
		-387	-82	387	14	3	34			
										5

<u>요소 (2) sheet를 복사하여 뒤에 삽입하고, 요소 (3)으로 이름을 바꾸고 수정한다.</u> 요소 (3)

1		2		3		4		5		
										1
										2
				192	-5	-45	327	-175	-324	3
				-5	67	387	-14	-379	-19	
				-45	387	2,238	-356	-2,153	162	4
				327	-14	-356	6,273	-519	-6,266	
				-175	-379	-2,153	-519	2,365	709	5
				-324	-19	162	-6,266	709	6,276	

전체강성행렬, 변위구속, 접촉하중(일단 1 GPa를 입력한다.)을 입력한다.

1		2		3		4		5		{u, v}	{f}	
96	3	-79	327	-45	-327	0	0	0	0	0		1
3	34	382	14	-387	-14	0	0	0	0	0		
-79	382	9,018	5	-8,792	769	-113	-387	0	0			2
327	14	5	25,284	-2,198	-25,121	-332	-82	0	0	0		
-45	-387	-8,792	-2,198	9,142	1,418	0	714	-175	-324			3
-327	-14	769	-25,121	1,418	25,160	714	0	-379	-19	0		
0	0	-113	-332	0	714	2,333	-353	-2,153	162		-1.638	4
0	0	-387	-82	714	0	-353	6,307	-519	-6,266	0		
0	0	0	0	-175	-379	-2,153	-519	2,365	709		-1.638	5
0	0	0	0	-324	-19	162	-6,266	709	6,276	0		

다음과 같이 고쳐 푼다.

1		2		3		4		5		{u, v}	{f}	
1	0	0	0	0	0	0	0	0	0	0.000	0.000	1
0	1	0	0	0	0	0	0	0	0	0.000	0.000	
0	0	9,018	0	-8,792	0	-113	0	0	0	-0.007	0.000	2
0	0	0	1	0	0	0	0	0	0	0.000	0.000	
0	0	-8,792	0	9,142	0	0	0	-175	0	-0.007	0.000	3
0	0	0	0	0	1	0	0	0	0	0.000	0.000	
0	0	-113	0	0	0	2,333	0	-2,153	0	-0.013	-1.638	4
0	0	0	0	0	0	0	1	0	0	0.000	0.000	
0	0	0	0	-175	0	-2,153	0	2,365	0	-0.013	-1.638	5
0	0	0	0	0	0	0	0	0	1	0.000	0.000	

② 요소 (4)~(7) 부시

요소 (4)

6		7		8		9		10		11		
2,432	720	-2,244	-135	-208	-390							6
720	6,468	-937	-6,295	-335	-115							
-2,244	-937	2,238	356	45	387							7
-135	-6,295	356	6,273	327	14							
-208	-335	45	327	192	5							8
-390	-115	387	14	5	67							
												9
												10
												11

요소 (5)

6		7		8		9		10		11		
												6
		288	-8	-45	327	-271	-322					7
		-8	101	387	-14	-376	-53					
		-45	387	1,492	-237	-1,420	-21					8
		327	-14	-237	4,182	-455	-4,173					
		-271	-376	-1,420	-455	1,725	706					9
		-322	-53	-21	-4,173	706	4,208					
												10
												11

요소 (6)

6		7		8		9		10		11		
												6
												7
				1,792	722	-1,511	-199	-304	-393			8
				722	4,400	-754	-4,201	-338	-149			
				-1,511	-754	1,492	237	45	387			9
				-199	-4,201	237	4,182	327	14			
				-304	-338	45	327	288	8			10
				-393	-149	387	14	8	101			
												11

요소 (7)

6		7		8		9		10		11		
												6
												7
												8
						383	-11	-45	327	-367	-319	9
						-11	135	387	-14	-374	-87	
						-45	387	1,119	-178	-1,054	-113	10
						327	-14	-178	3,137	-423	-3,126	
						-367	-374	-1,054	-423	1,453	703	11
						-319	-87	-113	-3,126	703	3,191	

전체강성행렬, 변위구속, 접촉하중(일단 1 GPa를 입력한다.)을 입력한다.

6		7		8		9		10		11		{u,v}	{f}	
2,432	720	-2,244	-135	-208	-390	0	0	0	0	0	0		1.638	6
720	6,468	-937	-6,295	-335	-115	0	0	0	0	0	0	0		
-2,244	-937	2,525	348	0	714	-271	-322	0	0	0	0		1.638	7
-135	-6,295	348	6,374	714	0	-376	-53	0	0	0	0	0		
-208	-335	0	714	3,476	491	-2,931	-220	-304	-393	0	0			8
-390	-115	714	0	491	8,649	-1,209	-8,374	-338	-149	0	0	0		
0	0	-271	-376	-2,931	-1,209	3,600	932	0	714	-367	-319			9
0	0	-322	-53	-220	-8,374	932	8,525	714	0	-374	-87	0		
0	0	0	0	-304	-338	0	714	1,406	-170	-1,054	-113			10
0	0	0	0	-393	-149	714	0	-170	3,238	-423	-3,126	0		
0	0	0	0	0	0	-367	-374	-1,054	-423	1,453	703			11
0	0	0	0	0	0	-319	-87	-113	-3,126	703	3,191	0		

다음과 같이 고쳐 푼다.

6		7		8		9		10		11		{u,v}	{f}	
2,432	0	-2,244	0	-208	0	0	0	0	0	0	0	0.034	1.638	6
0	1	0	0	0	0	0	0	0	0	0	0	0.000	0.000	
-2,244	0	2,525	0	0	0	-271	0	0	0	0	0	0.034	1.638	7
0	0	0	1	0	0	0	0	0	0	0	0	0.000	0.000	
-208	0	0	0	3,476	0	-2,931	0	-304	0	0	0	0.026	0.000	8
0	0	0	0	0	1	0	0	0	0	0	0	0.000	0.000	
0	0	-271	0	-2,931	0	3,600	0	0	0	-367	0	0.026	0.000	9
0	0	0	0	0	0	0	1	0	0	0	0	0.000	0.000	
0	0	0	0	-304	0	0	0	1,406	0	-1,054	0	0.023	0.000	10
0	0	0	0	0	0	0	0	0	1	0	0	0.000	0.000	
0	0	0	0	0	0	-367	0	-1,054	0	1,453	0	0.024	0.000	11
0	0	0	0	0	0	0	0	0	0	0	1	0.000	0.000	

비례관계를 이용하여

$$\frac{0.050}{0.034-(-0.013)}=1.06\ \text{GPa}$$

[연습문제-응력집중] 중앙에 구멍이 뚫린 평판이 양단에 균일인장응력을 받을 때 σ_x와 σ_y의 분포를 구하시오. E=200 GPa, ν=0.3. 평면응력상태.

node	x	y
1	0	10
2	7.071	7.071
3	10	0
4	0	15
5	10.607	10.607

node	x	y
6	15	0
7	0	20
8	20	20
9	40	0
10	40	20

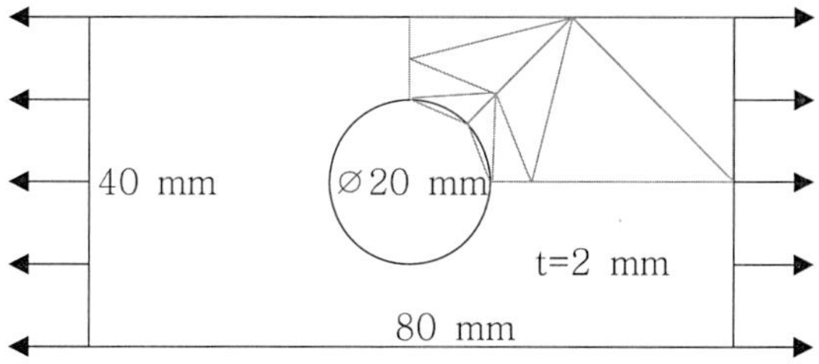

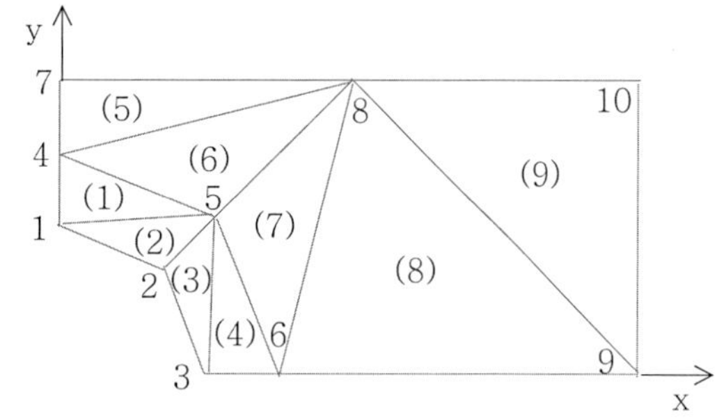

[연습문제-응력집중] 노치가 뚫린 평판이 양단에 균일인장응력을 받을 때 σ_x와 σ_y의 분포를 구하시오. E=200 GPa, ν=0.3. 평면응력상태.

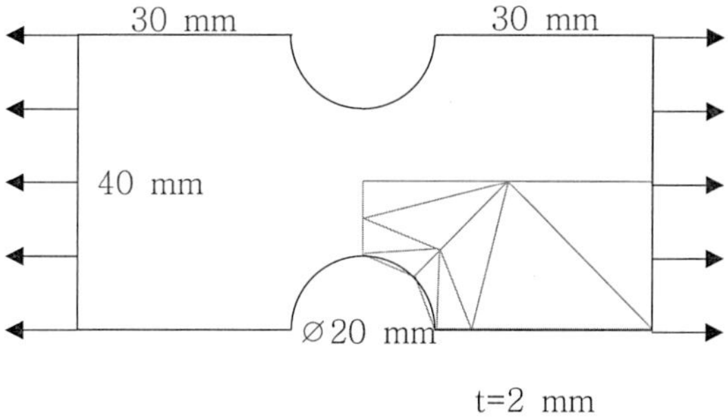

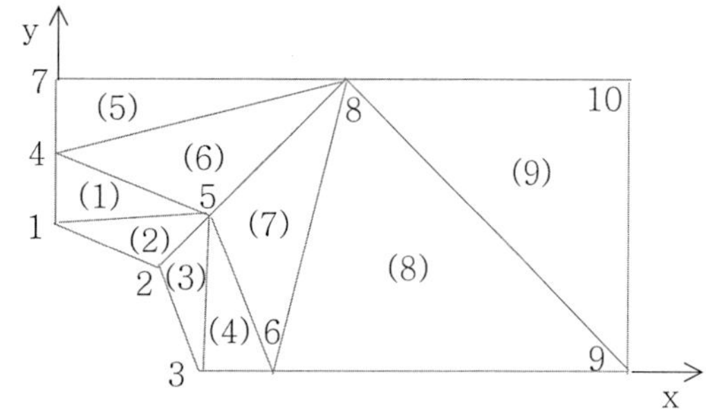

[연습문제-접촉압력] A는 외경 50 mm 강(E=200 GPa, ν=0.266), B는 외경 100 mm, 내경 50 mm 알루미늄(E=70 GPa, ν=0.346)이다. 틈새도 죔새도 없다. B의 외표면을 10 MPa로 누를 때 A와 B 접촉면 압력을 구하시오. 축방향 길이는 20 mm이다. 축대칭을 이용하여 0°~5° 범위만 모델링하시오.

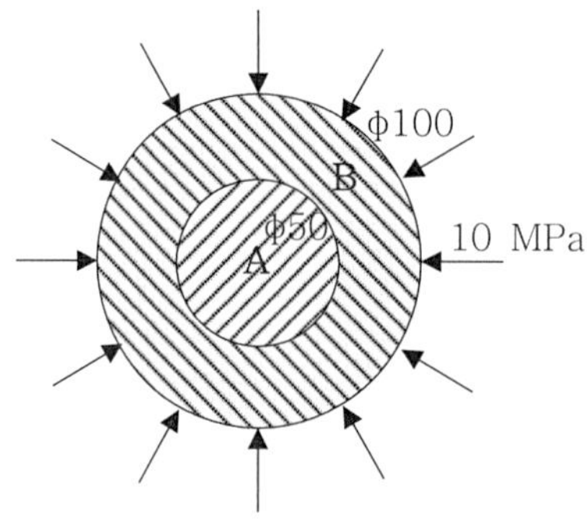

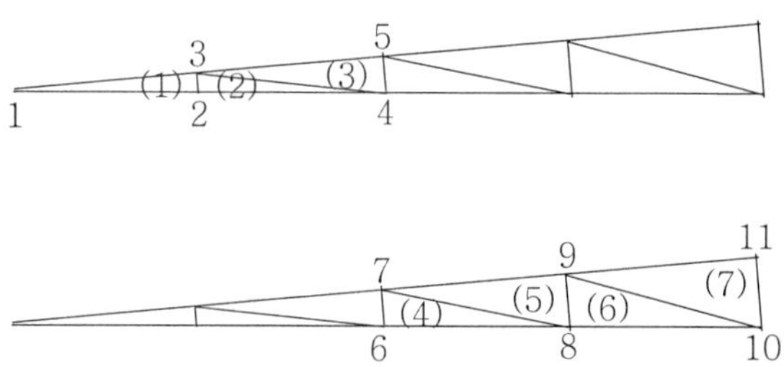

[연습문제-접촉압력] A는 내경 50 mm, 외경 100 mm 알루미늄(E=70 GPa, ν=0.346), B는 내경 100 mm, 외경 150 mm 강(E=200 GPa, ν=0.266)이다. 틈새도 죔새도 없다. A의 내표면을 10 MPa로 누를 때 A와 B 접촉면 압력을 구하시오. 축대칭을 이용하여 0°~+2° 범위만 모델링하시오.

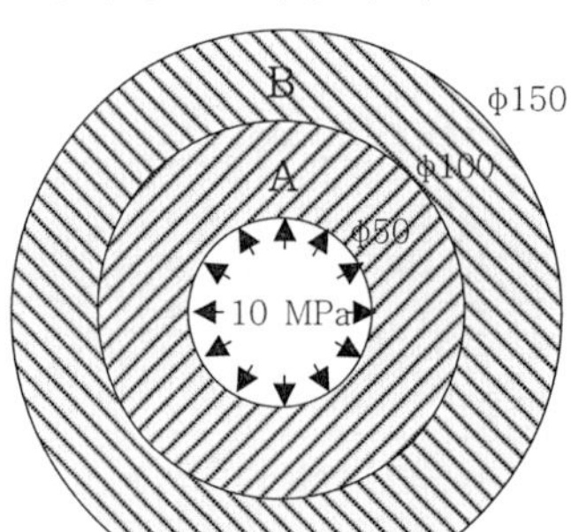

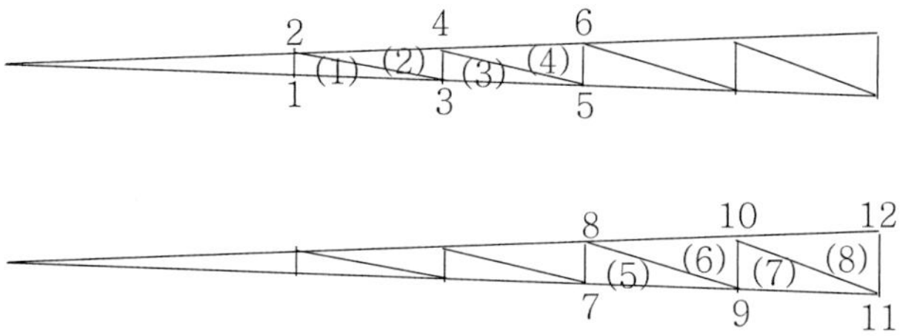

[연습문제-접촉압력] 강관 속에 동관을 넣고 동관에 내압 2 MPa을 가하였다. 5° 범위만(축방향으로는 10 mm 범위) 모델링하고 국부좌표계를 생성하여 경계조건을 부여하여 계산하시오. 반경방향응력 σ_r의 분포를 그리고, 강관과 동관의 접촉압력을 구하시오.

동관(E=110 MPa, ν=0.330)의 외경 288.9 mm, 두께 6 mm. 내압 2 MPa

강관(E=200 MPa, ν=0.266)의 외경 323.9 mm, 내경 288.9 mm

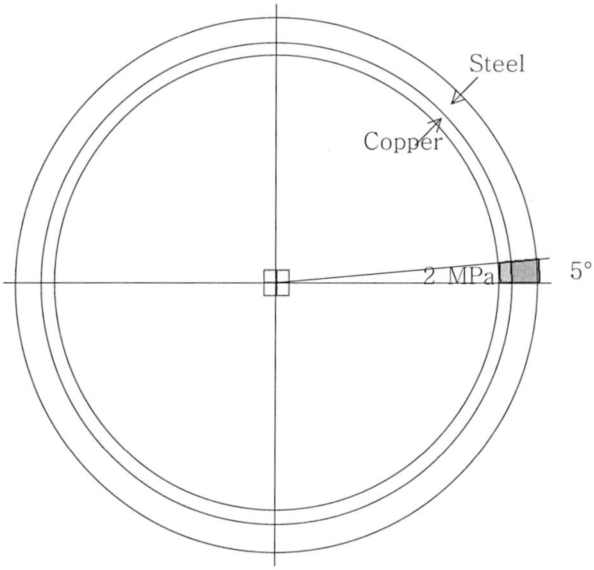

다음과 같이 삼각형요소를 사용하여 문제 1 접촉압력을 구하시오. Plane Strain 조건

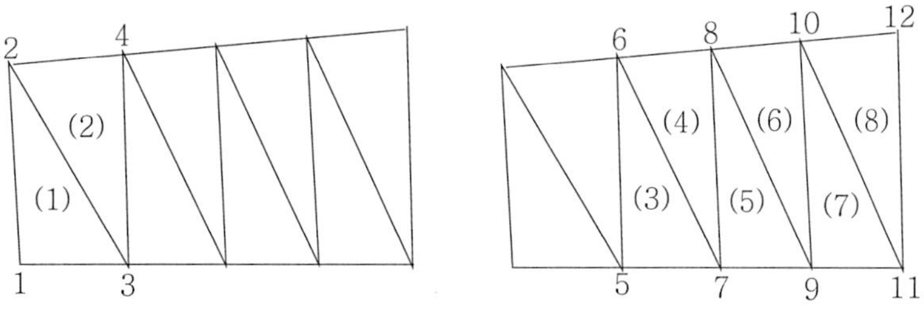

동관　　　　강관

[연습문제-국부좌표] 사각튜브 내표면에 압력 20 MPa이 작용할 때 삼각형 요소 8개를 사용하여 절점 7, 8, 9의 x, y 방향 변위를 구하시오. 그리고, 절점 1-2 내표면과 절점 7-8 외표면의 σ_y를 구하시오. E=200 GPa, ν=0.3

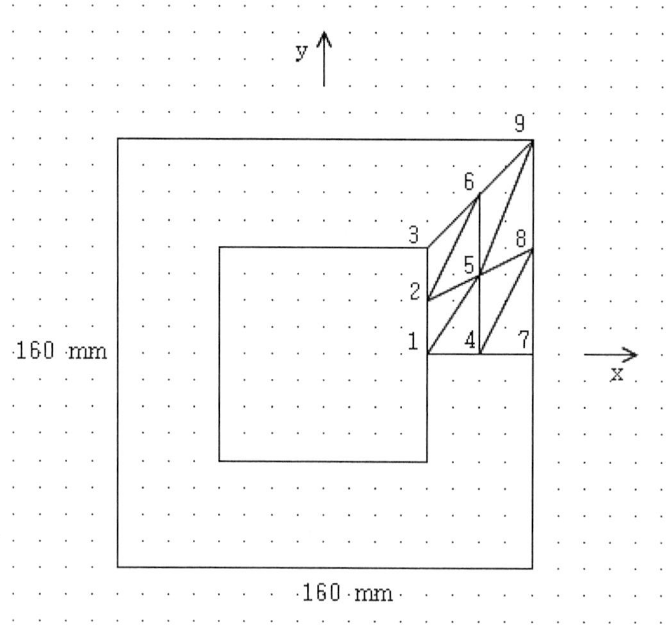

3.2 직사각형 요소

직사각형 요소는 절점 4 개로 이루어진 2차원 평면요소이다. 직사각형 요소 내부에서 변형률은 x나 y에 관한 1차식이다. 따라서 유한요소강성행렬을 구하는 데 수치적분이 필요하다.

국부좌표계 원점을 가로 $2a$, 세로 $2b$인 직사각형의 중심에 놓으면 절점의 좌표는 절점 $1(-a,-b)$, 절점 $2(a,-b)$, 절점 $3(a,b)$, 절점 $4(-a,b)$이다.

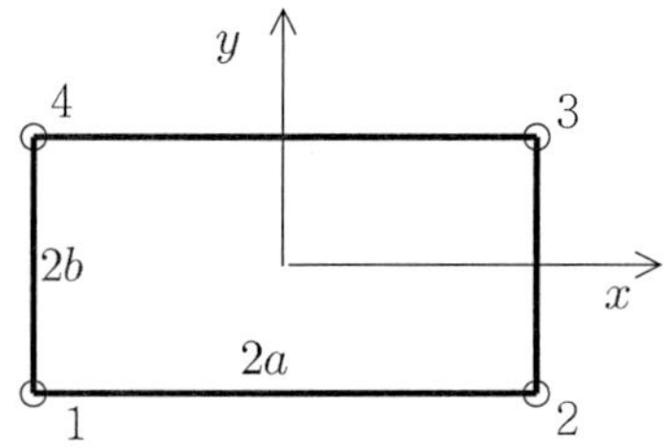

직사각형 요소

요소 내부의 변위는

$$\begin{Bmatrix} u \\ v \end{Bmatrix} = \frac{1}{4ab}\begin{bmatrix} (a-x)(b-y) & 0 & (a+x)(b-y) & 0 & (a+x)(b+y) & 0 & (a-x)(b+y) & 0 \\ 0 & (a-x)(b-y) & 0 & (a+x)(b-y) & 0 & (a+x)(b+y) & 0 & (a-x)(b+y) \end{bmatrix}\begin{Bmatrix} u_1 \\ v_1 \\ u_2 \\ v_2 \\ \cdot \\ \cdot \end{Bmatrix}$$

a=2, b=1일 때 형상함수 $N_1 = (a-x)(b-y)/4ab$를 그려보면

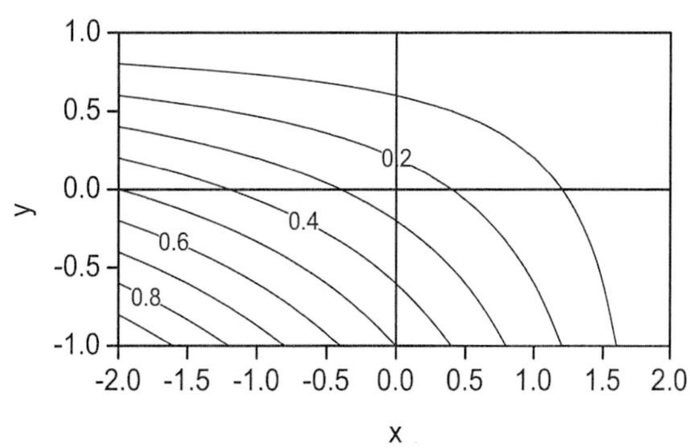

형상함수 N_1은 절점 1에서는 1이고, 나머지 절점에서는 0이다. 형상함수 N_2은 절점 2에서는 1이고, 나머지 절점에서는 0이다. 형상함수 N_3은 절점 3에서는 1이고, 나머지 절점에서는 0이다. 형상함수 N_4은 절점 4에서는 1이고, 나머지 절점에서는 0이다.

변형률과 변위의 관계

$$\epsilon_x = \frac{\partial u}{\partial x},\ \epsilon_y = \frac{\partial v}{\partial y},\ \gamma_{xy} = \left(\frac{\partial u}{\partial y} + \frac{\partial v}{\partial x}\right)$$

이므로

요소 내부의 변형률은

$$\begin{Bmatrix} \epsilon_x \\ \epsilon_y \\ \gamma_{xy} \end{Bmatrix} = \frac{1}{4ab}\begin{bmatrix} -(b-y) & 0 & (b-y) & 0 & (b+y) & 0 & -(b+y) & 0 \\ 0 & -(a-x) & 0 & -(a+x) & 0 & (a+x) & 0 & (a-x) \\ -(a-x) & -(b-y) & -(a+x) & (b-y) & (a+x) & (b+y) & (a-x) & -(b+y) \end{bmatrix}\begin{Bmatrix} u_1 \\ v_1 \\ u_2 \\ v_2 \\ \cdot \\ \cdot \end{Bmatrix}$$

[예제-강체운동] 요소가 평행이동한 경우 변형률이 발생하지 않음을 확인하시오.

(풀이) 평행이동한 경우

$$u_1 = u_2 = u_3 = u_4 = u_0, \quad v_1 = v_2 = v_3 = v_4 = v_0$$

$$\begin{Bmatrix} \epsilon_x \\ \epsilon_y \\ \gamma_{xy} \end{Bmatrix} = \frac{1}{4ab}\begin{bmatrix} -(b-y) & 0 & (b-y) & 0 & (b+y) & 0 & -(b+y) & 0 \\ 0 & -(a-x) & 0 & -(a+x) & 0 & (a+x) & 0 & (a-x) \\ -(a-x) & -(b-y) & -(a+x) & (b-y) & (a+x) & (b+y) & (a-x) & -(b+y) \end{bmatrix}\begin{Bmatrix} u_0 \\ v_0 \\ u_0 \\ v_0 \\ \cdot \\ \cdot \end{Bmatrix}$$

결국

$$\begin{Bmatrix} \epsilon_x \\ \epsilon_y \\ \gamma_{xy} \end{Bmatrix} = \begin{Bmatrix} 0 \\ 0 \\ 0 \end{Bmatrix}$$

[예제-강체운동] 회전한 경우 변형률이 발생하지 않음을 확인하시오.

(풀이) 회전한 경우 $\theta \ll 1$이면

$u_1 = b\theta,\ v_1 =-a\theta,\ u_2 = b\theta,\ v_2 = a\theta,\ u_3 =-b\theta,\ v_3 = a\theta,\ u_4 =-b\theta,\ v_4 =-a\theta$
이므로

$$\begin{Bmatrix} \epsilon_x \\ \epsilon_y \\ \gamma_{xy} \end{Bmatrix} = \frac{1}{4ab}\begin{bmatrix} -(b-y) & 0 & (b-y) & 0 & (b+y) & 0 & -(b+y) & 0 \\ 0 & -(a-x) & 0 & -(a+x) & 0 & (a+x) & 0 & (a-x) \\ -(a-x) & -(b-y) & -(a+x) & (b-y) & (a+x) & (b+y) & (a-x) & -(b+y) \end{bmatrix} \begin{Bmatrix} b \\ -a \\ b \\ a \\ -b \\ a \\ -b \\ -a \end{Bmatrix} \theta$$

결국

$$\begin{Bmatrix} \epsilon_x \\ \epsilon_y \\ \gamma_{xy} \end{Bmatrix} = \begin{Bmatrix} 0 \\ 0 \\ 0 \end{Bmatrix}$$

---■

수치적분(Numerical Integration)

삼각형요소의 [B] 행렬은 절점의 좌표 $x_1,y_1,\ x_2,y_2,\ x_3,y_3$로만 결정되는 상수행렬이었으나, 직사각형요소의 [B] 행렬은 요소 내부의 좌표 x, y에 관한 변수행렬이므로 요소강성행렬을 구할 때 다음과 같은 수치적분이 필요하다.

$$\int_{-1}^{+1} f(x)\,dx = \sum_{i=1}^{n} w_i f(x_i)$$

좌변 적분을 우변과 같이 n개의 수치적분점 x_i에서 함수값 $f(x_i)$에 무게 w_i를 곱한 것을 더하여 구한다.

<u>1점 수치적분($n=1$)</u>

1차항까지 정확히 적분한다.

$$\int_{-1}^{+1} dx = w_1$$

$$\int_{-1}^{+1} x\,dx = w_1 x_1$$

좌변을 적분하여

$$2 = w_1$$

$$0 = w_1 x_1$$

w_i과 x_i를 구하면

$$w_1 = 2, \qquad x_1 = 0$$

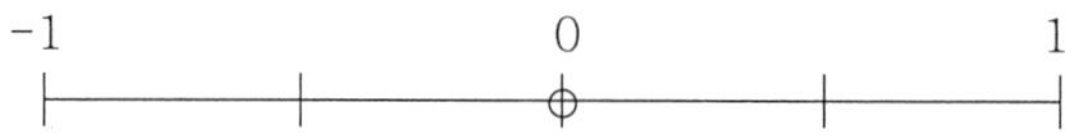

i	w_i	x_i
1	2.000 000 000 000	0.000 000 000 000

2점 수치적분($n=2$)

3차항까지 정확히 적분한다.

$$\int_{-1}^{+1} dx = w_1 + w_2$$

$$\int_{-1}^{+1} x\,dx = w_1 x_1 + w_2 x_2$$

$$\int_{-1}^{+1} x^2\,dx = w_1 x_1^2 + w_2 x_2^2$$

$$\int_{-1}^{+1} x^3\,dx = w_1 x_1^3 + w_2 x_2^3$$

좌변을 적분하면

$$2 = w_1 + w_2$$

$$0 = w_1 x_1 + w_2 x_2$$

$$\frac{2}{3} = w_1 x_1^2 + w_2 x_2^2$$

$$0 = w_1 x_1^3 + w_2 x_2^3$$

$x=0$에 관하여 대칭일 것이므로

$$w_1 = w_2 = w,\ \ x_1 + x_2 = 0$$

대입하면

$$2 = 2w$$

$$\frac{2}{3} = 2wx^2$$

x_i를 구하면

$$x_1 = -\sqrt{\frac{1}{3}},\qquad x_2 = \sqrt{\frac{1}{3}}$$

w_i를 구하면

$$w_1 = w_2 = 1$$

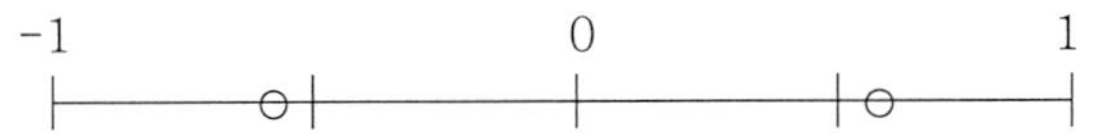

i	w_i	x_i
1	1.000 000 000 000	-0.577 350 269 190
2	1.000 000 000 000	0.577 350 269 190

3점 수치적분($n=3$)

5차항까지 정확히 적분한다.

$$\int_{-1}^{+1} dx = w_1 + w_2 + w_3$$

$$\int_{-1}^{+1} x\,dx = w_1x_1 + w_2x_2 + w_3x_3$$

$$\int_{-1}^{+1} x^2\,dx = w_1x_1^2 + w_2x_2^2 + w_3x_3^2$$

$$\int_{-1}^{+1} x^3\,dx = w_1x_1^3 + w_2x_2^3 + w_3x_3^3$$

$$\int_{-1}^{+1} x^4\,dx = w_1x_1^4 + w_2x_2^4 + w_3x_3^4$$

$$\int_{-1}^{+1} x^5 dx = w_1 x_1^5 + w_2 x_2^5 + w_3 x_3^5$$

좌변을 적분하면

$$2 = w_1 + w_2 + w_3$$

$$0 = w_1 x_1 + w_2 x_2 + w_3 x_3$$

$$\frac{2}{3} = w_1 x_1^2 + w_2 x_2^2 + w_3 x_3^2$$

$$0 = w_1 x_1^3 + w_2 x_2^3 + w_3 x_3^3$$

$$\frac{2}{5} = w_1 x_1^4 + w_2 x_2^4 + w_3 x_3^4$$

$$0 = w_1 x_1^5 + w_2 x_2^5 + w_3 x_3^5$$

$x=0$에 관하여 대칭일 것이므로

$$w_1 = w_3 = w, \; x_1 + x_3 = 0, \; x_2 = 0$$

대입하면

$$2 = 2w + w_2$$

$$\frac{2}{3} = 2wx^2$$

$$\frac{2}{5} = 2wx^4$$

x_i를 구하면

$$x_1 = -\sqrt{\frac{3}{5}}, \; x_2 = 0, \; x_3 = \sqrt{\frac{3}{5}}$$

w_i를 구하면

$$w_1 = \frac{5}{9}, \; w_2 = \frac{8}{9}, \; w_3 = \frac{5}{9}$$

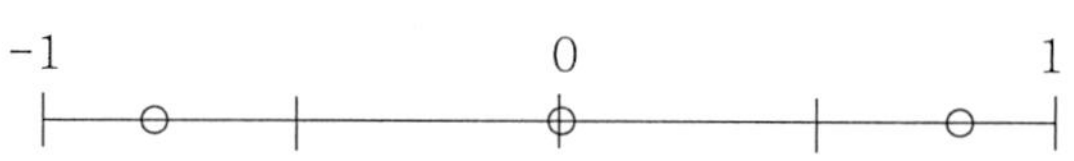

i	w_i	x_i
1	0.555 555 555 556	-0.774 596 669 241
2	0.888 888 888 889	0.000 000 000 000
3	0.555 555 555 556	0.774 596 669 241

적분범위 $-1 < x < +1$을 적분범위가 $a < x < b$로 바꾸려면

$x = \frac{b+a}{2} + \frac{b-a}{2}t$로 치환한다.

$$\int_a^b f(x)\,dx = \int_{-1}^{+1} f\left(\frac{b+a}{2} + \frac{b-a}{2}t\right)\frac{b-a}{2}\,dt$$

$$= \frac{b-a}{2}\sum_{i=1}^{n} w_i f\left(\frac{b+a}{2} + \frac{b-a}{2}t_i\right)$$

[예제] $\int_1^3 x^2 dx$를 2점 수치적분으로 구하시오.

(풀이)

$$\int_1^3 x^2 dx = \frac{3-1}{2}\left[\left(\frac{3+1}{2} - \frac{3-1}{2}\sqrt{\frac{1}{3}}\right)^2 + \left(\frac{3+1}{2} + \frac{3-1}{2}\sqrt{\frac{1}{3}}\right)^2\right]$$

$$= \left(2 - \sqrt{\frac{1}{3}}\right)^2 + \left(2 + \sqrt{\frac{1}{3}}\right)^2$$

$$= \frac{26}{3}$$

---■

[예제] 반지름 R인 원의 넓이 πR^2을 구하는 $4\int_0^R \sqrt{R^2 - x^2}\,dx$를 수치적분으로 구하시오.

(풀이)

2점 수치적분

$$4\int_0^R \sqrt{R^2 - x^2}\,dx \approx 4 * \frac{R}{2}\left[\sqrt{R^2 - \left\{\frac{R}{2}\left(1 - \sqrt{\frac{1}{3}}\right)\right\}^2} + \sqrt{R^2 - \left\{\frac{R}{2}\left(1 + \sqrt{\frac{1}{3}}\right)\right\}^2}\right]$$

$$= 2R^2(0.977416 + 0.614810)$$

$$= 3.184452\,R^2$$

3점 수치적분

$$4\int_0^R \sqrt{R^2 - x^2}$$

$$\approx 4*\frac{R}{2}\left[\frac{5}{9}*\sqrt{R^2-\left\{\frac{R}{2}\left(1-\sqrt{\frac{3}{5}}\right)\right\}^2}+\frac{8}{9}*\sqrt{R^2-\left\{\frac{R}{2}(1+0)\right\}^2}+\frac{5}{9}*\sqrt{R^2-\left\{\frac{R}{2}\left(1+\sqrt{\frac{3}{5}}\right)\right\}^2}\right]$$

$$=2R^2(0.552016+0.769800+0.256220)$$

$$=3.156073\,R^2$$

중적분(重積分)은 다음과 같이 수치적분을 2 번 적용한다.

$$\int_{-1}^{+1}\int_{-1}^{+1} f(x,y)\,dx\,dy=\int_{-1}^{+1}\left[\sum_{i=1}^{n} w_i f(x_i,y)\right]dy$$
$$=\sum_{i=1}^{n}\sum_{j=1}^{n} w_i w_j f(x_i,y_i)$$

[예제] 중적분 $\int_{-1}^{+1}\int_{-1}^{+1} x^2y^2\,dx\,dy$을 수치적분으로 구하시오.

(풀이)

$$\int_{-1}^{+1}\int_{-1}^{+1} x^2y^2\,dx\,dy=\left(-\sqrt{\frac{1}{3}}\right)^2\left(-\sqrt{\frac{1}{3}}\right)^2+\left(-\sqrt{\frac{1}{3}}\right)^2\left(+\sqrt{\frac{1}{3}}\right)^2$$
$$+\left(+\sqrt{\frac{1}{3}}\right)^2\left(-\sqrt{\frac{1}{3}}\right)^2+\left(+\sqrt{\frac{1}{3}}\right)^2\left(+\sqrt{\frac{1}{3}}\right)^2$$
$$=\frac{4}{9}$$

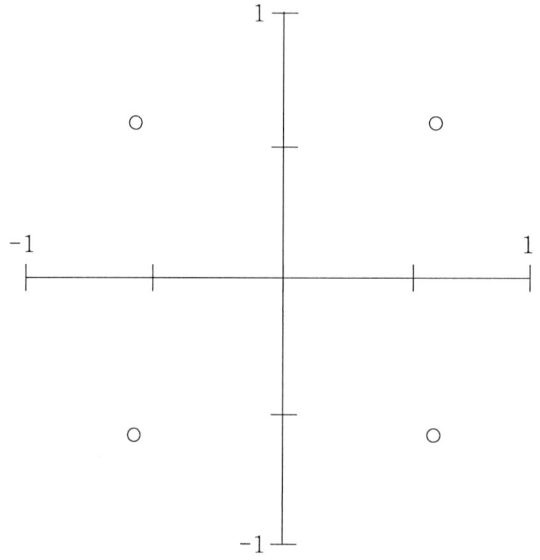

[예제] 반지름 R인 구의 체적 $4\pi R^3/3$을 구하는 $8\int_0^R\int_0^R f(x,y)\,dx\,dy$를 수치적분으로 구하시오.

$$f(x,y)=\begin{cases}\sqrt{R^2-x^2-y^2} & \text{if } R^2-x^2-y^2>0\\ 0 & \text{if } R^2-x^2-y^2<0\end{cases}$$

(풀이)

2*2점 수치적분

$$8\int_0^R\int_0^R\sqrt{R^2-x^2-y^2}\,dx\,dy$$

$$\approx 8\cdot\left(\frac{R}{2}\right)^2\sqrt{R^2-\left\{\frac{R}{2}\left(1-\sqrt{\frac{1}{3}}\right)\right\}^2-\left\{\frac{R}{2}\left(1-\sqrt{\frac{1}{3}}\right)\right\}^2}$$

$$+8\cdot\left(\frac{R}{2}\right)^2\sqrt{R^2-\left\{\frac{R}{2}\left(1-\sqrt{\frac{1}{3}}\right)\right\}^2-\left\{\frac{R}{2}\left(1+\sqrt{\frac{1}{3}}\right)\right\}^2}$$

$$+8\cdot\left(\frac{R}{2}\right)^2\sqrt{R^2-\left\{\frac{R}{2}\left(1+\sqrt{\frac{1}{3}}\right)\right\}^2-\left\{\frac{R}{2}\left(1-\sqrt{\frac{1}{3}}\right)\right\}^2}$$

$$+0$$

$$=4.218R^2$$

[예제-평판 외팔보] 다음과 같은 가로 100 mm, 세로 400 mm, 두께 10 mm인 정사각형 평판 외팔보에 집중하중 1 kN이 작용할 때

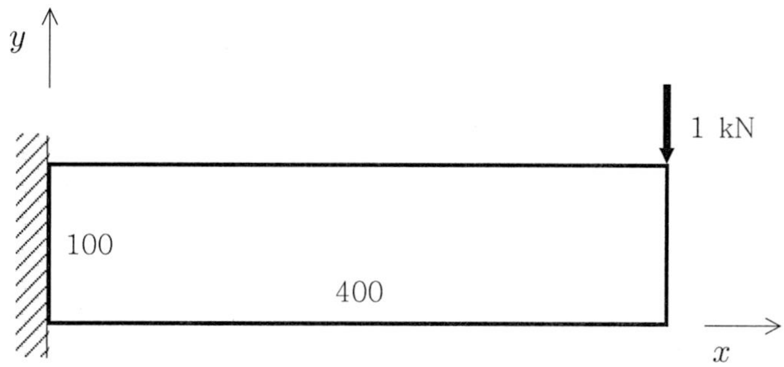

직사각평판을 4 개의 4 절점 정사각형 요소를 사용하여 절점의 변위를 구하시오. E=200 GPa, ν=0.3

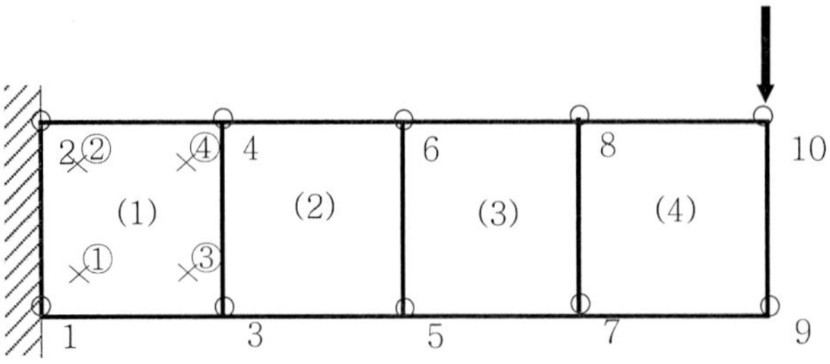

(풀이)

요소 (1)에 대하여 $4ab$=10,000 mm^2, t=10 mm

수치적분점 ① x=-28.9 mm, y=-28.9 mm에서

$[B]$ 행렬

$$\begin{Bmatrix} \epsilon_x \\ \epsilon_y \\ \gamma_{xy} \end{Bmatrix} = \begin{bmatrix} -0.008 & 0.000 & 0.008 & 0.000 & 0.002 & 0.000 & -0.002 & 0.000 \\ 0.000 & -0.008 & 0.000 & -0.002 & 0.000 & 0.002 & 0.000 & 0.008 \\ -0.008 & -0.008 & -0.002 & 0.008 & 0.002 & 0.002 & 0.008 & -0.002 \end{bmatrix} \begin{Bmatrix} u_1 \\ v_1 \\ u_3 \\ v_3 \\ . \\ . \end{Bmatrix}$$

$[E]$ 행렬

$$\begin{Bmatrix} \sigma_x \\ \sigma_y \\ \tau_{xy} \end{Bmatrix} [\mathrm{GPa}] = \begin{bmatrix} 220 & 66 & 0 \\ 66 & 220 & 0 \\ 0 & 0 & 77 \end{bmatrix} \begin{Bmatrix} \epsilon_x \\ \epsilon_y \\ \gamma_{xy} \end{Bmatrix}$$

요소강성행렬 성분 $[B]^T[E][B]tab$

461	222	-310	-92	-124	-60	-28	-70
222	461	-70	-28	-60	-124	-92	-310
-310	-70	350	-60	83	19	-124	111
-92	-28	-60	144	25	8	127	-124
-124	-60	83	25	33	16	8	19
-60	-124	19	8	16	33	25	83
-28	-92	-124	127	8	25	144	-60
-70	-310	111	-124	19	83	-60	350

[kN/mm]

요소 1(1) 수치적분점 ① sheet를 복사하여 뒤에 삽입하고 수정한다. 수치적분점 ② x=-28.9 mm, y=28.9 mm에서

$[B]$ 행렬

$$\begin{Bmatrix} \epsilon_x \\ \epsilon_y \\ \gamma_{xy} \end{Bmatrix} = \begin{bmatrix} -0.002 & 0.000 & 0.002 & 0.000 & 0.008 & 0.000 & -0.008 & 0.000 \\ 0.000 & -0.008 & 0.000 & -0.002 & 0.000 & 0.002 & 0.000 & 0.008 \\ -0.008 & -0.002 & -0.002 & 0.002 & 0.002 & 0.008 & 0.008 & -0.008 \end{bmatrix} \begin{Bmatrix} u_1 \\ v_1 \\ u_3 \\ v_3 \\ \cdot \\ \cdot \end{Bmatrix}$$

$[E]$ 행렬

$$\begin{Bmatrix} \sigma_x \\ \sigma_y \\ \tau_{xy} \end{Bmatrix} [\text{GPa}] = \begin{bmatrix} 220 & 66 & 0 \\ 66 & 220 & 0 \\ 0 & 0 & 77 \end{bmatrix} \begin{Bmatrix} \epsilon_x \\ \epsilon_y \\ \gamma_{xy} \end{Bmatrix}$$

요소강성행렬 성분 $[B]^T[E][B]tab$

$$\begin{bmatrix} 144 & 60 & 8 & -25 & -124 & -127 & -28 & 92 \\ 60 & 350 & -19 & 83 & -111 & -124 & 70 & -310 \\ 8 & -19 & 33 & -16 & 83 & -25 & -124 & 60 \\ -25 & 83 & -16 & 33 & -19 & 8 & 60 & -124 \\ -124 & -111 & 83 & -19 & 350 & 60 & -310 & 70 \\ -127 & -124 & -25 & 8 & 60 & 144 & 92 & -28 \\ -28 & 70 & -124 & 60 & -310 & 92 & 461 & -222 \\ 92 & -310 & 60 & -124 & 70 & -28 & -222 & 461 \end{bmatrix} [\text{kN/mm}]$$

<u>요소 1(2) 수치적분점 ② sheet를 복사하여 뒤에 삽입하고 수정한다.</u> 수치적분점 ③ x=28.9 mm, y=-28.9 mm에서

$[B]$ 행렬

$$\begin{Bmatrix} \epsilon_x \\ \epsilon_y \\ \gamma_{xy} \end{Bmatrix} = \begin{bmatrix} -0.008 & 0.000 & 0.008 & 0.000 & 0.002 & 0.000 & -0.002 & 0.000 \\ 0.000 & -0.002 & 0.000 & -0.008 & 0.000 & 0.008 & 0.000 & 0.002 \\ -0.002 & -0.008 & -0.008 & 0.008 & 0.008 & 0.002 & 0.002 & -0.002 \end{bmatrix} \begin{Bmatrix} u_1 \\ v_1 \\ u_3 \\ v_3 \\ \cdot \\ \cdot \end{Bmatrix}$$

$[E]$ 행렬

$$\begin{Bmatrix} \sigma_x \\ \sigma_y \\ \tau_{xy} \end{Bmatrix} [\text{GPa}] = \begin{bmatrix} 220 & 66 & 0 \\ 66 & 220 & 0 \\ 0 & 0 & 77 \end{bmatrix} \begin{Bmatrix} \epsilon_x \\ \epsilon_y \\ \gamma_{xy} \end{Bmatrix}$$

요소강성행렬 성분 $[B]^T[E][B]tab$

350	60	-310	70	-124	-111	83	-19
60	144	92	-28	-127	-124	-25	8
-310	92	461	-222	-28	70	-124	60
70	-28	-222	461	92	-310	60	-124
-124	-127	-28	92	144	60	8	-25
-111	-124	70	-310	60	350	-19	83
83	-25	-124	60	8	-19	33	-16
-19	8	60	-124	-25	83	-16	33

[kN/mm]

<u>요소 1(3) 수치적분점 ③ sheet를 복사하여 뒤에 삽입하고 수정한다.</u> 수치적분점 ④ x=28.9 mm, y=28.9 mm에서

$[B]$ 행렬

$$\begin{Bmatrix} \epsilon_x \\ \epsilon_y \\ \gamma_{xy} \end{Bmatrix} = \begin{bmatrix} -0.002 & 0.000 & 0.002 & 0.000 & 0.008 & 0.000 & -0.008 & 0.000 \\ 0.000 & -0.002 & 0.000 & -0.008 & 0.000 & 0.008 & 0.000 & 0.002 \\ -0.002 & -0.002 & -0.008 & 0.002 & 0.008 & 0.008 & 0.002 & -0.008 \end{bmatrix} \begin{Bmatrix} u_1 \\ v_1 \\ u_3 \\ v_3 \\ . \\ . \end{Bmatrix}$$

$[E]$ 행렬

$$\begin{Bmatrix} \sigma_x \\ \sigma_y \\ \tau_{xy} \end{Bmatrix} [\mathrm{GPa}] = \begin{bmatrix} 220 & 66 & 0 \\ 66 & 220 & 0 \\ 0 & 0 & 77 \end{bmatrix} \begin{Bmatrix} \epsilon_x \\ \epsilon_y \\ \gamma_{xy} \end{Bmatrix}$$

요소강성행렬 성분 $[B]^T[E][B]tab$

33	16	8	19	-124	-60	83	25
16	33	25	83	-60	-124	19	8
8	25	144	-60	-28	-92	-124	127
19	83	-60	350	-70	-310	111	-124
-124	-60	-28	-70	461	222	-310	-92
-60	-124	-92	-310	222	461	-70	-28
83	19	-124	111	-310	-70	350	-60
25	8	127	-124	-92	-28	-60	144

[kN/mm]

요소 (1) 수치적분점 ①~④ 요소강성행렬 성분을 더하고, 국부 절점 1-2-3-4는 전체 절점 1-3-4-2이므로 <u>Ctrl+x, Ctrl+v로</u> 요소강성행렬 성분을 재배치하면

1		2		3		4		5		6		7		8		9		10		
989	357	110	27	-604	-27	-495	-357													1
357	989	-27	-604	27	110	-357	-495													
110	-27	989	-357	-495	357	-604	27													2
27	-604	-357	989	357	-495	-27	110													
-604	27	-495	357	989	-357	110	-27													3
-27	110	357	-495	-357	989	27	-604													
-495	-357	-604	-27	110	27	989	357													4
-357	-495	27	110	-27	-604	357	989													
																				5
																				6
																				7
																				8
																				9
																				10

요소 (1)~(4)은 크기가 서로 같으므로 요소강성행렬도 서로 같다.

요소 (2) 국부 절점 1-2-3-4는, 전체 절점 3-5-6-4이므로 요소강성행렬 성분을 재배치하면

1		2		3		4		5		6		7		8		9		10		
																				1
																				2
				989	357	110	27	-604	-27	-495	-357									3
				357	989	-27	-604	27	110	-357	-495									
				110	-27	989	-357	-495	357	-604	27									4
				27	-604	-357	989	357	-495	-27	110									
				-604	27	-495	357	989	-357	110	-27									5
				-27	110	357	-495	-357	989	27	-604									
				-495	-357	-604	-27	110	27	989	357									6
				-357	-495	27	110	-27	-604	357	989									
																				7
																				8
																				9
																				10

요소 (3) 국부 절점 1-2-3-4는 전체 절점 5-7-8-6이므로 요소강성행렬 성분을 재배치하면

1		2		3		4		5		6		7		8		9		10		
																				1
																				2
																				3
																				4
								989	357	110	27	-604	-27	-495	-357					5
								357	989	-27	-604	27	110	-357	-495					
								110	-27	989	-357	-495	357	-604	27					6
								27	-604	-357	989	357	-495	-27	110					
								-604	27	-495	357	989	-357	110	-27					7
								-27	110	357	-495	-357	989	27	-604					
								-495	-357	-604	-27	110	27	989	357					8
								-357	-495	27	110	-27	-604	357	989					
																				9
																				10

요소 (4) 국부 절점 1-2-3-4는 전체 절점 7-9-10-8이므로 요소강성행렬 성분을 재배치하면

1		2		3		4		5		6		7		8		9		10		
																				1
																				2
																				3
																				4
																				5
																				6
												989	357	110	27	-604	-27	-495	-357	7
												357	989	-27	-604	27	110	-357	-495	
												110	-27	989	-357	-495	357	-604	27	8
												27	-604	-357	989	357	-495	-27	110	
												-604	27	-495	357	989	-357	110	-27	9
												-27	110	357	-495	-357	989	27	-604	
												-495	-357	-604	-27	110	27	989	357	10
												-357	-495	27	110	-27	-604	357	989	

재배치한 요소 (1)~(4) 요소강성행렬을 더하여 전체강성행렬을 구하고, 절점 1 변위 $u_1 = v_1 = 0$, 절점 2의 변위 $u_2 = v_2 = 0$, 절점 10에 외력 F_{y10}=-1 N을 입력한다.

1		2		3		4		5		6		7		8		9		10		(u, v)	$\{F_x, F_y\}$	
989	357	110	27	-604	-27	-495	-357	0	0	0	0	0	0	0	0	0	0	0	0	0		1
357	989	-27	-604	27	110	-357	-495	0	0	0	0	0	0	0	0	0	0	0	0	0		
110	-27	989	-357	-495	357	-604	27	0	0	0	0	0	0	0	0	0	0	0	0	0		2
27	-604	-357	989	357	-495	-27	110	0	0	0	0	0	0	0	0	0	0	0	0	0		
-604	27	-495	357	1,978	0	220	0	-604	-27	-495	-357	0	0	0	0	0	0	0	0			3
-27	110	357	-495	0	1,978	0	-1,209	27	110	-357	-495	0	0	0	0	0	0	0	0			
-495	-357	-604	-27	220	0	1,978	0	-495	357	-604	27	0	0	0	0	0	0	0	0			4
-357	-495	27	110	0	-1,209	0	1,978	357	-495	-27	110	0	0	0	0	0	0	0	0			
0	0	0	0	-604	27	-495	357	1,978	0	220	0	-604	-27	-495	-357	0	0	0	0			5
0	0	0	0	-27	110	357	-495	0	1,978	0	-1,209	27	110	-357	-495	0	0	0	0			
0	0	0	0	-495	-357	-604	-27	220	0	1,978	0	-495	357	-604	27	0	0	0	0			6
0	0	0	0	-357	-495	27	110	0	-1,209	0	1,978	357	-495	-27	110	0	0	0	0			
0	0	0	0	0	0	0	0	-604	27	-495	357	1,978	0	220	0	-604	-27	-495	-357			7
0	0	0	0	0	0	0	0	-27	110	357	-495	0	1,978	0	-1,209	27	110	-357	-495			
0	0	0	0	0	0	0	0	-495	-357	-604	-27	220	0	1,978	0	-495	357	-604	27			8
0	0	0	0	0	0	0	0	-357	-495	27	110	0	-1,209	0	1,978	357	-495	-27	110			
0	0	0	0	0	0	0	0	0	0	0	0	-604	27	-495	357	989	-357	110	-27			9
0	0	0	0	0	0	0	0	0	0	0	0	-27	110	357	-495	-357	989	27	-604			
0	0	0	0	0	0	0	0	0	0	0	0	-495	-357	-604	-27	110	27	989	357			10
0	0	0	0	0	0	0	0	0	0	0	0	-357	-495	27	110	-27	-604	357	989		-1	

변위가 지정된 1, 3, 11~12행과 열을 고쳐 $\{u\}=[K]^{-1}\{f\}$로 변위를 구한다.

1		2		3		4		5		6		7		8		9		10		(u, v)	$\{F_x, F_y\}$	
1	0	0	0	0	0	0	0	0	0	0	0	0	0	0	0	0	0	0	0	0.000	0	1
0	1	0	0	0	0	0	0	0	0	0	0	0	0	0	0	0	0	0	0	0.000	0	
0	0	1	0	0	0	0	0	0	0	0	0	0	0	0	0	0	0	0	0	0.000	0	2
0	0	0	1	0	0	0	0	0	0	0	0	0	0	0	0	0	0	0	0	0.000	0	
0	0	0	0	1,978	0	220	0	-604	-27	-495	-357	0	0	0	0	0	0	0	0	-0.007	0	3
0	0	0	0	0	1,978	0	-1,209	27	110	-357	-495	0	0	0	0	0	0	0	0	-0.008	0	
0	0	0	0	220	0	1,978	0	-495	357	-604	27	0	0	0	0	0	0	0	0	0.007	0	4
0	0	0	0	0	-1,209	0	1,978	357	-495	-27	110	0	0	0	0	0	0	0	0	-0.008	0	
0	0	0	0	-604	27	-495	357	1,978	0	220	0	-604	-27	-495	-357	0	0	0	0	-0.012	0	5
0	0	0	0	-27	110	357	-495	0	1,978	0	-1,209	27	110	-357	-495	0	0	0	0	-0.029	0	
0	0	0	0	-495	-357	-604	-27	220	0	1,978	0	-495	357	-604	27	0	0	0	0	0.012	0	6
0	0	0	0	-357	-495	27	110	0	-1,209	0	1,978	357	-495	-27	110	0	0	0	0	-0.029	0	
0	0	0	0	0	0	0	0	-604	27	-495	357	1,978	0	220	0	-604	-27	-495	-357	-0.015	0	7
0	0	0	0	0	0	0	0	-27	110	357	-495	0	1,978	0	-1,209	27	110	-357	-495	-0.058	0	
0	0	0	0	0	0	0	0	-495	-357	-604	-27	220	0	1,978	0	-495	357	-604	27	0.015	0	8
0	0	0	0	0	0	0	0	-357	-495	27	110	0	-1,209	0	1,978	357	-495	-27	110	-0.057	0	
0	0	0	0	0	0	0	0	0	0	0	0	-604	27	-495	357	989	-357	110	-27	-0.016	0	9
0	0	0	0	0	0	0	0	0	0	0	0	-27	110	357	-495	-357	989	27	-604	-0.090	0	
0	0	0	0	0	0	0	0	0	0	0	0	-495	-357	-604	-27	110	27	989	357	0.016	0	10
0	0	0	0	0	0	0	0	0	0	0	0	-357	-495	27	110	-27	-604	357	989	-0.090	-1	

$$
\begin{Bmatrix} u_1 \\ v_1 \\ u_2 \\ v_2 \\ u_3 \\ v_3 \\ u_4 \\ v_4 \\ u_5 \\ v_5 \end{Bmatrix} = \begin{Bmatrix} 0.000 \\ 0.000 \\ 0.000 \\ 0.000 \\ -0.007 \\ -0.008 \\ 0.007 \\ -0.008 \\ -0.012 \\ -0.029 \end{Bmatrix} \qquad \begin{Bmatrix} u_6 \\ v_6 \\ u_7 \\ v_7 \\ u_8 \\ v_8 \\ u_9 \\ v_9 \\ u_{10} \\ v_{10} \end{Bmatrix} = \begin{Bmatrix} 0.012 \\ -0.029 \\ -0.015 \\ -0.058 \\ 0.015 \\ -0.057 \\ -0.016 \\ -0.090 \\ 0.016 \\ -0.090 \end{Bmatrix}
$$

이론해와 비교하면

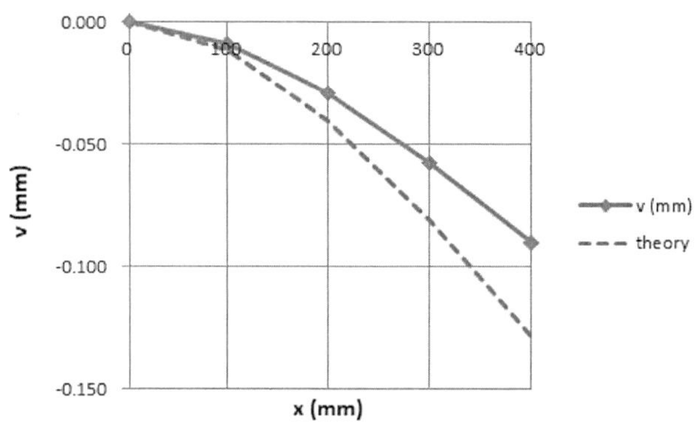

변위를 대입하여 $[K]\{u\}=\{f\}$를 구하면

절점	f	절점	f
1	4.0	6	0.0
	0.5		0.0
2	-4.0	7	0.0
	0.5		0.0
3	0.0	8	0.0
	0.0		0.0
4	0.0	9	0.0
	0.0		0.0
5	0.0	10	0.0
	0.0		-1.0

F_{x1}=4.0 kN, F_{y1}=0.5 kN, F_{x2}=-4.0 kN, F_{y2}=0.5 kN, F_{y10}=-1.0 kN

요소 (1) 수치적분점 ① 응력은

$$\begin{Bmatrix}\sigma_x\\ \sigma_y\\ \tau_{xy}\end{Bmatrix}=\begin{bmatrix}220 & 66 & 0\\ 66 & 220 & 0\\ 0 & 0 & 77\end{bmatrix}$$

$$\begin{bmatrix}-0.008 & 0.000 & 0.008 & 0.000 & 0.002 & 0.000 & -0.002 & 0.000\\ 0.000 & -0.008 & 0.000 & -0.002 & 0.000 & 0.002 & 0.000 & 0.008\\ -0.008 & -0.008 & -0.002 & 0.008 & 0.002 & 0.002 & 0.008 & -0.002\end{bmatrix}\begin{Bmatrix}0.000\\ 0.000\\ -0.007\\ -0.008\\ -0.007\\ -0.008\\ 0.000\\ 0.000\end{Bmatrix}=\begin{Bmatrix}-0.009\\ -0.003\\ -0.004\end{Bmatrix}$$

요소 (1) 수치적분점 ③ 응력은

$$\begin{Bmatrix}\sigma_x\\ \sigma_y\\ \tau_{xy}\end{Bmatrix}=\begin{bmatrix}220 & 66 & 0\\ 66 & 220 & 0\\ 0 & 0 & 77\end{bmatrix}$$

$$\begin{bmatrix}-0.008 & 0.000 & 0.008 & 0.000 & 0.002 & 0.000 & -0.002 & 0.000\\ 0.000 & -0.002 & 0.000 & -0.008 & 0.000 & 0.008 & 0.000 & 0.002\\ -0.002 & -0.008 & -0.008 & 0.008 & 0.008 & 0.002 & 0.002 & -0.002\end{bmatrix}\begin{Bmatrix}0.000\\ 0.000\\ -0.007\\ -0.008\\ -0.007\\ -0.008\\ 0.000\\ 0.000\end{Bmatrix}=\begin{Bmatrix}-0.009\\ -0.003\\ 0.002\end{Bmatrix}$$

요소 (2)~(4) 수치적분점 ①과 ③에서 σ_x를 구하면

x (mm)	σ_x (GPa)
21.1	-0.009
78.9	-0.009
121.1	-0.006
178.9	-0.006
221.1	-0.004
278.9	-0.004
321.1	-0.001
378.9	-0.001

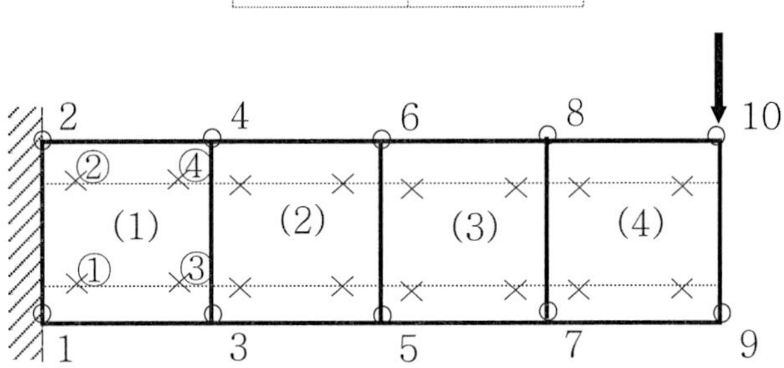

이론해와 비교하면

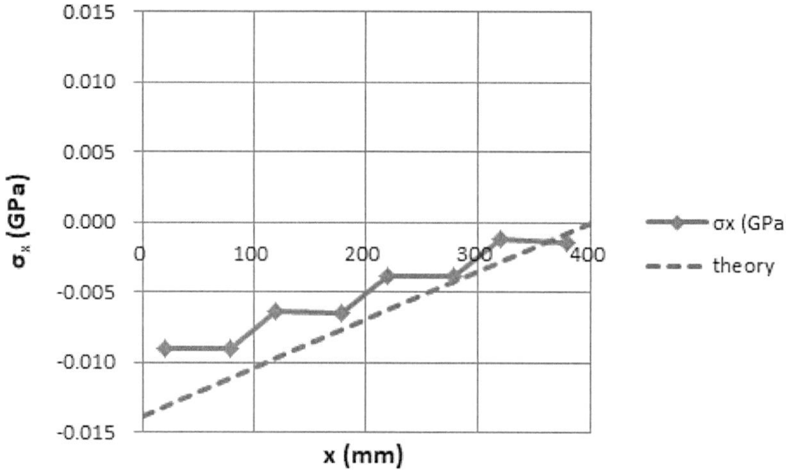

[예제-ㄱ자 평판] 다음과 같은 두께 10 mm "ㄱ"자 평판 하단을 당길 때 정사각형 요소 10개를 사용하여 절점의 변위와, 점선을 따라 (1)~(5) 부분은 응력 σ_x, (5)~(9) 부분은 σ_y를 구하시오. E=200 GPa, ν=0.3

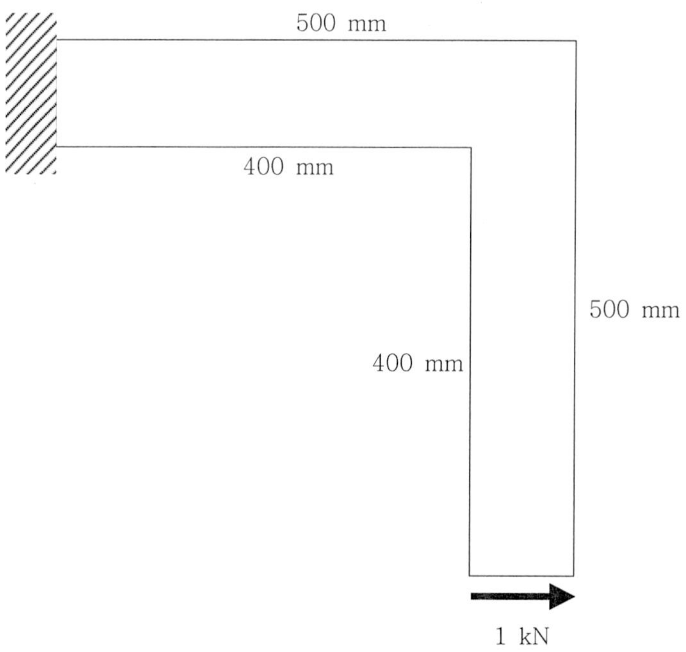

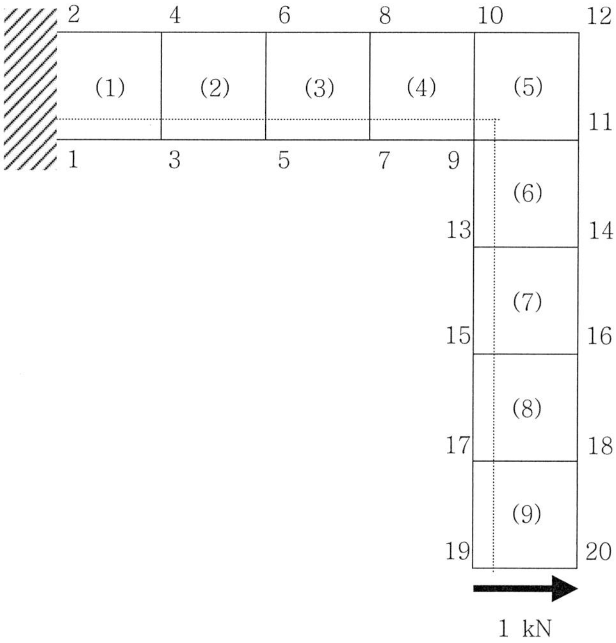

(풀이)

전체강성행렬을 구하고, 변위와 하중 경계조건을 입력하면

1		2		3		4		5		6		7		8		9		10		11		12		13		14		15		16		17		18		19		20			Loads	
989	357	110	27	-604	-27	-495	-357	0	0	0	0	0	0	0	0	0	0	0	0	0	0	0	0	0	0	0	0	0	0	0	0	0	0	0	0	0	0	0	0	1	0	
357	989	-27	-604	27	110	-357	-495	0	0	0	0	0	0	0	0	0	0	0	0	0	0	0	0	0	0	0	0	0	0	0	0	0	0	0	0	0	0	0	0		0	
110	-27	989	-357	-495	357	-604	27	0	0	0	0	0	0	0	0	0	0	0	0	0	0	0	0	0	0	0	0	0	0	0	0	0	0	0	0	0	0	0	0	2	0	
27	-604	-357	989	357	-495	-27	110	0	0	0	0	0	0	0	0	0	0	0	0	0	0	0	0	0	0	0	0	0	0	0	0	0	0	0	0	0	0	0	0		0	
-604	27	-495	357	1978	0	220	0	-604	-27	-495	-357	0	0	0	0	0	0	0	0	0	0	0	0	0	0	0	0	0	0	0	0	0	0	0	0	0	0	0	0	3		
-27	110	357	-495	0	1978	0	-1209	27	110	-357	-495	0	0	0	0	0	0	0	0	0	0	0	0	0	0	0	0	0	0	0	0	0	0	0	0	0	0	0	0			
-498	-357	-604	-27	230	0	1978	0	-495	357	-604	27	0	0	0	0	0	0	0	0	0	0	0	0	0	0	0	0	0	0	0	0	0	0	0	0	0	0	0	0	4		
-357	-495	27	110	0	-1209	0	1978	357	-495	-27	110	0	0	0	0	0	0	0	0	0	0	0	0	0	0	0	0	0	0	0	0	0	0	0	0	0	0	0	0			
0	0	0	0	-604	27	-495	357	1978	0	220	0	-604	-27	-495	-357	0	0	0	0	0	0	0	0	0	0	0	0	0	0	0	0	0	0	0	0	0	0	0	0	5		
0	0	0	0	-27	110	357	-495	0	1978	0	-1209	27	110	-357	-495	0	0	0	0	0	0	0	0	0	0	0	0	0	0	0	0	0	0	0	0	0	0	0	0			
0	0	0	0	-495	-357	-604	-27	220	0	1978	0	-495	357	-604	27	0	0	0	0	0	0	0	0	0	0	0	0	0	0	0	0	0	0	0	0	0	0	0	0	6		
0	0	0	0	-357	-495	27	110	0	-1209	0	1978	357	-495	-27	110	0	0	0	0	0	0	0	0	0	0	0	0	0	0	0	0	0	0	0	0	0	0	0	0			
0	0	0	0	0	0	0	0	-604	27	-495	357	1978	0	220	0	-604	-27	-495	-357	0	0	0	0	0	0	0	0	0	0	0	0	0	0	0	0	0	0	0	0	7		
0	0	0	0	0	0	0	0	-27	110	357	-495	0	1978	0	-1209	27	110	-357	-495	0	0	0	0	0	0	0	0	0	0	0	0	0	0	0	0	0	0	0	0			
0	0	0	0	0	0	0	0	-495	-357	-604	-27	220	0	1978	0	-495	357	-604	27	0	0	0	0	0	0	0	0	0	0	0	0	0	0	0	0	0	0	0	0	8		
0	0	0	0	0	0	0	0	-357	-495	27	110	0	-1209	0	1978	357	-495	-27	110	0	0	0	0	0	0	0	0	0	0	0	0	0	0	0	0	0	0	0	0			
0	0	0	0	0	0	0	0	0	0	0	0	-604	27	-495	357	2967	-357	220	0	-1209	0	-495	-357	110	-27	-495	357	0	0	0	0	0	0	0	0	0	0	0	0	9		
0	0	0	0	0	0	0	0	0	0	0	0	-27	110	-357	-495	-357	2967	0	-1209	0	220	-357	-495	27	-604	357	-495	0	0	0	0	0	0	0	0	0	0	0	0			
0	0	0	0	0	0	0	0	0	0	0	0	-495	-357	-604	-27	220	0	1978	0	-495	357	-604	27	0	0	0	0	0	0	0	0	0	0	0	0	0	0	0	0	10		
0	0	0	0	0	0	0	0	0	0	0	0	-357	-495	27	110	0	-1209	0	1978	357	-495	-27	110	0	0	0	0	0	0	0	0	0	0	0	0	0	0	0	0			
0	0	0	0	0	0	0	0	0	0	0	0	0	0	0	0	-120	0	-495	357	1978	0	110	-27	-495	-357	110	27	0	0	0	0	0	0	0	0	0	0	0	0	11		
0	0	0	0	0	0	0	0	0	0	0	0	0	0	0	0	0	220	357	-495	0	1978	27	-604	-357	-495	-27	604	0	0	0	0	0	0	0	0	0	0	0	0			
0	0	0	0	0	0	0	0	0	0	0	0	0	0	0	0	-495	-357	-604	-27	110	27	989	357	0	0	0	0	0	0	0	0	0	0	0	0	0	0	0	0	12		
0	0	0	0	0	0	0	0	0	0	0	0	0	0	0	0	-357	-495	27	110	-27	-604	357	989	0	0	0	0	0	0	0	0	0	0	0	0	0	0	0	0			
0	0	0	0	0	0	0	0	0	0	0	0	0	0	0	0	110	27	0	0	-495	-357	0	0	1978	0	-1209	0	110	-27	-495	357	0	0	0	0	0	0	0	0	13		
0	0	0	0	0	0	0	0	0	0	0	0	0	0	0	0	-27	-604	0	0	-357	-495	0	0	0	1978	0	220	27	-604	357	-495	0	0	0	0	0	0	0	0			
0	0	0	0	0	0	0	0	0	0	0	0	0	0	0	0	-495	357	0	0	110	-27	0	0	-1209	0	1978	0	-495	-357	110	27	0	0	0	0	0	0	0	0	14		
0	0	0	0	0	0	0	0	0	0	0	0	0	0	0	0	357	-495	0	0	27	-604	0	0	0	220	0	1978	-357	-495	-27	-604	0	0	0	0	0	0	0	0			
0	0	0	0	0	0	0	0	0	0	0	0	0	0	0	0	0	0	0	0	0	0	0	0	110	27	-495	-357	1978	0	-1209	0	110	-27	-495	357	0	0	0	0	15		
0	0	0	0	0	0	0	0	0	0	0	0	0	0	0	0	0	0	0	0	0	0	0	0	-27	-604	-357	-495	0	1978	0	220	27	-604	357	-495	0	0	0	0			
0	0	0	0	0	0	0	0	0	0	0	0	0	0	0	0	0	0	0	0	0	0	0	0	-495	357	110	-27	-1209	0	1978	0	-495	-357	110	27	0	0	0	0	16		
0	0	0	0	0	0	0	0	0	0	0	0	0	0	0	0	0	0	0	0	0	0	0	0	357	-495	27	-604	0	220	0	1978	-357	-495	-27	-604	0	0	0	0			
0	0	0	0	0	0	0	0	0	0	0	0	0	0	0	0	0	0	0	0	0	0	0	0	0	0	0	0	110	27	-495	-357	1978	0	-1209	0	110	-27	-495	357	17		
0	0	0	0	0	0	0	0	0	0	0	0	0	0	0	0	0	0	0	0	0	0	0	0	0	0	0	0	-27	-604	-357	-495	0	1978	0	220	27	-604	357	-495			
0	0	0	0	0	0	0	0	0	0	0	0	0	0	0	0	0	0	0	0	0	0	0	0	0	0	0	0	-495	357	110	-27	-1209	0	1978	0	-495	-357	110	27	18		
0	0	0	0	0	0	0	0	0	0	0	0	0	0	0	0	0	0	0	0	0	0	0	0	0	0	0	0	357	-495	27	-604	0	220	0	1978	-357	-495	-27	-604			
0	0	0	0	0	0	0	0	0	0	0	0	0	0	0	0	0	0	0	0	0	0	0	0	0	0	0	0	0	0	0	0	110	27	-495	-357	989	357	-604	-27	19		0.5
0	0	0	0	0	0	0	0	0	0	0	0	0	0	0	0	0	0	0	0	0	0	0	0	0	0	0	0	0	0	0	0	-27	-604	-357	-495	357	989	27	110			
0	0	0	0	0	0	0	0	0	0	0	0	0	0	0	0	0	0	0	0	0	0	0	0	0	0	0	0	0	0	0	0	-495	357	110	-27	-604	27	989	-357	20		0.5
0	0	0	0	0	0	0	0	0	0	0	0	0	0	0	0	0	0	0	0	0	0	0	0	0	0	0	0	0	0	0	0	357	-495	27	-604	-27	110	-357	989			

변위가 지정된 1~4행과 열을 고쳐 $\{u\}=[K]^{-1}\{f\}$로 변위를 구한다.

1		2		3		4		5		6		7		8		9		10		11		12		13		14		15		16		17		18		19		20			Dispin	Loads
1	0	0	0	0	0	0	0	0	0	0	0	0	0	0	0	0	0	0	0	0	0	0	0	0	0	0	0	0	0	0	0	0	0	0	0	0	0	0	0	1	0.000	0
0	1	0	0	0	0	0	0	0	0	0	0	0	0	0	0	0	0	0	0	0	0	0	0	0	0	0	0	0	0	0	0	0	0	0	0	0	0	0	0		0.000	0
0	0	1	0	0	0	0	0	0	0	0	0	0	0	0	0	0	0	0	0	0	0	0	0	0	0	0	0	0	0	0	0	0	0	0	0	0	0	0	0	2	0.000	0
0	0	0	1	0	0	0	0	0	0	0	0	0	0	0	0	0	0	0	0	0	0	0	0	0	0	0	0	0	0	0	0	0	0	0	0	0	0	0	0		0.000	0
0	0	0	0	1978	0	220	0	-604	-27	-495	-357	0	0	0	0	0	0	0	0	0	0	0	0	0	0	0	0	0	0	0	0	0	0	0	0	0	0	0	0	3	0.000	0
0	0	0	0	0	1978	0	-1209	27	110	-357	-495	0	0	0	0	0	0	0	0	0	0	0	0	0	0	0	0	0	0	0	0	0	0	0	0	0	0	0	0		0.009	0
0	0	0	0	220	0	1978	0	-495	357	-604	27	0	0	0	0	0	0	0	0	0	0	0	0	0	0	0	0	0	0	0	0	0	0	0	0	0	0	0	0	4	-0.009	0
0	0	0	0	0	-1209	0	1978	357	-495	-27	110	0	0	0	0	0	0	0	0	0	0	0	0	0	0	0	0	0	0	0	0	0	0	0	0	0	0	0	0		0.009	0
0	0	0	0	-604	27	-495	357	1978	0	220	0	-604	-27	-495	-357	0	0	0	0	0	0	0	0	0	0	0	0	0	0	0	0	0	0	0	0	0	0	0	0	5	0.019	0
0	0	0	0	-27	110	357	-495	0	1978	0	-1209	27	110	-357	-495	0	0	0	0	0	0	0	0	0	0	0	0	0	0	0	0	0	0	0	0	0	0	0	0		0.036	0
0	0	0	0	-495	-357	-604	-27	220	0	1978	0	-495	357	-604	27	0	0	0	0	0	0	0	0	0	0	0	0	0	0	0	0	0	0	0	0	0	0	0	0	6	-0.017	0
0	0	0	0	-357	-495	27	110	0	-120	0	1978	357	-495	-27	110	0	0	0	0	0	0	0	0	0	0	0	0	0	0	0	0	0	0	0	0	0	0	0	0		0.036	0
0	0	0	0	0	0	0	0	-604	27	-495	357	1978	0	220	0	-604	-27	-495	-357	0	0	0	0	0	0	0	0	0	0	0	0	0	0	0	0	0	0	0	0	7	0.029	0
0	0	0	0	0	0	0	0	-27	110	357	-495	0	1978	0	-1209	27	110	-357	-495	0	0	0	0	0	0	0	0	0	0	0	0	0	0	0	0	0	0	0	0		0.082	0
0	0	0	0	0	0	0	0	-495	-357	-604	-27	220	0	1978	0	-495	357	-604	27	0	0	0	0	0	0	0	0	0	0	0	0	0	0	0	0	0	0	0	0	8	-0.026	0
0	0	0	0	0	0	0	0	-357	-495	27	110	0	-1209	0	1978	357	-495	-27	110	0	0	0	0	0	0	0	0	0	0	0	0	0	0	0	0	0	0	0	0		0.082	0
0	0	0	0	0	0	0	0	0	0	0	0	-604	27	-495	357	2967	-357	220	0	-1209	0	-495	-357	110	-27	-495	357	0	0	0	0	0	0	0	0	0	0	0	0	9	0.038	0
0	0	0	0	0	0	0	0	0	0	0	0	-27	110	357	-495	-357	2967	0	-1209	0	220	-357	-495	27	-604	357	-495	0	0	0	0	0	0	0	0	0	0	0	0		0.145	0
0	0	0	0	0	0	0	0	0	0	0	0	-495	-357	-604	-27	220	0	1978	0	-495	357	-604	27	0	0	0	0	0	0	0	0	0	0	0	0	0	0	0	0	10	-0.035	0
0	0	0	0	0	0	0	0	0	0	0	0	-357	-495	27	110	0	-1209	0	1978	357	-495	-27	110	0	0	0	0	0	0	0	0	0	0	0	0	0	0	0	0		0.147	0
0	0	0	0	0	0	0	0	0	0	0	0	0	0	0	0	-1209	0	-495	357	1978	0	110	-27	-495	-357	110	27	0	0	0	0	0	0	0	0	0	0	0	0	11	0.041	0
0	0	0	0	0	0	0	0	0	0	0	0	0	0	0	0	0	220	357	-495	0	1978	27	-604	-357	-495	-27	-604	0	0	0	0	0	0	0	0	0	0	0	0		0.228	0
0	0	0	0	0	0	0	0	0	0	0	0	0	0	0	0	-495	-357	-604	-27	110	27	989	357	0	0	0	0	0	0	0	0	0	0	0	0	0	0	0	0	12	-0.038	0
0	0	0	0	0	0	0	0	0	0	0	0	0	0	0	0	-357	-495	27	110	-27	-604	357	989	0	0	0	0	0	0	0	0	0	0	0	0	0	0	0	0		0.225	0
0	0	0	0	0	0	0	0	0	0	0	0	0	0	0	0	110	27	0	0	-495	-357	0	0	1978	0	-1209	0	110	-27	-495	357	0	0	0	0	0	0	0	0	13	0.131	0
0	0	0	0	0	0	0	0	0	0	0	0	0	0	0	0	-27	-604	0	0	-357	-495	0	0	0	1978	0	220	27	-604	357	-495	0	0	0	0	0	0	0	0		0.138	0
0	0	0	0	0	0	0	0	0	0	0	0	0	0	0	0	-495	357	0	0	110	-27	0	0	-1209	0	1978	0	-495	-357	110	27	0	0	0	0	0	0	0	0	14	0.131	0
0	0	0	0	0	0	0	0	0	0	0	0	0	0	0	0	357	-495	0	0	27	-604	0	0	0	220	0	1978	-357	-495	-27	-604	0	0	0	0	0	0	0	0		0.235	0
0	0	0	0	0	0	0	0	0	0	0	0	0	0	0	0	0	0	0	0	0	0	0	0	110	27	-495	-357	1975	0	-1209	0	110	-27	-495	357	0	0	0	0	15	0.235	0
0	0	0	0	0	0	0	0	0	0	0	0	0	0	0	0	0	0	0	0	0	0	0	0	-27	-604	-357	-495	0	1978	0	220	27	-604	357	-495	0	0	0	0		0.133	0
0	0	0	0	0	0	0	0	0	0	0	0	0	0	0	0	0	0	0	0	0	0	0	0	-495	357	110	-27	-1209	0	1978	0	-495	-357	110	27	0	0	0	0	16	0.235	0
0	0	0	0	0	0	0	0	0	0	0	0	0	0	0	0	0	0	0	0	0	0	0	0	357	-495	27	-604	0	220	0	1978	-357	-495	-27	-604	0	0	0	0		0.240	0
0	0	0	0	0	0	0	0	0	0	0	0	0	0	0	0	0	0	0	0	0	0	0	0	0	0	0	0	110	27	-495	-357	1978	0	-1209	0	110	-27	-495	357	17	0.347	0
0	0	0	0	0	0	0	0	0	0	0	0	0	0	0	0	0	0	0	0	0	0	0	0	0	0	0	0	-27	-604	-357	-495	0	1978	0	220	27	-604	357	-495		0.130	0
0	0	0	0	0	0	0	0	0	0	0	0	0	0	0	0	0	0	0	0	0	0	0	0	0	0	0	0	-495	357	110	-27	-1209	0	1978	0	-495	-357	110	27	18	0.347	0
0	0	0	0	0	0	0	0	0	0	0	0	0	0	0	0	0	0	0	0	0	0	0	0	0	0	0	0	357	-495	27	-604	0	220	0	1978	-357	-495	-27	-604		0.243	0
0	0	0	0	0	0	0	0	0	0	0	0	0	0	0	0	0	0	0	0	0	0	0	0	0	0	0	0	0	0	0	0	110	27	-495	-357	989	357	-604	-27	19	0.463	0.5
0	0	0	0	0	0	0	0	0	0	0	0	0	0	0	0	0	0	0	0	0	0	0	0	0	0	0	0	0	0	0	0	-27	-604	-357	-495	357	989	27	110		0.129	0
0	0	0	0	0	0	0	0	0	0	0	0	0	0	0	0	0	0	0	0	0	0	0	0	0	0	0	0	0	0	0	0	-495	357	110	-27	-604	27	989	-357	20	0.463	0.5
0	0	0	0	0	0	0	0	0	0	0	0	0	0	0	0	0	0	0	0	0	0	0	0	0	0	0	0	0	0	0	0	357	-495	27	-604	-27	110	-357	989		0.244	0

변위를 대입하여 $[K]\{u\}=\{f\}$를 구하면

$$F_{x1}=-5.0 \text{ kN},\ F_{y1}=-0.1 \text{ kN},\ F_{x2}=4.0 \text{ kN},\ F_{y2}=0.1 \text{ kN},$$
$$F_{x19}=0.5 \text{ kN},\ F_{x20}=0.5 \text{ kN}$$

요소 (1)~(5) 수치적분점 ①과 ③에서 σ_x를 구하면

x (mm)	σ_x (GPa)
21.1	0.013
78.9	0.013
121.1	0.013
178.9	0.013
221.1	0.013
278.9	0.012
321.1	0.013
378.9	0.003

이론해와 비교하면

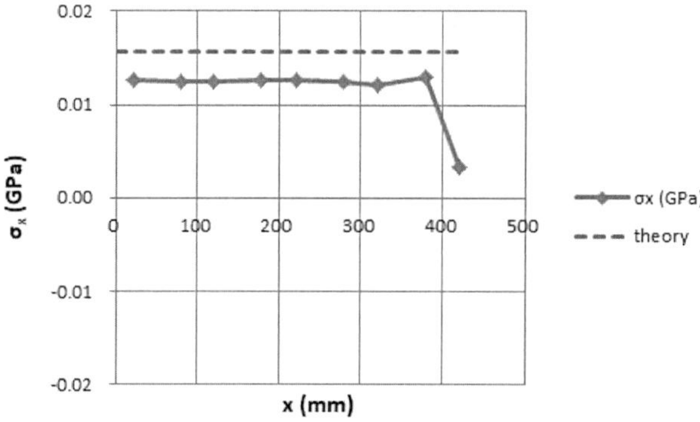

요소 (5)~(9) 수치적분점 ①과 ②에서 σ_y를 구하면

y (mm)	σ_y (GPa)
-78.9	0.003
-121.1	0.010
-178.9	0.008
-221.1	0.006
-278.9	0.007
-321.1	0.004
-378.9	0.004
-421.1	0.001
-478.9	0.001

이론해와 비교하면

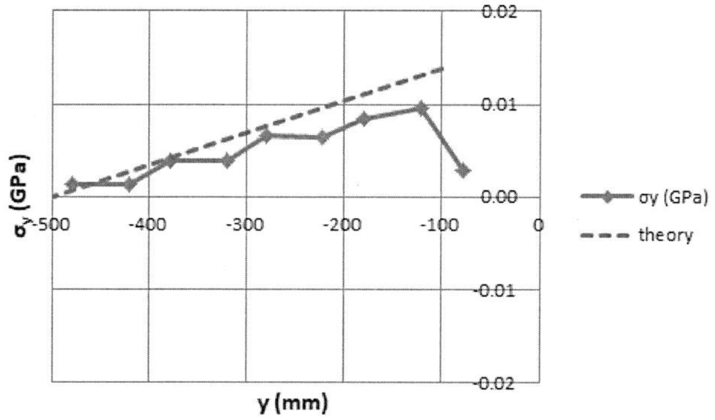
0.02
0.01
0.00
-0.01
-0.02
σ_y (GPa)
-500
-400
-300
-200
-100
0
y (mm)
σy (GPa)
theory

3.3 사각형 요소

직사각형 요소는 직사각형으로 이루진 단순한 물체만 모델링 가능하였으나, 사각형 요소는 복잡한 형상인 물체도 모델링 가능하여 실용적이다. 직사각형 요소에서는 Jacobian이 수치적분점 ①~④에서 일정하였으나, 사각형 요소에서는 Jacobian이 변한다.

<u>Isoparametric Element (Quarilateral Element)</u>

장반경 a, 단반경 b인 타원을 나타낼 때 때 매개변수 t를 사용하여 $x = a\cos t$, $y = b\sin t$로 나타내면 편리하다. 이 때 $t=0$는 $(a,\ 0)$, $t=\pi/2$는 $(0,\ b)$, $t=\pi$는 $(-a,\ 0)$, $t=3\pi/2$는 $(0,\ -b)$를 가리키고, 타원둘레는 $0 \leqq t \leqq 2\pi$에 대응한다.

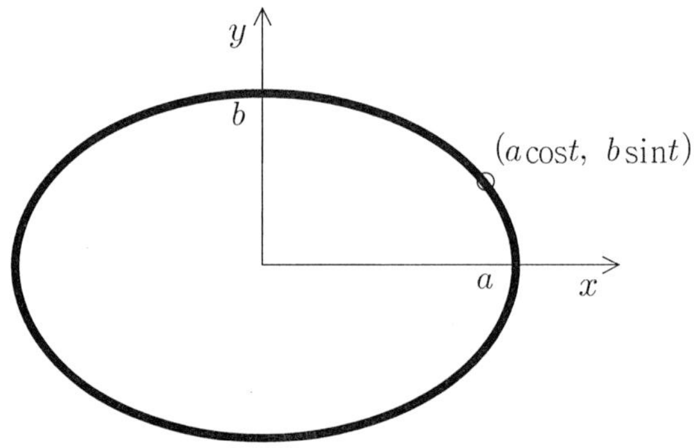

타원을 정의하는 매개변수 t

등(等)매개변수 요소란 변위를 보간할 때 사용하는 매개변수 함수를, 좌표를 보간할 때도 같은 매개변수 함수를 사용하는 요소이다. 이 때 사용하는 매개변수 ξ와 η의 범위는 -1에서 +1까지이다.

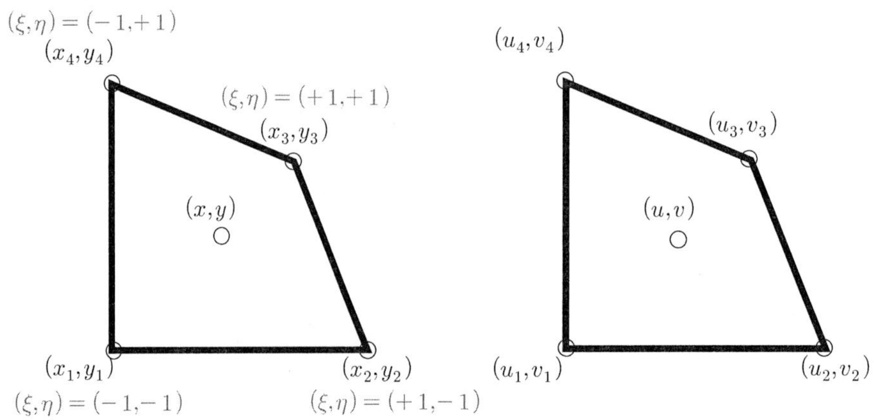

사각형 요소의 내부 좌표와 변위를 같은 함수로 보간

사각형 요소 4 절점의 좌표는 반시계방향으로 $(x,y)=(x_1,y_1)$, (x_2,y_2), (x_3,y_3), (x_4,y_4)이다. 매개변수 $(\xi,\eta)=(-1,-1)$, $(+1,-1)$, $(+1,+1)$, $(-1,+1)$이 각각 사각형 요소의 4 절점에 대응한다. (ξ,η)에 대응하는 좌표 (x,y)는

$$\begin{Bmatrix} x \\ y \end{Bmatrix}=\frac{1}{4}\begin{bmatrix} (1-\xi)(1-\eta) & 0 & (1+\xi)(1-\eta) & 0 & (1+\xi)(1+\eta) & 0 & (1-\xi)(1+\eta) & 0 \\ 0 & (1-\xi)(1-\eta) & 0 & (1+\xi)(1-\eta) & 0 & (1+\xi)(1+\eta) & 0 & (1-\xi)(1+\eta) \end{bmatrix}\begin{Bmatrix} x_1 \\ y_1 \\ x_2 \\ y_2 \\ x_3 \\ y_3 \\ x_4 \\ y_4 \end{Bmatrix}$$

$(\xi,\eta)=(-1,-1)$이면 좌표 (x,y)는 절점 1의 좌표이다.

$$\begin{Bmatrix} x \\ y \end{Bmatrix}=\begin{bmatrix} 1 & 0 & 0 & 0 & 0 & 0 & 0 & 0 \\ 0 & 1 & 0 & 0 & 0 & 0 & 0 & 0 \end{bmatrix}\begin{Bmatrix} x_1 \\ y_1 \\ x_2 \\ y_2 \\ \cdot \\ \cdot \end{Bmatrix}=\begin{Bmatrix} x_1 \\ y_1 \end{Bmatrix}$$

$(\xi,\eta)=(0,0)$이면 좌표 (x,y)는 사각형의 중점의 좌표이다.

$$\begin{Bmatrix} x \\ y \end{Bmatrix}=\frac{1}{4}\begin{bmatrix} 1 & 0 & 1 & 0 & 1 & 0 & 1 & 0 \\ 0 & 1 & 0 & 1 & 0 & 1 & 0 & 1 \end{bmatrix}\begin{Bmatrix} x_1 \\ y_1 \\ x_2 \\ y_2 \\ \cdot \\ \cdot \end{Bmatrix}=\frac{1}{4}\begin{Bmatrix} x_1+x_2+x_3+x_4 \\ y_1+y_2+y_3+y_4 \end{Bmatrix}$$

같은 방식으로 매개변수 $(\xi,\eta)=(-1,-1),(+1,-1),(+1,+1),(-1,+1)$는 각각 사각형 요소의 4 절점의 변위 $(u,v)=(u_1,v_1)$, (u_2,v_2), (u_3,v_3), (u_4,v_4)에 대응한다. 같은 방식으로 (ξ,η)에 대응하는 변위 (u,v)는

$$\begin{Bmatrix} u \\ v \end{Bmatrix}=\frac{1}{4}\begin{bmatrix} (1-\xi)(1-\eta) & 0 & (1+\xi)(1-\eta) & 0 \\ 0 & (1-\xi)(1-\eta) & 0 & (1+\xi)(1-\eta) \end{bmatrix}$$

$$\begin{bmatrix} (1+\xi)(1+\eta) & 0 & (1-\xi)(1+\eta) & 0 \\ 0 & (1+\xi)(1+\eta) & 0 & (1-\xi)(1+\eta) \end{bmatrix} \begin{Bmatrix} u_1 \\ v_1 \\ u_2 \\ v_2 \\ \cdot \\ \cdot \end{Bmatrix}$$

요약하면

$$\{x\} = [N]\{x_i\}$$

$$\{u\} = [N]\{u_i\}$$

이것은 직사각형 요소 보간행렬에 $a=1$, $b=1$, $x=\xi$, $y=\eta$를 대입한 것과 같다.

이제 변형률 성분을 구하자.

$$\epsilon_x = \frac{\partial u}{\partial x}, \quad \epsilon_y = \frac{\partial v}{\partial y}, \quad \gamma_{xy} = \left(\frac{\partial u}{\partial y} + \frac{\partial v}{\partial x}\right)$$

보간행렬 $[N]$이 ξ와 η의 함수이므로 연쇄법칙(chain rule)을 사용하여 다음과 같이 구한다.

$$\begin{Bmatrix} \dfrac{\partial u}{\partial x} \\ \dfrac{\partial v}{\partial y} \end{Bmatrix} = \begin{bmatrix} \dfrac{\partial \xi}{\partial x} & 0 & \dfrac{\partial \eta}{\partial x} & 0 \\ 0 & \dfrac{\partial \xi}{\partial y} & 0 & \dfrac{\partial \eta}{\partial y} \end{bmatrix} \begin{Bmatrix} \dfrac{\partial u}{\partial \xi} \\ \dfrac{\partial v}{\partial \xi} \\ \dfrac{\partial u}{\partial \eta} \\ \dfrac{\partial v}{\partial \eta} \end{Bmatrix}$$

$$\begin{Bmatrix} \dfrac{\partial u}{\partial y} \\ \dfrac{\partial v}{\partial x} \end{Bmatrix} = \begin{bmatrix} \dfrac{\partial \xi}{\partial y} & 0 & \dfrac{\partial \eta}{\partial y} & 0 \\ 0 & \dfrac{\partial \xi}{\partial x} & 0 & \dfrac{\partial \eta}{\partial x} \end{bmatrix} \begin{Bmatrix} \dfrac{\partial u}{\partial \xi} \\ \dfrac{\partial v}{\partial \xi} \\ \dfrac{\partial u}{\partial \eta} \\ \dfrac{\partial v}{\partial \eta} \end{Bmatrix}$$

변위를 편미분하여 변위기울기를 구하면

$$\begin{Bmatrix} \dfrac{\partial u}{\partial \xi} \\ \dfrac{\partial v}{\partial \xi} \end{Bmatrix} = \frac{1}{4} \begin{bmatrix} -(1-\eta) & 0 & (1-\eta) & 0 & (1+\eta) & 0 & -(1+\eta) & 0 \\ 0 & -(1-\eta) & 0 & (1-\eta) & 0 & (1+\eta) & 0 & -(1+\eta) \end{bmatrix} \begin{Bmatrix} u_1 \\ v_1 \\ u_2 \\ v_2 \\ \cdot \\ \cdot \end{Bmatrix}$$

$$\begin{Bmatrix} \dfrac{\partial u}{\partial \eta} \\ \dfrac{\partial v}{\partial \eta} \end{Bmatrix} = \frac{1}{4} \begin{bmatrix} -(1-\xi) & 0 & -(1+\xi) & 0 & (1+\xi) & 0 & (1-\xi) & 0 \\ 0 & -(1-\xi) & 0 & -(1+\xi) & 0 & (1+\xi) & 0 & (1-\xi) \end{bmatrix} \begin{Bmatrix} u_1 \\ v_1 \\ u_2 \\ v_2 \\ \cdot \\ \cdot \end{Bmatrix}$$

이와 비슷하게 좌표를 편미분하여 좌표기울기를 구하면

$$\begin{Bmatrix} \dfrac{\partial x}{\partial \xi} \\ \dfrac{\partial y}{\partial \xi} \end{Bmatrix} = \frac{1}{4} \begin{bmatrix} -(1-\eta) & 0 & (1-\eta) & 0 & (1+\eta) & 0 & -(1+\eta) & 0 \\ 0 & -(1-\eta) & 0 & (1-\eta) & 0 & (1+\eta) & 0 & -(1+\eta) \end{bmatrix} \begin{Bmatrix} x_1 \\ y_1 \\ x_2 \\ y_2 \\ \cdot \\ \cdot \end{Bmatrix}$$

$$\begin{Bmatrix} \dfrac{\partial x}{\partial \eta} \\ \dfrac{\partial y}{\partial \eta} \end{Bmatrix} = \frac{1}{4} \begin{bmatrix} -(1-\xi) & 0 & -(1+\xi) & 0 \\ 0 & -(1-\xi) & 0 & -(1+\xi) \end{bmatrix}$$

$$\begin{matrix} (1+\xi) & 0 & (1-\xi) & 0 \\ 0 & (1+\xi) & 0 & (1-\xi) \end{matrix}\Bigg] \begin{Bmatrix} x_1 \\ y_1 \\ x_2 \\ y_2 \\ \cdot \\ \cdot \end{Bmatrix}$$

다음과 같이 좌표 기울기를 모은 행렬을 Jacobian 행렬이라고 부른다.

$$[J] = \begin{bmatrix} \dfrac{\partial x}{\partial \xi} & \dfrac{\partial y}{\partial \xi} \\ \dfrac{\partial x}{\partial \eta} & \dfrac{\partial y}{\partial \eta} \end{bmatrix}$$

다음 관계가 존재한다.

$$\begin{Bmatrix} 1 \\ 1 \end{Bmatrix} = \begin{bmatrix} \dfrac{\partial \xi}{\partial x} & 0 & \dfrac{\partial \eta}{\partial x} & 0 \\ 0 & \dfrac{\partial \xi}{\partial y} & 0 & \dfrac{\partial \eta}{\partial y} \end{bmatrix} \begin{Bmatrix} \dfrac{\partial x}{\partial \xi} \\ \dfrac{\partial y}{\partial \xi} \\ \dfrac{\partial x}{\partial \eta} \\ \dfrac{\partial y}{\partial \eta} \end{Bmatrix}$$

$$\begin{Bmatrix} 0 \\ 0 \end{Bmatrix} = \begin{bmatrix} \dfrac{\partial \xi}{\partial y} & 0 & \dfrac{\partial \eta}{\partial y} & 0 \\ 0 & \dfrac{\partial \xi}{\partial x} & 0 & \dfrac{\partial \eta}{\partial x} \end{bmatrix} \begin{Bmatrix} \dfrac{\partial x}{\partial \xi} \\ \dfrac{\partial y}{\partial \xi} \\ \dfrac{\partial x}{\partial \eta} \\ \dfrac{\partial y}{\partial \eta} \end{Bmatrix}$$

종합하면

$$\begin{bmatrix} \dfrac{\partial \xi}{\partial x} & \dfrac{\partial \eta}{\partial x} \\ \dfrac{\partial \xi}{\partial y} & \dfrac{\partial \eta}{\partial y} \end{bmatrix} \begin{bmatrix} \dfrac{\partial x}{\partial \xi} & \dfrac{\partial y}{\partial \xi} \\ \dfrac{\partial x}{\partial \eta} & \dfrac{\partial y}{\partial \eta} \end{bmatrix} = \begin{bmatrix} 1 & 0 \\ 0 & 1 \end{bmatrix}$$

즉, 서로 역행렬이다.

$$\begin{bmatrix} \dfrac{\partial \xi}{\partial x} & \dfrac{\partial \eta}{\partial x} \\ \dfrac{\partial \xi}{\partial y} & \dfrac{\partial \eta}{\partial y} \end{bmatrix} = \begin{bmatrix} \dfrac{\partial x}{\partial \xi} & \dfrac{\partial y}{\partial \xi} \\ \dfrac{\partial x}{\partial \eta} & \dfrac{\partial y}{\partial \eta} \end{bmatrix}^{-1}$$

[예제] 다음 정사각형, 직사각형, 평행사변형, 사다리꼴, 일반 사각형에 대

하여 Jacobian 행렬 [J]를 구하시오.

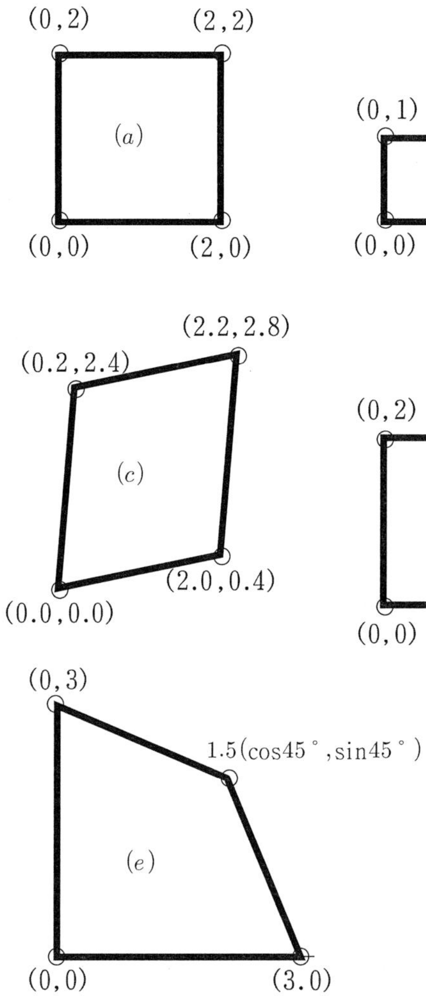

(풀이)

(a) $[J]=\begin{bmatrix}1 & 0\\ 0 & 1\end{bmatrix}$

(b) $[J]=\begin{bmatrix}2.0 & 0.0\\ 0.0 & 0.5\end{bmatrix}$

(c) $[J]=\begin{bmatrix}1.0 & 0.2\\ 0.1 & 1.2\end{bmatrix}$

(d) $[J]=\begin{bmatrix}\dfrac{5-\eta}{4} & 0\\ \dfrac{-1-\xi}{4} & 1\end{bmatrix}$

(e) $[J]=\dfrac{3}{8}\begin{bmatrix}(2+\sqrt{2})+(-2+\sqrt{2})\eta & (-2+\sqrt{2})+(-2+\sqrt{2})\eta \\ (-2+\sqrt{2})+(-2+\sqrt{2})\xi & (2+\sqrt{2})+(-2+\sqrt{2})\xi\end{bmatrix}$

다음과 같은 일반적인 사각형에 대하여 $\xi=$const와 $\eta=$const, $\xi+d\xi=$const와 $\eta+d\eta=$const인 접선을 그으면 교점에 벡터 $(\frac{\partial x}{\partial \xi}, \frac{\partial y}{\partial \xi}, 0)d\xi$ 와 $(\frac{\partial x}{\partial \eta}, \frac{\partial y}{\partial \eta}, 0)d\eta$ 로 이루어진 미소 평행사변형이 형성된다.

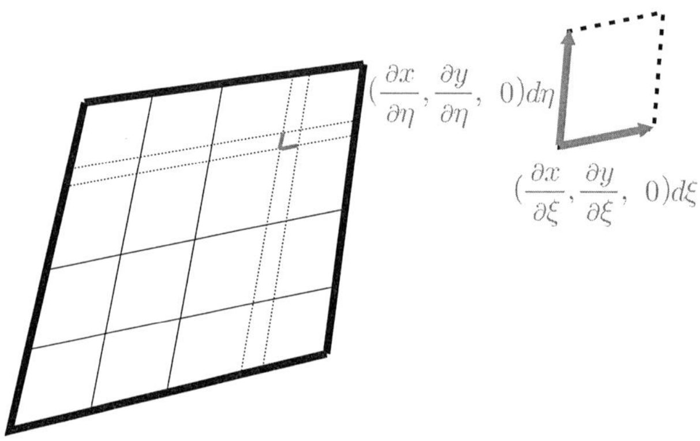

$d\xi$와 $d\eta$로 형성되는 평행사변형의 넓이

이 미소 평행사변형을 이루는 2 벡터의 외적은

$$\left(\frac{\partial x}{\partial \xi}, \frac{\partial y}{\partial \xi}, 0\right)d\xi \times \left(\frac{\partial y}{\partial \eta}, \frac{\partial y}{\partial \eta}, 0\right)d\eta = \left(0,\ 0, \frac{\partial x}{\partial \xi}\frac{\partial y}{\partial \eta} - \frac{\partial y}{\partial \xi}\frac{\partial x}{\partial \eta}\right)d\xi\, d\eta$$
$$= (0,0,|J|)\ d\xi\, d\eta$$
$$= |J|\ d\xi\, d\eta$$

이것이 이 미소 평행사변형의 넓이이다.

그 요소 전체의 넓이는

$$A = \int_{-1}^{+1}\int_{-1}^{+1} |J|\ d\xi\, d\eta$$
$$= \sum_{i=1}^{2}\sum_{j=1}^{2} w_i w_j |J|_{\substack{\xi=\xi_i \\ \eta=\eta_i}}$$

[예제] 다음 4 절점 요소의 넓이를 구하시오.

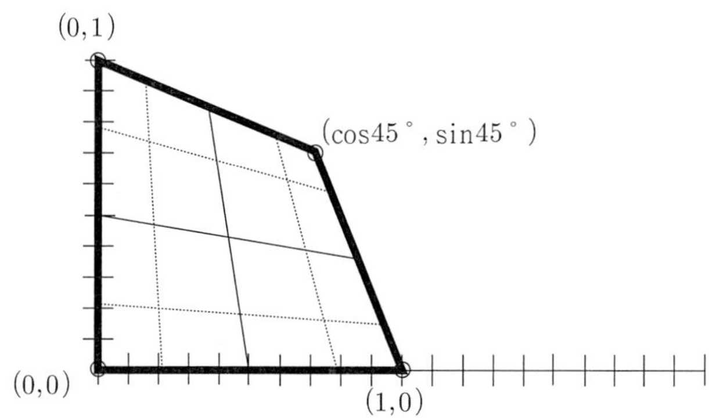

(풀이) 절점의 좌표를 대입하여 Jacobian 행렬을 구하면

$$\begin{Bmatrix} \dfrac{\partial x}{\partial \xi} \\ \dfrac{\partial y}{\partial \xi} \end{Bmatrix} = \frac{1}{4}\begin{bmatrix} -(1-\eta) & 0 & (1-\eta) & 0 & (1+\eta) & 0 & -(1+\eta) & 0 \\ 0 & -(1-\eta) & 0 & (1-\eta) & 0 & (1+\eta) & 0 & -(1+\eta) \end{bmatrix} \begin{Bmatrix} 0 \\ 0 \\ 1 \\ 0 \\ \cos 45^\circ \\ \sin 45^\circ \\ 0 \\ 1 \end{Bmatrix}$$

$$\begin{Bmatrix} \dfrac{\partial x}{\partial \eta} \\ \dfrac{\partial y}{\partial \eta} \end{Bmatrix} = \frac{1}{4}\begin{bmatrix} -(1-\xi) & 0 & -(1+\xi) & 0 & (1+\xi) & 0 & (1-\xi) & 0 \\ 0 & -(1-\xi) & 0 & -(1+\xi) & 0 & (1+\xi) & 0 & (1-\xi) \end{bmatrix} \begin{Bmatrix} 0 \\ 0 \\ 1 \\ 0 \\ \cos 45^\circ \\ \sin 45^\circ \\ 0 \\ 1 \end{Bmatrix}$$

2*2 수치적분점에서 $|J|$를 구하여 더하면

$$A = \int_{-1}^{+1}\int_{-1}^{+1} |J|\ d\xi\, d\eta$$

$$= |J|_{\substack{\xi=-\sqrt{1/3}\\ \eta=-\sqrt{1/3}}} + |J|_{\substack{\xi=-\sqrt{1/3}\\ \eta=+\sqrt{1/3}}} + |J|_{\substack{\xi=+\sqrt{1/3}\\ \eta=-\sqrt{1/3}}} + |J|_{\substack{\xi=+\sqrt{1/3}\\ \eta=+\sqrt{1/3}}}$$

$$\begin{aligned}
&= (0.469052)(0.469052) - (-0.030948)(-0.030948)\\
&+ (0.384501)(0.469052) - (-0.115499)(-0.030948)\\
&+ (0.469052)(0.384501) - (-0.030948)(-0.115499)\\
&+ (0.384501)(0.384501) - (-0.115499)(-0.115499)
\end{aligned}$$

$$\begin{aligned}
&= 0.219052 + 0.176777 + 0.176777 + 0.134501\\
&= 0.707107
\end{aligned}$$

[별해]

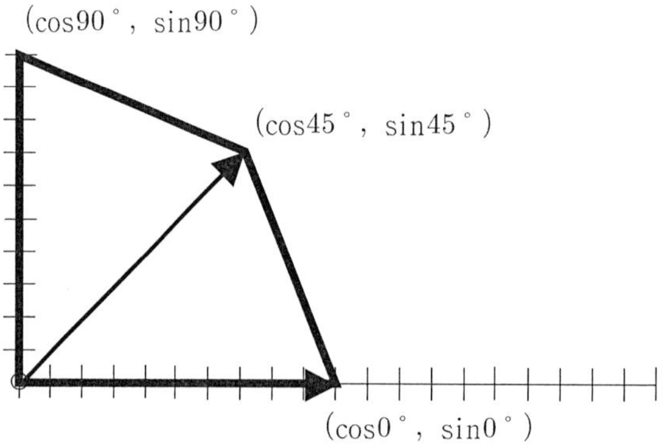

2 벡터의 외적의 크기를 구하면

$$\begin{aligned}
A &= |(\cos 0^\circ, \sin 0^\circ, 0) \times (\cos 45^\circ, \sin 45^\circ, 0)|\\
&= |(0,\ 0,\ \cos 0^\circ \sin 45^\circ - \sin 0^\circ \cos 45^\circ)|\\
&= |(0,\ 0,\ \sin(0^\circ + 45^\circ))|\\
&= |(0,\ 0,\ \sin 45^\circ)|\\
&= |(0,\ 0,\ 0.707107)|\\
&= 0.707107
\end{aligned}$$

수치적분 결과와 정확히 일치한다.

변형률은

$$\begin{Bmatrix} \epsilon_x \\ \epsilon_y \\ \gamma_{xy} \end{Bmatrix} = \begin{Bmatrix} \dfrac{\partial u}{\partial x} \\ \dfrac{\partial v}{\partial y} \\ \dfrac{\partial u}{\partial y} + \dfrac{\partial v}{\partial x} \end{Bmatrix}$$

이므로

$$\begin{Bmatrix} \epsilon_x \\ \epsilon_y \\ \gamma_{xy} \end{Bmatrix} = \begin{bmatrix} \dfrac{\partial \xi}{\partial x} & 0 & \dfrac{\partial \eta}{\partial x} & 0 \\ 0 & \dfrac{\partial \xi}{\partial y} & 0 & \dfrac{\partial \eta}{\partial y} \\ \dfrac{\partial \xi}{\partial y} & \dfrac{\partial \xi}{\partial x} & \dfrac{\partial \eta}{\partial y} & \dfrac{\partial \eta}{\partial x} \end{bmatrix} \begin{Bmatrix} \dfrac{\partial u}{\partial \xi} \\ \dfrac{\partial v}{\partial \xi} \\ \dfrac{\partial u}{\partial \eta} \\ \dfrac{\partial v}{\partial \eta} \end{Bmatrix}$$

$$= \begin{bmatrix} J^{-1}_{11} & 0 & J^{-1}_{12} & 0 \\ 0 & J^{-1}_{21} & 0 & J^{-1}_{22} \\ J^{-1}_{21} & J^{-1}_{11} & J^{-1}_{22} & J^{-1}_{21} \end{bmatrix} \begin{Bmatrix} \dfrac{\partial u}{\partial \xi} \\ \dfrac{\partial v}{\partial \xi} \\ \dfrac{\partial u}{\partial \eta} \\ \dfrac{\partial v}{\partial \eta} \end{Bmatrix}$$

절점 변위부터 시작하면

$$\begin{Bmatrix} \epsilon_x \\ \epsilon_y \\ \gamma_{xy} \end{Bmatrix} = \begin{bmatrix} J^{-1}_{11} & 0 & J^{-1}_{12} & 0 \\ 0 & J^{-1}_{21} & 0 & J^{-1}_{22} \\ J^{-1}_{21} & J^{-1}_{11} & J^{-1}_{22} & J^{-1}_{12} \end{bmatrix} \frac{1}{4} \begin{bmatrix} -(1-\eta) & 0 & (1-\eta) & 0 & .. \\ 0 & -(1-\eta) & 0 & (1-\eta) & .. \\ -(1-\xi) & 0 & -(1+\xi) & 0 & .. \\ 0 & -(1-\xi) & 0 & -(1+\xi) & .. \end{bmatrix} \begin{Bmatrix} u_1 \\ v_1 \\ u_2 \\ v_2 \\ u_3 \\ v_3 \\ u_4 \\ v_4 \end{Bmatrix}$$

요약하면

$$\{\epsilon\} = [B]\{u_i\}$$

여기서 $[B]$ 행렬은

$$[B] = \begin{bmatrix} J^{-1}_{11} & 0 & J^{-1}_{12} & 0 \\ 0 & J^{-1}_{21} & 0 & J^{-1}_{22} \\ J^{-1}_{21} & J^{-1}_{11} & J^{-1}_{22} & J^{-1}_{21} \end{bmatrix} \frac{1}{4} \begin{bmatrix} -(1-\eta) & 0 & (1-\eta) & 0 & .. \\ 0 & -(1-\eta) & 0 & (1-\eta) & .. \\ -(1-\xi) & 0 & -(1+\xi) & 0 & .. \\ 0 & -(1-\xi) & 0 & -(1+\xi) & .. \end{bmatrix}$$

요소강성행렬은

$$[K] = \int_V [B]^T [E]\,[B]\,dV$$

$$= \int_{-1}^{+1} \int_{-1}^{+1} [B]^T [E]\,[B]\,t\,|J|\,d\xi\,d\eta$$

$$= \sum_{i=1}^{2} \sum_{j=1}^{2} w_i w_j\,[B]^T [E]\,[B]\,t\,|J|_{\substack{\xi=\xi_i \\ \eta=\eta_i}}$$

[예제-내압 후벽원통] 내압 $p=1$ GPa을 받는 후벽원통(내경 80 mm, 외경 160 mm)의 반경방향 변위 u_r과 응력 σ_r, σ_θ, $\tau_{r\theta}$ 분포를 구하시오. E =200 GPa, ν=0.3

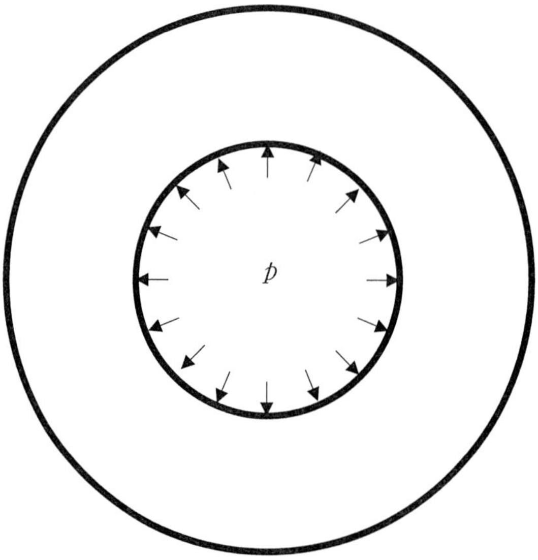

대칭성을 이용하여 전체의 1/4만 모델링하고, 4절점 사각형 요소 2개를 사용한다.

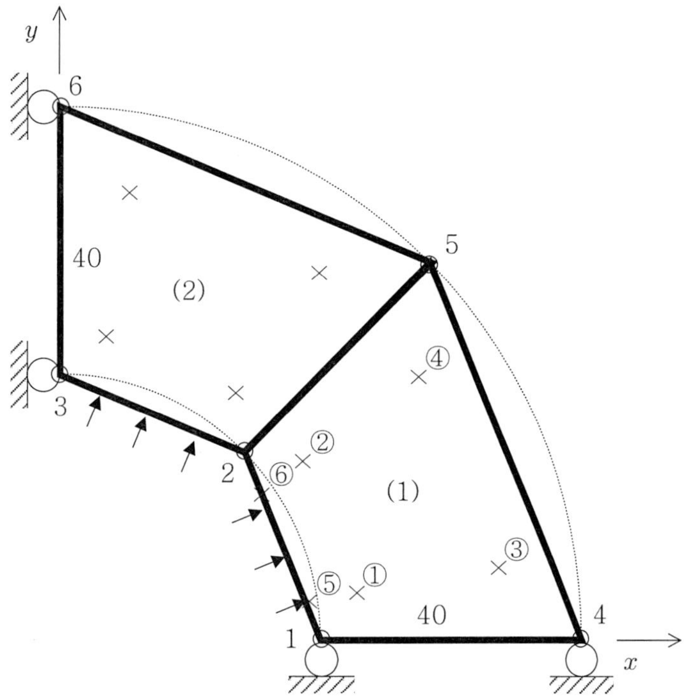

(풀이)

요소 (1) 수치적분점 ① ξ=-0.577, η=-0.577의 좌표는

$$\begin{Bmatrix} x \\ y \end{Bmatrix} = \begin{bmatrix} 0.622 & 0.000 & 0.167 & 0.000 & 0.045 & 0.000 & 0.167 & 0.000 \\ 0.000 & 0.622 & 0.000 & 0.167 & 0.000 & 0.045 & 0.000 & 0.167 \end{bmatrix} \begin{Bmatrix} x_1 \\ y_1 \\ x_4 \\ y_4 \\ \cdot \\ \cdot \end{Bmatrix}$$

$$= \begin{Bmatrix} 45.454 \\ 7.240 \end{Bmatrix}$$

좌표기울기를 구하면

$$\begin{Bmatrix} \dfrac{\partial x}{\partial \xi} \\ \dfrac{\partial y}{\partial \xi} \end{Bmatrix} = \begin{bmatrix} -0.394 & 0.000 & 0.394 & 0.000 & 0.106 & 0.000 & -0.106 & 0.000 \\ 0.000 & -0.394 & 0.000 & 0.394 & 0.000 & 0.106 & 0.000 & -0.106 \end{bmatrix} \begin{Bmatrix} x_1 \\ y_1 \\ x_4 \\ y_4 \\ \cdot \\ \cdot \end{Bmatrix}$$

$$= \begin{Bmatrix} 18.762 \\ 2.989 \end{Bmatrix}$$

$$\begin{Bmatrix} \dfrac{\partial x}{\partial \eta} \\ \dfrac{\partial y}{\partial \eta} \end{Bmatrix} = \begin{bmatrix} -0.394 & 0.000 & -0.106 & 0.000 & 0.106 & 0.000 & 0.394 & 0.000 \\ 0.000 & -0.394 & 0.000 & -0.106 & 0.000 & 0.106 & 0.000 & 0.394 \end{bmatrix} \begin{Bmatrix} x_1 \\ y_1 \\ x_4 \\ y_4 \\ \cdot \\ \cdot \end{Bmatrix}$$

$$= \begin{Bmatrix} -7.096 \\ 17.131 \end{Bmatrix}$$

Jacobian 행렬, 행렬식, 역행렬은

$$[J] = \begin{bmatrix} 18.762 & 2.989 \\ -7.096 & 17.131 \end{bmatrix}$$

$$|J| = 342.614$$

$$[J]^{-1} = \begin{bmatrix} 0.050 & -0.009 \\ 0.021 & 0.055 \end{bmatrix}$$

$[B]$ 행렬은

$$\begin{Bmatrix} \epsilon_x \\ \epsilon_y \\ \gamma_{xy} \end{Bmatrix} = \begin{bmatrix} 0.050 & 0.000 & -0.009 & 0.000 \\ 0.000 & 0.021 & 0.000 & 0.055 \\ 0.021 & 0.050 & 0.055 & -0.009 \end{bmatrix}$$

$$\begin{bmatrix} -0.394 & 0.000 & 0.394 & 0.000 & 0.106 & 0.000 & -0.106 & 0.000 \\ 0.000 & -0.394 & 0.000 & 0.394 & 0.000 & 0.106 & 0.000 & -0.106 \\ -0.394 & 0.000 & -0.106 & 0.000 & 0.106 & 0.000 & 0.394 & 0.000 \\ 0.000 & -0.394 & 0.000 & -0.106 & 0.000 & 0.106 & 0.000 & 0.394 \end{bmatrix} \begin{Bmatrix} u_1 \\ v_1 \\ u_4 \\ v_4 \\ \cdot \\ \cdot \end{Bmatrix}$$

$$= \begin{bmatrix} -0.016 & 0.000 & 0.021 & 0.000 & 0.004 & 0.000 & -0.009 & 0.000 \\ 0.000 & -0.030 & 0.000 & 0.002 & 0.000 & 0.008 & 0.000 & 0.019 \\ -0.030 & -0.016 & 0.002 & 0.021 & 0.008 & 0.004 & 0.019 & -0.009 \end{bmatrix} \begin{Bmatrix} u_1 \\ v_1 \\ u_4 \\ v_4 \\ \cdot \\ \cdot \end{Bmatrix}$$

$[E]$ 행렬은

$$\begin{Bmatrix} \sigma_x \\ \sigma_y \\ \tau_{xy} \end{Bmatrix} [\mathrm{GPa}] = \begin{bmatrix} 220 & 66 & 0 \\ 66 & 220 & 0 \\ 0 & 0 & 77 \end{bmatrix} \begin{Bmatrix} \epsilon_x \\ \epsilon_y \\ \gamma_{xy} \end{Bmatrix}$$

요소강성행렬 성분 $[B]^T[E][B]t|J|$는

43.3	23.7	-27.2	-17.1	-11.6	-6.4	-4.5	-0.3
23.7	73.7	-14.9	-14.2	-6.4	-19.7	-2.5	-39.7
-27.2	-14.9	32.2	2.4	7.3	4.0	-12.3	8.5
-17.1	-14.2	2.4	11.7	4.6	3.8	10.1	-1.3
-11.6	-6.4	7.3	4.6	3.1	1.7	1.2	0.1
-6.4	-19.7	4.0	3.8	1.7	5.3	0.7	10.7
-4.5	-2.5	-12.3	10.1	1.2	0.7	15.7	-8.3
-0.3	-39.7	8.5	-1.3	0.1	10.7	-8.3	30.4

[kN/mm]

요소 (1) 나머지 수치적분점 ②~④에서도 요소강성행렬 성분을 구하고, ①~④ 요소강성행렬 성분을 더하여 요소 (1) 요소강성행렬을 구한다.

106.3	34.2	-67.2	-30.3	-31.1	-29.1	-8.0	25.2
34.2	139.0	-24.8	-12.1	-29.1	-74.0	19.7	-52.9
-67.2	-24.8	119.2	-18.9	29.6	22.3	-81.7	21.4
-30.3	-12.1	-18.9	56.0	27.7	-20.4	21.4	-23.5
-31.1	-29.1	29.6	27.7	68.7	31.6	-67.2	-30.3
-29.1	-74.0	22.3	-20.4	31.6	106.5	-24.8	-12.1
-8.0	19.7	-81.7	21.4	-67.2	-24.8	156.8	-16.3
25.2	-52.9	21.4	-23.5	-30.3	-12.1	-16.3	88.5

[kN/mm]

하중 벡터는

$$
\begin{aligned}
\{F\} &= \int_S [N]^T\{\Phi\}\,dS \\
&= \int_{-1}^{+1} [N]^T\{\Phi\}\,t\,|J^*|\,d\xi \\
&= \sum_{i=1}^{2} w_i\,[N]^T\{\Phi\}\,t\,|J^*|_{\xi=\xi_i}
\end{aligned}
$$

요소 (1) 수치적분점 ⑤ ξ=-0.577의 좌표는

$$
\begin{Bmatrix} x \\ y \end{Bmatrix} = \begin{bmatrix} 0.789 & 0.000 & 0.211 & 0.000 \\ 0.000 & 0.789 & 0.000 & 0.211 \end{bmatrix} \begin{Bmatrix} x_1 \\ y_1 \\ x_2 \\ y_2 \end{Bmatrix}
$$

$$
= \begin{Bmatrix} 37.524 \\ 5.977 \end{Bmatrix}
$$

좌표기울기는

$$
\begin{Bmatrix} \dfrac{\partial x}{\partial \xi} \\ \dfrac{\partial y}{\partial \xi} \end{Bmatrix} = \begin{bmatrix} -0.500 & 0.000 & 0.500 & 0.000 \\ 0.000 & -0.500 & 0.000 & 0.500 \end{bmatrix} \begin{Bmatrix} x_1 \\ y_1 \\ x_2 \\ y_2 \end{Bmatrix}
$$

$$=\begin{Bmatrix}-5.858\\14.142\end{Bmatrix}$$

Jacobian의 크기는

$$|J^*|=\sqrt{(\frac{\partial x}{\partial \xi})^2+(\frac{\partial x}{\partial \eta})^2}=15.307$$

단위 표면적에 작용하는 하중 성분은

$$\{\Phi\}=\begin{Bmatrix}\cos 22.5^\circ\\ \sin 22.5^\circ\end{Bmatrix}=\begin{Bmatrix}0.924\\0.383\end{Bmatrix}$$

절점 1과 2에 하중을 배분하면

$$[N]^T\{\Phi\}\,t\,|J^*|_{\xi=\xi_i}=\begin{bmatrix}0.211&0.000\\0.000&0.211\\0.789&0.000\\0.000&0.789\end{bmatrix}\begin{bmatrix}0.924\\0.383\end{bmatrix}15.307=\begin{bmatrix}11.154\\4.620\\2.989\\1.238\end{bmatrix}\ [\text{kN}]$$

요소 (1) 수치적분점 ⑥ ξ=0.577의 좌표는

$$\begin{Bmatrix}x\\y\end{Bmatrix}=\begin{bmatrix}0.211&0.000&0.789&0.000\\0.000&0.211&0.000&0.789\end{bmatrix}\begin{Bmatrix}x_1\\y_1\\x_2\\y_2\end{Bmatrix}$$

$$=\begin{Bmatrix}30.760\\22.307\end{Bmatrix}$$

좌표 기울기는

$$\begin{Bmatrix}\frac{\partial x}{\partial \xi}\\ \frac{\partial y}{\partial \xi}\end{Bmatrix}=\begin{bmatrix}-0.500&0.000&0.500&0.000\\0.000&-0.500&0.000&0.500\end{bmatrix}\begin{Bmatrix}x_1\\y_1\\x_2\\y_2\end{Bmatrix}$$

$$=\begin{Bmatrix}-5.858\\14.142\end{Bmatrix}$$

Jacobian의 크기는

$$|J^*|=\sqrt{(\frac{\partial x}{\partial \xi})^2+(\frac{\partial x}{\partial \eta})^2}=15.307$$

단위 표면적에 작용하는 하중 성분은

$$\{\Phi\}=\begin{Bmatrix}\cos 22.5^{\circ}\\ \sin 22.5^{\circ}\end{Bmatrix}=\begin{Bmatrix}0.924\\ 0.383\end{Bmatrix}$$

절점 1과 2에 하중을 배분하면

$$[N]^T\{\Phi\}t|J^*|_{\xi=\xi_i}=\begin{bmatrix}0.211 & 0.000\\ 0.000 & 0.211\\ 0.789 & 0.000\\ 0.000 & 0.789\end{bmatrix}\begin{bmatrix}0.924\\ 0.383\end{bmatrix}15.307=\begin{bmatrix}2.989\\ 1.238\\ 11.154\\ 4.620\end{bmatrix}\text{[kN]}$$

요소 (1) 수치적분점 ⑤~⑥에서 배분한 하중을 더하여 하중성분 구한다.

$$\begin{bmatrix}14.142\\ 5.858\\ 14.142\\ 5.858\end{bmatrix}\text{[kN]}$$

요소 (1) 국부 절점 1-2-3-4는 전체 절점 1-4-5-2이므로 요소강성행렬 성분과 하중 성분을 재배치하면

1		2		3		4		5		6		F_x F_y	
106	34	-8	25			-67	-30	-31	-29			14	1
34	139	20	-53			-25	-12	-29	-74			6	
-8	20	157	-16			-82	21	-67	-25			14	2
25	-53	-16	88			21	-23	-30	-12			6	
													3
-67	-25	-82	21			119	-19	30	22				4
-30	-12	21	-23			-19	56	28	-20				
-31	-29	-67	-30			30	28	69	32				5
-29	-74	-25	-12			22	-20	32	106				
													6

요소 (1)과 같이 요소 (2) 수치적분점 ①~④ 요소강성행렬 성분을 더하여 요소 (2) 요소강성행렬을 구하고, 수치적분점 ⑤~⑥에서 배분한 하중을 더하여 하중성분 구한다. 국부 절점 1-2-3-4는 전체 절점 2-5-6-3이므로 요소강성행렬 성분과 하중벡터 성분을 재배치하면

1		2		3		4		5		6		F_x,F_y	
													1
		88	-16	-53	25			-12	-30	-23	21	6	2
		-16	157	20	-8			-25	-67	21	-82	14	
		-53	20	139	34			-74	-29	-12	-25	6	3
		25	-8	34	106			-29	-31	-30	-67	14	
													4
		-12	-25	-74	-29			106	32	-20	22		5
		-30	-67	-29	-31			32	69	28	30		
		-23	21	-12	-30			-20	28	56	-19		6
		21	-82	-25	-67			22	30	-19	119		

재배치한 요소 (1)~(2) 요소강성행렬과 하중을 더하여 전체강성행렬을 구하고, 절점 1 변위 $v_2=0$, 절점 3의 변위 $u_3=0$, 절점 4 변위 $v_4=0$, 절점 6의 변위 $u_6=0$, 절점 1에 외력 F_{x1}=14 N, F_{y1}=6 N, 절점 2에 외력 F_{x2}=20 N, F_{y2}=20 N, 절점 3에 외력 F_{x3}=6 N, F_{y3}=14 N을 입력한다.

1		2		3		4		5		6		u, v	F_x,F_y	
106	34	-8	25	0	0	-67	-30	-31	-29	0	0		14	1
34	139	20	-53	0	0	-25	-12	-29	-74	0	0	0	6	
-8	20	245	-33	-53	25	-82	21	-79	-55	-23	21		20	2
25	-53	-33	245	20	-8	21	-23	-55	-79	21	-82		20	
0	0	-53	20	139	34	0	0	-74	-29	-12	-25	0	6	3
0	0	25	-8	34	106	0	0	-29	-31	-30	-67		14	
-67	-25	-82	21	0	0	119	-19	30	22	0	0		0	4
-30	-12	21	-23	0	0	-19	56	28	-20	0	0	0	0	
-31	-29	-79	-55	-74	-29	30	28	175	63	-20	22		0	5
-29	-74	-55	-79	-29	-31	22	-20	63	175	28	30		0	
0	0	-23	21	-12	-30	0	0	-20	28	56	-19	0	0	6
0	0	21	-82	-25	-67	0	0	22	30	-19	119		0	

변위가 지정된 2, 5, 8, 11 행과 열을 고쳐 $\{u\}=[K]^{-1}\{f\}$로 변위를 구한다.

1		2		3		4		5		6		u, v	F_x,F_y	
106	0	-8	25	0	0	-67	0	-31	-29	0	0	0.343	14	1
0	1	0	0	0	0	0	0	0	0	0	0	0.000	0	
-8	0	245	-33	0	25	-82	0	-79	-55	0	21	0.243	20	2
25	0	-33	245	0	-8	21	0	-55	-79	0	-82	0.243	20	
0	0	0	0	1	0	0	0	0	0	0	0	0.000	0	3
0	0	25	-8	0	106	0	0	-29	-31	0	-67	0.343	14	
-67	0	-82	21	0	0	119	0	30	22	0	0	0.242	0	4
0	0	0	0	0	0	0	1	0	0	0	0	0.000	0	
-31	0	-79	-55	0	-29	30	0	175	63	0	22	0.171	0	5
-29	0	-55	-79	0	-31	22	0	63	175	0	30	0.171	0	
0	0	0	0	0	0	0	0	0	0	1	0	0.000	0	6
0	0	21	-82	0	-67	0	0	22	30	0	119	0.242	0	

요소 (1)과 (2) 각각 요소강성행렬에 요소절점의 변위를 곱하여 요소절점에 작용하는 하중을 구하면

	{F_x, F_y}
1	14
	-20
2	-4
	24
3	0
	0
4	0
	-14
5	-10
	10
6	0
	0

요소 (1)

	{F_x, F_y}
1	0
	0
2	24
	-4
3	-20
	14
4	0
	0
5	10
	-10
6	-14
	0

요소 (2)

요소 (1)과 (2)를 더하면

	{F_x, F_y}
1	14
	-20
2	20
	20
3	-20
	14
4	0
	-14
5	0
	0
6	-14
	0

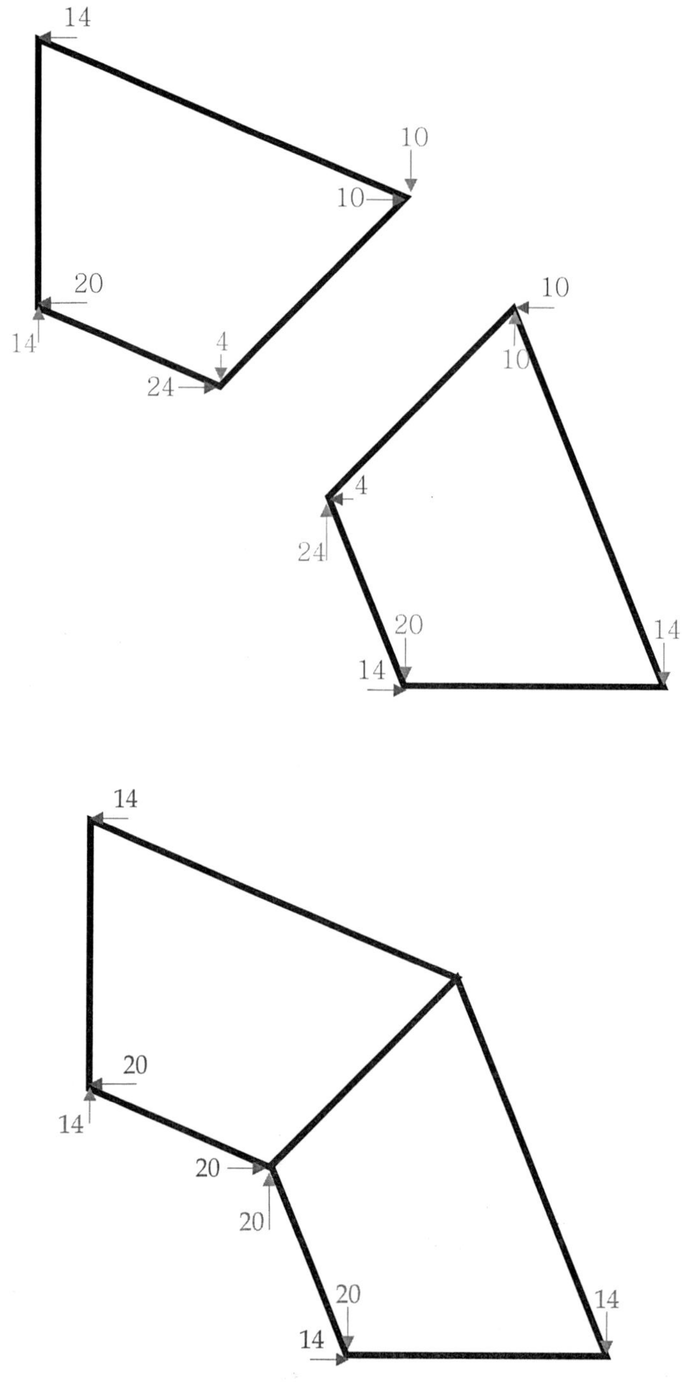

요소 절점력의 평형

내압 p_i를 받는 후벽원통의 반경방향 변위 u_r은

$$u = \frac{(1+\nu)(1-2\nu)}{E} \frac{p_i r_i^2}{r_o^2 - r_i^2} r + \frac{(1+\nu)}{E} \frac{p_i r_i^2 r_o^2}{r_o^2 - r_i^2} \frac{1}{r}$$

p_i =1 GPa, r_i=40 mm, r_o=80 mm를 대입하여 구한 이론값과 비교하면

Radial displacement u_r(mm)

r(mm)	Finite Elements	Theoretical
40	0.343	0.381
80	0.242	0.243

요소 (1)의 적분점 ①의 좌표 r, θ 는

$$\begin{Bmatrix} r \\ \theta \end{Bmatrix} = \begin{Bmatrix} 46.027 \\ 0.158 \end{Bmatrix}$$

응력은

$$\begin{Bmatrix} \sigma_x \\ \sigma_y \\ \tau_{xy} \end{Bmatrix} = \begin{bmatrix} 220 & 66 & 0 \\ 66 & 220 & 0 \\ 0 & 0 & 77 \end{bmatrix}$$

$$\begin{bmatrix} -0.016 & 0.000 & 0.021 & 0.000 & 0.004 & 0.000 & -0.009 & 0.000 \\ 0.000 & -0.030 & 0.000 & 0.002 & 0.000 & 0.008 & 0.000 & 0.019 \\ -0.030 & -0.016 & 0.002 & 0.021 & 0.008 & 0.004 & 0.019 & -0.009 \end{bmatrix} \begin{Bmatrix} u_1 \\ v_1 \\ u_4 \\ v_4 \\ \cdot \\ \cdot \end{Bmatrix}$$

$$= \begin{bmatrix} -0.033 \\ 1.204 \\ -0.380 \end{bmatrix} [\text{GPa}]$$

응력 $\sigma_x, \sigma_y, \tau_{xy}$을 $\sigma_r, \sigma_\theta, \tau_{r\theta}$로 변환하면

$$\begin{Bmatrix} \sigma_r \\ \sigma_\theta \\ \tau_{r\theta} \end{Bmatrix} = \begin{bmatrix} c^2 & s^2 & 2cs \\ s^2 & c^2 & -2cs \\ -cs & cs & c^2 - s^2 \end{bmatrix} \begin{Bmatrix} \sigma_x \\ \sigma_y \\ \tau_{xy} \end{Bmatrix} \qquad \begin{matrix} c = \cos\theta \\ s = \sin\theta \end{matrix}$$

$$= \begin{bmatrix} -0.120 \\ 1.292 \\ -0.169 \end{bmatrix} [\text{GPa}]$$

요소 (1)의 적분점 ③의 좌표 r, θ 는

$$\begin{Bmatrix} r \\ \theta \end{Bmatrix} = \begin{Bmatrix} 67.965 \\ 0.158 \end{Bmatrix}$$

응력은

$$\begin{Bmatrix} \sigma_x \\ \sigma_y \\ \tau_{xy} \end{Bmatrix} = \begin{bmatrix} 220 & 66 & 0 \\ 66 & 220 & 0 \\ 0 & 0 & 77 \end{bmatrix}$$

$$\begin{bmatrix} -0.019 & 0.000 & 0.022 & 0.000 & 0.003 & 0.000 & -0.006 & 0.000 \\ 0.000 & -0.012 & 0.000 & -0.006 & 0.000 & 0.017 & 0.000 & 0.002 \\ -0.012 & -0.019 & -0.006 & 0.022 & 0.017 & 0.003 & 0.002 & -0.006 \end{bmatrix} \begin{Bmatrix} u_1 \\ v_1 \\ u_4 \\ v_4 \\ \cdot \\ \cdot \end{Bmatrix}$$

$$= \begin{bmatrix} -0.257 \\ 0.581 \\ -0.257 \end{bmatrix} [\text{GPa}]$$

응력 $\sigma_x, \sigma_y, \tau_{xy}$을 $\sigma_r, \sigma_\theta, \tau_{r\theta}$로 변환하면

$$\begin{Bmatrix} \sigma_r \\ \sigma_\theta \\ \tau_{r\theta} \end{Bmatrix} = \begin{bmatrix} c^2 & s^2 & 2cs \\ s^2 & c^2 & -2cs \\ -cs & cs & c^2 - s^2 \end{bmatrix} \begin{Bmatrix} \sigma_x \\ \sigma_y \\ \tau_{xy} \end{Bmatrix} \qquad \begin{matrix} c = \cos\theta \\ s = \sin\theta \end{matrix}$$

$$= \begin{bmatrix} -0.316 \\ 0.641 \\ -0.114 \end{bmatrix} [\text{GPa}]$$

내압 p_i을 받는 후벽원통의 응력은

$$\sigma_r = \frac{p_i r_i^2}{r_o^2 - r_i^2}\left(1 - \frac{r_o^2}{r^2}\right)$$

$$\sigma_\theta = \frac{p_i r_i^2}{r_o^2 - r_i^2}\left(1 + \frac{r_o^2}{r^2}\right)$$

$p_i = 1$ GPa, r_i=40 mm, r_o=80 mm를 대입하여 구한 이론값과 비교하면

r(mm)	Stress σ_r(GPa) Finite Elements	Stress σ_r(GPa) Theory	Stress σ_θ(GPa) Finite Elements	Stress σ_θ(GPa) Theory	Stress $\tau_{r\theta}$(GPa) Finite Elements	Stress $\tau_{r\theta}$(GPa) Theory
46.03	-0.12	-0.67	1.29	1.34	-0.17	0.00
67.96	-0.32	-0.13	0.64	0.80	-0.11	0.00

[예제-내압 후벽원통. 국부좌표계] 4절점 사각형 요소를 1개만 사용하는 대신, 절점 2, 4에 대한 변위 경계조건을 국부좌표계에 관한 것으로 바꿔 풀어보시오.

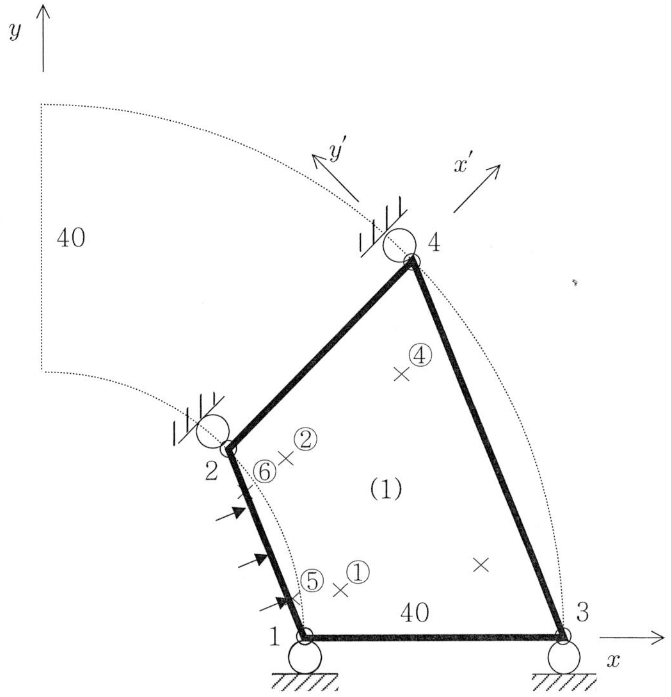

(풀이)

국부좌표계 변위를 전체좌표계 변위로 변환한다.

$$\begin{Bmatrix} u_1 \\ v_1 \\ u_3 \\ v_3 \\ u_4 \\ v_4 \\ u_2 \\ v_2 \end{Bmatrix} = \begin{bmatrix} 1 & 0 & 0 & 0 & 0 & 0 & 0 & 0 \\ 0 & 1 & 0 & 0 & 0 & 0 & 0 & 0 \\ 0 & 0 & c & -s & 0 & 0 & 0 & 0 \\ 0 & 0 & s & c & 0 & 0 & 0 & 0 \\ 0 & 0 & 0 & 0 & c & -s & 0 & 0 \\ 0 & 0 & 0 & 0 & s & c & 0 & 0 \\ 0 & 0 & 0 & 0 & 0 & 0 & 1 & 0 \\ 0 & 0 & 0 & 0 & 0 & 0 & 0 & 1 \end{bmatrix} \begin{Bmatrix} u_1 \\ v_1 \\ u'_3 \\ v'_3 \\ u'_4 \\ v'_4 \\ u_2 \\ v_2 \end{Bmatrix} \qquad \begin{matrix} c = \cos 45° \\ s = \sin 45° \end{matrix}$$

요약하면

$$\{u_i\} = [T]\{u'_i\}$$

결국

$$\{\epsilon\} = [B]\{u_i\}$$

$$= [B]\,[T]\{u'_i\}$$

요소강성행렬은

$$[K] = \sum_{i=1}^{2}\sum_{j=1}^{2} w_i w_j [T]^T [B]^T [E]\,[B]\,[T]\,t\,|J|_{\substack{\xi=\xi_i \\ \eta=\eta_i}}\ t$$

전체좌표계 하중성분을 국부좌표계 하중성분으로 변환한다.

$$\begin{Bmatrix} F'_{x1} \\ F'_{y1} \\ F'_{x2} \\ F'_{y2} \end{Bmatrix} = \begin{bmatrix} 1 & 0 & 0 & 0 \\ 0 & 1 & 0 & 0 \\ 0 & 0 & c & s \\ 0 & 0 & -s & c \end{bmatrix} \begin{Bmatrix} F_{x1} \\ F_{y1} \\ F_{x2} \\ F_{y2} \end{Bmatrix} \qquad \begin{matrix} c = \cos 45° \\ s = \sin 45° \end{matrix}$$

$$\{F'\} = [T]^{-1}\{F\}$$

요소 (1) 요소강성행렬을 재배치하고, 절점 1 변위 $v_2 = 0$, 절점 2의 변위 $v_2' = 0$, 절점 3 변위 $v_3 = 0$, 절점 4의 변위 $v_4' = 0$, 절점 1에 외력 F_{x1}=14 N, F_{y1}=6 N, 절점 2에 외력 $F_{x'2}$=14 N, $F_{y'2}$=-6 N을 입력한다.

1		2		3		4		u', v'	$F_{x'}, F_{y'}$	
106	34	12	24	-67	-30	-43	1		14	1
34	139	-24	-51	-25	-12	-73	-32	0	6	
12	-24	106	-34	-43	-1	-67	30		14	2
24	-51	-34	139	73	-32	25	-12	0	-6	
-67	-25	-43	73	119	-19	37	-5		0	3
-30	-12	-1	-32	-19	56	5	-34	0	0	
-43	-73	-67	25	37	5	119	19		0	4
1	-32	30	-12	-5	-34	19	56	0	0	

변위가 지정된 2, 4, 6, 8 행과 열을 고쳐 $\{u\}=[K]^{-1}\{f\}$로 변위를 구한다.

1		2		3		4		{u', v'}	$F_{x'}, F_{y'}$	
106	0	12	0	-67	0	-43	0	0.343	14	1
0	1	0	0	0	0	0	0	0.000	0	
12	0	106	0	-43	0	-67	0	0.343	14	2
0	0	0	1	0	0	0	0	0.000	0	
-67	0	-43	0	119	0	37	0	0.242	0	3
0	0	0	0	0	1	0	0	0.000	0	
-43	0	-67	0	37	0	119	0	0.242	0	4
0	0	0	0	0	0	0	1	0.000	0	

$p_i=1$ GPa, r_i=40 mm, r_o=80 mm를 대입하여 구한 이론값과 비교하면

Radial displacement u_r(mm)

r(mm)	Finite Elements	Theoretical
40	0.343	0.381
80	0.242	0.243

요소 (1)의 적분점 ①에서

$$\begin{Bmatrix} \sigma_r \\ \sigma_\theta \\ \tau_{r\theta} \end{Bmatrix} = \begin{bmatrix} -0.120 \\ 1.292 \\ -0.169 \end{bmatrix}$$

요소 (1)의 적분점 ③에서

$$\begin{Bmatrix} \sigma_r \\ \sigma_\theta \\ \tau_{r\theta} \end{Bmatrix} = \begin{bmatrix} -0.316 \\ 0.641 \\ -0.114 \end{bmatrix}$$

$p_i=1$ GPa, r_i=40 mm, r_o=80 mm를 대입하여 구한 이론값과 비교하면

r(mm)	Stress σ_r(GPa) Finite Elements	Theory	Stress σ_θ(GPa) Finite Elements	Theory	Stress $\tau_{r\theta}$(GPa) Finite Elements	Theory
46.03	-0.12	-0.67	1.29	1.34	-0.17	0.00
67.96	-0.32	-0.13	0.64	0.80	-0.11	0.00

4절점 사각형 요소를 2개 사용한 것과 결과가 같다.

---■

[예제-내압 후벽원통. 국부좌표계] 4절점 사각형 요소를 반경방향으로 2개를 사용하고, 절점 2, 4, 6에 대한 변위 경계조건을 국부좌표계에 관한 것으로 바꿔 풀어보시오.

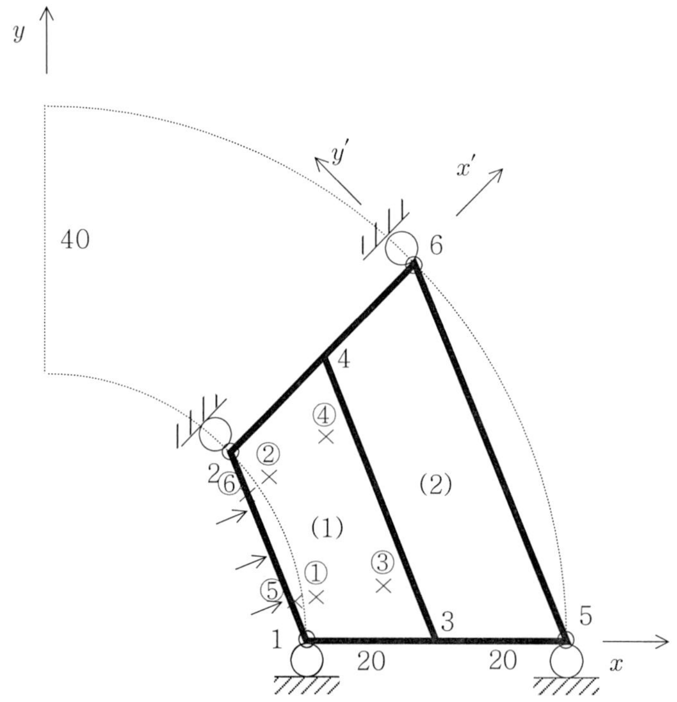

(풀이) 요소 (1)과 (2)의 요소강성행렬을 재배치하여 더하고, 변위와 하중 경계조건을 입력하면

1		2		3		4		5		6		u',v'	$F_{x'}F_{y'}$	
145	55	43	-7	-128	-41	-64	10	0	0	0	0		14.1	1
55	136	7	-21	-36	-51	-81	-26	0	0	0	0	0	5.9	
43	7	145	-55	-64	-10	-128	41	0	0	0	0		14.1	2
-7	-21	-55	136	81	-26	36	-51	0	0	0	0	0	-5.9	
-128	-36	-64	81	359	71	134	-57	-186	-54	-88	21		0.0	3
-41	-51	-10	-26	71	217	57	-21	-49	-83	-93	-26	0	0.0	
-64	-81	-128	36	134	57	359	-71	-88	-21	-186	54		0.0	4
10	-26	41	-51	-57	-21	-71	217	93	-26	49	-83	0	0.0	
0	0	0	0	-186	-49	-88	93	215	15	91	-48		0.0	5
0	0	0	0	-54	-83	-21	-26	15	85	48	-3	0	0.0	
0	0	0	0	-88	-93	-186	49	91	48	215	-15		0.0	6
0	0	0	0	21	-26	54	-83	-48	-3	-15	85	0	0.0	

다음과 같이 변환하여 풀면

1		2		3		4		5		6		u',v'	$F_{x'},F_{y}$	
145	0	43	0	-128	0	-64	0	0	0	0	0	0.364	14.1	1
0	1	0	0	0	0	0	0	0	0	0	0	0.000	0.0	
43	0	145	0	-64	0	-128	0	0	0	0	0	0.364	14.1	2
0	0	0	1	0	0	0	0	0	0	0	0	0.000	0.0	
-128	0	-64	0	359	0	134	0	-186	0	-88	0	0.282	0.0	3
0	0	0	0	0	1	0	0	0	0	0	0	0.000	0.0	
-64	0	-128	0	134	0	359	0	-88	0	-186	0	0.282	0.0	4
0	0	0	0	0	0	0	1	0	0	0	0	0.000	0.0	
0	0	0	0	-186	0	-88	0	215	0	91	0	0.252	0.0	5
0	0	0	0	0	0	0	0	0	1	0	0	0.000	0.0	
0	0	0	0	-88	0	-186	0	91	0	215	0	0.252	0.0	6
0	0	0	0	0	0	0	0	0	0	0	1	0.000	0.0	

$p_i=1$ GPa, r_i=40 mm, r_o=80 mm를 대입하여 구한 이론값과 비교하면

Radial displacement u_r(mm)

r(mm)	Finite Elements	Theoretical
40	0.364	0.381
80	0.252	0.243

요소 (1)의 적분점 ① 응력은

$$\begin{Bmatrix} \sigma_r \\ \sigma_\theta \\ \tau_{r\theta} \end{Bmatrix} = \begin{bmatrix} -0.385 \\ 1.453 \\ -0.220 \end{bmatrix}$$

요소 (1)의 적분점 ③ 응력은

$$\begin{Bmatrix} \sigma_r \\ \sigma_\theta \\ \tau_{r\theta} \end{Bmatrix} = \begin{Bmatrix} -0.548 \\ 0.910 \\ -0.174 \end{Bmatrix}$$

요소 (2)의 적분점 ① 응력은

$$\begin{Bmatrix} \sigma_r \\ \sigma_\theta \\ \tau_{r\theta} \end{Bmatrix} = \begin{Bmatrix} -0.047 \\ 0.845 \\ -0.107 \end{Bmatrix}$$

요소 (2)의 적분점 ③ 응력은

$$\begin{Bmatrix} \sigma_r \\ \sigma_\theta \\ \tau_{r\theta} \end{Bmatrix} = \begin{Bmatrix} -0.105 \\ 0.651 \\ -0.090 \end{Bmatrix}$$

	Stress σ_r(GPa)		Stress σ_θ(GPa)		Stress $\tau_{r\theta}$(GPa)	
r(mm)	Finite Elements	Theory	Finite Elements	Theory	Finite Elements	Theory
42.01	-0.39	-0.88	1.45	1.54	-0.22	0.00
52.98	-0.55	-0.43	0.91	1.09	-0.17	0.00
61.01	-0.05	-0.24	0.85	0.91	-0.11	0.00
71.98	-0.11	-0.08	0.65	0.75	-0.09	0.00

---■

부채꼴 0~45°를 0~1°로 줄이면

	Radial displacement u_r(mm)	
r(mm)	Finite Elements	Theoretical
40	0.382	0.381
80	0.261	0.243

	Stress σ_r(GPa)		Stress σ_θ(GPa)		Stress $\tau_{r\theta}$(GPa)	
r(mm)	Finite Elements	Theory	Finite Elements	Theory	Finite Elements	Theory
44.22	-0.43	-0.76	1.52	1.42	-0.01	0.00
55.77	-0.60	-0.35	0.94	1.02	-0.01	0.00
64.22	-0.07	-0.18	0.87	0.85	-0.00	0.00
75.77	-0.13	-0.04	0.67	0.71	-0.00	0.00

---■

4절점 사각형 요소의 4변 중간에 절점을 1개씩 추가한 것이 8절점 사각형 요소이다. 4절점 사각형 요소는 직선인 변만 표현하였으나, 8절점 사각형 요소는 곡선인 변을 표현하는 것도 가능하다.

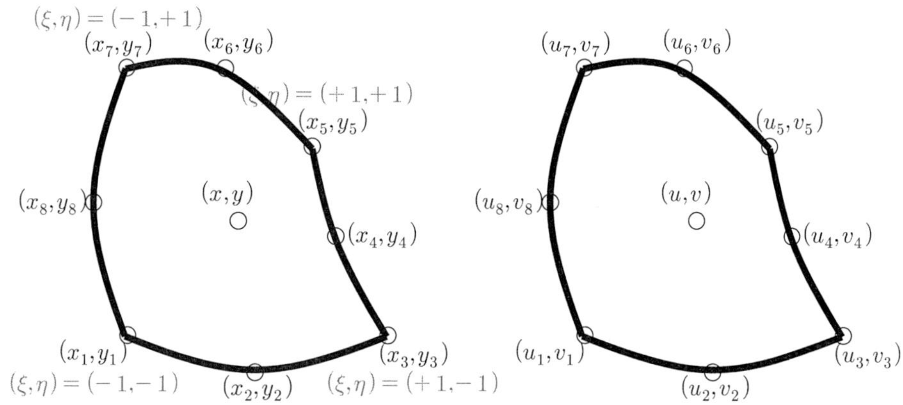

사각형 요소 8 절점의 좌표는 반시계방향으로 $(x,y)=(x_1,y_1)$, (x_2,y_2), (x_3,y_3), ... , (x_8,y_8)이다. 매개변수 $(\xi,\eta)=(-1,-1)$, $(0,-1)$, $(1,-1)$, $(1,0)$, $(1,1)$, $(0,1)$, $(-1,1)$, $(-1,0)$이 각각 사각형 요소의 8 절점에 대응한다. (ξ,η)에 대응하는 좌표 (x,y)는

$$\begin{Bmatrix} x \\ y \end{Bmatrix} = \frac{1}{4}\left[\begin{matrix} (1-\xi)(1-\eta)(-1-\xi-\eta) & 0 & 2(1-\xi^2)(1-\eta) & 0 \\ 0 & (1-\xi)(1-\eta)(-1-\xi-\eta) & 0 & 2(1-\xi^2)(1-\eta) \end{matrix}\right.$$

$$\begin{matrix} (1+\xi)(1-\eta)(-1+\xi-\eta) & 0 & 2(1+\xi)(1-\eta^2) & 0 \\ 0 & (1+\xi)(1-\eta)(-1+\xi-\eta) & 0 & 2(1+\xi)(1-\eta^2) \end{matrix}$$

$$\begin{matrix} (1+\xi)(1+\eta)(-1+\xi+\eta) & 0 & 2(1-\xi^2)(1+\eta) & 0 \\ 0 & (1+\xi)(1+\eta)(-1+\xi+\eta) & 0 & 2(1-\xi^2)(1+\eta) \end{matrix}$$

$$\begin{matrix} (1-\xi)(1+\eta)(-1-\xi+\eta) & 0 & 2(1-\xi)(1-\eta^2) & 0 \\ 0 & (1-\xi)(1+\eta)(-1-\xi+\eta) & 0 & 2(1-\xi)(1-\eta^2) \end{matrix}\Bigg] \begin{Bmatrix} x_1 \\ y_1 \\ \cdot \\ \cdot \\ x_8 \\ y_8 \end{Bmatrix}$$

같은 방식으로

$$\begin{Bmatrix} u \\ v \end{Bmatrix} = \frac{1}{4}\Bigg[\begin{matrix} (1-\xi)(1-\eta)(-1-\xi-\eta) & 0 & 2(1-\xi^2)(1-\eta) & 0 \\ 0 & (1-\xi)(1-\eta)(-1-\xi-\eta) & 0 & 2(1-\xi^2)(1-\eta) \end{matrix}$$

$$\begin{matrix} (1+\xi)(1-\eta)(-1+\xi-\eta) & 0 & 2(1+\xi)(1-\eta^2) & 0 \\ 0 & (1+\xi)(1-\eta)(-1+\xi-\eta) & 0 & 2(1+\xi)(1-\eta^2) \end{matrix}$$

$$\begin{matrix} (1+\xi)(1+\eta)(-1+\xi+\eta) & 0 & 2(1-\xi^2)(1+\eta) & 0 \\ 0 & (1+\xi)(1+\eta)(-1+\xi+\eta) & 0 & 2(1-\xi^2)(1+\eta) \end{matrix}$$

$$\begin{matrix} (1-\xi)(1+\eta)(-1-\xi+\eta) & 0 & 2(1-\xi)(1-\eta^2) & 0 \\ 0 & (1-\xi)(1+\eta)(-1-\xi+\eta) & 0 & 2(1-\xi)(1-\eta^2) \end{matrix}\Bigg] \begin{Bmatrix} u_1 \\ v_1 \\ \cdot \\ \cdot \\ u_8 \\ v_8 \end{Bmatrix}$$

편미분하여 기울기를 구하면

$$\begin{Bmatrix} \dfrac{\partial u}{\partial \xi} \\ \dfrac{\partial v}{\partial \xi} \end{Bmatrix} = \frac{1}{4}\Bigg[\begin{matrix} (2\xi+\eta)(1-\eta) & 0 & -4\xi(1-\eta) & 0 \\ 0 & (2\xi+\eta)(1-\eta) & 0 & -4\xi(1-\eta) \end{matrix}$$

$$\begin{matrix} (2\xi-\eta)(1-\eta) & 0 & 2(1-\eta^2) & 0 \\ 0 & (2\xi-\eta)(1-\eta) & 0 & 2(1-\eta^2) \end{matrix}$$

$$\begin{matrix} (2\xi+\eta)(1+\eta) & 0 & -4\xi(1+\eta) & 0 \\ 0 & (2\xi+\eta)(1+\eta) & 0 & -4\xi(1+\eta) \end{matrix}$$

$$\begin{matrix} (2\xi-\eta)(1+\eta) & 0 & -2(1-\eta^2) & 0 \\ 0 & (2\xi-\eta)(1+\eta) & 0 & -2(1-\eta^2) \end{matrix}\Bigg]\begin{Bmatrix} u_1 \\ v_1 \\ \cdot \\ \cdot \\ u_8 \\ v_8 \end{Bmatrix}$$

$$\begin{Bmatrix} \dfrac{\partial u}{\partial \eta} \\ \dfrac{\partial v}{\partial \eta} \end{Bmatrix} = \frac{1}{4}\Bigg[\begin{matrix} (1-\xi)(\xi+2\eta) & 0 & -2(1-\xi^2) & 0 \\ 0 & (1-\xi)(\xi+2\eta) & 0 & -2(1-\xi^2) \end{matrix}$$

$$\begin{matrix} (1+\xi)(-\xi+2\eta) & 0 & -4(1+\xi)\eta & 0 \\ 0 & (1+\xi)(-\xi+2\eta) & 0 & -4(1+\xi)\eta \end{matrix}$$

$$\begin{matrix} (1+\xi)(\xi+2\eta) & 0 & 2(1-\xi^2) & 0 \\ 0 & (1+\xi)(\xi+2\eta) & 0 & 2(1-\xi^2) \end{matrix}$$

$$\begin{matrix} (1-\xi)(-\xi+2\eta) & 0 & -4(1-\xi)\eta & 0 \\ 0 & (1-\xi)(-\xi+2\eta) & 0 & -4(1-\xi)\eta \end{matrix}\Bigg]\begin{Bmatrix} u_1 \\ v_1 \\ \cdot \\ \cdot \\ u_8 \\ v_8 \end{Bmatrix}$$

절점 변위부터 시작하면

$$\begin{Bmatrix} \epsilon_x \\ \epsilon_y \\ \gamma_{xy} \end{Bmatrix} = \begin{bmatrix} J^{-1}{}_{11} & 0 & J^{-1}{}_{12} & 0 \\ 0 & J^{-1}{}_{21} & 0 & J^{-1}{}_{22} \\ J^{-1}{}_{21} & J^{-1}{}_{11} & J^{-1}{}_{22} & J^{-1}{}_{12} \end{bmatrix} \frac{1}{4} \begin{bmatrix} (2\xi+\eta)(1-\eta) & 0 & -4\xi(1-\eta) & 0 & \cdots \\ 0 & (2\xi+\eta)(1-\eta) & 0 & -4\xi(1-\eta) & \cdots \\ (1-\xi)(\xi+2\eta) & 0 & -2(1-\xi^2) & 0 & \cdots \\ 0 & (1-\xi)(\xi+2\eta) & 0 & -2(1-\xi^2) & \cdots \end{bmatrix} \begin{Bmatrix} u_1 \\ v_1 \\ u_2 \\ v_2 \\ \cdot \\ \cdot \end{Bmatrix}$$

여기서 $[B]$ 행렬은

$$[B] = \begin{bmatrix} J^{-1}{}_{11} & 0 & J^{-1}{}_{12} & 0 \\ 0 & J^{-1}{}_{21} & 0 & J^{-1}{}_{22} \\ J^{-1}{}_{21} & J^{-1}{}_{11} & J^{-1}{}_{22} & J^{-1}{}_{12} \end{bmatrix} \frac{1}{4} \begin{bmatrix} (2\xi+\eta)(1-\eta) & 0 & -4\xi(1-\eta) & 0 & \cdots \\ 0 & (2\xi+\eta)(1-\eta) & 0 & -4\xi(1-\eta) & \cdots \\ (1-\xi)(\xi+2\eta) & 0 & -2(1-\xi^2) & 0 & \cdots \\ 0 & (1-\xi)(\xi+2\eta) & 0 & -2(1-\xi^2) & \cdots \end{bmatrix}$$

[예제-내압 후벽원통. 8절점 요소] 8절점 사각형 요소를 2개만 사용하여 풀어보시오.

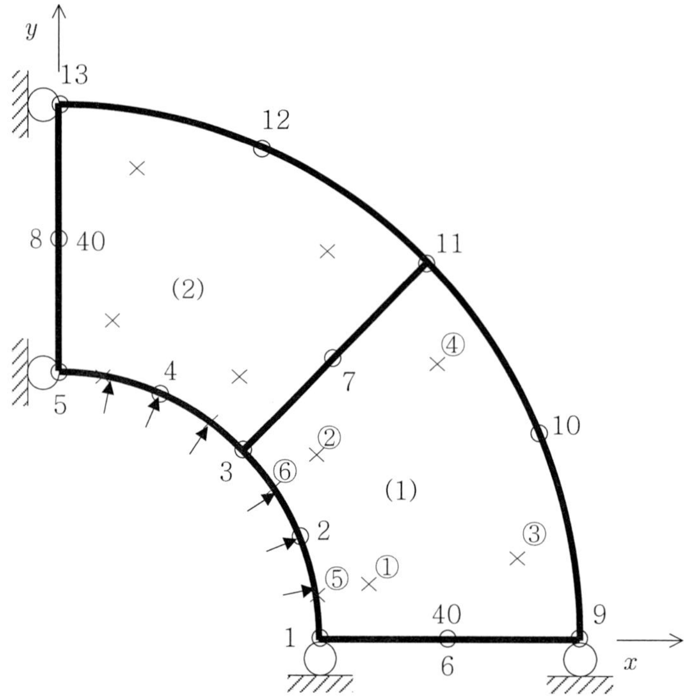

(풀이) 요소 (1) 수치적분점 ① ξ=-0.577, η=-0.577의 좌표는

$$\begin{Bmatrix} x \\ y \end{Bmatrix} = \begin{bmatrix} 0.096 & 0.000 & 0.526 & 0.000 & -0.167 & 0.000 & 0.141 & 0.000 & -0.096 & 0.000 & 0.141 & 0.000 & -0.167 & 0.000 & 0.526 & 0.000 \\ 0.000 & 0.096 & 0.000 & 0.526 & 0.000 & -0.167 & 0.000 & 0.141 & 0.000 & -0.096 & 0.000 & 0.141 & 0.000 & -0.167 & 0.000 & 0.526 \end{bmatrix} \begin{Bmatrix} x_1 \\ y_1 \\ x_6 \\ y_6 \\ \cdot \\ \cdot \end{Bmatrix}$$

$$= \begin{Bmatrix} 47.726 \\ 8.181 \end{Bmatrix}$$

좌표 기울기는

$$\begin{Bmatrix} \dfrac{\partial x}{\partial \xi} \\ \dfrac{\partial y}{\partial \xi} \end{Bmatrix} = \begin{bmatrix} -0.683 & 0.000 & 0.911 & 0.000 & -0.228 & 0.000 & 0.333 & 0.000 & -0.183 & 0.000 & 0.244 & 0.000 & -0.061 & 0.000 & -0.333 & 0.000 \\ 0.000 & -0.683 & 0.000 & 0.911 & 0.000 & -0.228 & 0.000 & 0.333 & 0.000 & -0.183 & 0.000 & 0.244 & 0.000 & -0.061 & 0.000 & -0.333 \end{bmatrix} \begin{Bmatrix} x_1 \\ y_1 \\ x_6 \\ y_6 \\ \cdot \\ \cdot \end{Bmatrix}$$

$$= \begin{Bmatrix} 19.700 \\ 3.377 \end{Bmatrix}$$

$$\begin{Bmatrix} \dfrac{\partial x}{\partial \eta} \\ \dfrac{\partial y}{\partial \eta} \end{Bmatrix} = \begin{bmatrix} -0.683 & 0.000 & -0.333 & 0.000 & -0.061 & 0.000 & 0.244 & 0.000 & -0.183 & 0.000 & 0.333 & 0.000 & -0.228 & 0.000 & 0.911 & 0.000 \\ 0.000 & -0.683 & 0.000 & -0.333 & 0.000 & -0.061 & 0.000 & 0.244 & 0.000 & -0.183 & 0.000 & 0.333 & 0.000 & -0.228 & 0.000 & 0.911 \end{bmatrix} \begin{Bmatrix} x_1 \\ y_1 \\ x_6 \\ y_6 \\ . \\ . \end{Bmatrix}$$

$$= \begin{Bmatrix} -3.161 \\ 18.761 \end{Bmatrix}$$

Jacobian 행렬, 행렬식, 역행렬은

$$[J] = \begin{bmatrix} 19.700 & 3.377 \\ -3.161 & 18.761 \end{bmatrix}$$

$$|J| = 380.253$$

$$[J]^{-1} = \begin{bmatrix} 0.049 & -0.009 \\ 0.008 & 0.052 \end{bmatrix}$$

$[B]$ 행렬은

$$\begin{Bmatrix} \epsilon_x \\ \epsilon_y \\ \gamma_{xy} \end{Bmatrix} = \begin{bmatrix} 0.049 & 0.000 & -0.009 & 0.000 \\ 0.000 & 0.008 & 0.000 & 0.052 \\ 0.008 & 0.049 & 0.052 & -0.009 \end{bmatrix}$$

$$\begin{bmatrix} -0.683 & 0.000 & 0.911 & 0.000 & -0.228 & 0.000 & 0.333 & 0.000 & -0.183 & 0.000 & 0.244 & 0.000 & -0.061 & 0.000 & -0.333 & 0.000 \\ 0.000 & -0.683 & 0.000 & 0.911 & 0.000 & -0.228 & 0.000 & 0.333 & 0.000 & -0.183 & 0.000 & 0.244 & 0.000 & -0.061 & 0.000 & -0.333 \\ -0.683 & 0.000 & -0.333 & 0.000 & -0.061 & 0.000 & 0.244 & 0.000 & -0.183 & 0.000 & 0.333 & 0.000 & -0.228 & 0.000 & 0.911 & 0.000 \\ 0.000 & -0.683 & 0.000 & -0.333 & 0.000 & -0.061 & 0.000 & 0.244 & 0.000 & -0.183 & 0.000 & 0.333 & 0.000 & -0.228 & 0.000 & 0.911 \end{bmatrix} \begin{Bmatrix} u_1 \\ v_1 \\ u_6 \\ v_6 \\ . \\ . \end{Bmatrix}$$

$[E]$ 행렬은

$$\begin{Bmatrix} \sigma_x \\ \sigma_y \\ \tau_{xy} \end{Bmatrix} [\text{GPa}] = \begin{bmatrix} 220 & 66 & 0 \\ 66 & 220 & 0 \\ 0 & 0 & 77 \end{bmatrix} \begin{Bmatrix} \epsilon_x \\ \epsilon_y \\ \gamma_{xy} \end{Bmatrix}$$

요소강성행렬 성분 $[B]^T[E][B]t|J|$은

1		2		3		4		5		6		7		8		
113	62	-99	-51	31	16	-51	-28	30	17	-44	-24	17	10	3	-1	1
62	163	-41	-5	15	26	-27	-64	17	44	-25	-74	11	43	-11	-133	
-99	-41	194	-25	-41	-3	53	14	-27	-11	31	21	0	-14	-111	60	2
-51	-5	-25	75	-4	-11	18	8	-14	-1	25	-3	-17	9	68	-70	
31	15	-41	-4	10	3	-15	-6	8	4	-11	-7	3	3	15	-8	3
16	26	-3	-11	3	5	-7	-11	4	7	-7	-11	4	6	-11	-11	
-51	-27	53	18	-15	-7	24	12	-14	-7	20	11	-7	-5	-9	5	4
-28	-64	14	8	-6	-11	12	26	-7	-17	12	29	-6	-16	9	47	
30	17	-27	-14	8	4	-14	-7	8	4	-12	-7	5	3	1	0	5
17	44	-11	-1	4	7	-7	-17	4	12	-7	-20	3	12	-3	-36	
-44	-25	31	25	-11	-7	20	12	-12	-7	18	10	-8	-3	6	-4	6
-24	-74	21	-3	-7	-11	11	29	-7	-20	10	34	-4	-20	0	65	
17	11	0	-17	3	4	-7	-6	5	3	-8	-4	5	1	-14	8	7
10	43	-14	9	3	6	-5	-16	3	12	-3	-20	1	13	6	-45	
3	-11	-111	68	15	-11	-9	9	1	-3	6	0	-14	6	108	-59	8
-1	-133	60	-70	-8	-11	5	47	0	-36	-4	65	8	-45	-59	182	

[kN/mm]

요소 (1) 나머지 수치적분점에서도 요소강성행렬 성분을 구하고, 수치적분점 ①~④ 요소강성행렬 성분을 더하면

1		2		3		4		5		6		7		8		
146	60	-187	-56	99	5	-46	5	69	23	-104	-46	79	-1	-56	10	1
60	192	-49	-59	3	61	5	-83	23	101	-46	-90	1	80	3	-202	
-187	-49	486	37	-254	-1	1	-76	-95	-17	163	65	-143	-7	29	47	2
-56	-59	37	252	7	-64	-76	-52	-17	-80	65	32	-7	-51	47	23	
99	3	-254	7	219	-56	-29	49	57	-8	-105	-8	108	-16	-95	29	3
5	61	-1	-64	-56	123	56	-100	-9	74	-8	-71	-16	62	29	-86	
-46	5	1	-76	-29	56	269	-2	-12	32	-102	27	-60	19	-21	-59	4
5	-83	-76	-52	49	-100	-2	273	39	-117	27	51	19	-69	-59	98	
69	23	-95	-17	57	-9	-12	39	115	48	-156	-99	84	20	-61	-5	5
23	101	-17	-80	-8	74	32	-117	48	227	-91	-162	18	76	-5	-120	
-104	-46	163	65	-105	-8	-102	27	-156	-91	406	117	-175	-67	72	3	6
-46	-90	65	32	-8	-71	27	51	-99	-162	117	332	-60	-71	3	-21	
79	1	-143	-7	108	-16	-60	19	84	18	-175	-60	229	-23	-123	69	7
-1	80	-7	-51	-16	62	19	-69	20	76	-67	-71	-23	108	76	-135	
-56	3	29	47	-95	29	-21	-59	-61	-5	72	3	-123	76	256	-93	8
10	-202	47	23	29	-86	-59	98	-5	-120	3	-21	69	-135	-93	443	

[kN/mm]

요소 (1) 수치적분점 ⑤ ξ=-0.577의 좌표는

$$\begin{Bmatrix} x \\ y \end{Bmatrix} = \begin{bmatrix} 0.455 & 0.000 & 0.667 & 0.000 & -0.122 & 0.000 \\ 0.000 & 0.455 & 0.000 & 0.667 & 0.000 & -0.122 \end{bmatrix} \begin{Bmatrix} x_1 \\ y_1 \\ x_2 \\ y_2 \\ x_3 \\ y_3 \end{Bmatrix}$$

$$= \begin{Bmatrix} 39.400 \\ 6.754 \end{Bmatrix}$$

좌표기울기는

$$\begin{Bmatrix} \frac{\partial x}{\partial \xi} \\ \frac{\partial y}{\partial \xi} \end{Bmatrix} = \begin{bmatrix} -1.077 & 0.000 & 1.155 & 0.000 & -0.077 & 0.000 \\ 0.000 & -1.077 & 0.000 & 1.155 & 0.000 & -0.077 \end{bmatrix} \begin{Bmatrix} x_1 \\ y_1 \\ x_2 \\ y_2 \\ x_3 \\ y_3 \end{Bmatrix}$$

$$= \begin{Bmatrix} -2.610 \\ 15.488 \end{Bmatrix}$$

Jacobian의 크기는

$$|J^*| = \sqrt{(\frac{\partial x}{\partial \xi})^2 + (\frac{\partial x}{\partial \eta})^2} = 15.706$$

접선 수직방향 단위벡터는

$$\{\Phi\} = \begin{Bmatrix} \cos 9.6^\circ \\ \sin 9.6^\circ \end{Bmatrix} = \begin{Bmatrix} 0.986 \\ 0.166 \end{Bmatrix}$$

하중성분을 절점 1, 2, 3에 배분하면

$$[N]^T\{\Phi\}t|J^*|_{\xi=\xi_i} = \begin{bmatrix} 0.455 & 0.000 \\ 0.000 & 0.455 \\ 0.667 & 0.000 \\ 0.000 & 0.667 \\ -0.122 & 0.000 \\ 0.000 & -0.122 \end{bmatrix} \begin{bmatrix} 0.986 \\ 0.166 \end{bmatrix} 15.706 = \begin{bmatrix} 7.1 \\ 1.2 \\ 10.3 \\ 1.7 \\ -1.9 \\ -0.3 \end{bmatrix} \text{[kN]}$$

요소 (1) 수치적분점 ⑥ ξ=0.577에서 하중성분을 구하고 수치적분점 ⑤~⑥의 하중성분을 더하면

$$\begin{bmatrix} 5.5 \\ 0.1 \\ 18.9 \\ 7.8 \\ 3.9 \\ 3.8 \end{bmatrix} \text{[kN]}$$

요소 (1) 절점 1-6-9-10-11-7-3-2이므로 요소강성행렬 성분과 하중 성분을 재배치하면

1		2		3		4		5		6		7		8		9		10		11		12		13			
146	60	-56	10	79	-1					-187	-56	-104	-46			99	5	-46	5	69	23					5	1
60	192	3	-202	1	80					-49	-59	-46	-90			3	61	5	-83	23	101					0	
-56	3	256	-93	-123	76					29	47	72	3			-95	29	-21	-59	-61	-5					19	2
10	-202	-93	443	69	-135					47	23	3	-21			29	-86	-59	98	-5	-120					8	
79	1	-123	69	229	-23					-143	-7	-175	-60			108	-16	-60	19	84	18					4	3
-1	80	76	-135	-23	108					-7	-51	-67	-71			-16	62	19	-69	20	76					4	
																											4
																											5
-187	-49	29	47	-143	-7					486	37	163	65			-254	-1	1	-76	-95	-17						6
-56	-59	47	23	-7	-51					37	252	65	32			7	-64	-76	-52	-17	-80						
-104	-46	72	3	-175	-67					163	65	406	117			-105	-8	-102	27	-156	-91						7
-46	-90	3	-21	-60	-71					65	32	117	332			-8	-71	27	51	-99	-162						
																											8
99	3	-95	29	108	-16					-254	7	-105	-8			219	-56	-29	49	57	-8						9
5	61	29	-86	-16	62					-1	-64	-8	-71			-56	123	56	-100	-9	74						
-46	5	-21	-59	-60	19					1	-76	-102	27			-29	56	269	-2	-12	32						10
5	-83	-59	98	19	-69					-76	-52	27	51			49	-100	-2	273	39	-117						
69	23	-61	-5	84	20					-95	-17	-156	-99			57	-9	-12	39	115	48						11
23	101	-5	-120	18	76					-17	-80	-91	-162			-8	74	32	-117	48	227						
																											12
																											13

요소 (2) 요소강성행렬 성분과 하중 성분을 구하고, 절점 3-7-11-12-13-8-5-4이므로 요소강성행렬 성분과 하중 성분을 재배치하면

1		2		3		4		5		6		7		8		9		10		11		12		13			
																											1
																											2
				108	-23	-135	76	80	-1			-71	-67	-51	-7					76	20	-69	19	62	-16	4	3
				-23	229	69	-123	1	79			-60	-175	-7	-143					18	84	19	-60	-16	108	4	
				-135	69	443	-93	-202	10			-21	3	23	47					-120	-5	98	-59	-86	29	8	4
				76	-123	-93	256	3	-56			3	72	47	29					-5	-61	-59	-21	29	-95	19	
				80	1	-202	3	192	60			-90	-46	-59	-49					101	23	-83	5	61	3	0	5
				-1	79	10	-56	60	146			-46	-104	-56	-187					23	69	5	-46	5	99	5	
																											6
				-71	-60	-21	3	-90	-46			332	117	32	65					-162	-99	51	27	-71	-8		7
				-67	-175	3	72	-46	-104			117	406	65	163					-91	-156	27	-102	-8	-105		
				-51	-7	23	47	-59	-56			32	65	252	37					-80	-17	-52	-76	-64	7		8
				-7	-143	47	29	-49	-187			65	163	37	486					-17	-95	-76	1	-1	-254		
																											9
																											10
				76	18	-120	-5	101	23			-162	-91	-80	-17					227	48	-117	32	74	-8		11
				20	84	-5	-61	23	69			-99	-156	-17	-95					48	115	39	-12	-9	57		
				-69	19	98	-59	-83	5			51	27	-52	-76					-117	39	273	-2	-100	49		12
				19	-60	-59	-21	5	-46			27	-102	-76	1					32	-12	-2	269	56	-29		
				62	-16	-86	29	61	5			-71	-8	-64	-1					74	-9	-100	56	123	-56		13
				-16	108	29	-95	3	99			-8	-105	7	-254					-8	57	49	-29	-56	219		

요소 (1)과 (2) 요소강성행렬 성분과 하중 성분을 더하면

1		2		3		4		5		6		7		8		9		10		11		12		13		u,v	F_x,F_y	
146	60	-56	10	79	-1	0	0	0	0	-187	-56	-104	-46	0	0	99	5	-46	5	69	23	0	0	0	0		5	1
60	192	3	-202	1	80	0	0	0	0	-49	-59	-46	-90	0	0	3	61	5	-83	23	101	0	0	0	0	0	0	
-56	3	256	-93	-123	76	0	0	0	0	29	47	72	3	0	0	-95	29	-21	-59	-61	-5	0	0	0	0		19	2
10	-202	-93	443	69	-135	0	0	0	0	47	23	3	-21	0	0	29	-86	-59	98	-5	-120	0	0	0	0		8	
79	1	-123	69	337	-46	-135	76	80	-1	-143	-7	-246	-128	-51	-7	108	-16	-60	19	160	37	-69	19	62	-16		8	3
-1	80	76	-135	-46	337	69	-123	1	79	-7	-51	-128	-246	-7	-143	-16	62	19	-69	37	160	19	-60	-16	108		8	
0	0	0	0	-135	69	443	-93	-202	10	0	0	-21	3	23	47	0	0	0	0	-120	-5	98	-59	-86	29		8	4
0	0	0	0	76	-123	-93	256	3	-56	0	0	3	72	47	29	0	0	0	0	-5	-61	-59	-21	29	-95		19	
0	0	0	0	80	1	-202	3	192	60	0	0	-90	-46	-59	-49	0	0	0	0	101	23	-83	5	61	3	0	0	5
0	0	0	0	-1	79	10	-56	60	146	0	0	-46	-104	-56	-187	0	0	0	0	23	69	5	-46	5	99		5	
-187	-49	29	47	-143	-7	0	0	0	0	486	37	163	65	0	0	-254	-1	1	-76	-95	-17	0	0	0	0		0	6
-56	-59	47	23	-7	-51	0	0	0	0	37	252	65	32	0	0	7	-64	-76	-52	-17	-80	0	0	0	0	0	0	
-104	-46	72	3	-246	-128	-21	3	-90	-46	163	65	738	235	32	65	-105	-8	-102	27	-318	-190	51	27	-71	-8		0	7
-46	-90	3	-21	-128	-246	3	72	-46	-104	65	32	235	738	65	163	-8	-71	27	51	-190	-318	27	-102	-8	-105		0	
0	0	0	0	-51	-7	23	47	-59	-56	0	0	32	65	252	37	0	0	0	0	-80	-17	-52	-76	-64	7	0	0	8
0	0	0	0	-7	-143	47	29	-49	-187	0	0	65	163	37	486	0	0	0	0	-17	-95	-76	1	-1	-254		0	
99	3	-95	29	108	-16	0	0	0	0	-254	7	-105	-8	0	0	219	-56	-29	49	57	-8	0	0	0	0		0	9
5	61	29	-86	-16	62	0	0	0	0	-1	-64	-8	-71	0	0	-56	123	56	-100	-9	74	0	0	0	0	0	0	
-46	5	-21	-59	-60	19	0	0	0	0	1	-76	-102	27	0	0	-29	56	269	-2	-12	32	0	0	0	0		0	10
5	-83	-59	98	19	-69	0	0	0	0	-76	-52	27	51	0	0	49	-100	-2	273	39	-117	0	0	0	0		0	
69	23	-61	-5	160	37	-120	-5	101	23	-95	-17	-318	-190	-80	-17	57	-9	-12	39	342	96	-117	32	74	-8		0	11
23	101	-5	-120	37	160	-5	-61	23	69	-17	-80	-190	-318	-17	-95	-8	74	32	-117	96	342	39	-12	-9	57		0	
0	0	0	0	-69	19	98	-59	-83	5	0	0	51	27	-52	-76	0	0	0	0	-117	39	273	-2	-100	49		0	12
0	0	0	0	19	-60	-59	-21	5	-46	0	0	27	-102	-76	1	0	0	0	0	32	-12	-2	269	56	-29		0	
0	0	0	0	62	-16	-86	29	61	5	0	0	-71	-8	-64	-1	0	0	0	0	74	-9	-100	56	123	-56	0	0	13
0	0	0	0	-16	108	29	-95	3	99	0	0	-8	-105	7	-254	0	0	0	0	-8	57	49	-29	-56	219		0	

다음과 같이 변환하여 풀면

1		2		3		4		5		6		7		8		9		10		11		12		13		u,v	F_x,F_y	
146	0	-56	10	79	-1	0	0	0	0	-187	0	-104	-46	0	0	99	0	-46	5	69	23	0	0	0	0	0.396	5	1
0	1	0	0	0	0	0	0	0	0	0	0	0	0	0	0	0	0	0	0	0	0	0	0	0	0	0.000	0	
-56	0	256	-93	-123	76	0	0	0	0	29	0	72	3	0	0	-95	0	-21	-59	-61	-5	0	0	0	0	0.362	19	2
10	0	-93	443	69	-135	0	0	0	0	47	0	3	-21	0	0	29	0	-59	98	-5	-120	0	0	0	0	0.150	8	
79	0	-123	69	337	-46	-135	76	0	-1	-143	0	-246	-128	0	-7	108	0	-60	19	160	37	-69	19	0	-16	0.280	8	3
-1	0	76	-135	-46	337	69	-123	0	79	-7	0	-128	-246	0	-143	-16	0	19	-69	37	160	19	-60	0	108	0.280	8	
0	0	0	0	-135	69	443	-93	0	10	0	0	-21	3	0	47	0	0	0	0	-120	-5	98	-59	0	29	0.150	8	4
0	0	0	0	76	-123	-93	256	0	-56	0	0	3	72	0	29	0	0	0	0	-5	-61	-59	-21	0	-95	0.362	19	
0	0	0	0	0	0	0	0	1	0	0	0	0	0	0	0	0	0	0	0	0	0	0	0	0	0	0.000	0	5
0	0	0	0	-1	79	10	-56	0	146	0	0	-46	-104	0	-187	0	0	0	0	23	69	5	-46	0	99	0.396	5	
-187	0	29	47	-143	-7	0	0	0	0	486	0	163	65	0	0	-254	0	1	-76	-95	-17	0	0	0	0	0.301	0	6
0	0	0	0	0	0	0	0	0	0	0	1	0	0	0	0	0	0	0	0	0	0	0	0	0	0	0.000	0	
-104	0	72	3	-246	-128	-21	3	0	-46	163	0	738	235	0	65	-105	0	-102	27	-318	-190	51	27	0	-8	0.213	0	7
-46	0	3	-21	-128	-246	3	72	0	-104	65	0	235	738	0	163	-8	0	27	51	-190	-318	27	-102	0	-105	0.213	0	
0	0	0	0	0	0	0	0	0	0	0	0	0	0	1	0	0	0	0	0	0	0	0	0	0	0	0.000	0	8
0	0	0	0	-7	-143	47	29	0	-187	0	0	65	163	0	486	0	0	0	0	-17	-95	-76	1	0	-254	0.301	0	
99	0	-95	29	108	-16	0	0	0	0	-254	0	-105	-8	0	0	219	0	-29	49	57	-8	0	0	0	0	0.267	0	9
0	0	0	0	0	0	0	0	0	0	0	0	0	0	0	0	0	1	0	0	0	0	0	0	0	0	0.000	0	
-46	0	-21	-59	-60	19	0	0	0	0	1	0	-102	27	0	0	-29	0	269	-2	-12	32	0	0	0	0	0.246	0	10
5	0	-59	98	19	-69	0	0	0	0	-76	0	27	51	0	0	49	0	-2	273	39	-117	0	0	0	0	0.102	0	
69	0	-61	-5	160	37	-120	-5	0	23	-95	0	-318	-190	0	-17	57	0	-12	39	342	96	-117	32	0	-8	0.189	0	11
23	0	-5	-120	37	160	-5	-61	0	69	-17	0	-190	-318	0	-95	-8	0	32	-117	96	342	39	-12	0	57	0.189	0	
0	0	0	0	-69	19	98	-59	0	5	0	0	51	27	0	-76	0	0	0	0	-117	39	273	-2	0	49	0.102	0	12
0	0	0	0	19	-60	-59	-21	0	-46	0	0	27	-102	0	1	0	0	0	0	32	-12	-2	269	0	-29	0.246	0	
0	0	0	0	0	0	0	0	0	0	0	0	0	0	0	0	0	0	0	0	0	0	0	0	1	0	0.000	0	13
0	0	0	0	-16	108	29	-95	0	99	0	0	-8	-105	0	-254	0	0	0	0	-8	57	49	-29	0	219	0.267	0	

Radial displacement u_r(mm)

r(mm)	Finite Elements	Theoretical
40	0.396	0.381
80	0.267	0.243

	Stress σ_r(GPa)		Stress σ_θ(GPa)		Stress $\tau_{r\theta}$(GPa)	
r(mm)	Finite Elements	Theory	Finite Elements	Theory	Finite Elements	Theory
48.42	-0.59	-0.58	1.26	1.24	-0.00	0.00
71.50	-0.08	-0.08	0.74	0.75	0.00	0.00

[예제-내압 후벽원통. 8절점 요소] 8절점 사각형 요소를 2개만 사용하고 수치적분점 3*3개를 사용하여 풀어보시오.

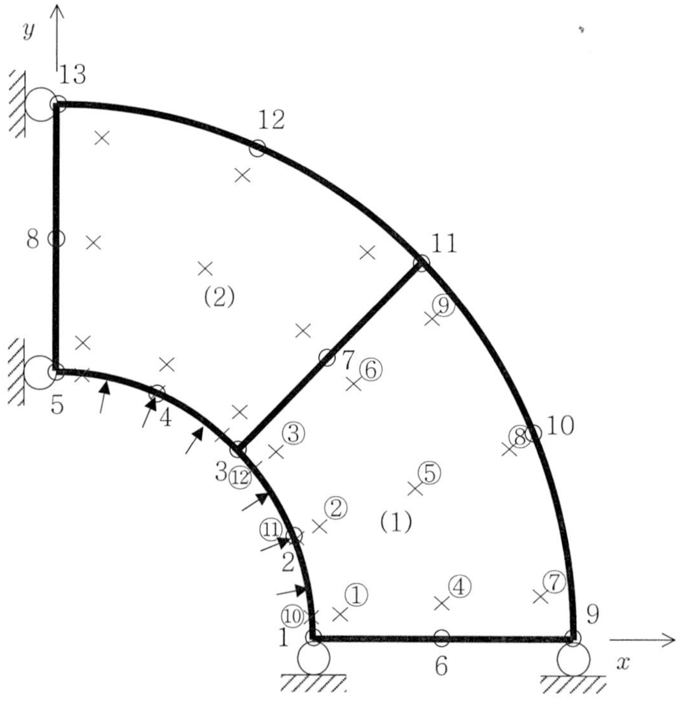

(풀이) 요소 (1) 수치적분점 ① ξ=-0.775, η=-0.775의 좌표는

$$\begin{Bmatrix} x \\ y \end{Bmatrix} = \begin{bmatrix} 0.432 & 0.000 & 0.355 & 0.000 & -0.100 & 0.000 & 0.045 & 0.000 & -0.032 & 0.000 & 0.045 & 0.000 & -0.100 & 0.000 & 0.355 & 0.000 \\ 0.000 & 0.432 & 0.000 & 0.355 & 0.000 & -0.100 & 0.000 & 0.045 & 0.000 & -0.032 & 0.000 & 0.045 & 0.000 & -0.100 & 0.000 & 0.355 \end{bmatrix} \begin{Bmatrix} x_1 \\ y_1 \\ x_6 \\ y_6 \\ \cdot \\ \cdot \end{Bmatrix}$$

$$= \begin{Bmatrix} 44.291 \\ 4.066 \end{Bmatrix}$$

좌표 기울기를 구하면

$$\begin{Bmatrix} \dfrac{\partial x}{\partial \xi} \\ \dfrac{\partial y}{\partial \xi} \end{Bmatrix} = \begin{bmatrix} -1.031 & 0.000 & 1.375 & 0.000 & -0.344 & 0.000 & 0.200 & 0.000 & -0.131 & 0.000 & 0.175 & 0.000 & -0.044 & 0.000 & -0.200 & 0.000 \\ 0.000 & -1.031 & 0.000 & 1.375 & 0.000 & -0.344 & 0.000 & 0.200 & 0.000 & -0.131 & 0.000 & 0.175 & 0.000 & -0.044 & 0.000 & -0.200 \end{bmatrix} \begin{Bmatrix} x_1 \\ y_1 \\ x_6 \\ y_6 \\ \cdot \\ \cdot \end{Bmatrix}$$

$$= \begin{Bmatrix} 19.902 \\ 1.827 \end{Bmatrix}$$

$$\begin{Bmatrix} \dfrac{\partial x}{\partial \eta} \\ \dfrac{\partial y}{\partial \eta} \end{Bmatrix} = \begin{bmatrix} -1.031 & 0.000 & -0.200 & 0.000 & -0.044 & 0.000 & 0.175 & 0.000 & -0.131 & 0.000 & 0.200 & 0.000 & -0.344 & 0.000 & 1.375 & 0.000 \\ 0.000 & -1.031 & 0.000 & -0.200 & 0.000 & -0.044 & 0.000 & 0.175 & 0.000 & -0.131 & 0.000 & 0.200 & 0.000 & -0.344 & 0.000 & 1.375 \end{bmatrix} \begin{Bmatrix} x_1 \\ y_1 \\ x_6 \\ y_6 \\ \cdot \\ \cdot \end{Bmatrix}$$

$$= \begin{Bmatrix} -1.669 \\ 17.745 \end{Bmatrix}$$

Jacobian 행렬, 행렬식, 역행렬은

$$[J] = \begin{bmatrix} 19.902 & 1.827 \\ -1.669 & 17.745 \end{bmatrix}$$

$$|J| = 356.208$$

$$[J]^{-1} = \begin{bmatrix} 0.050 & -0.005 \\ 0.005 & 0.056 \end{bmatrix}$$

$[B]$ 행렬은

$$\begin{Bmatrix} \epsilon_x \\ \epsilon_y \\ \gamma_{xy} \end{Bmatrix} = \begin{bmatrix} 0.050 & 0.000 & -0.005 & 0.000 \\ 0.000 & 0.005 & 0.000 & 0.056 \\ 0.005 & 0.050 & 0.056 & -0.005 \end{bmatrix}$$

$$\begin{bmatrix} -1.031 & 0.000 & 1.375 & 0.000 & -0.344 & 0.000 & 0.200 & 0.000 & -0.131 & 0.000 & 0.175 & 0.000 & -0.044 & 0.000 & -0.200 & 0.000 \\ 0.000 & -1.031 & 0.000 & 1.375 & 0.000 & -0.344 & 0.000 & 0.200 & 0.000 & -0.131 & 0.000 & 0.175 & 0.000 & -0.044 & 0.000 & -0.200 \\ -1.031 & 0.000 & -0.200 & 0.000 & -0.044 & 0.000 & 0.175 & 0.000 & -0.131 & 0.000 & 0.200 & 0.000 & -0.344 & 0.000 & 1.375 & 0.000 \\ 0.000 & -1.031 & 0.000 & -0.200 & 0.000 & -0.044 & 0.000 & 0.175 & 0.000 & -0.131 & 0.000 & 0.200 & 0.000 & -0.344 & 0.000 & 1.375 \end{bmatrix} \begin{Bmatrix} u_1 \\ v_1 \\ u_6 \\ v_6 \\ \cdot \\ \cdot \end{Bmatrix}$$

$[E]$ 행렬은

$$\begin{Bmatrix} \sigma_x \\ \sigma_y \\ \tau_{xy} \end{Bmatrix} [\mathrm{GPa}] = \begin{bmatrix} 220 & 66 & 0 \\ 66 & 220 & 0 \\ 0 & 0 & 77 \end{bmatrix} \begin{Bmatrix} \epsilon_x \\ \epsilon_y \\ \gamma_{xy} \end{Bmatrix}$$

요소강성행렬 성분 $[B]^T[E][B]t|J|$은

1		2		3		4		5		6		7		8		
273	146	-243	-114	68	33	-51	-27	35	19	-48	-26	35	22	-68	-53	1
146	363	-96	-65	30	41	-27	-64	19	46	-26	-68	25	95	-71	-349	
-243	-96	379	-17	-91	-4	48	16	-31	-12	40	19	0	-32	-102	126	2
-114	-65	-17	134	-6	-31	19	13	-14	-8	22	10	-37	6	146	-61	
68	30	-91	-6	23	3	-13	-5	9	4	-11	-6	3	8	14	-28	3
33	41	-4	-31	3	9	-6	-8	4	5	-6	-7	9	6	-34	-16	
-51	-27	48	19	-13	-6	10	5	-6	-3	9	5	-6	-4	10	11	4
-27	-64	16	13	-5	-8	5	11	-3	-8	5	12	-5	-16	15	59	
35	19	-31	-14	9	4	-6	-3	4	2	-6	-3	4	3	-9	-7	5
19	46	-12	-8	4	5	-3	-8	2	6	-3	-9	3	12	-9	-44	
-48	-26	40	22	-11	-6	9	5	-6	-3	9	5	-7	-4	15	8	6
-26	-68	19	10	-6	-7	5	12	-3	-9	5	13	-4	-18	11	68	
35	25	0	-37	3	9	-6	-5	4	3	-7	-4	10	0	-40	8	7
22	95	-32	6	8	6	-4	-16	3	12	-4	-18	0	29	7	-115	
-68	-71	-102	146	14	-34	10	15	-9	-9	15	11	-40	7	180	-66	8
-53	-349	126	-61	-28	-16	11	59	-7	-44	8	68	8	-115	-66	459	

[kN/mm]

요소 (1) 나머지 수치적분점에서도 요소강성행렬 성분을 구하고, 수치적분점 ①, ③, ⑦, ⑨ 요소강성행렬 성분에는 무게 25/81, 수치적분점 ②, ④, ⑥, ⑧ 요소강성행렬 성분에는 무게 40/81, 수치적분점 ⑤ 요소강성행렬 성분에는 무게 64/81를 곱하여 더하면

1		2		3		4		5		6		7		8		
163	61	-191	-54	94	6	-35	4	63	23	-99	-48	85	7	-80	1	1
61	195	-47	-71	4	62	4	-76	23	91	-48	-79	9	69	-7	-191	
-191	-47	492	34	-256	1	1	-76	-93	-19	156	70	-137	-10	27	48	2
-54	-71	34	268	8	-70	-76	-53	-19	-73	70	16	-10	-41	48	25	
94	4	-256	8	223	-57	-35	50	59	-7	-102	-10	100	-14	-82	26	3
6	62	1	-70	-57	129	57	-106	-9	75	-10	-63	-14	54	26	-79	
-35	4	1	-76	-35	57	279	-4	-17	32	-102	27	-51	21	-41	-62	4
4	-76	-76	-53	50	-106	-4	286	40	-124	27	50	21	-60	-62	82	
63	23	-93	-19	59	-9	-17	40	118	47	-159	-97	83	17	-54	-2	5
23	91	-19	-73	-7	75	32	-124	47	233	-89	-168	15	73	-2	-107	
-99	-48	156	70	-102	-10	-102	27	-159	-89	414	112	-181	-63	74	1	6
-48	-79	70	16	-10	-63	27	50	-97	-168	112	347	-56	-81	1	-22	
85	9	-137	-10	100	-14	-51	21	83	15	-181	-56	239	-16	-139	52	7
7	69	-10	-41	-14	54	21	-60	17	73	-63	-81	-16	118	59	-132	
-80	-7	27	48	-82	26	-41	-62	-54	-2	74	1	-139	59	295	-65	8
1	-191	48	25	26	-79	-62	82	-2	-107	1	-22	52	-132	-65	425	

[kN/mm]

요소 (1) 수치적분점 ⑩ ξ=-0.775의 좌표는

$$\begin{Bmatrix} x \\ y \end{Bmatrix} = \begin{bmatrix} 0.687 & 0.000 & 0.400 & 0.000 & -0.087 & 0.000 \\ 0.000 & 0.687 & 0.000 & 0.400 & 0.000 & -0.087 \end{bmatrix} \begin{Bmatrix} x_1 \\ y_1 \\ x_2 \\ y_2 \\ x_3 \\ y_3 \end{Bmatrix}$$

$$= \begin{Bmatrix} 39.805 \\ 3.654 \end{Bmatrix}$$

좌표기울기를 구하면

$$\begin{Bmatrix} \dfrac{\partial x}{\partial \xi} \\ \dfrac{\partial y}{\partial \xi} \end{Bmatrix} = \begin{bmatrix} -1.275 & 0.000 & 1.549 & 0.000 & -0.275 & 0.000 \\ 0.000 & -1.275 & 0.000 & 1.549 & 0.000 & -0.275 \end{bmatrix} \begin{Bmatrix} x_1 \\ y_1 \\ x_2 \\ y_2 \\ x_3 \\ y_3 \end{Bmatrix}$$

$$= \begin{Bmatrix} -1.500 \\ 15.947 \end{Bmatrix}$$

Jacobian의 크기는

$$|J^*| = \sqrt{(\frac{\partial x}{\partial \xi})^2 + (\frac{\partial x}{\partial \eta})^2} = 16.018$$

접선 수직방향 단위벡터는

$$\{\Phi\}=\begin{Bmatrix}\cos 5.4^\circ \\ \sin 5.4^\circ\end{Bmatrix}=\begin{Bmatrix}0.996 \\ 0.094\end{Bmatrix}$$

하중성분을 절점 1, 2, 3에 배분하면

$$[N]^T\{\Phi\}\,t|J^*|_{\xi=\xi_i}=\begin{bmatrix}0.687 & 0.000 \\ 0.000 & 0.687 \\ 0.400 & 0.000 \\ 0.000 & 0.400 \\ -0.087 & 0.000 \\ 0.000 & -0.087\end{bmatrix}\begin{bmatrix}0.996 \\ 0.094\end{bmatrix}16.018=\begin{bmatrix}11.0 \\ 1.0 \\ 6.4 \\ 0.6 \\ -1.4 \\ -0.1\end{bmatrix}\text{[kN]}$$

요소 (1) 수치적분점 ⑪ ξ=0.000과 ⑫ ξ=0.775에서 하중성분을 구하고 수치적분점 ⑩, ⑫ 하중성분에는 무게 5/9, 수치적분점 ⑪ ξ=0.000의 하중성분에는 무게 8/9를 곱하여 더하면

$$\begin{bmatrix}5.5 \\ 0.1 \\ 18.9 \\ 7.8 \\ 3.9 \\ 3.8\end{bmatrix}\text{[kN]}$$

요소 (1) 절점 1-6-9-10-11-7-3-2이므로 요소강성행렬 성분과 하중 성분을 재배치하면

	1		2		3		4		5		6		7		8		9		10		11		12		13		F_x, F_y
1	163	61	-80	1	85	7					-191	-54	-99	-48			94	6	-35	4	63	23					5
	61	195	-7	-191	9	69					-47	-71	-48	-79			4	62	4	-76	23	91					0
2	-80	-7	295	-65	-139	59					27	48	74	1			-82	26	-41	-62	-54	-2					19
	1	-191	-65	425	52	-132					48	25	1	-22			26	-79	-62	82	-2	-107					8
3	85	9	-139	52	239	-16					-137	-10	-181	-56			100	-14	-51	21	83	15					4
	7	69	59	-132	-16	118					-10	-41	-63	-81			-14	54	21	-60	17	73					4
4																											
5																											
6	-191	-47	27	48	-137	-10					492	34	156	70			-256	1	1	-76	-93	-19					
	-54	-71	48	25	-10	-41					34	268	70	16			8	-70	-76	-53	-19	-73					
7	-99	-48	74	1	-181	-63					156	70	414	112			-102	-10	-102	27	-159	-89					
	-48	-79	1	-22	-56	-81					70	16	112	347			-10	-63	27	50	-97	-168					
8																											
9	94	4	-82	26	100	-14					-256	8	-102	-10			223	-57	-35	50	59	-7					
	6	62	26	-79	-14	54					1	-70	-10	-63			-57	129	57	-106	-9	75					
10	-35	4	-41	-62	-51	21					1	-76	-102	27			-35	57	279	-4	-17	32					
	4	-76	-62	82	21	-60					-76	-53	27	50			50	-106	-4	286	40	-124					
11	63	23	-54	-2	83	17					-93	-19	-159	-97			59	-9	-17	40	118	47					
	23	91	-2	-107	15	73					-19	-73	-89	-168			-7	75	32	-124	47	233					
12																											
13																											

요소 (2) 요소강성행렬 성분과 하중 성분을 구하고, 절점 3-7-11-12-13-8-5-4이므로 요소강성행렬 성분과 하중 성분을 재배치하면

	1		2		3		4		5		6		7		8		9		10		11		12		13		F_x, F_y
1																											
2																											
3					118	-16	-132	59	69	7			-81	-63	-41	-10					73	17	-60	21	54	-14	4
					-16	239	52	-139	9	85			-56	-181	-10	-137					15	83	21	-51	-14	100	4
4					-132	52	425	-65	-191	1			-22	1	25	48					-107	-2	82	-62	-79	26	8
					59	-139	-65	295	-7	-80			1	74	48	27					-2	-54	-62	-41	26	-82	19
5					69	9	-191	-7	195	61			-79	-48	-71	-47					91	23	-76	4	62	4	0
					7	85	1	-80	61	163			-48	-99	-54	-191					23	63	4	-35	6	94	5
6																											
7					-81	-56	-22	1	-79	-48			347	112	16	70					-168	-97	50	27	-63	-10	
					-63	-181	1	74	-48	-99			112	414	70	156					-89	-159	27	-102	-10	-102	
8					-41	-10	25	48	-71	-54			16	70	268	34					-73	-19	-53	-76	-70	8	
					-10	-137	48	27	-47	-191			70	156	34	492					-19	-93	-76	1	1	-256	
9																											
10																											
11					73	15	-107	-2	91	23			-168	-89	-73	-19					233	47	-124	32	75	-7	
					17	83	-2	-54	23	63			-97	-159	-19	-93					47	118	40	-17	-9	59	
12					-60	21	82	-62	-76	4			50	27	-53	-76					-124	40	286	-4	-106	50	
					21	-51	-62	-41	4	-35			27	-102	-76	1					32	-17	-4	279	57	-35	
13					54	-14	-79	26	62	6			-63	-10	-70	1					75	-9	-106	57	129	-57	
					-14	100	26	-82	4	94			-10	-102	8	-256					-7	59	50	-35	-57	223	

요소 (1)과 (2) 요소강성행렬 성분과 하중 성분을 더하면

1		2		3		4		5		6		7		8		9		10		11		12		13		u, v	F_x,F_y	
163	61	-80	1	85	7	0	0	0	0	-191	-54	-99	-48	0	0	94	6	-35	4	63	23	0	0	0	0		5	1
61	195	-7	-191	9	69	0	0	0	0	-47	-71	-48	-79	0	0	4	62	4	-76	23	91	0	0	0	0	0	0	
-80	-7	295	-65	-139	59	0	0	0	0	27	48	74	1	0	0	-82	26	-41	-62	-54	-2	0	0	0	0		19	2
1	-191	-65	425	52	-132	0	0	0	0	48	25	1	-22	0	0	26	-79	-62	82	-2	-107	0	0	0	0		8	
85	9	-139	52	357	-32	-132	59	69	7	-137	-10	-262	-119	-41	-10	100	-14	-51	21	156	31	-60	21	54	-14		8	3
7	69	59	-132	-32	357	52	-139	9	85	-10	-41	-119	-262	-10	-137	-14	54	21	-60	31	156	21	-51	-14	100		8	
0	0	0	0	-132	52	425	-65	-191	1	0	0	-22	1	25	48	0	0	0	0	-107	-2	82	-62	-79	26		8	4
0	0	0	0	59	-139	-65	295	-7	-80	0	0	1	74	48	27	0	0	0	0	-2	-54	-62	-41	26	-82		19	
0	0	0	0	69	9	-191	-7	195	61	0	0	-79	-48	-71	-47	0	0	0	0	91	23	-76	4	62	4	0	0	5
0	0	0	0	7	85	1	-80	61	163	0	0	-48	-99	-54	-191	0	0	0	0	23	63	4	-35	6	94		5	
-191	-47	27	48	-137	-10	0	0	0	0	492	34	156	70	0	0	-256	1	1	-76	-93	-19	0	0	0	0		0	6
-54	-71	48	25	-10	-41	0	0	0	0	34	268	70	16	0	0	8	-70	-76	-53	-19	-73	0	0	0	0	0	0	
-99	-48	74	1	-262	-119	-22	1	-79	-48	156	70	761	224	16	70	-102	-10	-102	27	-327	-186	50	27	-63	-10		0	7
-48	-79	1	-22	-119	-262	1	74	-48	-99	70	16	224	761	70	156	-10	-63	27	50	-186	-327	27	-102	-10	-102		0	
0	0	0	0	-41	-10	25	48	-71	-54	0	0	16	70	268	34	0	0	0	0	-73	-19	-53	-76	-70	8	0	0	8
0	0	0	0	-10	-137	48	27	-47	-191	0	0	70	156	34	492	0	0	0	0	-19	-93	-76	1	1	-256		0	
94	4	-82	26	100	-14	0	0	0	0	-256	8	-102	-10	0	0	223	-57	-35	50	59	-7	0	0	0	0		0	9
6	62	26	-79	-14	54	0	0	0	0	1	-70	-10	-63	0	0	-57	129	57	-106	-9	75	0	0	0	0	0	0	
-35	4	-41	-62	-51	21	0	0	0	0	1	-76	-102	27	0	0	-35	57	279	-4	-17	32	0	0	0	0		0	10
4	-76	-62	82	21	-60	0	0	0	0	-76	-53	27	50	0	0	50	-106	-4	286	40	-124	0	0	0	0		0	
63	23	-54	-2	156	31	-107	-2	91	23	-93	-19	-327	-186	-73	-19	59	-9	-17	40	352	94	-124	32	75	-7		0	11
23	91	-2	-107	31	156	-2	-54	23	63	-19	-73	-186	-327	-19	-93	-7	75	32	-124	94	352	40	-17	-9	59		0	
0	0	0	0	-60	21	82	-62	-76	4	0	0	50	27	-53	-76	0	0	0	0	-124	40	286	-4	-106	50		0	12
0	0	0	0	21	-51	-62	-41	4	-35	0	0	27	-102	-76	1	0	0	0	0	32	-17	-4	279	57	-35		0	
0	0	0	0	54	-14	-79	26	62	6	0	0	-63	-10	-70	1	0	0	0	0	75	-9	-106	57	129	-57	0	0	13
0	0	0	0	-14	100	26	-82	4	94	0	0	-10	-102	8	-256	0	0	0	0	-7	59	50	-35	-57	223		0	

다음과 같이 변환하여 풀면

1		2		3		4		5		6		7		8		9		10		11		12		13		u, v	F_x,F_y	
163	0	-80	1	85	7	0	0	0	0	-191	0	-99	-48	0	0	94	0	-35	4	63	23	0	0	0	0	0.392	5	1
0	1	0	0	0	0	0	0	0	0	0	0	0	0	0	0	0	0	0	0	0	0	0	0	0	0	0.000	0	
-80	0	295	-65	-139	59	0	0	0	0	27	0	74	1	0	0	-82	0	-41	-62	-54	-2	0	0	0	0	0.361	19	2
1	0	-65	425	52	-132	0	0	0	0	48	0	1	-22	0	0	26	0	-62	82	-2	-107	0	0	0	0	0.149	8	
85	0	-139	52	357	-32	-132	59	0	7	-137	0	-262	-119	0	-10	100	0	-51	21	156	31	-60	21	0	-14	0.277	8	3
7	0	59	-132	-32	357	52	-139	0	85	-10	0	-119	-262	0	-137	-14	0	21	-60	31	156	21	-51	0	100	0.277	8	
0	0	0	0	-132	52	425	-65	0	1	0	0	-22	1	0	48	0	0	0	0	-107	-2	82	-62	0	26	0.149	8	4
0	0	0	0	59	-139	-65	295	0	-80	0	0	1	74	0	27	0	0	0	0	-2	-54	-62	-41	0	-82	0.361	19	
0	0	0	0	0	0	0	0	1	0	0	0	0	0	0	0	0	0	0	0	0	0	0	0	0	0	0.000	0	5
0	0	0	0	7	85	1	-80	0	163	0	0	-48	-99	0	-191	0	0	0	0	23	63	4	-35	0	94	0.392	5	
-191	0	27	48	-137	-10	0	0	0	0	492	0	156	70	0	0	-256	0	1	-76	-93	-19	0	0	0	0	0.299	0	6
0	0	0	0	0	0	0	0	0	0	0	1	0	0	0	0	0	0	0	0	0	0	0	0	0	0	0.000	0	
-99	0	74	1	-262	-119	-22	1	0	-48	156	0	761	224	0	70	-102	0	-102	27	-327	-186	50	27	0	-10	0.212	0	7
-48	0	1	-22	-119	-262	1	74	0	-99	70	0	224	761	0	156	-10	0	27	50	-186	-327	27	-102	0	-102	0.212	0	
0	0	0	0	0	0	0	0	0	0	0	0	0	0	1	0	0	0	0	0	0	0	0	0	0	0	0.000	0	8
0	0	0	0	-10	-137	48	27	0	-191	0	0	70	156	0	492	0	0	0	0	-19	-93	-76	1	0	-256	0.299	0	
94	0	-82	26	100	-14	0	0	0	0	-256	0	-102	-10	0	0	223	0	-35	50	59	-7	0	0	0	0	0.266	0	9
0	0	0	0	0	0	0	0	0	0	0	0	0	0	0	0	0	1	0	0	0	0	0	0	0	0	0.000	0	
-35	0	-41	-62	-51	21	0	0	0	0	1	0	-102	27	0	0	-35	0	279	-4	-17	32	0	0	0	0	0.245	0	10
4	0	-62	82	21	-60	0	0	0	0	-76	0	27	50	0	0	50	0	-4	286	40	-124	0	0	0	0	0.101	0	
63	0	-54	-2	156	31	-107	-2	0	23	-93	0	-327	-186	0	-19	59	0	-17	40	352	94	-124	32	0	-7	0.188	0	11
23	0	-2	-107	31	156	-2	-54	0	63	-19	0	-186	-327	0	-93	-7	0	32	-124	94	352	40	-17	0	59	0.188	0	
0	0	0	0	-60	21	82	-62	0	4	0	0	50	27	0	-76	0	0	0	0	-124	40	286	-4	0	50	0.101	0	12
0	0	0	0	21	-51	-62	-41	0	-35	0	0	27	-102	0	1	0	0	0	0	32	-17	-4	279	0	-35	0.245	0	
0	0	0	0	0	0	0	0	0	0	0	0	0	0	0	0	0	0	0	0	0	0	0	0	1	0	0.000	0	13
0	0	0	0	-14	100	26	-82	0	94	0	0	-10	-102	0	-256	0	0	0	0	-7	59	50	-35	0	223	0.266	0	

Radial displacement u_r(mm)

r(mm)	Finite Elements	Theoretical
40	0.396	0.381
80	0.267	0.243

r(mm)	Stress σ_r(GPa) Finite Elements	Stress σ_r(GPa) Theory	Stress σ_θ(GPa) Finite Elements	Stress σ_θ(GPa) Theory	Stress $\tau_{r\theta}$(GPa) Finite Elements	Stress $\tau_{r\theta}$(GPa) Theory
44.48	-0.64	-0.75	1.45	1.41	-0.00	0.00
59.96	-0.36	-0.26	0.89	0.93	0.00	0.00
75.44	0.03	-0.04	0.72	0.71	-0.00	0.00

---■

[예제-회전원판] n=1,800 rpm으로 회전하는 후벽원통(내경 80 mm, 외경 160 mm)의 반경방향 변위와 σ_r, σ_θ, $\tau_{r\theta}$를 구하시오. E=200 GPa, ν=0.3. 강의 밀도는 $\rho = 7.8e-6$ kg/mm^3, 각속도는 $\omega = 2\pi * \frac{1,800}{60} = 188$ rad/s

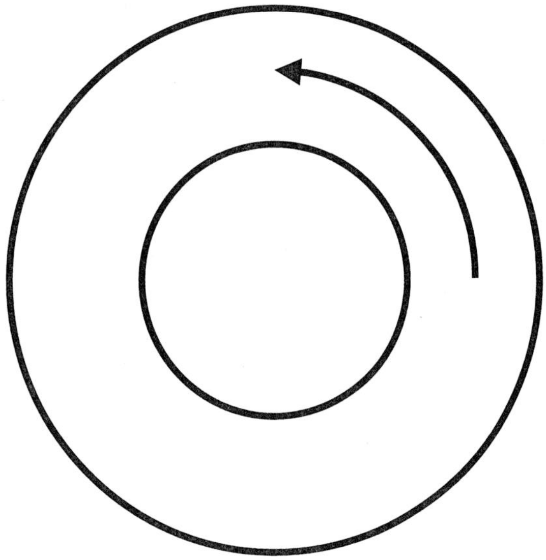

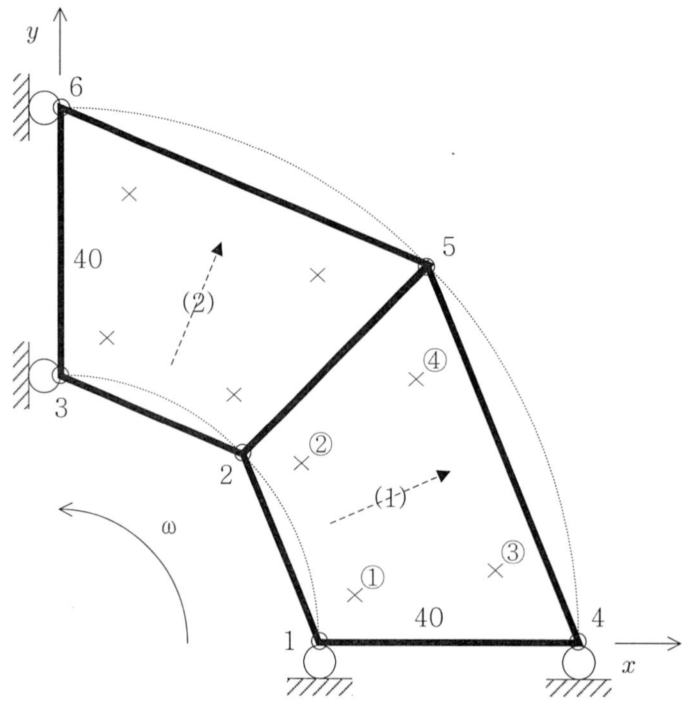

(풀이)

$$\left[\int_V [B]^T[E][B]\,dV\right]\{u_i\} = \int_S [N]^T\{\Phi\}\,dS + \int_V [N]^T\{F\}\,dV$$

단위체적당 원심력은

$$\{F\} = \rho r\omega^2 \begin{Bmatrix} \cos\theta \\ \sin\theta \end{Bmatrix}$$

$$= \rho\omega^2 \begin{Bmatrix} x \\ y \end{Bmatrix}$$

요소가 받는 체적력을 절점에 배분하려면

$$\int_V [N]^T\{F\}dV$$
$$=\rho\omega^2\int_A [N]^T\begin{Bmatrix} x \\ y \end{Bmatrix} t\,dA$$
$$=\rho\omega^2\int_A [N]^T[N]\begin{Bmatrix} x_1 \\ y_1 \\ \cdot \\ \cdot \end{Bmatrix} t\,dA$$
$$\approx \rho\omega^2\sum_i\sum_j \frac{1}{4}\begin{bmatrix} (1-\xi)(1-\eta) & 0 \\ 0 & (1-\xi)(1-\eta) \\ (1+\xi)(1-\eta) & 0 \\ 0 & (1+\xi)(1-\eta) \\ (1+\xi)(1+\eta) & 0 \\ 0 & (1+\xi)(1+\eta) \\ (1-\xi)(1+\eta) & 0 \\ 0 & (1-\xi)(1+\eta) \end{bmatrix} \frac{1}{4}\begin{bmatrix} (1-\xi)(1-\eta) & 0 & \cdot\cdot \\ 0 & (1-\xi)(1-\eta) & \cdot\cdot \end{bmatrix}\begin{Bmatrix} x_1 \\ y_1 \\ x_4 \\ y_4 \\ \cdot \\ \cdot \end{Bmatrix} t|J|$$

요소 (1) 수치적분점 ① ξ=-0.577, η=-0.577의 좌표는

$$\begin{Bmatrix} x \\ y \end{Bmatrix}=\begin{matrix} 45.454 \\ 7.240 \end{matrix}$$

절점 1-4-5-2에 원심력 성분을 배분하면

$$\begin{Bmatrix} F_{x1} \\ F_{y1} \\ F_{x4} \\ F_{y4} \\ \cdot \\ \cdot \end{Bmatrix}=7.8e-9*\left(\frac{2\pi*1800}{60}\right)^2 \begin{matrix} 0.622 & 0.000 \\ 0.000 & 0.622 \\ 0.167 & 0.000 \\ 0.000 & 0.167 \\ 0.045 & 0.000 \\ 0.000 & 0.045 \\ 0.167 & 0.000 \\ 0.000 & 0.167 \end{matrix} \begin{matrix} 45.454 \\ 7.240 \end{matrix} *343= \begin{matrix} 2.685 \\ 0.428 \\ 0.719 \\ 0.115 \\ 0.193 \\ 0.031 \\ 0.719 \\ 0.115 \end{matrix} \ [\mathrm{N}]$$

요소 (1) 수치적분점 ② ξ=-0.577, η=0.577의 좌표는

$$\begin{Bmatrix} x \\ y \end{Bmatrix}=\begin{matrix} 37.260 \\ 27.021 \end{matrix}$$

절점 1-4-5-2에 원심력 성분을 배분하면

$$\begin{Bmatrix} F_{x1} \\ F_{y1} \\ F_{x4} \\ F_{y4} \\ \cdot \\ \cdot \end{Bmatrix} = 7.8e-9*\left(\frac{2\pi*1800}{60}\right)^2 \begin{bmatrix} 0.167 & 0.000 \\ 0.000 & 0.167 \\ 0.045 & 0.000 \\ 0.000 & 0.045 \\ 0.167 & 0.000 \\ 0.000 & 0.167 \\ 0.622 & 0.000 \\ 0.000 & 0.622 \end{bmatrix} \begin{bmatrix} 37.260 \\ 27.021 \end{bmatrix} *343= \begin{bmatrix} 0.590 \\ 0.428 \\ 0.158 \\ 0.115 \\ 0.590 \\ 0.428 \\ 2.201 \\ 1.596 \end{bmatrix} [\mathrm{N}]$$

요소 (1) 수치적분점 ③ ξ=0.577, η=-0.577의 좌표는

$$\begin{Bmatrix} x \\ y \end{Bmatrix} = \begin{bmatrix} 67.119 \\ 10.691 \end{bmatrix}$$

절점 1-4-5-2에 원심력 성분을 배분하면

$$\begin{Bmatrix} F_{x1} \\ F_{y1} \\ F_{x4} \\ F_{y4} \\ \cdot \\ \cdot \end{Bmatrix} = 7.8e-9*\left(\frac{2\pi*1800}{60}\right)^2 \begin{bmatrix} 0.167 & 0.000 \\ 0.000 & 0.167 \\ 0.622 & 0.000 \\ 0.000 & 0.622 \\ 0.167 & 0.000 \\ 0.000 & 0.167 \\ 0.045 & 0.000 \\ 0.000 & 0.045 \end{bmatrix} \begin{bmatrix} 67.119 \\ 10.691 \end{bmatrix} *343= \begin{bmatrix} 1.568 \\ 0.250 \\ 5.853 \\ 0.932 \\ 1.568 \\ 0.250 \\ 0.420 \\ 0.067 \end{bmatrix} [\mathrm{N}]$$

요소 (1) 수치적분점 ④ ξ=0.577, η=0.577의 좌표는

$$\begin{Bmatrix} x \\ y \end{Bmatrix} = \begin{bmatrix} 55.020 \\ 39.900 \end{bmatrix}$$

절점 1-4-5-2에 원심력 성분을 배분하면

$$\begin{Bmatrix} F_{x1} \\ F_{y1} \\ F_{x4} \\ F_{y4} \\ \cdot \\ \cdot \end{Bmatrix} = 7.8e-9*\left(\frac{2\pi*1800}{60}\right)^2 \begin{bmatrix} 0.045 & 0.000 \\ 0.000 & 0.045 \\ 0.167 & 0.000 \\ 0.000 & 0.167 \\ 0.622 & 0.000 \\ 0.000 & 0.622 \\ 0.167 & 0.000 \\ 0.000 & 0.167 \end{bmatrix} \begin{bmatrix} 55.020 \\ 39.900 \end{bmatrix} *343= \begin{bmatrix} 0.345 \\ 0.250 \\ 1.286 \\ 0.932 \\ 4.798 \\ 3.480 \\ 1.286 \\ 0.932 \end{bmatrix} [\mathrm{N}]$$

요소 (1) 수치적분점 ①~④에서 절점에 배분한 원심력 성분을 더한다.

$$\begin{Bmatrix} F_{x1} \\ F_{y1} \\ F_{x4} \\ F_{y4} \\ \cdot \\ \cdot \end{Bmatrix} = \begin{bmatrix} 5.187 \\ 1.355 \\ 8.016 \\ 2.094 \\ 7.149 \\ 4.188 \\ 4.626 \\ 2.710 \end{bmatrix} [\mathrm{N}]$$

이와 비슷하게 요소 (2) 수치적분점 ①~④에서 절점에 배분한 원심력 성분을 더한다.

$$\begin{Bmatrix} F_{x2} \\ F_{y2} \\ F_{x5} \\ F_{y5} \\ \cdot \\ \cdot \end{Bmatrix} = \begin{bmatrix} 2.710 \\ 4.626 \\ 4.188 \\ 7.149 \\ 2.094 \\ 8.016 \\ 1.355 \\ 5.187 \end{bmatrix} [\mathrm{N}]$$

요소 (1) 국부 절점 1-2-3-4는 전체 절점 1-4-5-2이므로 요소강성행렬 성분과 하중벡터 성분을 재배치하면

1		2		3		4		5		6		F_x, F_y	
106	34	-8	25	0	0	-67	-30	-31	-29	0	0	5	1
34	139	20	-53	0	0	-25	-12	-29	-74	0	0	1	
-8	20	157	-16	0	0	-82	21	-67	-25	0	0	5	2
25	-53	-16	88	0	0	21	-23	-30	-12	0	0	3	
0	0	0	0	0	0	0	0	0	0	0	0		3
0	0	0	0	0	0	0	0	0	0	0	0		
-67	-25	-82	21	0	0	119	-19	30	22	0	0	8	4
-30	-12	21	-23	0	0	-19	56	28	-20	0	0	2	
-31	-29	-67	-30	0	0	30	28	69	32	0	0	7	5
-29	-74	-25	-12	0	0	22	-20	32	106	0	0	4	
0	0	0	0	0	0	0	0	0	0	0	0		6
0	0	0	0	0	0	0	0	0	0	0	0		

요소 (2) 국부 절점 1-2-3-4는 전체 절점 2-5-6-3이므로 요소강성행렬 성분과 하중벡터 성분을 재배치하면

1		2		3		4		5		6		F_x,F_y	
0	0	0	0	0	0	0	0	0	0	0	0		1
0	0	0	0	0	0	0	0	0	0	0	0		
0	0	88	-16	-53	25	0	0	-12	-30	-23	21	3	2
0	0	-16	157	20	-8	0	0	-25	-67	21	-82	5	
0	0	-53	20	139	34	0	0	-74	-29	-12	-25	1	3
0	0	25	-8	34	106	0	0	-29	-31	-30	-67	5	
0	0	0	0	0	0	0	0	0	0	0	0		4
0	0	0	0	0	0	0	0	0	0	0	0		
0	0	-12	-25	-74	-29	0	0	106	32	-20	22	4	5
0	0	-30	-67	-29	-31	0	0	32	69	28	30	7	
0	0	-23	21	-12	-30	0	0	-20	28	56	-19	2	6
0	0	21	-82	-25	-67	0	0	22	30	-19	119	8	

재배치한 요소 (1)~(4) 요소강성행렬을 더하여 전체강성행렬을 구하고, 변위와 하중 경계조건을 입력하면

1		2		3		4		5		6		**u,v**	F_x,F_y	
106	34	-8	25	0	0	-67	-30	-31	-29	0	0		5	1
34	139	20	-53	0	0	-25	-12	-29	-74	0	0	0	1	
-8	20	245	-33	-53	25	-82	21	-79	-55	-23	21		7	2
25	-53	-33	245	20	-8	21	-23	-55	-79	21	-82		7	
0	0	-53	20	139	34	0	0	-74	-29	-12	-25	0	1	3
0	0	25	-8	34	106	0	0	-29	-31	-30	-67		5	
-67	-25	-82	21	0	0	119	-19	30	22	0	0		8	4
-30	-12	21	-23	0	0	-19	56	28	-20	0	0	0	2	
-31	-29	-79	-55	-74	-29	30	28	175	63	-20	22		11	5
-29	-74	-55	-79	-29	-31	22	-20	63	175	28	30		11	
0	0	-23	21	-12	-30	0	0	-20	28	56	-19	0	2	6
0	0	21	-82	-25	-67	0	0	22	30	-19	119		8	

다음과 같이 변환하여 풀면

1		2		3		4		5		6		u,v	F_x,F_y	
106	0	-8	25	0	0	-67	0	-31	-29	0	0	0.263	5	1
0	1	0	0	0	0	0	0	0	0	0	0	0.000	0	
-8	0	245	-33	0	25	-82	0	-79	-55	0	21	0.186	7	2
25	0	-33	245	0	-8	21	0	-55	-79	0	-82	0.186	7	
0	0	0	0	1	0	0	0	0	0	0	0	0.000	0	3
0	0	25	-8	0	106	0	0	-29	-31	0	-67	0.263	5	
-67	0	-82	21	0	0	119	0	30	22	0	0	0.236	8	4
0	0	0	0	0	0	0	1	0	0	0	0	0.000	0	
-31	0	-79	-55	0	-29	30	0	175	63	0	22	0.167	11	5
-29	0	-55	-79	0	-31	22	0	63	175	0	30	0.167	11	
0	0	0	0	0	0	0	0	0	0	1	0	0.000	0	6
0	0	21	-82	0	-67	0	0	22	30	0	119	0.236	8	

$u_1 = v_3$=0.263 μm, $u_4 = v_6$=0.236 μm

요소 (1)과 (2) 재배치한 요소강성행렬에 변위를 곱하여 절점에 작용하는 하중성분을 구한다.

	F_x, F_y		F_x, F_y
1	5	1	0
	-20		0
2	-11	2	18
	18		-11
3	0	3	-20
	0		5
4	8	4	0
	-12		0
5	-3	5	14
	14		-3
6	0	6	-12
	0		8

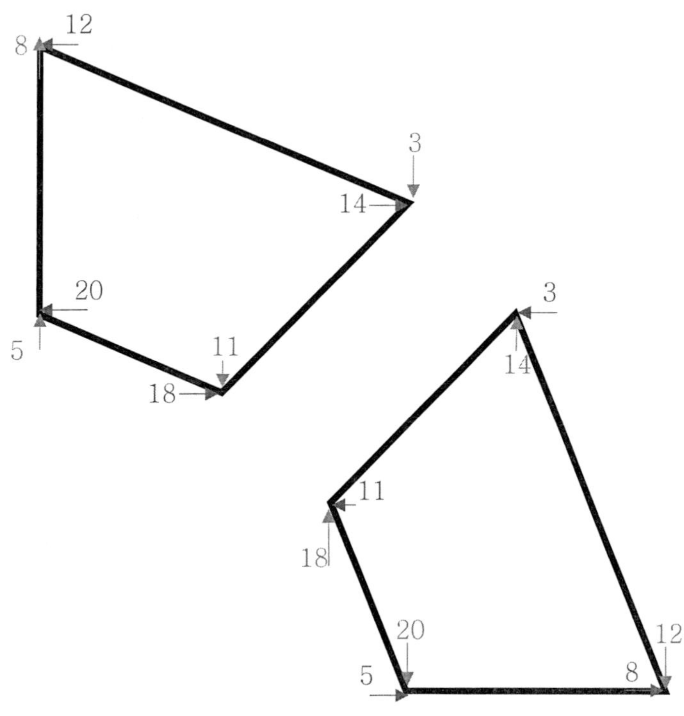

요소 (1)과 (2) 절점에 작용하는 하중성분을 더하면

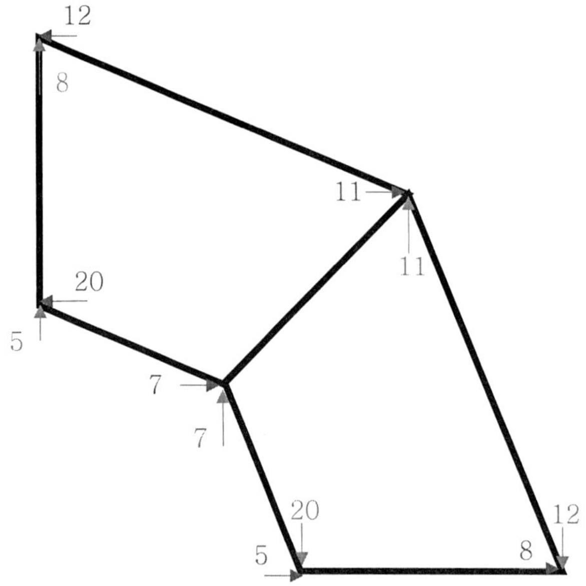

반경방향 변위

$$u=\frac{(1-\nu^2)}{8E}\frac{\rho\omega^2}{g}\left[\frac{3+\nu}{1+\nu}(r_o^2+r_i^2)r+\frac{3+\nu}{1-\nu}\frac{r_o^2r_i^2}{r}-r^3\right]$$

E=200 GPa, ν=0.3, $\rho=7.8\times10^{-6}$ kg/mm^3, ω=188 rad/s, g=10^3 kg mm^2/(s^2 kN μm)을 대입하여

	Displacements u(μm)	
r(mm)	Finite Elements	Theoretical
40	0.263	0.308
80	0.236	0.270

요소 (1)의 적분점 ①의 좌표 r,θ는

$$\begin{Bmatrix} r \\ \theta \end{Bmatrix}=\begin{matrix} 46.027 \\ 0.158 \end{matrix}$$

응력은

$$\begin{Bmatrix} \sigma_x \\ \sigma_y \\ \tau_{xy} \end{Bmatrix}=\begin{matrix} 220 & 66 & 0 \\ 66 & 220 & 0 \\ 0 & 0 & 77 \end{matrix}$$

-0.016	0.000	0.021	0.000	0.004	0.000	-0.009	0.000
0.000	-0.030	0.000	0.002	0.000	0.008	0.000	0.019
-0.030	-0.016	0.002	0.021	0.008	0.004	0.019	-0.009

$$\begin{Bmatrix} u_1 \\ v_1 \\ u_4 \\ v_4 \\ \cdot \\ \cdot \end{Bmatrix}$$

=

0.262
1.066
-0.247

[GPa]

응력 $\sigma_x, \sigma_y, \tau_{xy}$을 $\sigma_r, \sigma_\theta, \tau_{r\theta}$로 변환하면

$$\begin{Bmatrix} \sigma_r \\ \sigma_\theta \\ \tau_{r\theta} \end{Bmatrix} = \begin{bmatrix} c^2 & s^2 & 2cs \\ s^2 & c^2 & -2cs \\ -cs & cs & c^2 - s^2 \end{bmatrix} \begin{Bmatrix} \sigma_x \\ \sigma_y \\ \tau_{xy} \end{Bmatrix} \qquad \begin{matrix} c = \cos\theta \\ s = \sin\theta \end{matrix}$$

=

0.205
1.123
-0.110

[GPa]

요소 (1)의 적분점 ③의 좌표 r, θ는

$$\begin{Bmatrix} r \\ \theta \end{Bmatrix} =$$

67.965
0.158

응력은

$$\begin{Bmatrix} \sigma_x \\ \sigma_y \\ \tau_{xy} \end{Bmatrix} =$$

220	66	0
66	220	0
0	0	77

-0.019	0.000	0.022	0.000	0.003	0.000	-0.006	0.000
0.000	-0.012	0.000	-0.006	0.000	0.017	0.000	0.002
-0.012	-0.019	-0.006	0.022	0.017	0.003	0.002	-0.006

$$\begin{Bmatrix} u_1 \\ v_1 \\ u_4 \\ v_4 \\ \cdot \\ \cdot \end{Bmatrix}$$

=

0.117
0.661
-0.167

[GPa]

응력 $\sigma_x, \sigma_y, \tau_{xy}$을 $\sigma_r, \sigma_\theta, \tau_{r\theta}$로 변환하면

$$\begin{Bmatrix}\sigma_r\\ \sigma_\theta\\ \tau_{r\theta}\end{Bmatrix}=\begin{bmatrix}c^2 & s^2 & 2cs\\ s^2 & c^2 & -2cs\\ -cs & cs & c^2-s^2\end{bmatrix}\begin{Bmatrix}\sigma_x\\ \sigma_y\\ \tau_{xy}\end{Bmatrix}\quad \begin{matrix}c=\cos\theta\\ s=\sin\theta\end{matrix}$$

$$=\begin{Bmatrix}0.078\\ 0.700\\ -0.074\end{Bmatrix}\ [\mathrm{GPa}]$$

반경방향과 접선방향 응력

$$\sigma_r=\frac{3+\nu}{8}\frac{\rho\omega^2}{g}\left(r_o^2+r_i^2-\frac{r_o^2r_i^2}{r^2}-r^2\right)$$

$$\sigma_\theta=\frac{3+\nu}{8}\frac{\rho\omega^2}{g}\left(r_o^2+r_i^2+\frac{r_o^2r_i^2}{r^2}-\frac{1+3\nu}{3+\nu}r^2\right)$$

ν=0.3, $\rho=7.8e-6$ kg/mm^3, ω=188 rad/s, g=10^3 kg mm^2/(s^2 kN μm)을 대입하여

r(mm)	Stress σ_r(GPa) Finite Elements	Stress σ_r(GPa) Theory	Stress σ_θ(GPa) Finite Elements	Stress σ_θ(GPa) Theory	Stress $\tau_{r\theta}$(GPa) Finite Elements	Stress $\tau_{r\theta}$(GPa) Theory
46.03	0.21	0.12	1.12	1.33	-0.11	0.00
67.96	0.08	0.13	0.70	0.86	-0.07	0.00

--■

[예제-회전원판. 국부좌표계] 절점 3, 4에 대한 변위 경계조건을 국부좌표계에 관한 것으로 바꿔 풀어보시오.

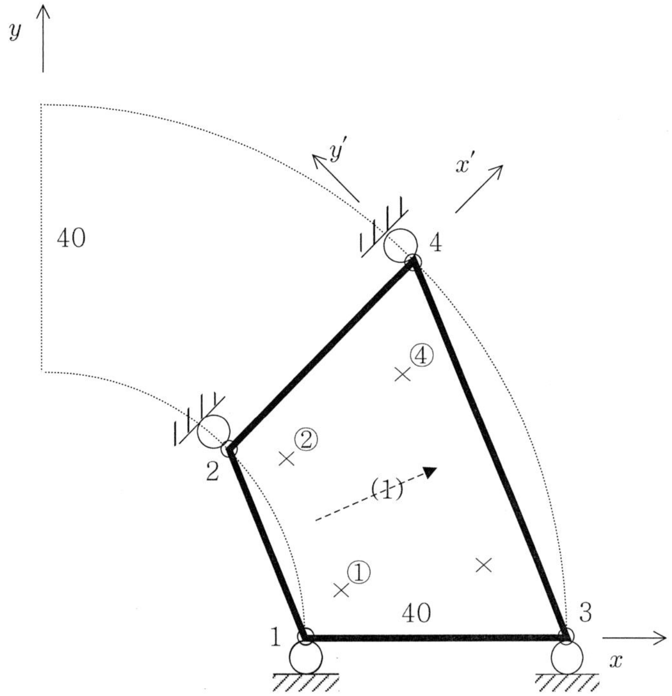

(풀이) 요소 (1) 수치적분점 ①~④ 하중벡터 성분을 더하여 하중벡터를 구한다.

$$\begin{Bmatrix} F_{x1} \\ F_{y1} \\ F_{x3} \\ F_{y3} \\ F_{x4} \\ F_{y4} \\ F_{x2} \\ F_{y2} \end{Bmatrix} = \begin{array}{|r|} \hline 5 \\ \hline 1 \\ \hline 8 \\ \hline 2 \\ \hline 7 \\ \hline 4 \\ \hline 5 \\ \hline 3 \\ \hline \end{array} \ [\mathrm{N}]$$

전체좌표계 하중성분을 국부좌표계 하중성분으로 변환한다.

$$\begin{Bmatrix} F'_{x1} \\ F'_{y1} \\ F'_{x2} \\ F'_{y2} \\ F'_{x3} \\ F'_{y3} \\ F'_{x4} \\ F'_{y4} \end{Bmatrix} = \begin{bmatrix} 1 & 0 & 0 & 0 & 0 & 0 & 0 & 0 \\ 0 & 1 & 0 & 0 & 0 & 0 & 0 & 0 \\ 0 & 0 & c & s & 0 & 0 & 0 & 0 \\ 0 & 0 & -s & c & 0 & 0 & 0 & 0 \\ 0 & 0 & 0 & 0 & 1 & 0 & 0 & 0 \\ 0 & 0 & 0 & 0 & 0 & 1 & 0 & 0 \\ 0 & 0 & 0 & 0 & 0 & 0 & c & s \\ 0 & 0 & 0 & 0 & 0 & 0 & -s & c \end{bmatrix} \begin{Bmatrix} F_{x1} \\ F_{y1} \\ F_{x2} \\ F_{y2} \\ F_{x3} \\ F_{y3} \\ F_{x4} \\ F_{y4} \end{Bmatrix} \qquad \begin{matrix} c = \cos 45^\circ \\ s = \sin 45^\circ \end{matrix}$$

$$= \begin{Bmatrix} 5 \\ 1 \\ 5 \\ -1 \\ 8 \\ 2 \\ 8 \\ -2 \end{Bmatrix} \ [\mathrm{N}]$$

$$\{F'\} = [T]\{F\}$$

전체강성행렬을 구하고, 변위와 하중 경계조건을 입력하면

1		2		3		4		u', v'	$F_{x'}$,$F_{y'}$	
106	34	12	24	-67	-30	-43	1		5	1
34	139	-24	-51	-25	-12	-73	-32	0	1	
12	-24	106	-34	-43	-1	-67	30		5	2
24	-51	-34	139	73	-32	25	-12	0	-1	
-67	-25	-43	73	119	-19	37	-5		8	3
-30	-12	-1	-32	-19	56	5	-34	0	2	
-43	-73	-67	25	37	5	119	19		8	4
1	-32	30	-12	-5	-34	19	56	0	-2	

다음과 같이 변환하여 풀면

1		2		3		4		u',v'	$F_{x'}$,$F_{y'}$	
106	0	12	0	-67	0	-43	0	0.263	5	1
0	1	0	0	0	0	0	0	0.000	0	
12	0	106	0	-43	0	-67	0	0.263	5	2
0	0	0	1	0	0	0	0	0.000	0	
-67	0	-43	0	119	0	37	0	0.236	8	3
0	0	0	0	0	1	0	0	0.000	0	
-43	0	-67	0	37	0	119	0	0.236	8	4
0	0	0	0	0	0	0	1	0.000	0	

$u_1 = v_3 = 0.263\,\mu m,\ u_4 = v_6 = 0.236\,\mu m$

요소 (1)의 적분점 ①에서

$$\begin{Bmatrix} \sigma_r \\ \sigma_\theta \\ \tau_{r\theta} \end{Bmatrix} = \begin{Bmatrix} 0.205 \\ 1.123 \\ -0.110 \end{Bmatrix}$$

요소 (1)의 적분점 ③에서

$$\begin{Bmatrix} \sigma_r \\ \sigma_\theta \\ \tau_{r\theta} \end{Bmatrix} = \begin{Bmatrix} 0.078 \\ 0.700 \\ -0.074 \end{Bmatrix}$$

$p_i = 1$ GPa, r_i=40 mm, r_o=80 mm를 대입하여 구한 이론값과 비교하면

	Stress σ_r(GPa)		Stress σ_θ(GPa)		Stress $\tau_{r\theta}$(GPa)	
r(mm)	Finite Elements	Theory	Finite Elements	Theory	Finite Elements	Theory
46.03	0.21	0.12	1.12	1.33	-0.11	0.00
67.96	0.08	0.13	0.70	0.86	-0.07	0.00

4절점 사각형 요소를 2개 사용한 것과 결과가 같다.

---■

[예제-회전원판. 국부좌표계] 4절점 사각형 요소를 반경방향으로 2개를 사용하고, 절점 2, 4, 6에 대한 변위 경계조건을 국부좌표계에 관한 것으로 바꿔 풀어보시오.

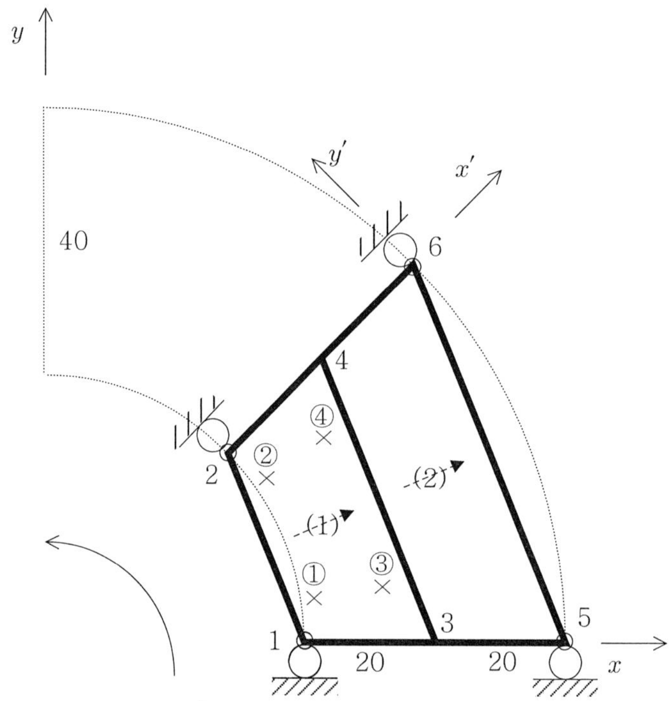

(풀이)

요소 (1)과 (2)의 요소강성행렬을 재배치하여 더하고, 변위와 하중 경계조건을 입력하면

1		2		3		4		5		6		u',v'	$F_{x'}F_{y'}$	
145	55	43	-7	-128	-41	-64	10	0	0	0	0		1.95	1
55	136	7	-21	-36	-51	-81	-26	0	0	0	0	0	0.51	
43	7	145	-55	-64	-10	-128	41	0	0	0	0		1.95	2
-7	-21	-55	136	81	-26	36	-51	0	0	0	0	0	-0.51	
-128	-36	-64	81	359	71	134	-57	-186	-54	-88	21		6.48	3
-41	-51	-10	-26	71	217	57	-21	-49	-83	-93	-26	0	1.69	
-64	-81	-128	36	134	57	359	-71	-88	-21	-186	54		6.48	4
10	-26	41	-51	-57	-21	-71	217	93	-26	49	-83	0	-1.69	
0	0	0	0	-186	-49	-88	93	215	15	91	-48		4.77	5
0	0	0	0	-54	-83	-21	-26	15	85	48	-3	0	1.25	
0	0	0	0	-88	-93	-186	49	91	48	215	-15		4.77	6
0	0	0	0	21	-26	54	-83	-48	-3	-15	85	0	-1.25	

다음과 같이 변환하여 풀면

1		2		3		4		5		6		u',v'	$F_{x'},F_{y'}$	
145	0	43	0	-128	0	-64	0	0	0	0	0	0.265	1.95	1
0	1	0	0	0	0	0	0	0	0	0	0	0.000	0.00	
43	0	145	0	-64	0	-128	0	0	0	0	0	0.265	1.95	2
0	0	0	1	0	0	0	0	0	0	0	0	0.000	0.00	
-128	0	-64	0	359	0	134	0	-186	0	-88	0	0.248	6.48	3
0	0	0	0	0	1	0	0	0	0	0	0	0.000	0.00	
-64	0	-128	0	134	0	359	0	-88	0	-186	0	0.248	6.48	4
0	0	0	0	0	0	0	1	0	0	0	0	0.000	0.00	
0	0	0	0	-186	0	-88	0	215	0	91	0	0.237	4.77	5
0	0	0	0	0	0	0	0	0	1	0	0	0.000	0.00	
0	0	0	0	-88	0	-186	0	91	0	215	0	0.237	4.77	6
0	0	0	0	0	0	0	0	0	0	0	1	0.000	0.00	

$p_i = 1$ GPa, r_i=40 mm, r_o=80 mm를 대입하여 구한 이론값과 비교하면

Displacements u(μm)

r(mm)	Theoretical	Finite Elements
40	0.308	0.265
80	0.270	0.237

응력은

요소 (1)의 적분점 ①에서

$$\begin{Bmatrix} \sigma_r \\ \sigma_\theta \\ \tau_{r\theta} \end{Bmatrix} = \begin{bmatrix} 0.209 \\ 1.244 \\ -0.124 \end{bmatrix}$$

요소 (1)의 적분점 ③에서

$$\begin{Bmatrix} \sigma_r \\ \sigma_\theta \\ \tau_{r\theta} \end{Bmatrix} = \begin{bmatrix} 0.117 \\ 0.937 \\ -0.098 \end{bmatrix}$$

요소 (2)의 적분점 ①에서

$$\begin{Bmatrix} \sigma_r \\ \sigma_\theta \\ \tau_{r\theta} \end{Bmatrix} = \begin{bmatrix} 0.133 \\ 0.806 \\ -0.080 \end{bmatrix}$$

요소 (2)의 적분점 ③에서

$$\begin{Bmatrix} \sigma_r \\ \sigma_\theta \\ \tau_{r\theta} \end{Bmatrix} = \begin{bmatrix} 0.089 \\ 0.659 \\ -0.068 \end{bmatrix}$$

r(mm)	Stress σ_r(GPa) Finite Elements	Stress σ_r(GPa) Theory	Stress σ_θ(GPa) Finite Elements	Stress σ_θ(GPa) Theory	Stress $\tau_{r\theta}$(GPa) Finite Elements	Stress $\tau_{r\theta}$(GPa) Theory
42.01	0.21	0.05	1.24	1.46	-0.12	0.00
52.98	0.12	0.18	0.94	1.15	-0.10	0.00
61.01	0.13	0.17	0.81	0.98	-0.08	0.00
71.98	0.09	0.10	0.66	0.80	-0.07	0.00

부채꼴 각도 0~45°를 0~1°로 줄이면 더 원호에 가까워져 해가 더 정확할 것이다.

요소 (1)과 (2)의 요소강성행렬을 재배치하여 더하고, 변위와 하중 경계조건을 입력하면

1		2		3		4		5		6		u',v'	$F_{x'},F_{y'}$	
658	25	-654	25	295	-8	-299	-26	0	0	0	0		0.05	1
25	1,874	-25	-1,871	-2	850	-46	-851	0	0	0	0	0	0.00	
-654	-25	658	-25	-299	26	295	8	0	0	0	0		0.05	2
25	-1,871	-25	1,874	46	-851	2	850	0	0	0	0	0	0.00	
295	-2	-299	46	997	-16	-985	33	207	-6	-213	-29		0.18	3
-8	850	26	-851	-16	2,828	-33	-2,824	-1	602	-43	-604	0	0.00	
-299	-46	295	2	-985	-33	997	16	-213	29	207	6		0.18	4
-26	-851	8	850	33	-2,824	16	2,828	43	-604	1	602	0	0.00	
0	0	0	0	207	-1	-213	43	397	-42	-390	10		0.13	5
0	0	0	0	-6	602	29	-604	-42	1,122	-10	-1,120	0	0.00	
0	0	0	0	-213	-43	207	1	-390	-10	397	42		0.13	6
0	0	0	0	-29	-604	6	602	10	-1,120	42	1,122	0	0.00	

다음과 같이 변환하여 풀면

1		2		3		4		5		6		u',v'	$F_{x'},F_{y'}$	
658	0	-654	0	295	0	-299	0	0	0	0	0	0.305	0.05	1
0	1	0	0	0	0	0	0	0	0	0	0	0.000	0.00	
-654	0	658	0	-299	0	295	0	0	0	0	0	0.305	0.05	2
0	0	0	1	0	0	0	0	0	0	0	0	0.000	0.00	
295	0	-299	0	997	0	-985	0	207	0	-213	0	0.283	0.18	3
0	0	0	0	0	1	0	0	0	0	0	0	0.000	0.00	
-299	0	295	0	-985	0	997	0	-213	0	207	0	0.283	0.18	4
0	0	0	0	0	0	0	1	0	0	0	0	0.000	0.00	
0	0	0	0	207	0	-213	0	397	0	-390	0	0.269	0.13	5
0	0	0	0	0	0	0	0	0	1	0	0	0.000	0.00	
0	0	0	0	-213	0	207	0	-390	0	397	0	0.269	0.13	6
0	0	0	0	0	0	0	0	0	0	0	1	0.000	0.00	

$p_i=1$ GPa, r_i=40 mm, r_o=80 mm를 대입하여 구한 이론값과 비교하면

Displacements u(μm)

r(mm)	Finite Elements	Theoretical
40	0.305	0.308
80	0.269	0.270

응력은

요소 (1)의 적분점 ①에서

$$\begin{Bmatrix} \sigma_r \\ \sigma_\theta \\ \tau_{r\theta} \end{Bmatrix} = \begin{bmatrix} 0.207 \\ 1.422 \\ -0.003 \end{bmatrix}$$

요소 (1)의 적분점 ③에서

$$\begin{Bmatrix} \sigma_r \\ \sigma_\theta \\ \tau_{r\theta} \end{Bmatrix} = \begin{bmatrix} 0.100 \\ 1.063 \\ -0.002 \end{bmatrix}$$

요소 (2)의 적분점 ①에서

$$\begin{Bmatrix} \sigma_r \\ \sigma_\theta \\ \tau_{r\theta} \end{Bmatrix} = \begin{bmatrix} 0.130 \\ 0.912 \\ -0.002 \end{bmatrix}$$

요소 (2)의 적분점 ③에서

$$\begin{Bmatrix} \sigma_r \\ \sigma_\theta \\ \tau_{r\theta} \end{Bmatrix} = \begin{bmatrix} 0.079 \\ 0.742 \\ -0.002 \end{bmatrix}$$

	Stress σ_r(GPa)		Stress σ_θ(GPa)		Stress $\tau_{r\theta}$(GPa)	
r(mm)	Finite Elements	Theory	Finite Elements	Theory	Finite Elements	Theory
44.22	0.21	0.09	1.42	1.38	-0.00	0.00
55.77	0.10	0.18	1.06	1.09	-0.00	0.00
64.22	0.13	0.16	0.91	0.93	-0.00	0.00
75.77	0.08	0.05	0.74	0.74	-0.00	0.00

[예제-회전원판. 8절점 요소] 8절점 사각형 요소를 2개만 사용하여 풀어 보시오.

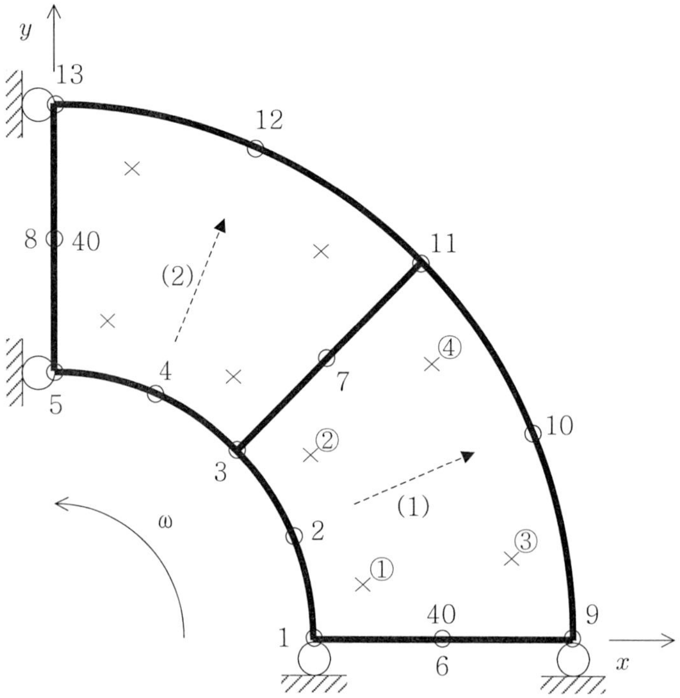

(풀이)

요소 (1) 수치적분점 ① ξ=-0.577, η=-0.577의 좌표를 구하면

$$\begin{Bmatrix} x \\ y \end{Bmatrix} = \begin{bmatrix} 0.096 & 0.000 & 0.526 & 0.000 & -0.167 & 0.000 & 0.141 & 0.000 & -0.096 & 0.000 & 0.141 & 0.000 & -0.167 & 0.000 & 0.526 & 0.000 \\ 0.000 & 0.096 & 0.000 & 0.526 & 0.000 & -0.167 & 0.000 & 0.141 & 0.000 & -0.096 & 0.000 & 0.141 & 0.000 & -0.167 & 0.000 & 0.526 \end{bmatrix} \begin{Bmatrix} x_1 \\ y_1 \\ x_6 \\ y_6 \\ \cdot \\ \cdot \end{Bmatrix}$$

$$= \begin{Bmatrix} 47.726 \\ 8.181 \end{Bmatrix}$$

절점 1-6-9-10-11-7-3-2에 원심력 성분을 배분하면

$$\begin{Bmatrix} F_{x1} \\ F_{y1} \\ F_{x6} \\ F_{y6} \\ \cdot \\ \cdot \end{Bmatrix} = 7.8e-9*\left(\frac{2\pi*1800}{60}\right)^2 \begin{bmatrix} 0.096 & 0.000 \\ 0.000 & 0.096 \\ 0.526 & 0.000 \\ 0.000 & 0.526 \\ -0.167 & 0.000 \\ 0.000 & -0.167 \\ 0.141 & 0.000 \\ 0.000 & 0.141 \\ -0.096 & 0.000 \\ 0.000 & -0.096 \\ 0.141 & 0.000 \\ 0.000 & 0.141 \\ -0.167 & 0.000 \\ 0.000 & -0.167 \\ 0.526 & 0.000 \\ 0.000 & 0.526 \end{bmatrix} \begin{bmatrix} 47.726 \\ 8.181 \end{bmatrix} *380= \begin{bmatrix} 0.5 \\ 0.1 \\ 2.6 \\ 0.5 \\ -0.8 \\ -0.1 \\ 0.7 \\ 0.1 \\ -0.5 \\ -0.1 \\ 0.7 \\ 0.1 \\ -0.8 \\ -0.1 \\ 2.6 \\ 0.5 \end{bmatrix} \text{[N]}$$

요소 (1) 나머지 수치적분점에서도 절점 1-6-9-10-11-7-3-2에 원심력 성분을 배분하고, 수치적분점 ①~④에서 절점에 배분한 원심력 성분을 더한다.

$$\begin{Bmatrix} F_{x1} \\ F_{y1} \\ F_{x6} \\ F_{y6} \\ \cdot \\ \cdot \end{Bmatrix} = \begin{array}{|r|l} -3 & 1 \\ -1 & \\ 10 & 2 \\ 3 & \\ -2 & 3 \\ -1 & \\ 12 & 4 \\ 5 & \\ -2 & 5 \\ 0 & \\ 9 & 6 \\ 5 & \\ -3 & 7 \\ -1 & \\ 8 & 8 \\ 3 & \end{array} \quad \text{[N]}$$

이와 비슷하게 요소 (2) 수치적분점 ①~④에서 절점에 배분한 원심력 성분을 더한다.

$$\begin{Bmatrix} F_{x2} \\ F_{y2} \\ F_{x7} \\ F_{y7} \\ \cdot \\ \cdot \end{Bmatrix} =$$

-1	1
-3	
5	2
9	
0	3
-2	
5	4
12	
-1	5
-2	
3	6
10	
-1	7
-3	
3	8
8	

[N]

요소 (1)은 전체 절점 1-6-9-10-11-7-3-2이므로 요소강성행렬 성분과 하중 성분을 재배치하면

1		2		3		4		5		6		7		8		9		10		11		12		13		Fx,Fy	
146	60	-56	10	79	-1					-187	-56	-104	-46			99	5	-46	5	69	23					-3	1
60	192	3	-202	1	80					-49	-59	-46	-90			3	61	5	-83	23	101					-1	
-56	3	256	-93	-123	76					29	47	72	3			-95	29	-21	-59	-61	-5					8	2
10	-202	-93	443	69	-135					47	23	3	-21			29	-86	-59	98	-5	-120					3	
79	1	-123	69	229	-23					-143	-7	-175	-60			108	-16	-60	19	84	18					-3	3
-1	80	76	-135	-23	108					-7	-51	-67	-71			-16	62	19	-69	20	76					-1	
																											4
																											5
-187	-49	29	47	-143	-7					486	37	163	65			-254	-1	1	-76	-95	-17					10	6
-56	-59	47	23	-7	-51					37	252	65	32			7	-64	-76	-52	-17	-80					3	
-104	-46	72	3	-175	-67					163	65	406	117			-105	-8	-102	27	-156	-91					9	7
-46	-90	3	-21	-60	-71					65	32	117	332			-8	-71	27	51	-99	-162					5	
																											8
99	3	-95	29	108	-16					-254	7	-105	-8			219	-56	-29	49	57	-8					-2	9
5	61	29	-86	-16	62					-1	-64	-8	-71			-56	123	56	-100	-9	74					-1	
-46	5	-21	-59	-60	19					1	-76	-102	27			-29	56	269	-2	-12	32					12	10
5	-83	-59	98	19	-69					-76	-52	27	51			49	-100	-2	273	39	-117					5	
69	23	-61	-5	84	20					-95	-17	-156	-99			57	-9	-12	39	115	48					-2	11
23	101	-5	-120	18	76					-17	-80	-91	-162			-8	74	32	-117	48	227					0	
																											12
																											13

요소 (2)는 전체 절점 2-7-11-12-13-8-5-4이므로 요소강성행렬 성분과 하중벡터 성분을 재배치하면

1		2		3		4		5		6		7		8		9		10		11		12		13		Fx,Fy	
																											1
																											2
				108	-23	-135	76	80	-1			-71	-67	-51	-7					76	20	-69	19	62	-16	-1	3
				-23	229	69	-123	1	79			-60	-175	-7	-143					18	84	19	-60	-16	108	-3	
				-135	69	443	-93	-202	10			-21	3	23	47					-120	-5	98	-59	-86	29	3	4
				76	-123	-93	256	3	-56			3	72	47	29					-5	-61	-59	-21	29	-95	8	
				80	1	-202	3	192	60			-90	-46	-59	-49					101	23	-83	5	61	3	-1	5
				-1	79	10	-56	60	146			-46	-104	-56	-187					23	69	5	-46	5	99	-3	
																											6
				-71	-60	-21	3	-90	-46			332	117	32	65					-162	-99	51	27	-71	-8	5	7
				-67	-175	3	72	-46	-104			117	406	65	163					-91	-156	27	-102	-8	-105	9	
				-51	-7	23	47	-59	-56			32	65	252	37					-80	-17	-52	-76	-64	7	3	8
				-7	-143	47	29	-49	-187			65	163	37	486					-17	-95	-76	1	-1	-254	10	
																											9
																											10
				76	18	-120	-5	101	23			-162	-91	-80	-17					227	48	-117	32	74	-8	0	11
				20	84	-5	-61	23	69			-99	-156	-17	-95					48	115	39	-12	-9	57	-2	
				-69	19	98	-59	-83	5			51	27	-52	-76					-117	39	273	-2	-100	49	5	12
				19	-60	-59	-21	5	-46			27	-102	-76	1					32	-12	-2	269	56	-29	12	
				62	-16	-86	29	61	5			-71	-8	-64	-1					74	-9	-100	56	123	-56	-1	13
				-16	108	29	-95	3	99			-8	-105	7	-254					-8	57	49	-29	-56	219	-2	

재배치한 요소 (1)~(2) 요소강성행렬을 더하여 전체강성행렬을 구하고, 변위와 하중 경계조건을 입력하면

1		2		3		4		5		6		7		8		9		10		11		12		13		{u,v}	Fx,Fy	
146	60	-56	10	79	-1	0	0	0	0	-187	-56	-104	-46	0	0	99	5	-46	5	69	23	0	0	0	0		-3	1
60	192	3	-202	1	80	0	0	0	0	-49	-59	-46	-90	0	0	3	61	5	-83	23	101	0	0	0	0	0	-1	
-56	3	256	-93	-123	76	0	0	0	0	29	47	72	3	0	0	-95	29	-21	-59	-61	-5	0	0	0	0		8	2
10	-202	-93	443	69	-135	0	0	0	0	47	23	3	-21	0	0	29	-86	-59	98	-5	-120	0	0	0	0		3	
79	1	-123	69	337	-46	-135	76	80	-1	-143	-7	-246	-128	-51	-7	108	-16	-60	19	160	37	-69	19	62	-16		-4	3
-1	80	76	-135	-46	337	69	-123	1	79	-7	-51	-128	-246	-7	-143	-16	62	19	-69	37	160	19	-60	-16	108		-4	
0	0	0	0	-135	69	443	-93	-202	10	0	0	-21	3	23	47	0	0	0	0	-120	-5	98	-59	-86	29		3	4
0	0	0	0	76	-123	-93	256	3	-56	0	0	3	72	47	29	0	0	0	0	-5	-61	-59	-21	29	-95		8	
0	0	0	0	80	1	-202	3	192	60	0	0	-90	-46	-59	-49	0	0	0	0	101	23	-83	5	61	3	0	-1	5
0	0	0	0	-1	79	10	-56	60	146	0	0	-46	-104	-56	-187	0	0	0	0	23	69	5	-46	5	99		-3	
-187	-49	29	47	-143	-7	0	0	0	0	486	37	163	65	0	0	-254	-1	1	-76	-95	-17	0	0	0	0		10	6
-56	-59	47	23	-7	-51	0	0	0	0	37	252	65	32	0	0	7	-64	-76	-52	-17	-80	0	0	0	0	0	3	
-104	-46	72	3	-246	-128	-21	3	-90	-46	163	65	738	235	32	65	-105	-8	-102	27	-318	-190	51	27	-71	-8		15	7
-46	-90	3	-21	-128	-246	3	72	-46	-104	65	32	235	738	65	163	-8	-71	27	51	-190	-318	27	-102	-8	-105		15	
0	0	0	0	-51	-7	23	47	-59	-56	0	0	32	65	252	37	0	0	0	0	-80	-17	-52	-76	-64	7	0	3	8
0	0	0	0	-7	-143	47	29	-49	-187	0	0	65	163	37	486	0	0	0	0	-17	-95	-76	1	-1	-254		10	
99	3	-95	29	108	-16	0	0	0	0	-254	7	-105	-8	0	0	219	-56	-29	49	57	-8	0	0	0	0		-2	9
5	61	29	-86	-16	62	0	0	0	0	-1	-64	-8	-71	0	0	-56	123	56	-100	-9	74	0	0	0	0	0	-1	
-46	5	-21	-59	-60	19	0	0	0	0	1	-76	-102	27	0	0	-29	56	269	-2	-12	32	0	0	0	0		12	10
5	-83	-59	98	19	-69	0	0	0	0	-76	-52	27	51	0	0	49	-100	-2	273	39	-117	0	0	0	0		5	
69	23	-61	-5	160	37	-120	-5	101	23	-95	-17	-318	-190	-80	-17	57	-9	-12	39	342	96	-117	32	74	-8		-2	11
23	101	-5	-120	37	160	-5	-61	23	69	-17	-80	-190	-318	-17	-95	-8	74	32	-117	96	342	39	-12	-9	57		-2	
0	0	0	0	-69	19	98	-59	-83	5	0	0	51	27	-52	-76	0	0	0	0	-117	39	273	-2	-100	49		5	12
0	0	0	0	19	-60	-59	-21	5	-46	0	0	27	-102	-76	1	0	0	0	0	32	-12	-2	269	56	-29		12	
0	0	0	0	62	-16	-86	29	61	5	0	0	-71	-8	-64	-1	0	0	0	0	74	-9	-100	56	123	-56	0	-1	13
0	0	0	0	-16	108	29	-95	3	99	0	0	-8	-105	7	-254	0	0	0	0	-8	57	49	-29	-56	219		-2	

다음과 같이 변환하여 풀면

1		2		3		4		5		6		7		8		9		10		11		12		13		u, v	Fx,Fy	
146	0	-56	10	79	-1	0	0	0	0	-187	0	-104	-46	0	0	99	0	-46	5	69	23	0	0	0	0	0.308	-3	1
0	1	0	0	0	0	0	0	0	0	0	0	0	0	0	0	0	0	0	0	0	0	0	0	0	0	0.000	0	
-56	0	256	-93	-123	76	0	0	0	0	29	0	72	3	0	0	-95	0	-21	-59	-61	-5	0	0	0	0	0.283	8	2
10	0	-93	443	69	-135	0	0	0	0	47	0	3	-21	0	0	29	0	-59	98	-5	-120	0	0	0	0	0.117	3	
79	0	-123	69	337	-46	-135	76	0	-1	-143	0	-246	-128	0	-7	108	0	-60	19	160	37	-69	19	0	-16	0.218	-4	3
-1	0	76	-135	-46	337	69	-123	0	79	-7	0	-128	-246	0	-143	-16	0	19	-69	37	160	19	-60	0	108	0.218	-4	
0	0	0	0	-135	69	443	-93	0	10	0	0	-21	3	0	47	0	0	0	0	-120	-5	98	-59	0	29	0.117	3	4
0	0	0	0	76	-123	-93	256	0	-56	0	0	3	72	0	29	0	0	0	0	-5	-61	-59	-21	0	-95	0.283	8	
0	0	0	0	0	0	0	0	1	0	0	0	0	0	0	0	0	0	0	0	0	0	0	0	0	0	0.000	0	5
0	0	0	0	-1	79	10	-56	0	146	0	0	-46	-104	0	-187	0	0	0	0	23	69	5	-46	0	99	0.308	-3	
-187	0	29	47	-143	-7	0	0	0	0	486	0	163	65	0	0	-254	0	1	-76	-95	-17	0	0	0	0	0.285	10	6
0	0	0	0	0	0	0	0	0	0	0	1	0	0	0	0	0	0	0	0	0	0	0	0	0	0	0.000	0	
-104	0	72	3	-246	-128	-21	3	0	-46	163	0	738	235	0	65	-105	0	-102	27	-318	-190	51	27	0	-8	0.201	15	7
-46	0	3	-21	-128	-246	3	72	0	-104	65	0	235	738	0	163	-8	0	27	51	-190	-318	27	-102	0	-105	0.201	15	
0	0	0	0	0	0	0	0	0	0	0	0	0	0	1	0	0	0	0	0	0	0	0	0	0	0	0.000	0	8
0	0	0	0	-7	-143	47	29	0	-187	0	0	65	163	0	486	0	0	0	0	-17	-95	-76	1	0	-254	0.285	10	
99	0	-95	29	108	-16	0	0	0	0	-254	0	-105	-8	0	0	219	0	-29	49	57	-8	0	0	0	0	0.270	-2	9
0	0	0	0	0	0	0	0	0	0	0	0	0	0	0	0	0	1	0	0	0	0	0	0	0	0	0.000	0	
-46	0	-21	-59	-60	19	0	0	0	0	1	0	-102	27	0	0	-29	0	269	-2	-12	32	0	0	0	0	0.249	12	10
5	0	-59	98	19	-69	0	0	0	0	-76	0	27	51	0	0	49	0	-2	273	39	-117	0	0	0	0	0.103	5	
69	0	-61	-5	160	37	-120	-5	0	23	-95	0	-318	-190	0	-17	57	0	-12	39	342	96	-117	32	0	-8	0.191	-2	11
23	0	-5	-120	37	160	-5	-61	0	69	-17	0	-190	-318	0	-95	-8	0	32	-117	96	342	39	-12	0	57	0.191	-2	
0	0	0	0	-69	19	98	-59	0	5	0	0	51	27	0	-76	0	0	0	0	-117	39	273	-2	0	49	0.103	5	12
0	0	0	0	19	-60	-59	-21	0	-46	0	0	27	-102	0	1	0	0	0	0	32	-12	-2	269	0	-29	0.249	12	
0	0	0	0	0	0	0	0	0	0	0	0	0	0	0	0	0	0	0	0	0	0	0	0	1	0	0.000	0	13
0	0	0	0	-16	108	29	-95	0	99	0	0	-8	-105	0	-254	0	0	0	0	-8	57	49	-29	0	219	0.270	-2	

$u_1 = v_5 = 0.308\,\mu m,\ \ u_8 = v_{13} = 0.270\,\mu m$

Displacements u(μm)

r(mm)	Finite Elements	Theoretical
40	0.308	0.308
80	0.270	0.270

요소 (1)의 적분점 ①의 좌표 r, θ는

$$\begin{Bmatrix} r \\ \theta \end{Bmatrix} = \begin{bmatrix} 48.422 \\ 0.170 \end{bmatrix}$$

응력은

$$\begin{Bmatrix} \sigma_x \\ \sigma_y \\ \tau_{xy} \end{Bmatrix} = \begin{bmatrix} 220 & 66 & 0 \\ 66 & 220 & 0 \\ 0 & 0 & 77 \end{bmatrix}$$

$$\begin{bmatrix} -0.028 & 0.000 & 0.048 & 0.000 & -0.011 & 0.000 & 0.014 & 0.000 & -0.007 & 0.000 & 0.009 & 0.000 & -0.001 & 0.000 & -0.025 & 0.000 \\ 0.000 & -0.041 & 0.000 & -0.010 & 0.000 & -0.005 & 0.000 & 0.015 & 0.000 & -0.011 & 0.000 & 0.019 & 0.000 & -0.012 & 0.000 & 0.044 \\ -0.041 & -0.028 & -0.010 & 0.048 & -0.005 & -0.011 & 0.015 & 0.014 & -0.011 & -0.007 & 0.019 & 0.009 & -0.012 & -0.001 & 0.044 & -0.025 \end{bmatrix} \begin{Bmatrix} u_1 \\ v_1 \\ u_6 \\ v_6 \\ \cdot \\ \cdot \end{Bmatrix}$$

$$= \begin{bmatrix} 0.179 \\ 1.236 \\ -0.187 \end{bmatrix} [\text{GPa}]$$

응력 $\sigma_x, \sigma_y, \tau_{xy}$을 $\sigma_r, \sigma_\theta, \tau_{r\theta}$로 변환하면

$$\begin{Bmatrix} \sigma_r \\ \sigma_\theta \\ \tau_{r\theta} \end{Bmatrix} = \begin{bmatrix} c^2 & s^2 & 2cs \\ s^2 & c^2 & -2cs \\ -cs & cs & c^2 - s^2 \end{bmatrix} \begin{Bmatrix} \sigma_x \\ \sigma_y \\ \tau_{xy} \end{Bmatrix} \qquad \begin{matrix} c = \cos\theta \\ s = \sin\theta \end{matrix}$$

$$= \begin{bmatrix} 0.147 \\ 1.268 \\ 0.000 \end{bmatrix} [\text{GPa}]$$

요소 (1)의 적분점 ③의 좌표 r, θ는

$$\begin{Bmatrix} r \\ \theta \end{Bmatrix} = \begin{bmatrix} 71.501 \\ 0.170 \end{bmatrix}$$

응력은

$$\begin{Bmatrix} \sigma_x \\ \sigma_y \\ \tau_{xy} \end{Bmatrix} = \begin{bmatrix} 220 & 66 & 0 \\ 66 & 220 & 0 \\ 0 & 0 & 77 \end{bmatrix}$$

$$\begin{bmatrix} 0.012 & 0.000 & -0.043 & 0.000 & 0.038 & 0.000 & 0.011 & 0.000 & 0.004 & 0.000 & -0.014 & 0.000 & 0.010 & 0.000 & -0.018 & 0.000 \\ 0.000 & 0.000 & 0.000 & -0.019 & 0.000 & -0.018 & 0.000 & 0.035 & 0.000 & -0.007 & 0.000 & 0.010 & 0.000 & -0.005 & 0.000 & 0.006 \\ 0.000 & 0.012 & -0.019 & -0.043 & -0.018 & 0.038 & 0.035 & 0.011 & -0.007 & 0.004 & 0.010 & -0.014 & -0.005 & 0.010 & 0.006 & -0.018 \end{bmatrix} \begin{Bmatrix} u_1 \\ v_1 \\ u_6 \\ v_6 \\ \cdot \\ \cdot \end{Bmatrix}$$

$$= \begin{bmatrix} 0.119 \\ 0.779 \\ -0.116 \end{bmatrix} [\text{GPa}]$$

응력 $\sigma_x, \sigma_y, \tau_{xy}$을 $\sigma_r, \sigma_\theta, \tau_{r\theta}$로 변환하면

$$\begin{Bmatrix} \sigma_r \\ \sigma_\theta \\ \tau_{r\theta} \end{Bmatrix} = \begin{bmatrix} c^2 & s^2 & 2cs \\ s^2 & c^2 & -2cs \\ -cs & cs & c^2 - s^2 \end{bmatrix} \begin{Bmatrix} \sigma_x \\ \sigma_y \\ \tau_{xy} \end{Bmatrix} \qquad \begin{matrix} c = \cos\theta \\ s = \sin\theta \end{matrix}$$

$$= \begin{bmatrix} 0.100 \\ 0.799 \\ 0.001 \end{bmatrix} [\text{GPa}]$$

r(mm)	Stress σ_r(GPa) Finite Elements	Stress σ_r(GPa) Theory	Stress σ_θ(GPa) Finite Elements	Stress σ_θ(GPa) Theory	Stress $\tau_{r\theta}$(GPa) Finite Elements	Stress $\tau_{r\theta}$(GPa) Theory
48.42	0.15	0.15	1.27	1.26	0.00	0.00
71.50	0.10	0.10	0.80	0.81	0.00	0.00

-- ■

[예제-평판 응력집중] 80*80 정사각형 평판에 중앙에 지름 20 mm 구멍을 뚫고 평판에 균일인장응력 100 MPa을 작용하였다. 4절점 4각형 요소 4개를 사용하여 구멍 주위 수치적분점을 따라 σ_θ의 분포를 구하시오.

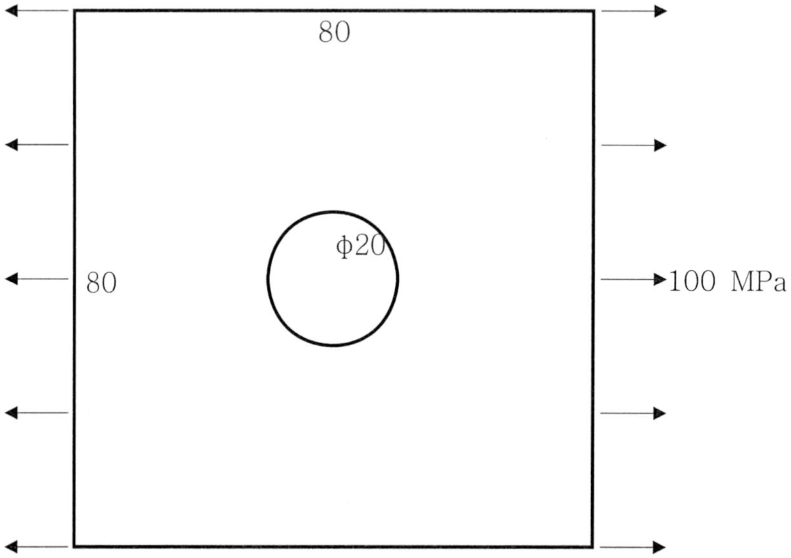

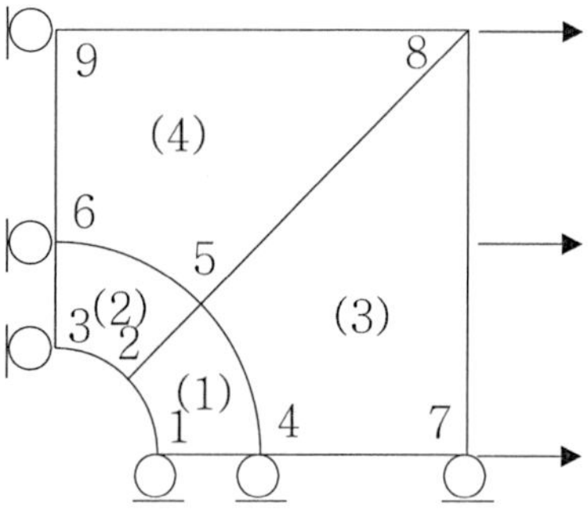

(풀이)

전체강성행렬을 구하고, 변위와 하중 경계조건을 입력하면

1		2		3		4		5		6		7		8		9		u, v	F_x, F_y	
106	34	-8	25	0	0	-67	-30	-31	-29	0	0	0	0	0	0	0	0			1
34	139	20	-53	0	0	-25	-12	-29	-74	0	0	0	0	0	0	0	0	0		
-8	20	245	-33	-53	25	-82	21	-79	-55	-23	21	0	0	0	0	0	0			2
25	-53	-33	245	20	-8	21	-23	-55	-79	21	-82	0	0	0	0	0	0			
0	0	-53	20	139	34	0	0	-74	-29	-12	-25	0	0	0	0	0	0	0		3
0	0	25	-8	34	106	0	0	-29	-31	-30	-67	0	0	0	0	0	0			
-67	-25	-82	21	0	0	233	-8	2	52	0	0	-71	-19	-15	-22	0	0			4
-30	-12	21	-23	0	0	-8	179	52	-95	0	0	-13	-4	-22	-45	0	0	0		
-31	-29	-79	-55	-74	-29	2	52	484	-34	-95	52	-115	40	-35	-37	-56	40			5
-29	-74	-55	-79	-29	-31	52	-95	-34	484	52	2	40	-56	-37	-35	40	-115			
0	0	-23	21	-12	-30	0	0	-95	52	179	-8	0	0	-45	-22	-4	-13	0		6
0	0	21	-82	-25	-67	0	0	52	2	-8	233	0	0	-22	-15	-19	-71			
0	0	0	0	0	0	-71	-13	-115	40	0	0	164	-46	22	19	0	0		2	7
0	0	0	0	0	0	-19	-4	40	-56	0	0	-46	96	24	-35	0	0	0		
0	0	0	0	0	0	-15	-22	-35	-37	-45	-22	22	24	108	38	-35	19		2	8
0	0	0	0	0	0	-22	-45	-37	-35	-22	-15	19	-35	38	108	24	22			
0	0	0	0	0	0	0	0	-56	40	-4	-19	0	0	-35	24	96	-46	0		9
0	0	0	0	0	0	0	0	40	-115	-13	-71	0	0	19	22	-46	164			

다음과 같이 변환하여 풀면

1		2		3		4		5		6		7		8		9		{u, v}	F_x, F_y	
106	0	-8	25	0	0	-67	0	-31	-29	0	0	0	0	0	0	0	0	0.014	0	1
0	1	0	0	0	0	0	0	0	0	0	0	0	0	0	0	0	0	0.000	0	
-8	0	245	-33	0	25	-82	0	-79	-55	0	21	0	0	0	0	0	0	0.009	0	2
25	0	-33	245	0	-8	21	0	-55	-79	0	-82	0	0	0	0	0	0	-0.003	0	
0	0	0	0	1	0	0	0	0	0	0	0	0	0	0	0	0	0	0.000	0	3
0	0	25	-8	0	106	0	0	-29	-31	0	-67	0	0	0	0	0	0	-0.004	0	
-67	0	-82	21	0	0	233	0	2	52	0	0	-71	0	-15	-22	0	0	0.016	0	4
0	0	0	0	0	0	0	1	0	0	0	0	0	0	0	0	0	0	0.000	0	
-31	0	-79	-55	0	-29	2	0	484	-34	0	52	-115	0	-35	-37	0	40	0.010	0	5
-29	0	-55	-79	0	-31	52	0	-34	484	0	2	40	0	-37	-35	0	-115	-0.003	0	
0	0	0	0	0	0	0	0	0	0	1	0	0	0	0	0	0	0	0.000	0	6
0	0	21	-82	0	-67	0	0	52	2	0	233	0	0	-22	-15	0	-71	-0.006	0	
0	0	0	0	0	0	-71	0	-115	40	0	0	164	0	22	19	0	0	0.025	2	7
0	0	0	0	0	0	0	0	0	0	0	0	0	1	0	0	0	0	0.000	0	
0	0	0	0	0	0	-15	0	-35	-37	0	-22	22	0	108	38	0	19	0.020	2	8
0	0	0	0	0	0	-22	0	-37	-35	0	-15	19	0	38	108	0	22	-0.005	0	
0	0	0	0	0	0	0	0	0	0	0	0	0	0	0	0	1	0	0.000	0	9
0	0	0	0	0	0	0	0	40	-115	0	-71	0	0	19	22	0	164	-0.009	0	

요소 (1) 수치적분점 ①, ②, 요소 (2) 수치적분점 ①, ②에서 σ_θ를 구한다. 그리고, 요소 (1) 수치적분점 ③, ④, 요소 (2) 수치적분점 ③, ④에서 σ_θ를

구한다.

r(mm)	θ(deg)	σ_θ(GPa)
11.51	9.1	-0.030
	35.9	0.031
	54.1	0.060
	80.9	0.117
16.99	9.1	-0.016
	35.9	0.032
	54.1	0.052
	80.9	0.097

다음은 CATIA 구조해석모듈로 구한 응력분포로 앞에서 구한 응력분포가 이것과 잘 일치하지 않는다. 사각형요소를 더 많이 사용하여야 한다.

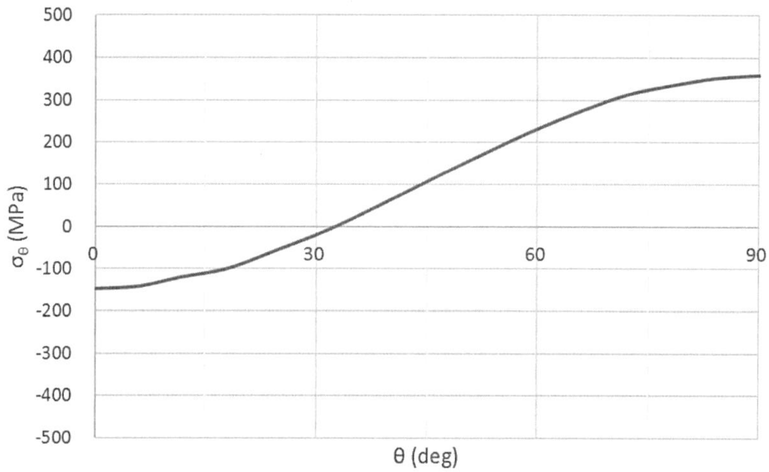

---■

[예제-평판 응력집중] 80*80 정사각형 평판 상변과 하변 중앙에 반지름 10 mm 노치를 파고 평판에 균일인장응력 100 MPa을 작용하였다. 4절점 4각형 요소 4개를 사용하여 구멍 주위 수치적분점을 따라 σ_θ의 분포를 구하시오.

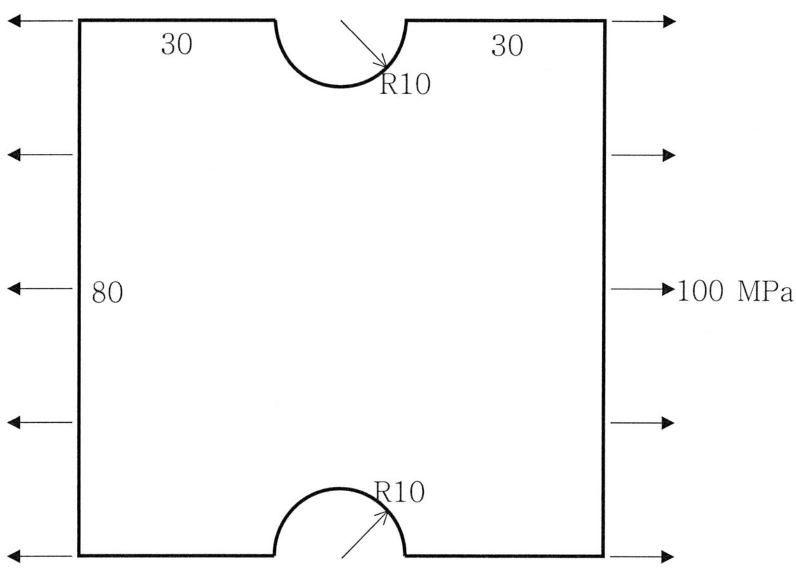

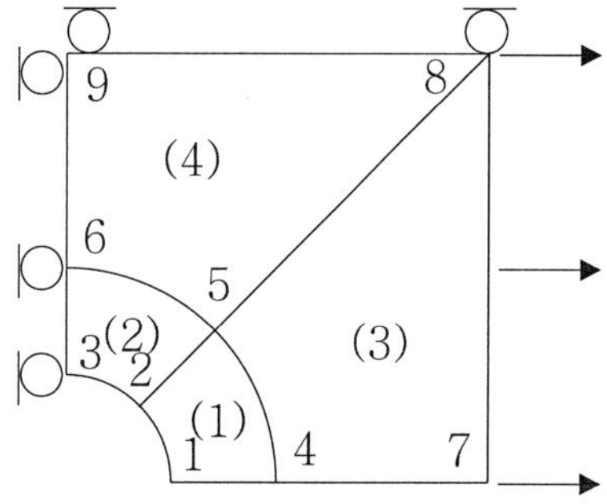

(풀이) 전체강성행렬을 구하고, 변위와 하중 경계조건을 입력하면

1		2		3		4		5		6		7		8		9		u, v	F_xF_y	
106	34	-8	25	0	0	-67	-30	-31	-29	0	0	0	0	0	0	0	0			1
34	139	20	-53	0	0	-25	-12	-29	-74	0	0	0	0	0	0	0	0			
-8	20	245	-33	-53	25	-82	21	-79	-55	-23	21	0	0	0	0	0	0			2
25	-53	-33	245	20	-8	21	-23	-55	-79	21	-82	0	0	0	0	0	0			
0	0	-53	20	139	34	0	0	-74	-29	-12	-25	0	0	0	0	0	0	0		3
0	0	25	-8	34	106	0	0	-29	-31	-30	-67	0	0	0	0	0	0			
-67	-25	-82	21	0	0	233	-8	2	52	0	0	-71	-19	-15	-22	0	0			4
-30	-12	21	-23	0	0	-8	179	52	-95	0	0	-13	-4	-22	-45	0	0			
-31	-29	-79	-55	-74	-29	2	52	484	-34	-95	52	-115	40	-35	-37	-56	40			5
-29	-74	-55	-79	-29	-31	52	-95	-34	484	52	2	40	-56	-37	-35	40	-115			
0	0	-23	21	-12	-30	0	0	-95	52	179	-8	0	0	-45	-22	-4	-13	0		6
0	0	21	-82	-25	-67	0	0	52	2	-8	233	0	0	-22	-15	-19	-71			
0	0	0	0	0	0	-71	-13	-115	40	0	0	164	-46	22	19	0	0		2	7
0	0	0	0	0	0	-19	-4	40	-56	0	0	-46	96	24	-35	0	0			
0	0	0	0	0	0	-15	-22	-35	-37	-45	-22	22	24	108	38	-35	19		2	8
0	0	0	0	0	0	-22	-45	-37	-35	-22	-15	19	-35	38	108	24	22	0		
0	0	0	0	0	0	0	0	-56	40	-4	-19	0	0	-35	24	96	-46	0		9
0	0	0	0	0	0	0	0	40	-115	-13	-71	0	0	19	22	-46	164	0		

다음과 같이 변환하여 풀면

1		2		3		4		5		6		7		8		9		u, v	F_x,F_y	
106	34	-8	25	0	0	-67	-30	-31	-29	0	0	0	0	0	0	0	0	0.015	0	1
34	139	20	-53	0	0	-25	-12	-29	-74	0	0	0	0	0	0	0	0	0.004	0	
-8	20	245	-33	0	25	-82	21	-79	-55	0	21	0	0	0	0	0	0	0.009	0	2
25	-53	-33	245	0	-8	21	-23	-55	-79	0	-82	0	0	0	0	0	0	0.003	0	
0	0	0	0	1	0	0	0	0	0	0	0	0	0	0	0	0	0	0.000	0	3
0	0	25	-8	0	106	0	0	-29	-31	0	-67	0	0	0	0	0	0	0.002	0	
-67	-25	-82	21	0	0	233	-8	2	52	0	0	-71	-19	-15	0	0	0	0.017	0	4
-30	-12	21	-23	0	0	-8	179	52	-95	0	0	-13	-4	-22	0	0	0	0.007	0	
-31	-29	-79	-55	0	-29	2	52	484	-34	0	52	-115	40	-35	0	0	0	0.009	0	5
-29	-74	-55	-79	0	-31	52	-95	-34	484	0	2	40	-56	-37	0	0	0	0.004	0	
0	0	0	0	0	0	0	0	0	0	1	0	0	0	0	0	0	0	0.000	0	6
0	0	21	-82	0	-67	0	0	52	2	0	233	0	0	-22	0	0	0	0.001	0	
0	0	0	0	0	0	-71	-13	-115	40	0	0	164	-46	22	0	0	0	0.025	2	7
0	0	0	0	0	0	-19	-4	40	-56	0	0	-46	96	24	0	0	0	0.009	0	
0	0	0	0	0	0	-15	-22	-35	-37	0	-22	22	24	108	0	0	0	0.020	2	8
0	0	0	0	0	0	0	0	0	0	0	0	0	0	0	1	0	0	0.000	0	
0	0	0	0	0	0	0	0	0	0	0	0	0	0	0	0	1	0	0.000	0	9
0	0	0	0	0	0	0	0	0	0	0	0	0	0	0	0	0	1	0.000	0	

r(mm)	θ(deg)	σ_θ(GPa)
11.51	9.1	0.023
	35.9	0.070
	54.1	0.159
	80.9	0.208
16.99	9.1	0.004
	35.9	0.040
	54.1	0.098
	80.9	0.138

다음은 CATIA 구조해석모듈로 구한 응력분포로 앞에서 구한 응력분포가 이것과 잘 일치하지 않는다. 사각형요소를 더 많이 사용하여야 한다.

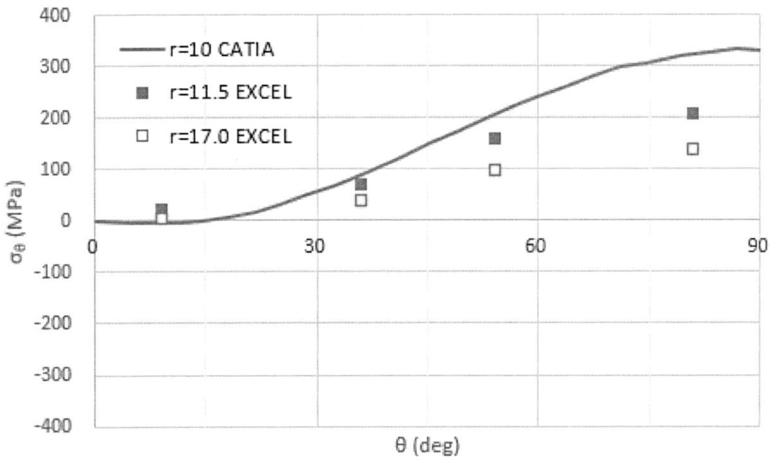

[연습문제-응력집중] 80*80 정사각형 평판에 중앙에 지름 20 mm 구멍을 뚫고 평판에 균일인장응력 100 MPa을 작용하였다. 4절점 4각형 요소 9개를 사용하여 구멍 주위 수치적분점을 따라 σ_θ의 분포를 구하시오.

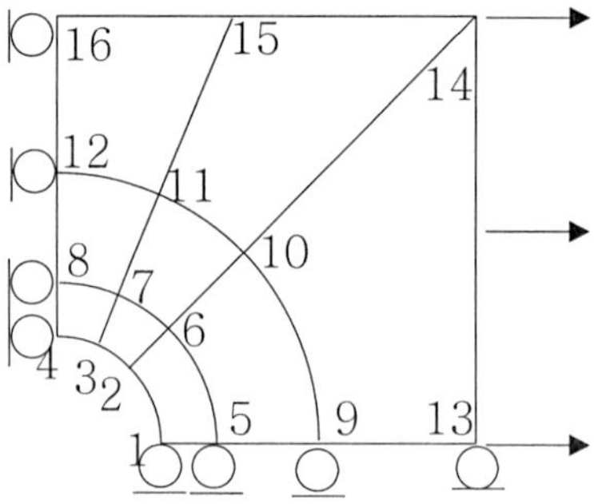

[연습문제-응력집중] 80*80 정사각형 평판 상변과 하변 중앙에 반지름 10 mm 노치를 파고 평판에 균일인장응력 100 MPa을 작용하였다. 4절점 4각형 요소 9개를 사용하여 구멍 주위 수치적분점을 따라 σ_θ의 분포를 구하시오.

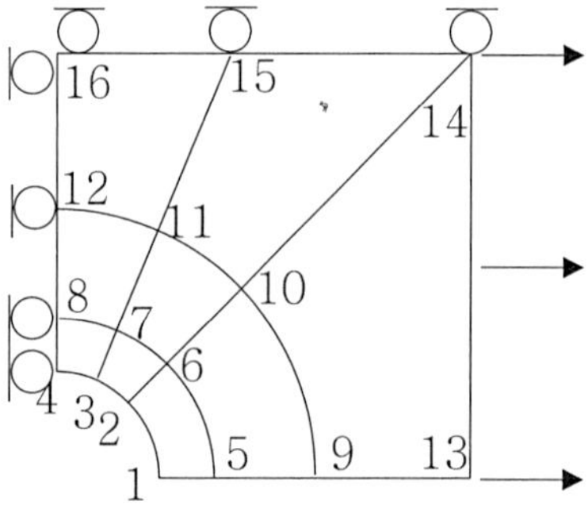

[연습문제-중력] 1200*200 두께 10 mm 직사각형 강판(밀도 ρ=7,800 kg/m^3)에 중력이 작용할 때 변위와 응력분포를 구하시오.

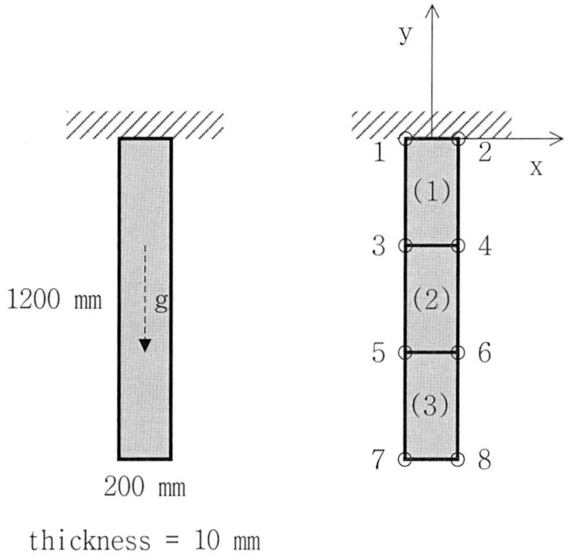

[연습문제-원심력] S 형상 두께 1 mm 강판(밀도 ρ=7,800 kg/m^3)이 허브에 고정되어 1,800 rpm로 회전할 때 변위와 응력 분포를 구하시오.

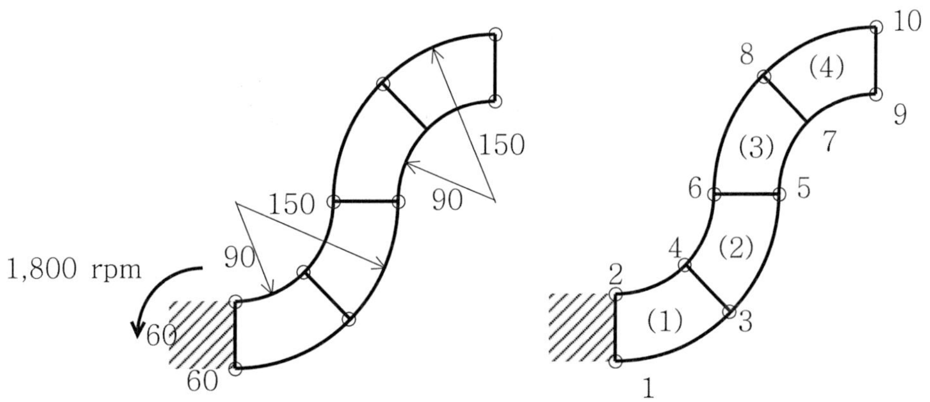

[연습문제-수압] 높이 40 m 콘크리트 댐에 물이 가득 찼을 때 사각형 요소 4개를 사용하여 응력분포를 구하시오. 평면변형률 조건

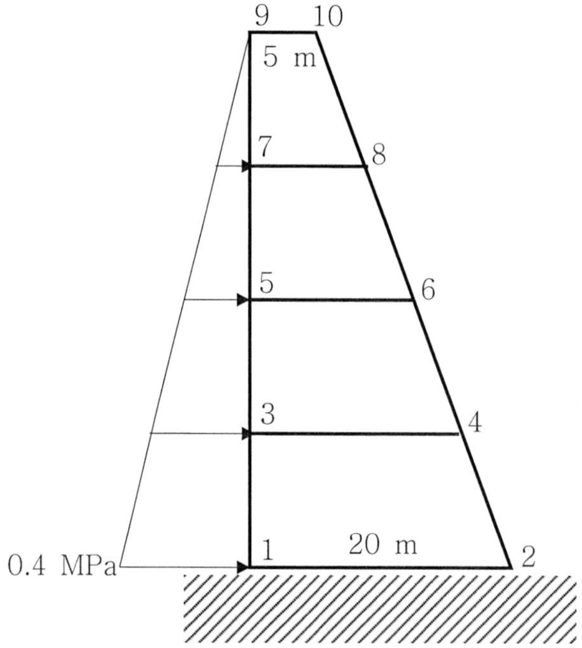

[연습문제-수압] 높이 40 m 콘크리트 댐에 물이 가득 찼을 때 사각형 요소 8개를 사용하여 응력분포를 구하시오. 평면변형률 조건

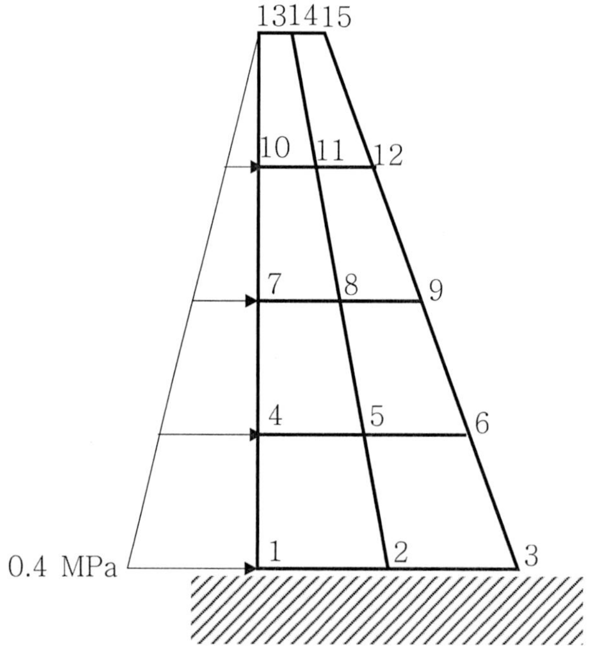

[연습문제-곡률의 영향] 다음과 같이 단순지지점 간격이 같은 직선보와 곡선보의 응력분포를 비교하시오. 8절점 사각형 요소를 사용하시오. E=200 GPa, ν=0.3

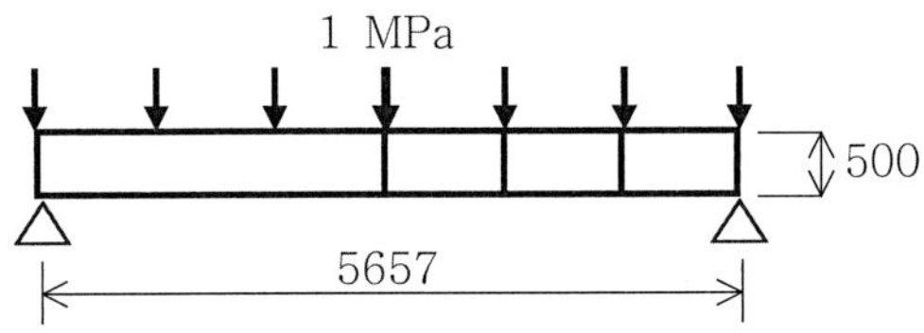

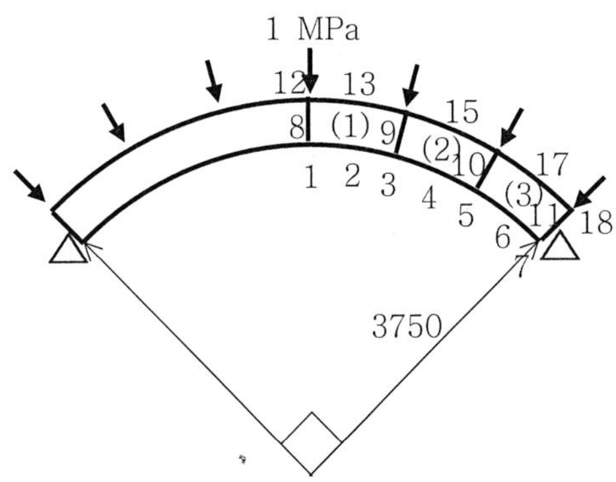

3.4 축대칭 요소

내압을 받는 후벽원통, 회전하는 원판 등은 축대칭이다. 이와 같은 축대칭 문제는 단면을 해석하는 것으로 충분하고 결국 2차원 문제와 거의 같다.

Axisymmetric Element

축대칭요소를 사용하려면 물체의 형상은 물론, 재료의 기계적 성질과 경계조건이 모두 축대칭이어야 한다. 내압을 받는 원통이나 회전하는 원판 등이 이에 해당된다.

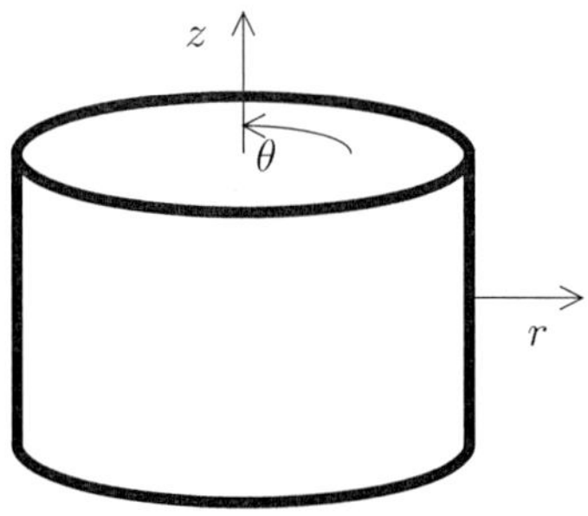

축대칭이면 반경방향 변위 u와 축방향 변위 w만 존재하고 원주방향 변위 v는 존재하지 않는다. 변위는 r과 z의 함수이다.

$$u = u(r, z),\ v = 0,\ w = w(r, z)$$

회전축인 z축을 포함하는 $r-z$ 평면 변형률은

$$\epsilon_r = \frac{\partial u}{\partial r},\ \epsilon_z = \frac{\partial w}{\partial z},\ \gamma_{rz} = \left(\frac{\partial u}{\partial z} + \frac{\partial w}{\partial r}\right)$$

로 여기까지는 일반 $x-y$ 평면문제와 같다.

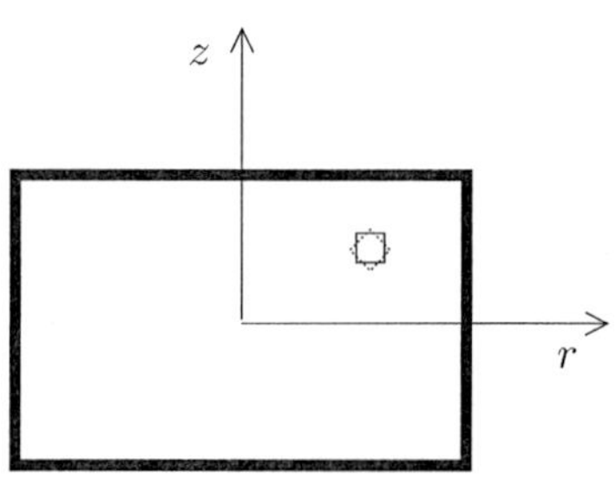

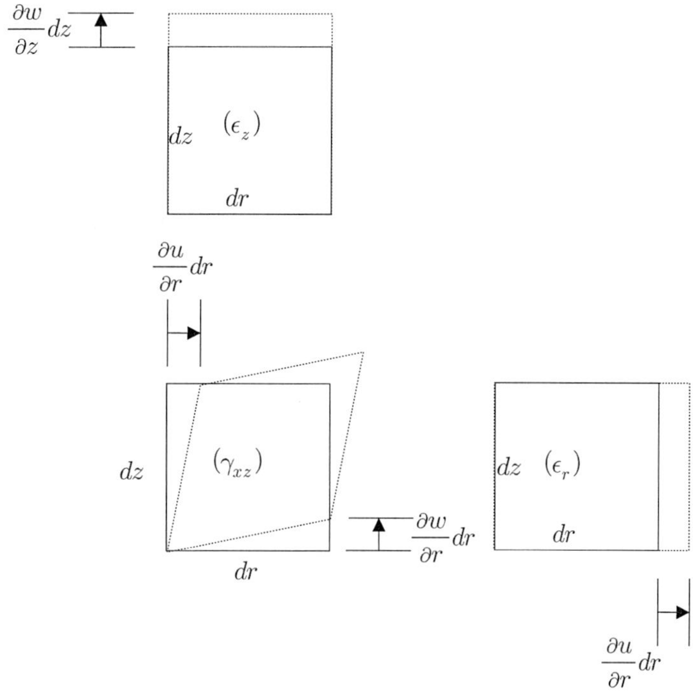

반경방향 변위 u가 발생하면 원주방향으로 늘어나므로

$$\epsilon_\theta = \frac{2\pi(r+u)-2\pi r}{2\pi r}$$
$$= \frac{u}{r}$$

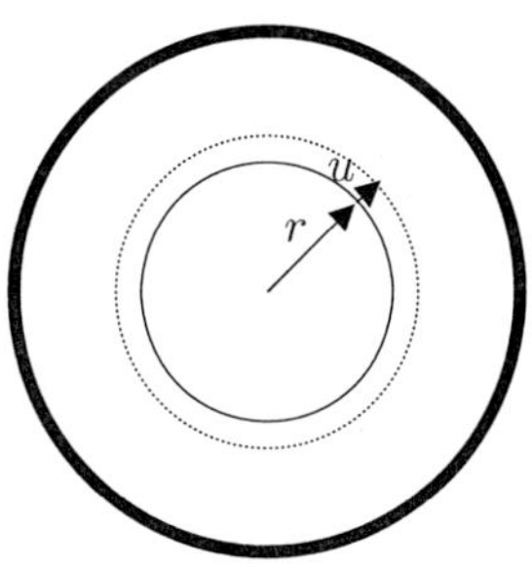

결국,

$$\epsilon_r = \frac{\partial u}{\partial r},\ \epsilon_\theta = \frac{u}{r},\ \epsilon_z = \frac{\partial w}{\partial z},\ \gamma_{rz} = \left(\frac{\partial u}{\partial z} + \frac{\partial w}{\partial r}\right)$$

$$\begin{Bmatrix} \epsilon_r \\ \epsilon_\theta \\ \epsilon_z \\ \gamma_{rz} \end{Bmatrix} = \begin{Bmatrix} \dfrac{\partial u}{\partial r} \\ \dfrac{u}{r} \\ \dfrac{\partial w}{\partial z} \\ \dfrac{\partial u}{\partial z} + \dfrac{\partial w}{\partial r} \end{Bmatrix}$$

ϵ_r, ϵ_z, γ_{rz}는 $x-y$ 평면문제와 비슷하게

$$\begin{Bmatrix} \epsilon_r \\ \epsilon_z \\ \gamma_{rz} \end{Bmatrix} = \begin{bmatrix} J^{-1}_{11} & 0 & J^{-1}_{12} & 0 \\ 0 & J^{-1}_{21} & 0 & J^{-1}_{22} \\ J^{-1}_{21} & J^{-1}_{11} & J^{-1}_{22} & J^{-1}_{21} \end{bmatrix} \frac{1}{4} \begin{bmatrix} -(1-\eta) & 0 & (1-\eta) & 0 & .. \\ 0 & -(1-\eta) & 0 & (1-\eta) & .. \\ -(1-\xi) & 0 & -(1+\xi) & 0 & .. \\ 0 & -(1-\xi) & 0 & -(1+\xi) & .. \end{bmatrix} \begin{Bmatrix} u_1 \\ w_1 \\ u_2 \\ w_2 \\ . \\ . \end{Bmatrix}$$

ϵ_θ는 다음과 같이

$$\epsilon_\theta = \frac{1}{4r}[(1-\xi)(1-\eta) \;\; 0 \;\; (1+\xi)(1-\eta) \;\; 0 \;\; (1+\xi)(1+\eta) \;\; 0 \;\; (1-\xi)(1+\eta) \;\; 0] \begin{Bmatrix} u_1 \\ w_1 \\ u_2 \\ w_2 \\ . \\ . \end{Bmatrix}$$

여기서, r은

$$r = \frac{1}{4}[(1-\xi)(1-\eta) \;\; 0 \;\; (1+\xi)(1-\eta) \;\; 0 \;\; (1+\xi)(1+\eta) \;\; 0 \;\; (1-\xi)(1+\eta) \;\; 0] \begin{Bmatrix} r_1 \\ z_1 \\ r_2 \\ z_2 \\ . \\ . \end{Bmatrix}$$

요약하면

$$\{\epsilon\} = [B]\{u_i\}$$

σ_r, σ_θ, σ_z이 모두 존재하므로 Hook의 법칙은

$$\begin{Bmatrix} \epsilon_r \\ \epsilon_\theta \\ \epsilon_z \\ \gamma_{rz} \end{Bmatrix} = \frac{1}{E}\begin{bmatrix} 1 & -\nu & -\nu & 0 \\ -\nu & 1 & -\nu & 0 \\ -\nu & -\nu & 1 & 0 \\ 0 & 0 & 0 & 2(1+\nu) \end{bmatrix}\begin{Bmatrix} \sigma_r \\ \sigma_\theta \\ \sigma_z \\ \tau_{rz} \end{Bmatrix}$$

역변환하면

$$\begin{Bmatrix} \sigma_r \\ \sigma_\theta \\ \sigma_z \\ \tau_{rz} \end{Bmatrix} = \frac{E}{(1+\nu)(1-2\nu)}\begin{bmatrix} 1-\nu & \nu & \nu & 0 \\ \nu & 1-\nu & \nu & 0 \\ \nu & \nu & 1-\nu & 0 \\ 0 & 0 & 0 & (1-2\nu)/2 \end{bmatrix}\begin{Bmatrix} \epsilon_r \\ \epsilon_\theta \\ \epsilon_z \\ \gamma_{rz} \end{Bmatrix}$$

$$\{\sigma\} = [E]\{\epsilon\}$$

요소강성행렬은

$$\begin{aligned}[K] &= \int_V [B]^T[E][B]\,dV \\ &= \int_{-1}^{+1}\int_{-1}^{+1} [B]^T[E][B]\,2\pi r|J|\,d\xi\,d\eta \\ &= \sum_{i=1}^{2}\sum_{j=1}^{2} [B]^T[E][B]\,2\pi r|J|_{\substack{\xi=\xi_i \\ \eta=\eta_i}}\end{aligned}$$

$x-y$ 평면문제에서 두께 t이었던 것이 축대칭문제에서는 원주길이 $2\pi r$로 바뀐다.

하중 벡터는

$$\begin{aligned}\{F\} &= \int_S [N]^T\{\Phi\}\,dS + \int_V [N]^T\{F\}\,dV \\ &= \int_{-1}^{+1} [N]^T\{\Phi\}\,2\pi r|J^*|\,d\xi + \int_{-1}^{+1}\int_{-1}^{+1} [N]^T\{F\}\,2\pi r|J|\,d\xi\,d\eta \\ &= \sum_{i=1}^{2} [N]^T\{\Phi\}\,2\pi r|J^*|_{\xi=\xi_i} + \sum_{i=1}^{2}\sum_{j=1}^{2} [N]^T\{F\}\,2\pi r|J|_{\substack{\xi=\xi_i \\ \eta=\eta_i}}\end{aligned}$$

여기서 $|J^*|$는 $|J^*| = \left|\dfrac{\partial x}{\partial \xi}, \dfrac{\partial y}{\partial \xi}\right| = \sqrt{\left(\dfrac{\partial x}{\partial \xi}\right)^2 + \left(\dfrac{\partial y}{\partial \xi}\right)^2}$

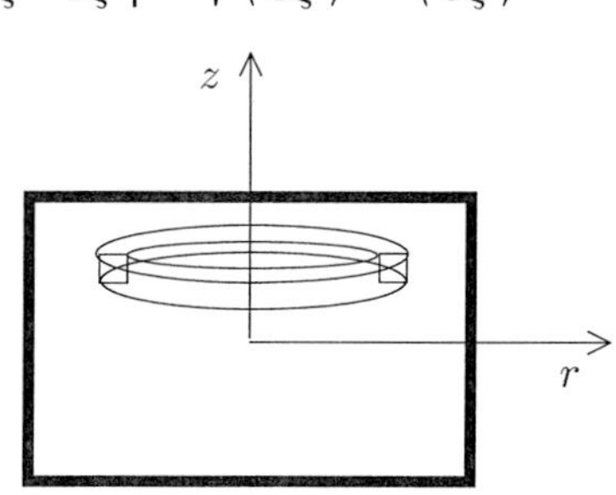

[예제-내압 후벽원통] 내압 p=1 GPa을 받는 후벽원통(내경 80 mm, 외경 160 mm)의 반경방향 변위와 σ_r, σ_θ, $\tau_{r\theta}$를 구하시오. E=200 GPa, ν=0.3. 요소의 축방향 길이는 5 mm이다.

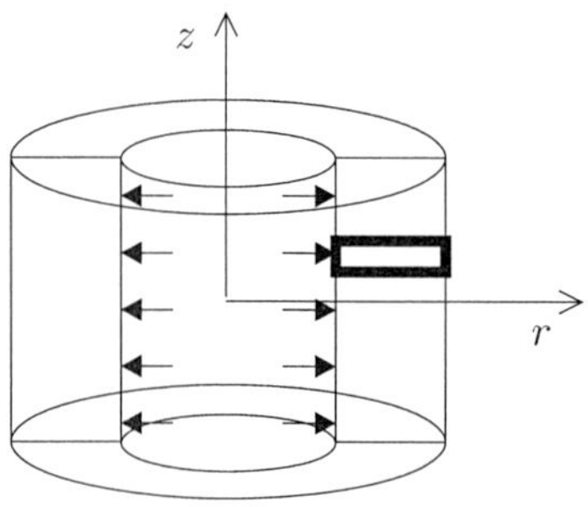

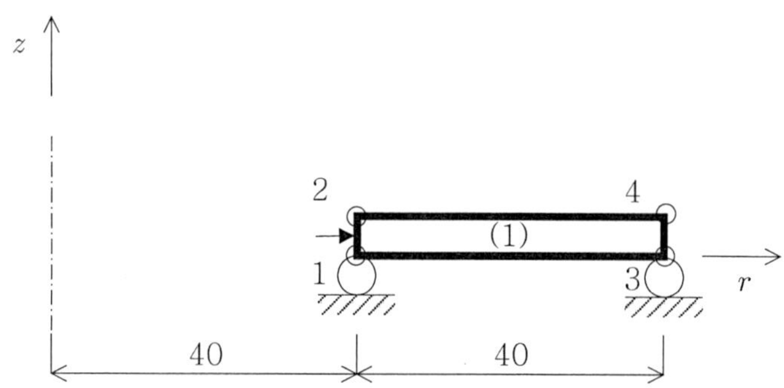

(풀이)

요소 (1) 수치적분점 ① ξ=-0.577, η=-0.577의 좌표는

$$\begin{Bmatrix} r \\ z \end{Bmatrix} = \begin{bmatrix} 0.622 & 0.000 & 0.167 & 0.000 & 0.045 & 0.000 & 0.167 & 0.000 \\ 0.000 & 0.622 & 0.000 & 0.167 & 0.000 & 0.045 & 0.000 & 0.167 \end{bmatrix} \begin{Bmatrix} r_1 \\ z_1 \\ r_4 \\ z_4 \\ . \\ . \end{Bmatrix}$$

$$= \begin{Bmatrix} 48.453 \\ 1.057 \end{Bmatrix}$$

기울기는

$$\begin{Bmatrix} \dfrac{\partial r}{\partial \xi} \\ \dfrac{\partial z}{\partial \xi} \end{Bmatrix} = \begin{bmatrix} -0.394 & 0.000 & 0.394 & 0.000 & 0.106 & 0.000 & -0.106 & 0.000 \\ 0.000 & -0.394 & 0.000 & 0.394 & 0.000 & 0.106 & 0.000 & -0.106 \end{bmatrix} \begin{Bmatrix} r_1 \\ z_1 \\ r_4 \\ z_4 \\ . \\ . \end{Bmatrix}$$

$$= \begin{Bmatrix} 20.000 \\ 0.000 \end{Bmatrix}$$

$$\begin{Bmatrix} \dfrac{\partial r}{\partial \eta} \\ \dfrac{\partial z}{\partial \eta} \end{Bmatrix} = \begin{bmatrix} -0.394 & 0.000 & -0.106 & 0.000 & 0.106 & 0.000 & 0.394 & 0.000 \\ 0.000 & -0.394 & 0.000 & -0.106 & 0.000 & 0.106 & 0.000 & 0.394 \end{bmatrix} \begin{Bmatrix} r_1 \\ z_1 \\ r_4 \\ z_4 \\ . \\ . \end{Bmatrix}$$

$$= \begin{Bmatrix} 0.000 \\ 0.400 \end{Bmatrix}$$

Jacobian 행렬, 행렬식, 역행렬은

$$[J] = \begin{bmatrix} 20.000 & 0.000 \\ 0.000 & 2.500 \end{bmatrix}$$

$$|J| = 50.000$$

$$[J]^{-1} = \begin{bmatrix} 0.050 & 0.000 \\ 0.000 & 0.400 \end{bmatrix}$$

변형률 $\epsilon_r, \epsilon_z, \gamma_{rz}$은

$$\begin{Bmatrix} \epsilon_r \\ \epsilon_z \\ \gamma_{rz} \end{Bmatrix} = \begin{bmatrix} 0.050 & 0.000 & 0.000 & 0.000 \\ 0.000 & 0.000 & 0.000 & 0.400 \\ 0.000 & 0.050 & 0.400 & 0.000 \end{bmatrix}$$

$$\begin{bmatrix} -0.394 & 0.000 & 0.394 & 0.000 & 0.106 & 0.000 & -0.106 & 0.000 \\ 0.000 & -0.394 & 0.000 & 0.394 & 0.000 & 0.106 & 0.000 & -0.106 \\ -0.394 & 0.000 & -0.106 & 0.000 & 0.106 & 0.000 & 0.394 & 0.000 \\ 0.000 & -0.394 & 0.000 & -0.106 & 0.000 & 0.106 & 0.000 & 0.394 \end{bmatrix} \begin{Bmatrix} u_1 \\ w_1 \\ u_4 \\ w_4 \\ . \\ . \end{Bmatrix}$$

$$= \begin{bmatrix} -0.020 & 0.000 & 0.020 & 0.000 & 0.005 & 0.000 & -0.005 & 0.000 \\ 0.000 & -0.158 & 0.000 & -0.042 & 0.000 & 0.042 & 0.000 & 0.158 \\ -0.158 & -0.020 & -0.042 & 0.020 & 0.042 & 0.005 & 0.158 & -0.005 \end{bmatrix} \begin{Bmatrix} u_1 \\ w_1 \\ u_4 \\ w_4 \\ . \\ . \end{Bmatrix}$$

변형률 ϵ_θ는

$$\epsilon_\theta = \frac{1}{50.000} \begin{bmatrix} 0.622 & 0.000 & 0.167 & 0.000 & 0.045 & 0.000 & 0.167 & 0.000 \end{bmatrix} \begin{Bmatrix} u_1 \\ w_1 \\ u_4 \\ w_4 \\ . \\ . \end{Bmatrix}$$

$$= \begin{bmatrix} 0.013 & 0.000 & 0.003 & 0.000 & 0.001 & 0.000 & 0.003 & 0.000 \end{bmatrix} \begin{Bmatrix} u_1 \\ w_1 \\ u_4 \\ w_4 \\ . \\ . \end{Bmatrix}$$

$[B]$ 행렬은

$$\begin{Bmatrix} \epsilon_r \\ \epsilon_\theta \\ \epsilon_z \\ \gamma_{rz} \end{Bmatrix} = \begin{bmatrix} -0.020 & 0.000 & 0.020 & 0.000 & 0.005 & 0.000 & -0.005 & 0.000 \\ 0.013 & 0.000 & 0.003 & 0.000 & 0.001 & 0.000 & 0.003 & 0.000 \\ 0.000 & -0.158 & 0.000 & -0.042 & 0.000 & 0.042 & 0.000 & 0.158 \\ -0.158 & -0.020 & -0.042 & 0.020 & 0.042 & 0.005 & 0.158 & -0.005 \end{bmatrix} \begin{Bmatrix} u_1 \\ w_1 \\ u_4 \\ w_4 \\ . \\ . \end{Bmatrix}$$

$[E]$ 행렬

$$\begin{Bmatrix} \sigma_r \\ \sigma_\theta \\ \sigma_z \\ \tau_{rz} \end{Bmatrix} [\text{GPa}] = \begin{bmatrix} 269 & 115 & 115 & 0 \\ 115 & 269 & 115 & 0 \\ 115 & 115 & 269 & 0 \\ 0 & 0 & 0 & 77 \end{bmatrix} \begin{Bmatrix} \epsilon_r \\ \epsilon_\theta \\ \epsilon_z \\ \gamma_{rz} \end{Bmatrix}$$

요소강성행렬 성분 $[B]^T[E][B]2\pi r|J|$

30,512	5,548	6,719	-3,131	-8,097	-1,486	-28,763	-930	
5,548	102,420	-5,440	26,866	-2,695	-27,443	-3,131	-101,843	
6,719	-5,440	3,972	-2,695	-1,588	1,458	-8,097	6,677	
-3,131	26,866	-2,695	7,776	515	-7,199	3,778	-27,443	
-8,097	-2,695	-1,588	515	2,227	722	7,728	1,458	
-1,486	-27,443	1,458	-7,199	722	7,353	839	27,289	
-28,763	-3,131	-8,097	3,778	7,728	839	29,232	-1,486	[kN/mm]
-930	-101,843	6,677	-27,443	1,458	27,289	-1,486	101,998	

요소 (1)의 나머지 수치적분점에서도 요소강성행렬 성분을 구하고 수치적분점 ①~④ 요소강성행렬 성분을 더하면

68,223	11,278	-62,553	1,611	34,762	3,222	-40,618	-16,111
11,278	226,759	-1,611	-224,946	-4,028	134,122	-20,138	-135,934
-62,553	-1,611	68,223	-11,278	-40,618	16,111	34,762	-3,222
1,611	-224,946	-11,278	226,759	20,138	-135,934	4,028	134,122
34,762	-4,028	-40,618	20,138	96,200	-24,972	-87,230	8,861
3,222	134,122	16,111	-135,934	-24,972	316,979	-8,861	-315,166
-40,618	-20,138	34,762	4,028	-87,230	-8,861	96,200	24,972
-16,111	-135,934	-3,222	134,122	8,861	-315,166	24,972	316,979

요소 (1) 수치적분점 ⑤ ξ=-0.577에서 r=40 mm

기울기는

$$\begin{Bmatrix} \dfrac{\partial r}{\partial \xi} \\ \dfrac{\partial z}{\partial \xi} \end{Bmatrix} = \begin{bmatrix} -0.500 & 0.000 & 0.500 & 0.000 \\ 0.000 & -0.500 & 0.000 & 0.500 \end{bmatrix} \begin{Bmatrix} r_1 \\ z_1 \\ r_2 \\ z_2 \end{Bmatrix} = \begin{Bmatrix} 0.000 \\ 2.500 \end{Bmatrix}$$

절점에 배분할 하중성분은

$$p\,[N]^T \begin{Bmatrix} 1 \\ 0 \end{Bmatrix} 2\pi r |J| = \begin{bmatrix} 0.789 & 0.000 \\ 0.000 & 0.789 \\ 0.211 & 0.000 \\ 0.000 & 0.211 \end{bmatrix} \begin{bmatrix} 1.000 \\ 0.000 \end{bmatrix} 2\pi * 40 * 2.5 = \begin{bmatrix} 496 \\ 0 \\ 133 \\ 0 \end{bmatrix}$$

요소 (1) 수치적분점 ⑥ ξ=0.577에서 r=40 mm

기울기는

$$\begin{Bmatrix} \dfrac{\partial r}{\partial \xi} \\ \dfrac{\partial z}{\partial \xi} \end{Bmatrix} = \begin{bmatrix} -0.500 & 0.000 & 0.500 & 0.000 \\ 0.000 & -0.500 & 0.000 & 0.500 \end{bmatrix} \begin{Bmatrix} r_1 \\ z_1 \\ r_2 \\ z_2 \end{Bmatrix} = \begin{Bmatrix} 0.000 \\ 2.500 \end{Bmatrix}$$

절점에 배분할 하중성분은

$$p\,[N]^T\begin{Bmatrix}1\\0\end{Bmatrix}2\pi r|J| = \begin{bmatrix}0.211 & 0.000\\0.000 & 0.211\\0.789 & 0.000\\0.000 & 0.789\end{bmatrix}\begin{bmatrix}1.000\\0.000\end{bmatrix}2\pi^{*}40^{*}2.5 = \begin{bmatrix}133\\0\\496\\0\end{bmatrix}$$

요소 (1)의 수치적분점 ⑤~⑥ 하중 성분을 더하면

$$\begin{bmatrix}628\\0\\628\\0\end{bmatrix}$$

요소강성행렬과 하중성분을 재배치하면

1		2		3		4		u, w	F_x, F_z	
68,223	11,278	-62,553	1,611	34,762	3,222	-40,618	-16,111		628	1
11,278	226,759	-1,611	-224,946	-4,028	134,122	-20,138	-135,934	0	0	
-62,553	-1,611	68,223	-11,278	-40,618	16,111	34,762	-3,222		628	2
1,611	-224,946	-11,278	226,759	20,138	-135,934	4,028	134,122		0	
34,762	-4,028	-40,618	20,138	96,200	-24,972	-87,230	8,861			3
3,222	134,122	16,111	-135,934	-24,972	316,979	-8,861	-315,166	0		
-40,618	-20,138	34,762	4,028	-87,230	-8,861	96,200	24,972			4
-16,111	-135,934	-3,222	134,122	8,861	-315,166	24,972	316,979			

변위가 지정된 2, 6 행과 열을 고쳐 $\{u\}=[K]^{-1}\{f\}$로 변위를 구한다.

1		2		3		4		u, w	F_x, F_z	
68,223	0	-62,553	1,611	34,762	0	-40,618	-16,111	0.359	628	1
0	1	0	0	0	0	0	0	0.000	0	
-62,553	0	68,223	-11,278	-40,618	0	34,762	-3,222	0.359	628	2
1,611	0	-11,278	226,759	20,138	0	4,028	134,122	-0.011	0	
34,762	0	-40,618	20,138	96,200	0	-87,230	8,861	0.250	0	3
0	0	0	0	0	1	0	0	0.000	0	
-40,618	0	34,762	4,028	-87,230	0	96,200	24,972	0.249	0	4
-16,111	0	-3,222	134,122	8,861	0	24,972	316,979	0.000	0	

내압 p_i를 받는 후벽원통의 반경방향 변위 u_r은

$$u=\frac{(1+\nu)(1-2\nu)}{E}\frac{p_i r_i^2}{r_o^2-r_i^2}r+\frac{(1+\nu)}{E}\frac{p_i r_i^2 r_o^2}{r_o^2-r_i^2}\frac{1}{r}$$

p_i=1 GPa, r_i=40 mm, r_o=80 mm를 대입하여 구한 이론값과 비교하면

Radial displacement u_r(mm)

r(mm)	Finite Elements	Theoretical
40	0.359	0.381
80	0.250	0.243

내압 p_i을 받는 후벽원통의 응력은

$$\sigma_r = \frac{p_i r_i^2}{r_o^2 - r_i^2}\left(1 - \frac{r_o^2}{r^2}\right)$$

$$\sigma_\theta = \frac{p_i r_i^2}{r_o^2 - r_i^2}\left(1 + \frac{r_o^2}{r^2}\right)$$

$p_i = 1$ GPa, r_i=40 mm, r_o=80 mm를 대입하여 구한 이론값과 비교하면

r(mm)	Stress σ_r(GPa) Finite Elements	Stress σ_r(GPa) Theory	Stress σ_θ(GPa) Finite Elements	Stress σ_θ(GPa) Theory	Stress $\tau_{r\theta}$(GPa) Finite Elements	Stress $\tau_{r\theta}$(GPa) Theory
48.45	-0.14	-0.58	1.34	1.24	0.00	0.00
71.55	-0.35	-0.08	0.66	0.75	0.00	0.00

[예제-내압 후벽원통] 다음과 같이 반경방향으로 더 분할하여 그 결과를 이론값과 비교하시오.

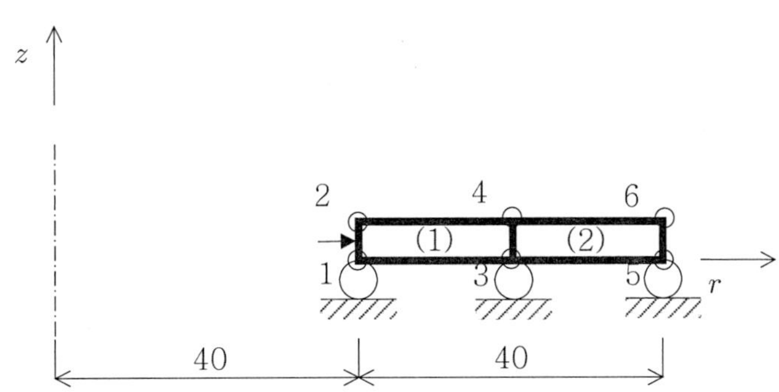

(풀이) 요소강성행렬을 조합하여 전체강성행렬 $[K]$. 절점 1 $w_1 = 0$, 절점 3 $w_3 = 0$, 절점 5 $w_5 = 0$, 절점 1 F_{r1}=628, 절점 2 F_{r2}=628을 입력한다.

1		2		3		4		5		6		u, w	F_r, F_z	
35,259	11,680	-25,870	-403	9,253	2,819	-19,540	-14,097	0	0	0	0		628	1
11,680	103,511	403	-100,491	-3,222	54,374	-16,111	-57,394	0	0	0	0	0	0	
-25,870	403	35,259	-11,680	-19,540	14,097	9,253	-2,819	0	0	0	0		628	2
-403	-100,491	-11,680	103,511	16,111	-57,394	3,222	54,374	0	0	0	0		0	
9,253	-3,222	-19,540	16,111	94,880	-806	-68,557	4,028	12,822	4,028	-27,421	-20,138		0	3
2,819	54,374	14,097	-57,394	-806	275,494	-4,028	-268,244	-4,430	76,123	-22,152	-80,352	0	0	
-19,540	-16,111	9,253	3,222	-68,557	-4,028	94,880	806	-27,421	20,138	12,822	-4,028		0	4
-14,097	-57,394	-2,819	54,374	4,028	-268,244	806	275,494	22,152	-80,352	4,430	76,123		0	
0	0	0	0	12,822	-4,430	-27,421	22,152	59,659	-24,569	-42,669	6,847		0	5
0	0	0	0	4,028	76,123	20,138	-80,352	-24,569	171,982	-6,847	-167,753	0	0	
0	0	0	0	-27,421	-22,152	12,822	4,430	-42,669	-6,847	59,659	24,569		0	6
0	0	0	0	-20,138	-80,352	-4,028	76,123	6,847	-167,753	24,569	171,982		0	

변위가 지정된 2, 6, 10 행과 열을 고쳐 $\{u\}=[K]^{-1}\{f\}$ 변위를 구한다.

1		2		3		4		5		6		u, w	F_r, F_z	
35,259	0	-25,870	-403	9,253	0	-19,540	-14,097	0	0	0	0	0.381	628	1
0	1	0	0	0	0	0	0	0	0	0	0	0.000	0	
-25,870	0	35,259	-11,680	-19,540	0	9,253	-2,819	0	0	0	0	0.380	628	2
-403	0	-11,680	103,511	16,111	0	3,222	54,374	0	0	0	0	-0.009	0	
9,253	0	-19,540	16,111	94,880	0	-68,557	4,028	12,822	0	-27,421	-20,138	0.295	0	3
0	0	0	0	0	1	0	0	0	0	0	0	0.000	0	
-19,540	0	9,253	3,222	-68,557	0	94,880	806	-27,421	0	12,822	-4,028	0.294	0	4
-14,097	0	-2,819	54,374	4,028	0	806	275,494	22,152	0	4,430	76,123	-0.004	0	
0	0	0	0	12,822	0	-27,421	22,152	59,659	0	-42,669	6,847	0.260	0	5
0	0	0	0	0	0	0	0	0	1	0	0	0.000	0	
0	0	0	0	-27,421	0	12,822	4,430	-42,669	0	59,659	24,569	0.260	0	6
0	0	0	0	-20,138	0	-4,028	76,123	6,847	0	24,569	171,982	-0.004	0	

내압 p_i를 받는 후벽원통의 반경방향 변위 u_r은

$$u=\frac{(1+\nu)(1-2\nu)}{E}\frac{p_i r_i^2}{r_o^2-r_i^2}r+\frac{(1+\nu)}{E}\frac{p_i r_i^2 r_o^2}{r_o^2-r_i^2}\frac{1}{r}$$

p_i=1 GPa, r_i=40 mm, r_o=80 mm를 대입하여 구한 이론값과 비교하면

Radial displacement u_r(mm)

r(mm)	Finite Elements	Theoretical
40	0.381	0.381
80	0.260	0.243

내압 p_i를 받는 후벽원통의 응력은

$$\sigma_r=\frac{p_i r_i^2}{r_o^2-r_i^2}\left(1-\frac{r_o^2}{r^2}\right)$$

$$\sigma_\theta = \frac{p_i r_i^2}{r_o^2 - r_i^2}\left(1 + \frac{r_o^2}{r^2}\right)$$

p_i=1 GPa, r_i=40 mm, r_o=80 mm를 대입하여 구한 이론값과 비교하면

r(mm)	Stress σ_r(GPa) Finite Elements	Stress σ_r(GPa) Theory	Stress σ_θ(GPa) Finite Elements	Stress σ_θ(GPa) Theory	Stress $\tau_{r\theta}$(GPa) Finite Elements	Stress $\tau_{r\theta}$(GPa) Theory
44.23	-0.39	-0.76	1.54	1.42	0.04	0.00
55.77	-0.63	-0.35	0.90	1.02	-0.12	0.00
64.23	-0.04	-0.18	0.91	0.85	0.10	0.00
75.77	-0.16	-0.04	0.65	0.71	-0.02	0.00

[예제-회전 후벽원통] n=1,800 rpm으로 회전하는 후벽원통(내경 80 mm, 외경 160 mm)의 반경방향 변위와 σ_r, σ_θ, $\tau_{r\theta}$를 구하시오. E=200 GPa, ν=0.3. 강의 밀도는 ρ=7.8e-6 kg/mm^3 각속도는 $\omega = \frac{2\pi * 1,800}{60} = 188$ rad/s

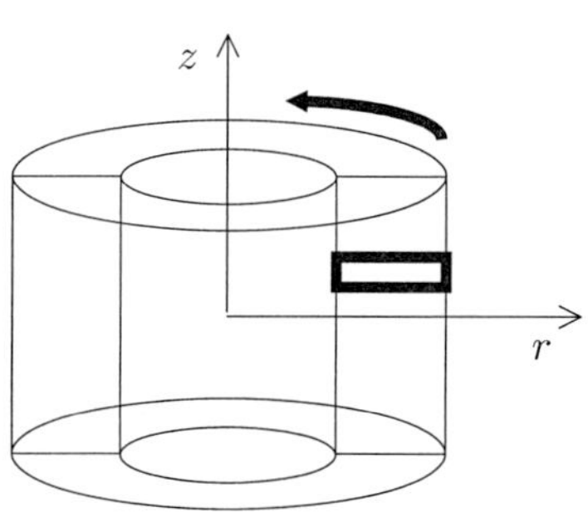

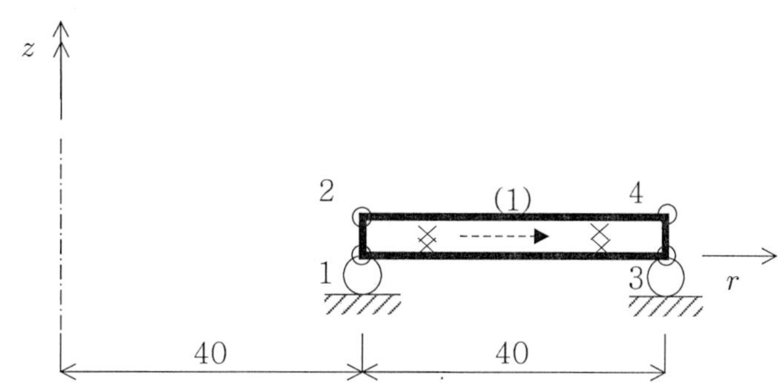

(풀이)

z축에 관하여 회전할 때 r, z 방향 원심력 성분은

$$\{F\} = \rho r \omega^2 \begin{Bmatrix} 1 \\ 0 \end{Bmatrix}$$

절점에 배분할 요소의 원심력 성분은

$$\int_V [N]^T \{F\} \, dV = \rho \omega^2 \int_V [N]^T \begin{Bmatrix} r \\ 0 \end{Bmatrix} dV$$

$$= \rho \omega^2 \int_{-1}^{+1} \int_{-1}^{+1} [N]^T \begin{Bmatrix} r \\ 0 \end{Bmatrix} 2\pi r |J| \, d\xi \, d\eta$$

$$= \rho \omega^2 \sum_{i=1}^{2} \sum_{j=1}^{2} [N]^T \begin{Bmatrix} r \\ 0 \end{Bmatrix} 2\pi r |J|$$

수치적분점 ① ξ=-0.577, η=-0.577과 ② ξ=-0.577, η=0.577에서

$$\rho r \omega^2 [N]^T \begin{Bmatrix} 1 \\ 0 \end{Bmatrix} 2\pi r |J| = \begin{bmatrix} 127 \\ 0 \\ 34 \\ 0 \\ 9 \\ 0 \\ 34 \\ 0 \end{bmatrix} \text{와} \begin{bmatrix} 34 \\ 0 \\ 9 \\ 0 \\ 34 \\ 0 \\ 127 \\ 0 \end{bmatrix}$$

수치적분점 ③ ξ=0.577, η=-0.577과 ④ ξ=0.577, η=0.577에서

$$\rho r \omega^2 [N]^T \begin{Bmatrix} 1 \\ 0 \end{Bmatrix} 2\pi r |J| = \begin{bmatrix} 74 \\ 0 \\ 277 \\ 0 \\ 74 \\ 0 \\ 20 \\ 0 \end{bmatrix} \text{와} \begin{bmatrix} 20 \\ 0 \\ 74 \\ 0 \\ 277 \\ 0 \\ 74 \\ 0 \end{bmatrix}$$

수치적분점 ①~④ 원심력 성분을 더하고 국부절점 1-3-4-2에 대한 것을 전체절점 1-2-3-4에 대한 것으로 재배치하면

255	1
0	
255	2
0	
395	3
0	
395	4
0	

전체강성행렬과 변위, 하중경계조건은

1		2		3		4		{u, w}	$\{F_r, F_z\}$	
68,223	11,278	-62,553	1,611	34,762	3,222	-40,618	-16,111		255	1
11,278	226,759	-1,611	-224,946	-4,028	134,122	-20,138	-135,934	0	0	
-62,553	-1,611	68,223	-11,278	-40,618	16,111	34,762	-3,222		255	2
1,611	-224,946	-11,278	226,759	20,138	-135,934	4,028	134,122		0	
34,762	-4,028	-40,618	20,138	96,200	-24,972	-87,230	8,861		395	3
3,222	134,122	16,111	-135,934	-24,972	316,979	-8,861	-315,166	0	0	
-40,618	-20,138	34,762	4,028	-87,230	-8,861	96,200	24,972		395	4
-16,111	-135,934	-3,222	134,122	8,861	-315,166	24,972	316,979		0	

다음과 같이 변환하여 풀면

1		2		3		4		{u, w}	$\{F_r, F_z\}$	
68,223	0	-62,553	1,611	34,762	0	-40,618	-16,111	0.303	255	1
0	1	0	0	0	0	0	0	0.000	0	
-62,553	0	68,223	-11,278	-40,618	0	34,762	-3,222	0.302	255	2
1,611	0	-11,278	226,759	20,138	0	4,028	134,122	-0.013	0	
34,762	0	-40,618	20,138	96,200	0	-87,230	8,861	0.268	395	3
0	0	0	0	0	1	0	0	0.000	0	
-40,618	0	34,762	4,028	-87,230	0	96,200	24,972	0.267	395	4
-16,111	0	-3,222	134,122	8,861	0	24,972	316,979	-0.005	0	

Displacements u(μm)

r(mm)	Finite Elements	Theoretical
40	0.303	0.308
80	0.268	0.270

요소 (1)의 적분점 ①의 좌표 r, z는

$$\begin{Bmatrix} r \\ z \end{Bmatrix} = \begin{bmatrix} 48.453 \\ 1.057 \end{bmatrix}$$

응력은

$$\begin{Bmatrix} \sigma_r \\ \sigma_\theta \\ \sigma_z \\ \tau_{rz} \end{Bmatrix} = \begin{bmatrix} 269 & 115 & 115 & 0 \\ 115 & 269 & 115 & 0 \\ 115 & 115 & 269 & 0 \\ 0 & 0 & 0 & 77 \end{bmatrix}$$

$$\begin{bmatrix} -0.020 & 0.000 & 0.020 & 0.000 & 0.005 & 0.000 & -0.005 & 0.000 \\ 0.013 & 0.000 & 0.003 & 0.000 & 0.001 & 0.000 & 0.003 & 0.000 \\ 0.000 & -0.158 & 0.000 & -0.042 & 0.000 & 0.042 & 0.000 & 0.158 \\ -0.158 & -0.020 & -0.042 & 0.020 & 0.042 & 0.005 & 0.158 & -0.005 \end{bmatrix} \begin{Bmatrix} u_1 \\ v_1 \\ u_3 \\ v_3 \\ \cdot \\ \cdot \end{Bmatrix}$$

$$= \begin{bmatrix} 0.211 \\ 1.283 \\ 0.001 \\ -0.005 \end{bmatrix}$$

요소 (1)의 적분점 ③의 좌표 r, z는

$$\begin{Bmatrix} r \\ z \end{Bmatrix} = \begin{bmatrix} 71.547 \\ 1.057 \end{bmatrix}$$

응력은

$$\begin{Bmatrix} \sigma_r \\ \sigma_\theta \\ \sigma_z \\ \tau_{rz} \end{Bmatrix} = \begin{bmatrix} 269 & 115 & 115 & 0 \\ 115 & 269 & 115 & 0 \\ 115 & 115 & 269 & 0 \\ 0 & 0 & 0 & 77 \end{bmatrix}$$

$$\begin{bmatrix} -0.020 & 0.000 & 0.020 & 0.000 & 0.005 & 0.000 & -0.005 & 0.000 \\ 0.002 & 0.000 & 0.009 & 0.000 & 0.002 & 0.000 & 0.001 & 0.000 \\ 0.000 & -0.042 & 0.000 & -0.158 & 0.000 & 0.158 & 0.000 & 0.042 \\ -0.042 & -0.020 & -0.158 & 0.020 & 0.158 & 0.005 & 0.042 & -0.005 \end{bmatrix} \begin{Bmatrix} u_1 \\ v_1 \\ u_3 \\ v_3 \\ \cdot \\ \cdot \end{Bmatrix}$$

$$= \begin{bmatrix} 0.062 \\ 0.788 \\ 0.000 \\ -0.005 \end{bmatrix}$$

	Stress σ_r(GPa)		Stress σ_θ(GPa)		Stress $\tau_{r\theta}$(GPa)	
r(mm)	Finite Elements	Theory	Finite Elements	Theory	Finite Elements	Theory
48.45	0.21	0.15	1.28	1.26	-0.01	0.00
71.55	0.06	0.10	0.79	0.81	-0.01	0.00

-- ■

[예제-회전 후벽원통] 다음과 같이 반경방향으로 더 분할하여 그 결과를 이론값과 비교하시오.

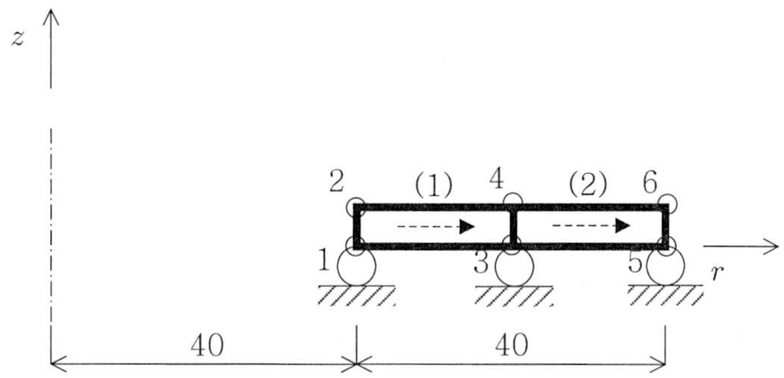

(풀이) 요소강성행렬을 조합하여 전체강성행렬 $[K]$. 절점 1 $w_1=0$, 절점 3 $w_3=0$, 절점 5 $w_5=0$, 절점 1 F_{r1}=628, 절점 2 F_{r2}=628을 입력한다.

1		2		3		4		5		6		{u, w}	F_r, F_z	
35,259	11,680	-25,870	-403	9,253	2,819	-19,540	-14,097	0	0	0	0		96	1
11,680	103,511	403	-100,491	-3,222	54,374	-16,111	-57,394	0	0	0	0	0	0	
-25,870	403	35,259	-11,680	-19,540	14,097	9,253	-2,819	0	0	0	0		96	2
-403	-100,491	-11,680	103,511	16,111	-57,394	3,222	54,374	0	0	0	0		0	
9,253	-3,222	-19,540	16,111	94,880	-806	-68,557	4,028	12,822	4,028	-27,421	-20,138		319	3
2,819	54,374	14,097	-57,394	-806	275,494	-4,028	-268,244	-4,430	76,123	-22,152	-80,352	0	0	
-19,540	-16,111	9,253	3,222	-68,557	-4,028	94,880	806	-27,421	20,138	12,822	-4,028		319	4
-14,097	-57,394	-2,819	54,374	4,028	-268,244	806	275,494	22,152	-80,352	4,430	76,123		0	
0	0	0	0	12,822	-4,430	-27,421	22,152	59,659	-24,569	-42,669	6,847		235	5
0	0	0	0	4,028	76,123	20,138	-80,352	-24,569	171,982	-6,847	-167,753	0	0	
0	0	0	0	-27,421	-22,152	12,822	4,430	-42,669	-6,847	59,659	24,569		235	6
0	0	0	0	-20,138	-80,352	-4,028	76,123	6,847	-167,753	24,569	171,982		0	

변위가 지정된 2, 6, 10 행과 열을 고쳐 $\{u\}=[K]^{-1}\{f\}$로 변위를 구한다.

1		2		3		4		5		6		{u, w}	$\{F_r, F_z\}$	
35,259	0	-25,870	-403	9,253	0	-19,540	-14,097	0	0	0	0	0.305	96	1
0	1	0	0	0	0	0	0	0	0	0	0	0.000	0	
-25,870	0	35,259	-11,680	-19,540	0	9,253	-2,819	0	0	0	0	0.305	96	2
-403	0	-11,680	103,511	16,111	0	3,222	54,374	0	0	0	0	-0.013	0	
9,253	0	-19,540	16,111	94,880	0	-68,557	4,028	12,822	0	-27,421	-20,138	0.284	319	3
0	0	0	0	0	1	0	0	0	0	0	0	0.000	0	
-19,540	0	9,253	3,222	-68,557	0	94,880	806	-27,421	0	12,822	-4,028	0.283	319	4
-14,097	0	-2,819	54,374	4,028	0	806	275,494	22,152	0	4,430	76,123	-0.008	0	
0	0	0	0	12,822	0	-27,421	22,152	59,659	0	-42,669	6,847	0.269	235	5
0	0	0	0	0	0	0	0	0	1	0	0	0.000	0	
0	0	0	0	-27,421	0	12,822	4,430	-42,669	0	59,659	24,569	0.269	235	6
0	0	0	0	-20,138	0	-4,028	76,123	6,847	0	24,569	171,982	-0.006	0	

이론값과 비교하면

Radial displacement u_r(mm)

r(mm)	Finite Elements	Theoretical
40	0.305	0.308
80	0.269	0.270

	Stress σ_r(GPa)		Stress σ_θ(GPa)		Stress $\tau_{r\theta}$(GPa)	
r(mm)	Finite Elements	Theory	Finite Elements	Theory	Finite Elements	Theory
44.23	0.21	0.09	1.43	1.38	0.01	0.00
55.77	0.09	0.18	1.06	1.09	-0.02	0.00
64.23	0.13	0.16	0.92	0.93	0.02	0.00
75.77	0.08	0.05	0.74	0.74	-0.00	0.00

--■

[예제-후벽원통 끼워맞춤] 20°C인 후벽원통을 가열하여 120°C로 100°C 만큼 높여 내경 80 mm, 외경 160 mm이 되게 하여 20°C인 외경 80 mm인 원봉에 끼웠다. 후벽원통이 20°C로 냉각하여 수축할 때 접촉압력 p를 구하시오. E=200 GPa, ν=0.3, α=12e-6 mm/(mm °C). 요소의 축방향 길이는 5 mm이다.

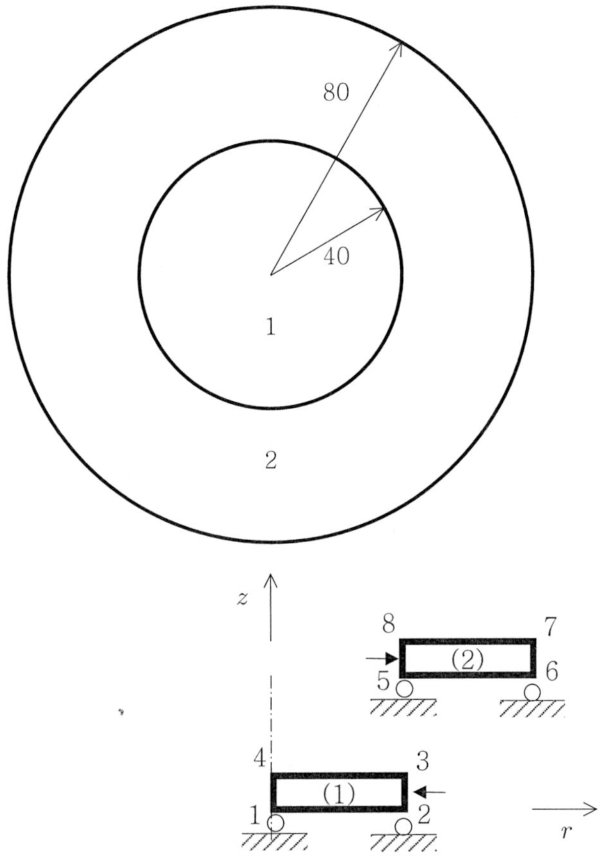

(풀이) 원봉이 없다면 후벽원통의 내반경은 $\alpha r_i T$=12e-6*40*100=0.048 mm만큼 감소할 것이다. 그러나, 원통이 있으면 저항을 받아 후벽원통은 0.048 mm 감소하지 못하고, 그 만큼 원봉의 외반경이 감소할 것이다.

원봉의 외표면에 작용하는 접촉압력과 후벽원통의 내표면에 작용하는 접촉압력의 크기는 같고 방향은 반대이다. 일단 접촉압력 p=1 GPa을 작용할 때 원봉과 후벽원통 각각 1개의 축대칭 유한요소를 사용하여 반경방향 변위를 구한다.

원봉에 대하여 절점 1 변위 $w_1=0$, 절점 2 변위 $w_2=0$, 절점 2에 외력 F_{r2}=-628 N, 절점 3에 외력 F_{r3}=-628 N을 입력한다.

1		2		3		4		{u, w}	{f}	
17,319	-806	12,889	806	-12,889	-4,028	-10,673	4,028			1
-806	45,513	-1,611	44,707	-8,055	-45,311	-4,028	-44,909	0		
12,889	-1,611	42,693	-12,889	-36,652	6,444	-12,889	8,055		-628	2
806	44,707	-12,889	135,733	-6,444	-135,129	4,028	-45,311	0	0	
-12,889	-8,055	-36,652	-6,444	42,693	12,889	12,889	1,611		-628	3
-4,028	-45,311	6,444	-135,129	12,889	135,733	-806	44,707		0	
-10,673	-4,028	-12,889	4,028	12,889	-806	17,319	806			4
4,028	-44,909	8,055	-45,311	1,611	44,707	806	45,513			

변위가 지정된 2, 4 행과 열을 고쳐 $\{u\}=[K]^{-1}\{f\}$로 변위를 구한다.

1		2		3		4		{u, w}	{f}	
17,319	0	12,889	0	-12,889	-4,028	-10,673	4,028	0.000	0	1
0	1	0	0	0	0	0	0	0.000	0	
12,889	0	42,693	0	-36,652	6,444	-12,889	8,055	-0.140	-628	2
0	0	0	1	0	0	0	0	0.000	0	
-12,889	0	-36,652	0	42,693	12,889	12,889	1,611	-0.140	-628	3
-4,028	0	6,444	0	12,889	135,733	-806	44,707	0.015	0	
-10,673	0	-12,889	0	12,889	-806	17,319	806	0.000	0	4
4,028	0	8,055	0	1,611	44,707	806	45,513	0.015	0	

후벽원통에 대하여 절점 5 변위 $w_5=0$, 절점 6 변위 $w_6=0$, 절점 6에 외력 F_{r6}=628 N, 절점 7에 외력 F_{r7}=628 N을 입력한다.

5		6		7		8		{u, w}	{f}	
68,223	11,278	34,762	3,222	-40,618	-16,111	-62,553	1,611		628	1
11,278	226,759	-4,028	134,122	-20,138	-135,934	-1,611	-224,946	0	0	
34,762	-4,028	96,200	-24,972	-87,230	8,861	-40,618	20,138			2
3,222	134,122	-24,972	316,979	-8,861	-315,166	16,111	-135,934	0		
-40,618	-20,138	-87,230	-8,861	96,200	24,972	34,762	4,028			3
-16,111	-135,934	8,861	-315,166	24,972	316,979	-3,222	134,122			
-62,553	-1,611	-40,618	16,111	34,762	-3,222	68,223	-11,278		628	4
1,611	-224,946	20,138	-135,934	4,028	134,122	-11,278	226,759		0	

변위가 지정된 2, 4 행과 열을 고쳐 $\{u\}=[K]^{-1}\{f\}$로 변위를 구한다.

5		6		7		8		{u, w}	{f}	
68,223	0	34,762	0	-40,618	-16,111	-62,553	1,611	0.359	628	1
0	1	0	0	0	0	0	0	0.000	0	
34,762	0	96,200	0	-87,230	8,861	-40,618	20,138	0.250	0	2
0	0	0	1	0	0	0	0	0.000	0	
-40,618	0	-87,230	0	96,200	24,972	34,762	4,028	0.249	0	3
-16,111	0	8,861	0	24,972	316,979	-3,222	134,122	0.000	0	
-62,553	0	-40,618	0	34,762	-3,222	68,223	-11,278	0.359	628	4
1,611	0	20,138	0	4,028	134,122	-11,278	226,759	-0.011	0	

절점 2의 변위는 u_2=-0.140 mm, 절점 5의 변위는 u_5=0.360 mm이므로 u_2-u_5=-0.500 mm. 이것을 -0.048 mm에 맞게 하려면 접촉압력이 0.048/0.500=0.096 GPa이어야 한다.

다음은 이 접촉압력에 대하여 CATIA 구조해석모듈로 구한 변위 u분포이다.

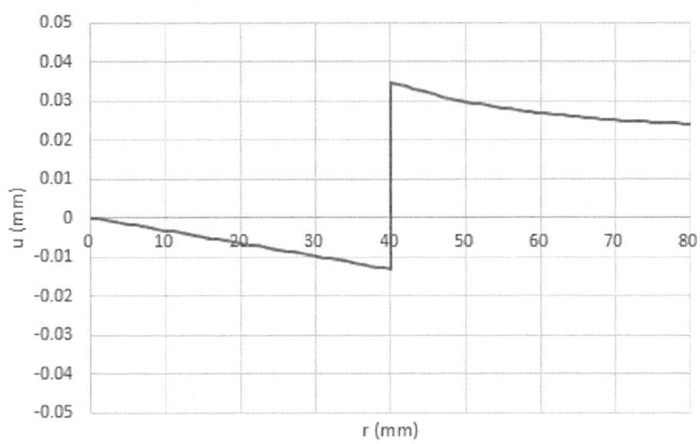

원봉에 대하여

요소 (1) 수치적분점 ① r=8.453 mm에서

σ_r	-0.096	
σ_θ	-0.096	
σ_z	0.000	
τ_{rz}	0.000	[GPa]

요소 (1) 수치적분점 ② r=31.547 mm에서

σ_r	-0.096	
σ_θ	-0.096	
σ_z	0.000	
τ_{rz}	0.000	[GPa]

후벽원통에 대하여

요소 (2) 수치적분점 ① r=48.453 mm에서

σ_r	-0.014	
σ_θ	0.129	
σ_z	0.000	
τ_{rz}	-0.001	[GPa]

요소 (2) 수치적분점 ② r=71.547 mm에서

σ_r	-0.034	
σ_θ	0.063	
σ_z	0.000	[GPa]
τ_{rz}	-0.001	

다음은 이 접촉압력에 대하여 CATIA 구조해석모듈로 구한 응력 σ_r, σ_θ분포이다.

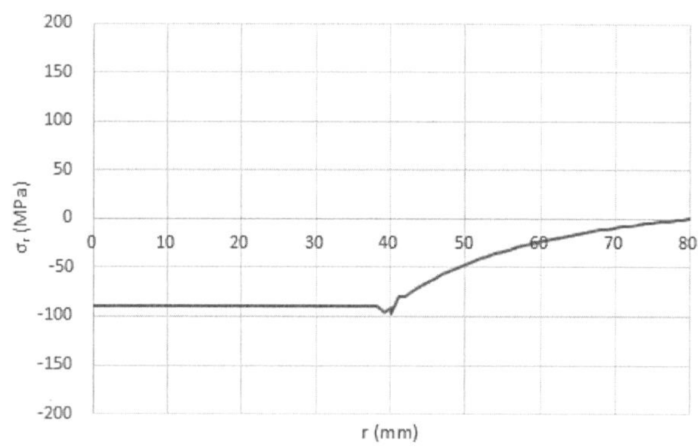

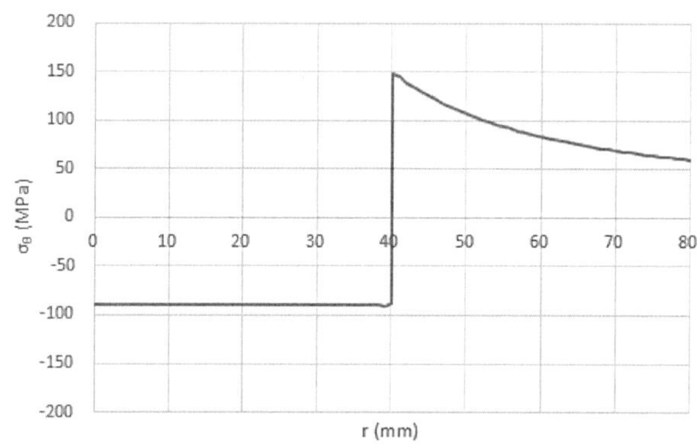

[예제-축 응력집중] 곡률반경 10 mm인 홈을 판 축에 인장응력 100 MPa이 작용할 때 홈 주위의 응력을 구하시오.

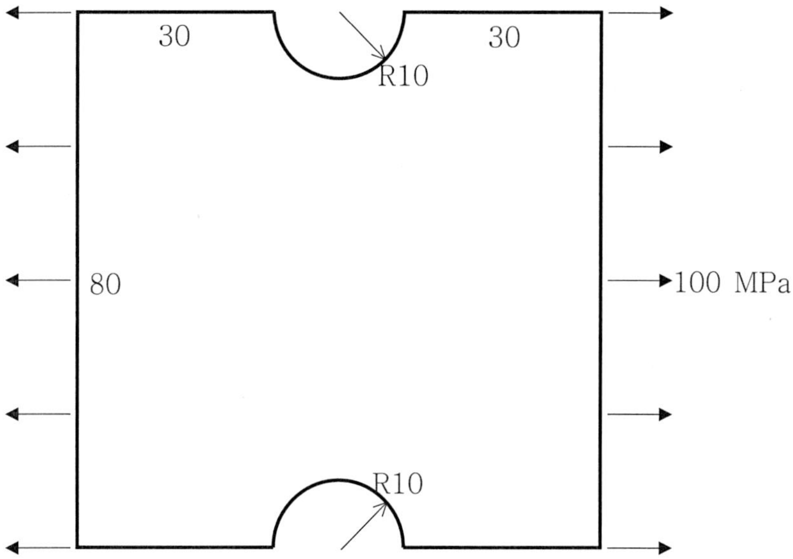

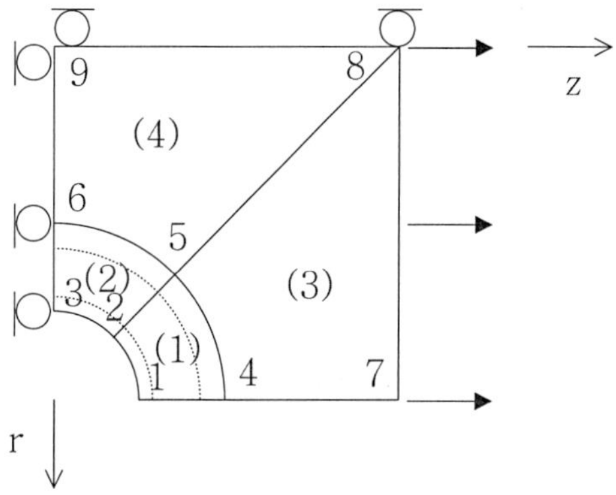

(풀이)

전체강성행렬과 변위, 하중조건은

1		2		3		4		5		6		7		8		9		{u,v}	{Fx,Fy}	
41,589	-12,003	-14,778	-9,157	0	0	-1,166	12,034	-19,869	9,127	0	0	0	0	0	0	0	0			1
-12,003	28,160	-4,039	-1,010	0	0	5,064	-19,741	8,415	-7,408	0	0	0	0	0	0	0	0			
-14,778	-4,039	58,629	8,311	-822	-8,519	-4,563	-5,652	-15,242	15,135	-17,015	-5,235	0	0	0	0	0	0			2
-9,157	-1,010	8,311	56,339	-2,998	-12,291	-7,076	-21,122	12,114	-18,104	-4,818	-3,811	0	0	0	0	0	0			
0	0	-822	-2,998	22,378	-8,928	0	0	-4,937	7,113	-12,597	4,812	0	0	0	0	0	0			3
0	0	-8,519	-12,291	-8,928	28,966	0	0	5,811	-15,229	6,948	-1,446	0	0	0	0	0	0	0		
-1,166	5,064	-4,563	-7,076	0	0	51,634	868	-20,548	-14,358	0	0	2,821	9,175	-8,120	6,327	0	0			4
12,034	-19,741	-5,652	-21,122	0	0	868	58,628	-11,043	4,454	0	0	-1,110	-19,096	4,903	-3,124	0	0			
-19,869	8,415	-15,242	12,114	-4,937	5,811	-20,548	-11,043	95,266	1,614	4,925	-12,837	-7,380	-6,328	12,679	7,034	-4,452	-4,780			5
9,127	-7,408	15,135	-18,104	7,113	-15,229	-14,358	4,454	1,614	81,270	-6,501	-15,084	-10,356	-20,121	992	-5,787	-2,766	-3,990			
0	0	-17,015	-4,818	-12,597	6,948	0	0	4,925	-6,501	40,542	-127	0	0	4,258	3,150	5,756	1,347			6
0	0	-5,235	-3,811	4,812	-1,446	0	0	-12,837	-15,084	-127	24,012	0	0	546	-4,566	1,965	895	0		
0	0	0	0	0	0	2,821	-1,110	-7,380	-10,356	0	0	26,115	14,249	-2,205	-2,783	0	0		0	7
0	0	0	0	0	0	9,175	-19,096	-6,328	-20,121	0	0	14,249	34,804	-2,596	4,412	0	0		3,351	
0	0	0	0	0	0	-8,120	4,903	12,679	992	4,258	546	-2,205	-2,596	46,565	-207	12,337	-3,639	0	0	8
0	0	0	0	0	0	6,327	-3,124	7,034	-5,787	3,150	-4,566	-2,783	4,412	-207	10,473	978	-1,409		1,676	
0	0	0	0	0	0	0	0	-4,452	-2,766	5,756	1,965	0	0	12,337	978	29,525	-177	0		9
0	0	0	0	0	0	0	0	-4,780	-3,990	1,347	895	0	0	-3,639	-1,409	-177	4,504	0		

다음과 같이 변환하여 풀면

1		2		3		4		5		6		7		8		9		{u, v}	{Fx,Fy}	
41,589	-12,003	-14,778	-9,157	0	0	-1,166	12,034	-19,869	9,127	0	0	0	0	0	0	0	0	-0.047	0	1
-12,003	28,160	-4,039	-1,010	0	0	5,064	-19,741	8,415	-7,408	0	0	0	0	0	0	0	0	0.147	0	
-14,778	-4,039	58,629	8,311	-822	0	-4,563	-5,652	-15,242	15,135	-17,015	0	0	0	0	0	0	0	-0.047	0	2
-9,157	-1,010	8,311	56,339	-2,998	0	-7,076	-21,122	12,114	-18,104	-4,818	0	0	0	0	0	0	0	0.095	0	
0	0	-822	-2,998	22,378	0	0	0	-4,937	7,113	-12,597	0	0	0	0	0	0	0	-0.039	0	3
0	0	0	0	0	1	0	0	0	0	0	0	0	0	0	0	0	0	0.000	0	
-1,166	5,064	-4,563	-7,076	0	0	51,634	868	-20,548	-14,358	0	0	2,821	9,175	0	6,327	0	0	-0.067	0	4
12,034	-19,741	-5,652	-21,122	0	0	868	58,628	-11,043	4,454	0	0	-1,110	-19,096	0	-3,124	0	0	0.169	0	
-19,869	8,415	-15,242	12,114	-4,937	0	-20,548	-11,043	95,266	1,614	4,925	0	-7,380	-6,328	0	7,034	0	0	-0.044	0	5
9,127	-7,408	15,135	-18,104	7,113	0	-14,358	4,454	1,614	81,270	-6,501	0	-10,356	-20,121	0	-5,787	0	0	0.100	0	
0	0	-17,015	-4,818	-12,597	0	0	0	4,925	-6,501	40,542	0	0	0	0	3,150	0	0	-0.015	0	6
0	0	0	0	0	0	0	0	0	0	0	1	0	0	0	0	0	0	0.000	0	
0	0	0	0	0	0	2,821	-1,110	-7,380	-10,356	0	0	26,115	14,249	0	-2,783	0	0	-0.079	0	7
0	0	0	0	0	0	9,175	-19,096	-6,328	-20,121	0	0	14,249	34,804	0	4,412	0	0	0.263	3,351	
0	0	0	0	0	0	0	0	0	0	0	0	0	0	1	0	0	0	0.000	0	8
0	0	0	0	0	0	6,327	-3,124	7,034	-5,787	3,150	0	-2,783	4,412	0	10,473	0	0	0.209	1,676	
0	0	0	0	0	0	0	0	0	0	0	0	0	0	0	0	1	0	0.000	0	9
0	0	0	0	0	0	0	0	0	0	0	0	0	0	0	0	0	1	0.000	0	

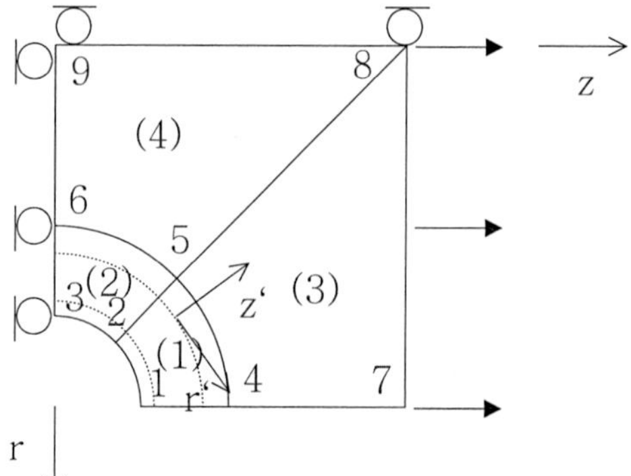

요소 (1)과 (2) 수치적분점 ①~④에서 응력 σ_r, σ_z, τ_{rz}를 구하고 $\sigma_\theta(=\sigma_{r'})$울

구하면

r(mm)	θ(deg)	σ_θ(GPa)
11.51	9.1	0.286
	35.9	0.803
	54.1	1.868
	80.9	2.435
16.99	9.1	-0.002
	35.9	0.417
	54.1	1.072
	80.9	1.576

다음은 CATIA 구조해석모듈로 구한 응력 σ_θ 분포이다.

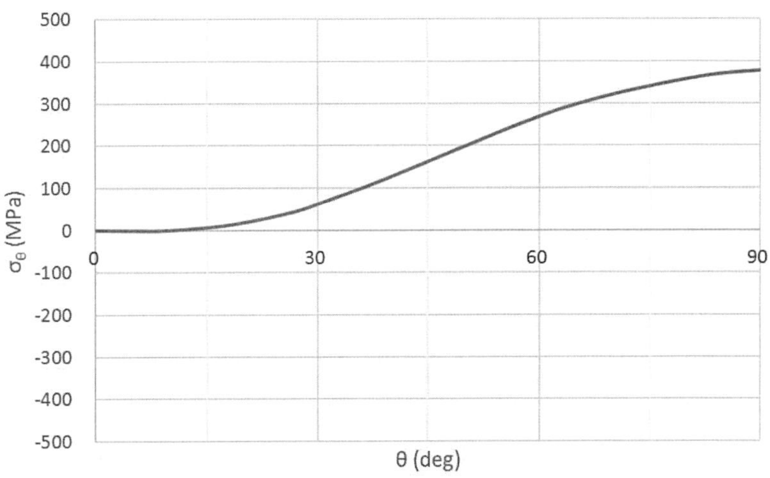

다음은 축대칭 shell 요소이다.

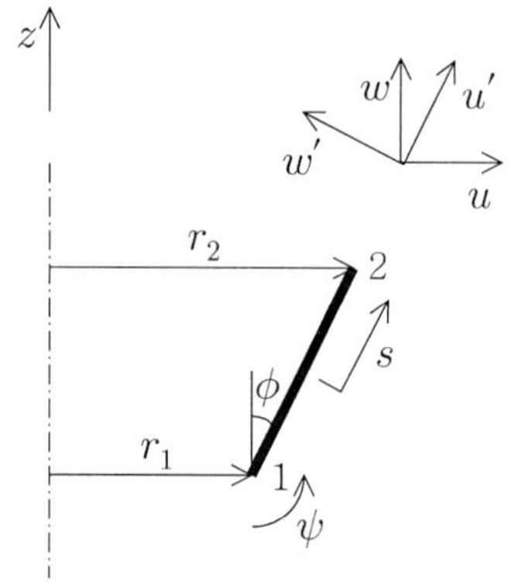

축대칭 shell 요소

반경방향 변위와 축방향 변위를 요소 종방향과 횡방향 변위로 변환하면

$$\begin{Bmatrix} u' \\ w' \end{Bmatrix} = \begin{bmatrix} \sin\theta & \cos\theta \\ -\cos\theta & \sin\theta \end{bmatrix} \begin{Bmatrix} u \\ w \end{Bmatrix}$$

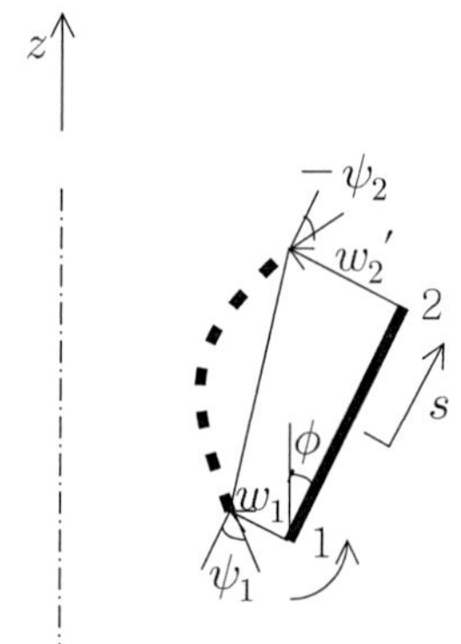

측방향 변위 w'과 회전 ψ 그리고 보 요소의 변형

(2.3 beam 요소와 달리) 회전 ψ를 변위 u', w'와 독립인 것으로 취급하여

$$u' = \frac{1-\xi}{2} u_1' + \frac{1+\xi}{2} u_2'$$

$$\psi = \frac{1-\xi}{2} \psi_1 + \frac{1+\xi}{2} \psi_2$$

여기서 $\xi = 2s/L$ $(-1 < \xi < 1, \ -L/2 < s < L/2)$

$$\frac{dw'}{ds}=\frac{w_2-w_1}{L}+\frac{1-\xi}{2}\psi_1+\frac{1+\xi}{2}\psi_2$$

$s=\xi L/2$에 관하여 적분하고 $\xi=-1$일 때 $w'=w_1{}'$, $\xi=1$일 때 $w'=w_2{}'$이어야 하므로

$$w'=\frac{1-\xi}{2}w_1{}'+\frac{1+\xi}{2}w_2{}'+\frac{1-\xi^2/2}{4}\psi_1L-\frac{1-\xi^2/2}{4}\psi_2L$$

종합하면 요소내부의 변위와 회전은

$$\begin{Bmatrix}u'\\w'\\\psi\end{Bmatrix}=\begin{bmatrix}(1-\xi)/2 & 0 & 0 & (1+\xi)/2 & 0 & 0\\ 0 & (1-\xi)/2 & L(1-\xi^2)/8 & 0 & (1+\xi)/2 & -L(1-\xi^2)/8\\ 0 & 0 & (1-\xi)/2 & 0 & 0 & (1+\xi)/2\end{bmatrix}\begin{Bmatrix}u'_1\\w'_1\\\psi_1\\u'_2\\w'_2\\\psi_2\end{Bmatrix}$$

종방향과 원주방향 박막 변형률은

$$\begin{Bmatrix}\epsilon_{ms}\\\epsilon_{m\theta}\end{Bmatrix}=\begin{bmatrix}\frac{d}{ds} & 0 & 0\\ \frac{\sin\phi}{r} & -\frac{\cos\phi}{r} & 0\end{bmatrix}\begin{Bmatrix}u'\\w'\\\psi\end{Bmatrix}$$이므로

$$\begin{Bmatrix}\epsilon_{ms}\\\epsilon_{m\theta}\end{Bmatrix}=\begin{bmatrix}-\frac{1}{L} & 0 & 0 & \frac{1}{L} & 0 & 0\\ \frac{(1-\xi)\sin\phi}{2r} & \frac{-(1-\xi)\cos\phi}{2r} & \frac{-L(1-\xi^2)\cos\phi}{8r} & \frac{(1+\xi)\sin\phi}{2r} & \frac{-(1+\xi)\cos\phi}{2r} & \frac{L(1-\xi^2)\cos\phi}{8r}\end{bmatrix}\begin{Bmatrix}u'_1\\w'_1\\\psi_1\\u'_2\\w'_2\\\psi_2\end{Bmatrix}$$

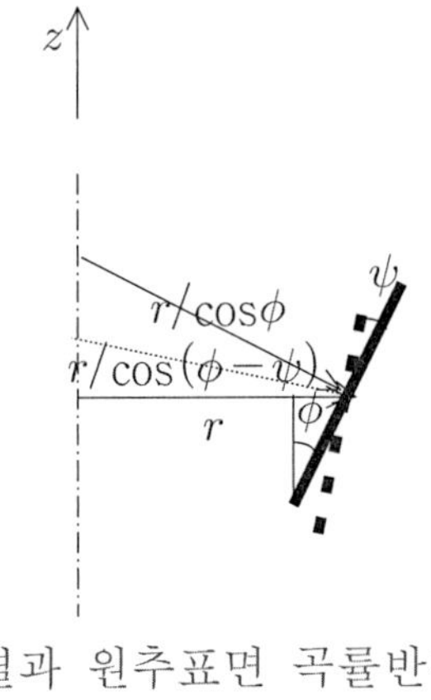

회전 ψ 결과 원추표면 곡률반경의 변화

회전 ψ 으로 발생한 원추표면 곡률은

$$\kappa_\theta = \frac{\cos(\phi-\psi)-\cos\phi}{r}$$
$$= \frac{\cos\phi\cos\psi-\sin\phi\sin\psi-\cos\phi}{r}$$

ψ는 충분히 작으므로

$$\kappa_\theta = \frac{\cos(\phi-\psi)-\cos\phi}{r}$$
$$=-\frac{\sin\phi}{r}\psi$$

굽힘곡률은

$$\begin{Bmatrix}\kappa_s\\ \kappa_\theta\end{Bmatrix}=\begin{bmatrix}0 & 0 & \dfrac{d}{ds}\\ 0 & 0 & \dfrac{\sin\phi}{r}\end{bmatrix}\begin{Bmatrix}u'\\ w'\\ \psi\end{Bmatrix}$$ 이므로

$$\begin{Bmatrix}\kappa_s\\ \kappa_\theta\end{Bmatrix}=\begin{bmatrix}0 & 0 & -\dfrac{1}{L} & 0 & 0 & \dfrac{1}{L}\\ 0 & 0 & \dfrac{(1-\xi)\sin\phi}{2r} & 0 & 0 & \dfrac{(1+\xi)\sin\phi}{2r}\end{bmatrix}\begin{Bmatrix}u'_1\\ w'_1\\ \psi_1\\ u'_2\\ w'_2\\ \psi_2\end{Bmatrix}$$

전단변형률은

$$\gamma=\begin{bmatrix}0 & \dfrac{d}{ds} & -1\end{bmatrix}\begin{Bmatrix}u'\\ w'\\ \psi\end{Bmatrix}$$ 이므로

$$\gamma=\begin{bmatrix}0 & -\dfrac{1}{L} & -\dfrac{\xi}{2L}-\dfrac{(1-\xi)}{2} & 0 & \dfrac{1}{L} & \dfrac{\xi}{2L}-\dfrac{(1+\xi)}{2}\end{bmatrix}\begin{Bmatrix}u'_1\\ w'_1\\ \psi_1\\ u'_2\\ w'_2\\ \psi_2\end{Bmatrix}$$

단위길이당 힘과 모멘트는

$$\begin{Bmatrix}N_s\\ N_\theta\end{Bmatrix}=\frac{Et}{1-\nu^2}\begin{bmatrix}1 & \nu\\ \nu & 1\end{bmatrix}\begin{Bmatrix}\epsilon_{ms}\\ \epsilon_{m\theta}\end{Bmatrix}$$

$$\begin{Bmatrix}M_s\\ M_\theta\end{Bmatrix}=\frac{Et^3}{12(1-\nu^2)}\begin{bmatrix}1 & \nu\\ \nu & 1\end{bmatrix}\begin{Bmatrix}\kappa_s\\ \kappa_\theta\end{Bmatrix}$$

$$N_{s\theta}=\frac{5}{6}Gt\gamma$$

[예제-내압 박벽원통] 반지름 10 in, 길이 10 in인 원통에 내압 0.2 psi가 작용할 때 변위분포를 구하시오. 상하양단은 단순지지된 것으로 처리하시오.

E=200 ksi, ν=0.3

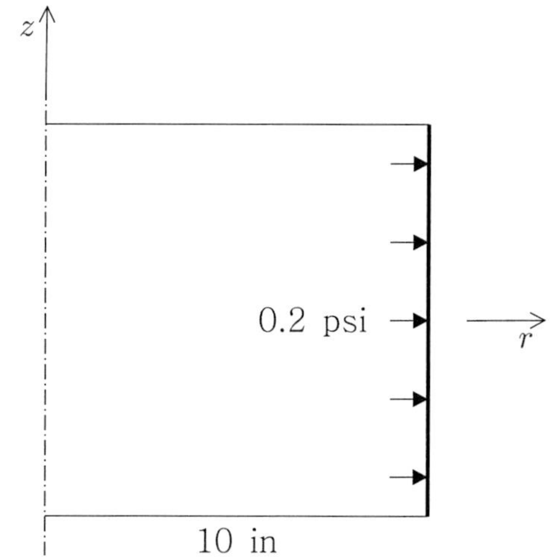

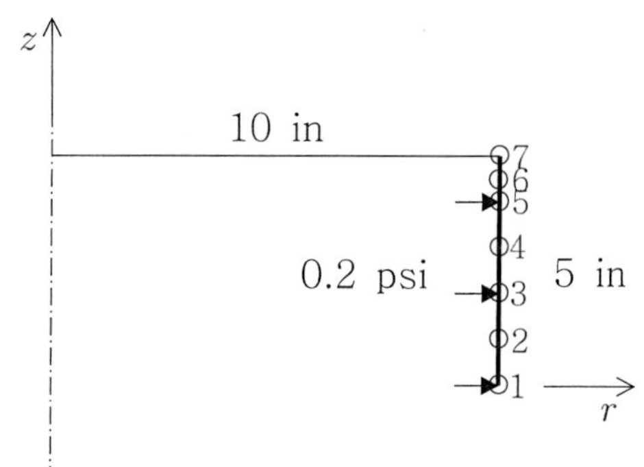

(풀이) 요소 (1)

박막변형률에 대한 요소강성행렬은 수치적분점 ①~③에서 3차 수치적분으로 구한다.

수치적분점 ① ξ=-0.775

$$z = \{0.877 \quad 0.113\}\begin{Bmatrix} 0.0 \\ 1.0 \end{Bmatrix} = 0.113$$

$$J = 1/2 = 0.5$$

$$[\epsilon] = \begin{bmatrix} -\dfrac{1}{L} & 0 & 0 & \dfrac{1}{L} & 0 & 0 \\ \dfrac{(1-\xi)\sin\phi}{2r} & \dfrac{-(1-\xi)\cos\phi}{2r} & \dfrac{-L(1-\xi^2)\cos\phi}{8r} & \dfrac{(1+\xi)\sin\phi}{2r} & \dfrac{-(1+\xi)\cos\phi}{2r} & \dfrac{L(1-\xi^2)\cos\phi}{8r} \end{bmatrix}$$

=

-1.000	0.000	0.000	1.000	0.000	0.000
0.000	-0.089	-0.005	0.000	-0.011	0.005

$$[E_m] = \frac{Et}{1-\nu^2}\begin{bmatrix} 1 & \nu \\ \nu & 1 \end{bmatrix}$$

=

22	7
7	22

$[\epsilon]^T[E_m][\epsilon]2\pi rJ=$

5	-18	0	1	18	0
-18	690	1	-2	-690	-1
0	1	0	0	-1	0
1	-2	0	0	2	0
18	-690	-1	2	690	1
0	-1	0	0	1	0

수치적분점 ② ξ=0.000

$$z = \{0.500 \quad 0.500\}\begin{Bmatrix} 0.0 \\ 1.0 \end{Bmatrix} = 0.500$$

$$J = 1/2 = 0.5$$

$[\epsilon]=$

-1.000	0.000	0.000	1.000	0.000	0.000
0.000	-0.050	-0.013	0.000	-0.050	0.013

$[E_m]=$

22	7
7	22

$[\epsilon]^T[E_m][\epsilon]2\pi rJ=$

2	-10	0	2	10	0
-10	690	3	-10	-690	-3
0	3	0	0	-3	0
2	-10	0	2	10	0
10	-690	-3	10	690	3
0	-3	0	0	3	0

수치적분점 ③ ξ=0.775

$$z = \{0.113 \quad 0.887\}\begin{Bmatrix} 0.0 \\ 1.0 \end{Bmatrix} = 0.887$$

$$J = 1/2 = 0.5$$

$[\epsilon]=$

-1.000	0.000	0.000	1.000	0.000	0.000
0.000	-0.011	-0.005	0.000	-0.089	0.005

$[E_m]=$

22	7
7	22

$[\epsilon]^T[E_m][\epsilon]2\pi rJ=$

0	-2	0	1	2	0
-2	690	1	-18	-690	-1
0	1	0	0	-1	0
1	-18	0	5	18	0
2	-690	-1	18	690	1
0	-1	0	0	1	0

굽힘곡률에 대한 요소강성행렬은 수치적분점 ④~⑤에서 2차 수치적분으로 구한다.

수치적분점 ④ ξ=-0.577

$$z=\{0.789 \quad 0.211\}\begin{Bmatrix}0.0\\1.0\end{Bmatrix}=0.211$$

$$J=1/2=0.5$$

$$[\kappa]=\begin{bmatrix}0 & 0 & -\dfrac{1}{L} & 0 & 0 & \dfrac{1}{L}\\ 0 & 0 & \dfrac{(1-\xi)\sin\phi}{2r} & 0 & 0 & \dfrac{(1+\xi)\sin\phi}{2r}\end{bmatrix}$$

=

0.000	0.000	-1.000	0.000	0.000	1.000
0.000	0.000	0.000	0.000	0.000	0.000

$$[D_b]=\frac{Et^3}{12(1-\nu^2)}\begin{bmatrix}1 & \nu\\ \nu & 1\end{bmatrix}$$

=

0.018	0.005
0.005	0.018

$[\kappa]^T[D_b][\kappa]2\pi rJ=$

0.000	0.000	0.000	0.000	0.000	0.000
0.000	0.000	0.000	0.000	0.000	0.000
0.000	0.000	0.575	0.000	0.000	-0.575
0.000	0.000	0.000	0.000	0.000	0.000
0.000	0.000	0.000	0.000	0.000	0.000
0.000	0.000	-0.575	0.000	0.000	0.575

수치적분점 ⑤ ξ=0.577

$$z=\{0.211 \quad 0.789\}\begin{Bmatrix}0.0\\1.0\end{Bmatrix}=0.789$$

$$J=1/2=0.5$$

$[\kappa]=$

0.000	0.000	-1.000	0.000	0.000	1.000
0.000	0.000	0.000	0.000	0.000	0.000

$[D_b]=$

0.018	0.005
0.005	0.018

$[\kappa]^T[D_b][\kappa]2\pi rJ$=

0.000	0.000	0.000	0.000	0.000	0.000
0.000	0.000	0.000	0.000	0.000	0.000
0.000	0.000	0.575	0.000	0.000	-0.575
0.000	0.000	0.000	0.000	0.000	0.000
0.000	0.000	0.000	0.000	0.000	0.000
0.000	0.000	-0.575	0.000	0.000	0.575

전단변형률에 대한 요소강성행렬은 수치적분점 ⑥에서 1차 수치적분으로 구한다.

수치적분점 ⑥ ξ=0.000

$$z=\{0.500\ \ 0.500\}\begin{Bmatrix}0.0\\1.0\end{Bmatrix}=0.500$$

$$J=1/2=0.5$$

$$[\gamma]=\begin{bmatrix}0 & -\frac{1}{L} & -\frac{\xi}{2L}-\frac{(1-\xi)}{2} & 0 & \frac{1}{L} & \frac{\xi}{2L}-\frac{(1+\xi)}{2}\end{bmatrix}$$

=

0.000	-1.000	-0.500	0.000	1.000	-0.500

$\frac{5}{6}Gt$=6.4

$\frac{5}{6}[\gamma]^T Gt[\gamma a]2\pi rJ$=

201	0	-101	-201	0	-101
0	0	0	0	0	0
-101	0	50	101	0	50
-201	0	101	201	0	101
0	0	0	0	0	0
-101	0	50	101	0	50

수치적분점 ①~⑥ 요소강성행렬 성분에 각각 무게 5/9, 8/9, 5/9, 1, 1, 2 곱하여 더한다.

407	-21	-202	-400	21	-201
-21	1,381	3	-21	-1,381	-3
-202	3	102	201	-3	99
-400	-21	201	407	21	202
21	-1,381	-3	21	1,381	3
-201	-3	99	202	3	102

요소 (2)~(4)의 요소강성행렬은 요소 (1) 요소강성행렬과 같다.

요소 (5)~(6)의 요소강성행렬은

808	-21	-202	-804	21	-201
-21	2,762	2	-21	-2,762	-2
-202	2	53	201	-2	48
-804	-21	201	808	21	202
21	-2,762	-2	21	2,762	2
-201	-2	48	202	2	53

전체강성행렬과 변위, 하중조건은

1			2			3			4			5			6			7			u,w,ψ		
407	-21	-202	-400	21	-201	0	0	0	0	0	0	0	0	0	0	0	0	0	0	0		6.3	1
-21	1,381	3	-21	-1,381	-3	0	0	0	0	0	0	0	0	0	0	0	0	0	0	0	0	0.0	
-202	3	102	201	-3	99	0	0	0	0	0	0	0	0	0	0	0	0	0	0	0	0	0.0	
-400	-21	201	815	0	0	-400	21	-201	0	0	0	0	0	0	0	0	0	0	0	0		12.6	2
21	-1,381	-3	0	2,762	7	-21	-1,381	-3	0	0	0	0	0	0	0	0	0	0	0	0		0.0	
-201	-3	99	0	7	204	201	-3	99	0	0	0	0	0	0	0	0	0	0	0	0		0.0	
0	0	0	-400	-21	201	815	0	0	-400	21	-201	0	0	0	0	0	0	0	0	0		12.6	3
0	0	0	21	-1,381	-3	0	2,762	7	-21	-1,381	-3	0	0	0	0	0	0	0	0	0		0.0	
0	0	0	-201	-3	99	0	7	204	201	-3	99	0	0	0	0	0	0	0	0	0		0.0	
0	0	0	0	0	0	-400	-21	201	815	0	0	-400	21	-201	0	0	0	0	0	0		12.6	4
0	0	0	0	0	0	21	-1,381	-3	0	2,762	7	-21	-1,381	-3	0	0	0	0	0	0		0.0	
0	0	0	0	0	0	-201	-3	99	0	7	204	201	-3	99	0	0	0	0	0	0		0.0	
0	0	0	0	0	0	0	0	0	-400	-21	201	1,215	0	0	-804	21	-201	0	0	0		9.4	5
0	0	0	0	0	0	0	0	0	21	-1,381	-3	0	4,143	5	-21	-2,762	-2	0	0	0		0.0	
0	0	0	0	0	0	0	0	0	-201	-3	99	0	5	155	201	-2	48	0	0	0		0.0	
0	0	0	0	0	0	0	0	0	0	0	0	-804	-21	201	1,616	0	0	-804	21	-201		6.3	6
0	0	0	0	0	0	0	0	0	0	0	0	21	-2,762	-2	0	5,524	3	-21	-2,762	-2		0.0	
0	0	0	0	0	0	0	0	0	0	0	0	-201	-2	48	0	3	105	201	-2	48		0.0	
0	0	0	0	0	0	0	0	0	0	0	0	0	0	0	-804	-21	201	808	21	202	0	3.1	7
0	0	0	0	0	0	0	0	0	0	0	0	0	0	0	21	-2,762	-2	21	2,762	2	0	0.0	
0	0	0	0	0	0	0	0	0	0	0	0	0	0	0	-201	-2	48	202	2	53		0.0	

다음과 같이 변환하여 풀면

1			2			3			4			5			6			7			u,w,ψ		
407	0	0	-400	21	-201	0	0	0	0	0	0	0	0	0	0	0	0	0	0	0	0.915	6.3	1
0	1	0	0	0	0	0	0	0	0	0	0	0	0	0	0	0	0	0	0	0	0.000	0.0	
0	0	1	0	0	0	0	0	0	0	0	0	0	0	0	0	0	0	0	0	0	0.000	0.0	
-400	0	0	815	0	0	-400	21	-201	0	0	0	0	0	0	0	0	0	0	0	0	0.916	12.6	2
21	0	0	0	2,762	7	-21	-1,381	-3	0	0	0	0	0	0	0	0	0	0	0	0	-0.002	0.0	
-201	0	0	0	7	204	201	-3	99	0	0	0	0	0	0	0	0	0	0	0	0	-0.003	0.0	
0	0	0	-400	-21	201	815	0	0	-400	21	-201	0	0	0	0	0	0	0	0	0	0.932	12.6	3
0	0	0	21	-1,381	-3	0	2,762	7	-21	-1,381	-3	0	0	0	0	0	0	0	0	0	-0.005	0.0	
0	0	0	-201	-3	99	0	7	204	201	-3	99	0	0	0	0	0	0	0	0	0	-0.028	0.0	
0	0	0	0	0	0	-400	-21	201	815	0	0	-400	21	-201	0	0	0	0	0	0	0.953	12.6	4
0	0	0	0	0	0	21	-1,381	-3	0	2,762	7	-21	-1,381	-3	0	0	0	0	0	0	-0.008	0.0	
0	0	0	0	0	0	-201	-3	99	0	7	204	201	-3	99	0	0	0	0	0	0	-0.013	0.0	
0	0	0	0	0	0	0	0	0	-400	-21	201	1,215	0	0	-804	21	-201	0	0	0	0.812	9.4	5
0	0	0	0	0	0	0	0	0	21	-1,381	-3	0	4,143	5	-21	-2,762	-2	0	0	0	-0.011	0.0	
0	0	0	0	0	0	0	0	0	-201	-3	99	0	5	155	201	-2	48	0	0	0	0.298	0.0	
0	0	0	0	0	0	0	0	0	0	0	0	-804	-21	201	1,616	0	0	0	0	-201	0.516	6.3	6
0	0	0	0	0	0	0	0	0	0	0	0	21	-2,762	-2	0	5,524	3	0	0	-2	-0.008	0.0	
0	0	0	0	0	0	0	0	0	0	0	0	-201	-2	48	0	3	105	0	0	48	0.884	0.0	
0	0	0	0	0	0	0	0	0	0	0	0	0	0	0	0	0	0	1	0	0	0.000	0.0	7
0	0	0	0	0	0	0	0	0	0	0	0	0	0	0	0	0	0	0	1	0	0.000	0.0	
0	0	0	0	0	0	0	0	0	0	0	0	0	0	0	-201	-2	48	0	0	53	1.164	0.0	

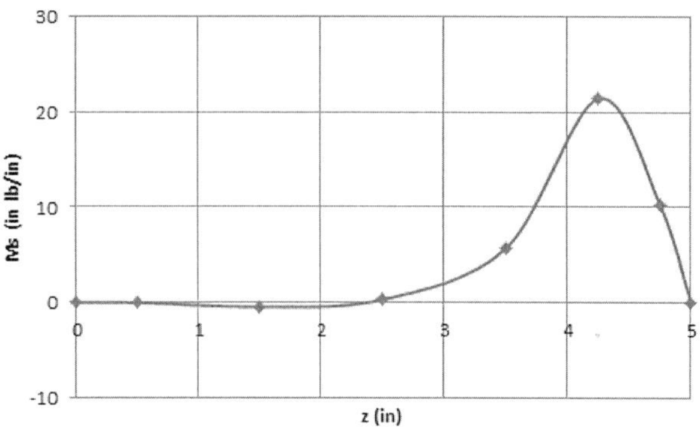

[예제-내압 박벽 구] 반지름 40 mm, 두께 1 mm인 구에 내압 1 MPa이 작용할 때 변위분포를 구하시오. E=200 GPa, ν=0.3

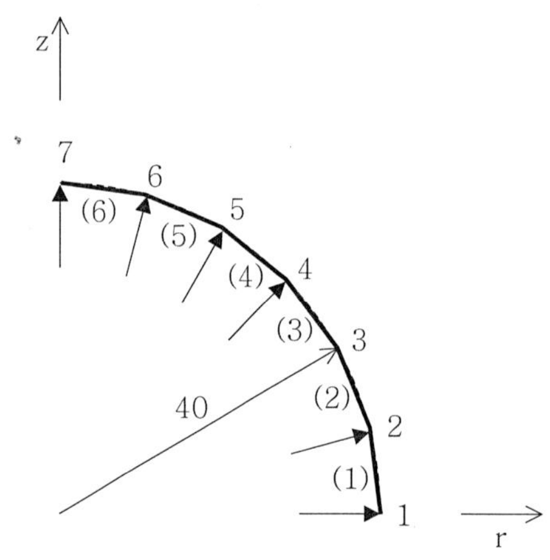

(풀이)

요소 (1) $\phi=-7.5^\circ$

수치적분점 ① ξ=-0.775

$$r=\{0.877\ \ 0.113\}\begin{Bmatrix}49\\39\end{Bmatrix}=39.846,\ \ z=\{0.877\ \ 0.113\}\begin{Bmatrix}0\\10\end{Bmatrix}=1.167$$

$$J=10.4/2=5.2$$

$[\epsilon]$=

-0.096	0.000	0.000	0.096	0.000	0.000
-0.003	-0.022	-0.013	0.000	-0.003	0.013

$[E_m]$=

220	66
66	220

$[\epsilon]^T[E_m][\epsilon]2\pi rJ=$

235	-523	-97	-48	523	97
-523	2,590	106	318	-2,590	-106
-97	106	48	3	-106	-48
-48	318	3	41	-318	-3
523	-2,590	-106	-318	2,590	106
97	-106	-48	-3	106	48

수치적분점 ② ξ=0.000

$r=\{0.500 \quad 0.500\}\begin{Bmatrix}49\\39\end{Bmatrix}=39.319,\ z=\{0.500 \quad 0.500\}\begin{Bmatrix}0\\10\end{Bmatrix}=5.176$

$J=10.4/2=5.2$

$[\epsilon]=$

-0.096	0.000	0.000	0.096	0.000	0.000
-0.002	-0.013	-0.033	-0.002	-0.013	0.033

$[E_m]=$

220	66
66	220

$[\epsilon]^T[E_m][\epsilon]2\pi rJ=$

117	-439	-154	2	439	154
-439	2,556	266	234	-2,556	-266
-154	266	307	-84	-266	-307
2	234	-84	63	-234	84
439	-2,556	-266	-234	2,556	266
154	-266	-307	84	266	307

수치적분점 ③ ξ=0.775

$r=\{0.113 \quad 0.877\}\begin{Bmatrix}49\\39\end{Bmatrix}=39.791,\ z=\{0.113 \quad 0.877\}\begin{Bmatrix}0\\10\end{Bmatrix}=9.186$

$J=10.4/2=5.2$

$[\epsilon]=$

-0.096	0.000	0.000	0.096	0.000	0.000
0.000	-0.003	-0.013	-0.003	-0.023	0.013

$[E_m]=$

220	66
66	220

$[\epsilon]^T[E_m][\epsilon]2\pi rJ=$

52	-355	-25	-4	355	25
-355	2,521	106	150	-2,521	-106
-25	106	50	-71	-106	-50
-4	150	-71	142	-150	71
355	-2,521	-106	-150	2,521	106
25	-106	-50	71	106	50

수치적분점 ④ ξ=-0.577

$r=\{0.789 \quad 0.211\}\begin{Bmatrix}49\\39\end{Bmatrix}=39.712,\ z=\{0.789 \quad 0.211\}\begin{Bmatrix}0\\10\end{Bmatrix}=2.188$

$J=10.4/2=5.2$

$[\kappa]=$

0.000	0.000	-0.096	0.000	0.000	0.096
0.000	0.000	-0.003	0.000	0.000	-0.001

$[D_b]=$

18	5
5	18

$[\kappa]^T[D_b][\kappa]2\pi rJ=$

0	0	0	0	0	0
0	0	0	0	0	0
0	0	223	0	0	-220
0	0	0	0	0	0
0	0	0	0	0	0
0	0	-220	0	0	218

수치적분점 ⑤ ξ=0.577

$$r=\{0.211\ \ 0.789\}\begin{Bmatrix}49\\39\end{Bmatrix}=39.925,\ \ z=\{0.211\ \ 0.789\}\begin{Bmatrix}0\\10\end{Bmatrix}=8.165$$

$J=10.4/2=5.2$

$[\kappa]=$

0.000	0.000	-0.096	0.000	0.000	0.096
0.000	0.000	-0.001	0.000	0.000	-0.003

$[D_b]=$

18	5
5	18

$[\kappa]^T[D_b][\kappa]2\pi rJ=$

0	0	0	0	0	0
0	0	0	0	0	0
0	0	215	0	0	-213
0	0	0	0	0	0
0	0	0	0	0	0
0	0	-213	0	0	211

수치적분점 ⑥ ξ=0.000

$$z=\{0.500\ \ 0.500\}\begin{Bmatrix}0.0\\1.0\end{Bmatrix}=0.500$$

$J=1/2=0.5$

$[\gamma]=$

0.000	-0.096	-0.500	0.000	0.096	-0.500

$\frac{5}{6}Gt=64$

$\frac{5}{6}[\gamma]^T Gt[\gamma]2\pi rJ=$

745	98	-3,925	-745	-98	-3,925
98	13	-517	-98	-13	-517
-3,925	-517	20,670	3,925	517	20,670
-745	-98	3,925	745	98	3,925
-98	-13	517	98	13	517
-3,925	-517	20,670	3,925	517	20,670

수치적분점 ①~⑥ 요소강성행렬 성분에 각각 무게 5/9, 8/9, 5/9, 1, 1, 2

곱하여 더한다.

1,755	-682	-8,055	-1,518	682	-7,646
-682	5,137	-679	271	-5,137	-1,388
-8,055	-679	42,106	7,738	679	40,580
-1,518	271	7,738	1,649	-271	7,962
682	-5,137	679	-271	5,137	1,388
-7,646	-1,388	40,580	7,962	1,388	42,097

요소 (2)의 요소강성행렬은

2,202	-1,405	-7,101	-1,850	1,405	-6,533
-1,405	4,343	-2,516	1,022	-4,343	-3,131
-7,101	-2,516	39,247	6,784	2,516	37,815
-1,850	1,022	6,784	1,892	-1,022	6,849
1,405	-4,343	2,516	-1,022	4,343	3,131
-6,533	-3,131	37,815	6,849	3,131	39,221

요소 (3)의 요소강성행렬은

2,704	-1,588	-5,356	-2,229	1,588	-4,697
-1,588	3,069	-3,630	1,259	-3,069	-4,084
-5,356	-3,630	33,716	5,039	3,630	32,474
-2,229	1,259	5,039	2,215	-1,259	5,014
1,588	-3,069	3,630	-1,259	3,069	4,084
-4,697	-4,084	32,474	5,014	4,084	33,674

요소 (4)의 요소강성행렬은

2,867	-1,218	-3,287	-2,254	1,218	-2,632
-1,218	1,769	-3,724	966	-1,769	-3,991
-3,287	-3,724	25,889	2,969	3,724	24,921
-2,254	966	2,969	2,245	-966	2,950
1,218	-1,769	3,724	-966	1,769	3,991
-2,632	-3,991	24,921	2,950	3,991	25,836

요소 (5)의 요소강성행렬은

2,458	-582	-1,448	-1,637	582	-891
-582	794	-2,771	423	-794	-2,876
-1,448	-2,771	16,304	1,125	2,771	15,674
-1,637	423	1,125	1,800	-423	1,214
582	-794	2,771	-423	794	2,876
-891	-2,876	15,674	1,214	2,876	16,247

요소 (6)의 요소강성행렬은

1,783	-90	-341	20	90	69
-90	208	-1,027	36	-208	-1,040
-341	-1,027	5,645	-134	1,027	5,389
20	36	-134	3,283	-36	406
90	-208	1,027	-36	208	1,040
69	-1,040	5,389	406	1,040	5,690

전체강성행렬과 변위, 하중조건은

1			2			3			4			5			6			7			u,w,ψ		
1,755	-682	-8,055	-1,518	682	-7,646	0	0	0	0	0	0	0	0	0	0	0	0	0	0	0		1	1
-682	5,137	-679	271	-5,137	-1,388	0	0	0	0	0	0	0	0	0	0	0	0	0	0	0	0	0	
-8,055	-679	42,106	7,738	679	40,580	0	0	0	0	0	0	0	0	0	0	0	0	0	0	0	0	0	
-1,518	271	7,738	3,851	-1,676	862	-1,850	1,405	-6,533	0	0	0	0	0	0	0	0	0	0	0	0		2	2
682	-5,137	679	-1,676	9,480	-1,128	1,022	-4,343	-3,131	0	0	0	0	0	0	0	0	0	0	0	0		1	
-7,646	-1,388	40,580	862	-1,128	81,345	6,784	2,516	37,815	0	0	0	0	0	0	0	0	0	0	0	0		0	
0	0	0	-1,850	1,022	6,784	4,596	-2,610	1,493	-2,229	1,588	-4,697	0	0	0	0	0	0	0	0	0		2	3
0	0	0	1,405	-4,343	2,516	-2,610	7,411	-499	1,259	-3,069	-4,084	0	0	0	0	0	0	0	0	0		1	
0	0	0	-6,533	-3,131	37,815	1,493	-499	72,937	5,039	3,630	32,474	0	0	0	0	0	0	0	0	0		0	
0	0	0	0	0	0	-2,229	1,259	5,039	5,082	-2,477	1,727	-2,254	1,218	-2,632	0	0	0	0	0	0		1	4
0	0	0	0	0	0	1,588	-3,069	3,630	-2,477	4,838	360	966	-1,769	-3,991	0	0	0	0	0	0		1	
0	0	0	0	0	0	-4,697	-4,084	32,474	1,727	360	59,563	2,969	3,724	24,921	0	0	0	0	0	0		0	
0	0	0	0	0	0	0	0	0	-2,254	966	2,969	4,703	-1,548	1,502	-1,637	582	-891	0	0	0		1	5
0	0	0	0	0	0	0	0	0	1,218	-1,769	3,724	-1,548	2,563	1,220	423	-794	-2,876	0	0	0		1	
0	0	0	0	0	0	0	0	0	-2,632	-3,991	24,921	1,502	1,220	42,139	1,125	2,771	15,674	0	0	0		0	
0	0	0	0	0	0	0	0	0	0	0	0	-1,637	423	1,125	3,583	-513	874	20	90	69		0	6
0	0	0	0	0	0	0	0	0	0	0	0	582	-794	2,771	-513	1,001	1,849	36	-208	-1,040		1	
0	0	0	0	0	0	0	0	0	0	0	0	-891	-2,876	15,674	874	1,849	21,892	-134	1,027	5,389		0	
0	0	0	0	0	0	0	0	0	0	0	0	0	0	0	20	36	-134	3,283	-36	406	0	0	7
0	0	0	0	0	0	0	0	0	0	0	0	0	0	0	90	-208	1,027	-36	208	1,040		0	
0	0	0	0	0	0	0	0	0	0	0	0	0	0	0	69	-1,040	5,389	406	1,040	5,690	0	0	

다음과 같이 변환하여 풀면

1			2			3			4			5			6			7			u,w,ψ		
1,755	0	0	-1,518	682	-7,646	0	0	0	0	0	0	0	0	0	0	0	0	0	0	0	0.003	1.3	1
0	1	0	0	0	0	0	0	0	0	0	0	0	0	0	0	0	0	0	0	0	0.000	0.0	
0	0	1	0	0	0	0	0	0	0	0	0	0	0	0	0	0	0	0	0	0	0.000	0.0	
-1,518	0	0	3,851	-1,676	862	-1,850	1,405	-6,533	0	0	0	0	0	0	0	0	0	0	0	0	0.003	2.4	2
682	0	0	-1,676	9,480	-1,128	1,022	-4,343	-3,131	0	0	0	0	0	0	0	0	0	0	0	0	0.001	0.6	
-7,646	0	0	862	-1,128	81,345	6,784	2,516	37,815	0	0	0	0	0	0	0	0	0	0	0	0	0.000	0.0	
0	0	0	-1,850	1,022	6,784	4,596	-2,610	1,493	-2,229	1,588	-4,697	0	0	0	0	0	0	0	0	0	0.002	1.9	3
0	0	0	1,405	-4,343	2,516	-2,610	7,411	-499	1,259	-3,069	-4,084	0	0	0	0	0	0	0	0	0	0.001	1.1	
0	0	0	-6,533	-3,131	37,815	1,493	-499	72,937	5,039	3,630	32,474	0	0	0	0	0	0	0	0	0	0.000	0.0	
0	0	0	0	0	0	-2,229	1,259	5,039	5,082	-2,477	1,727	-2,254	1,218	-2,632	0	0	0	0	0	0	0.002	1.3	4
0	0	0	0	0	0	1,588	-3,069	3,630	-2,477	4,838	360	966	-1,769	-3,991	0	0	0	0	0	0	0.002	1.3	
0	0	0	0	0	0	-4,697	-4,084	32,474	1,727	360	59,563	2,969	3,724	24,921	0	0	0	0	0	0	0.000	0.0	
0	0	0	0	0	0	0	0	0	-2,254	966	2,969	4,703	-1,548	1,502	-1,637	582	-891	0	0	0	0.001	0.7	5
0	0	0	0	0	0	0	0	0	1,218	-1,769	3,724	-1,548	2,563	1,220	423	-794	-2,876	0	0	0	0.002	1.1	
0	0	0	0	0	0	0	0	0	-2,632	-3,991	24,921	1,502	1,220	42,139	1,125	2,771	15,674	0	0	0	0.000	0.0	
0	0	0	0	0	0	0	0	0	0	0	0	-1,637	423	1,125	3,583	-513	874	0	90	0	0.001	0.2	6
0	0	0	0	0	0	0	0	0	0	0	0	582	-794	2,771	-513	1,001	1,849	0	-208	0	0.003	0.6	
0	0	0	0	0	0	0	0	0	0	0	0	-891	-2,876	15,674	874	1,849	21,892	0	1,027	0	0.000	0.0	
0	0	0	0	0	0	0	0	0	0	0	0	0	0	0	0	0	0	1	0	0	0.000	0.0	7
0	0	0	0	0	0	0	0	0	0	0	0	0	0	0	90	-208	1,027	0	208	0	0.005	0.1	
0	0	0	0	0	0	0	0	0	0	0	0	0	0	0	0	0	0	0	0	1	0.000	0.0	

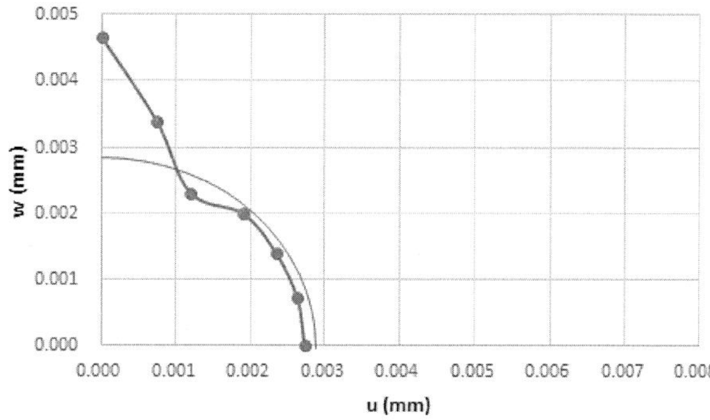

$\psi_2 = \psi_3 = ... = \psi_6 = 0$ 변위경계조건을 추가하면

1			2			3			4			5			6			7			u,w,ψ		
1,755	0	0	-1,518	682	0	0	0	0	0	0	0	0	0	0	0	0	0	0	0	0	0.0028	1.3	1
0	1	0	0	0	0	0	0	0	0	0	0	0	0	0	0	0	0	0	0	0	0.0000	0.0	
0	0	1	0	0	0	0	0	0	0	0	0	0	0	0	0	0	0	0	0	0	0.0000	0.0	
-1,518	0	0	3,851	-1,676	0	-1,850	1,405	0	0	0	0	0	0	0	0	0	0	0	0	0	0.0027	2.4	2
682	0	0	-1,676	9,480	0	1,022	-4,343	0	0	0	0	0	0	0	0	0	0	0	0	0	0.0007	0.6	
0	0	0	0	0	1	0	0	0	0	0	0	0	0	0	0	0	0	0	0	0	0.0000	0.0	
0	0	0	-1,850	1,022	0	4,596	-2,610	0	-2,229	1,588	0	0	0	0	0	0	0	0	0	0	0.0024	1.9	3
0	0	0	1,405	-4,343	0	-2,610	7,411	0	1,259	-3,069	0	0	0	0	0	0	0	0	0	0	0.0014	1.1	
0	0	0	0	0	0	0	0	1	0	0	0	0	0	0	0	0	0	0	0	0	0.0000	0.0	
0	0	0	0	0	0	-2,229	1,259	0	5,082	-2,477	0	-2,254	1,218	0	0	0	0	0	0	0	0.0020	1.3	4
0	0	0	0	0	0	1,588	-3,069	0	-2,477	4,838	0	966	-1,769	0	0	0	0	0	0	0	0.0020	1.3	
0	0	0	0	0	0	0	0	0	0	0	1	0	0	0	0	0	0	0	0	0	0.0000	0.0	
0	0	0	0	0	0	0	0	0	-2,254	966	0	4,703	-1,548	0	-1,637	582	0	0	0	0	0.0014	0.7	5
0	0	0	0	0	0	0	0	0	1,218	-1,769	0	-1,548	2,563	0	423	-794	0	0	0	0	0.0024	1.1	
0	0	0	0	0	0	0	0	0	0	0	0	0	0	1	0	0	0	0	0	0	0.0000	0.0	
0	0	0	0	0	0	0	0	0	0	0	0	-1,637	423	0	3,583	-513	0	0	90	0	0.0007	0.2	6
0	0	0	0	0	0	0	0	0	0	0	0	582	-794	0	-513	1,001	0	0	-208	0	0.0027	0.6	
0	0	0	0	0	0	0	0	0	0	0	0	0	0	0	0	0	1	0	0	0	0.0000	0.0	
0	0	0	0	0	0	0	0	0	0	0	0	0	0	0	0	0	0	1	0	0	0.0000	0.0	7
0	0	0	0	0	0	0	0	0	0	0	0	0	0	0	90	-208	0	0	208	0	0.0030	0.1	
0	0	0	0	0	0	0	0	0	0	0	0	0	0	0	0	0	0	0	0	1	0.0000	0.0	

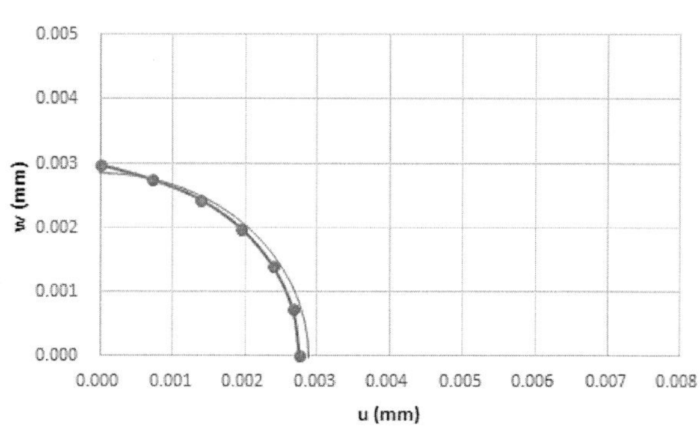

--■

[예제-내압 토로이드] 반지름 800 mm, 원형단면의 반지름 200 mm인

Toroidal shell에 내압 1 MPa이 작용할 때 변위분포를 구하시오. E=200 GPa, ν=0.3

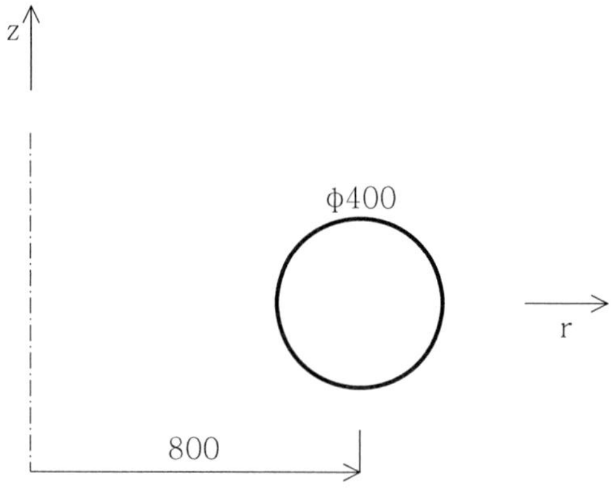

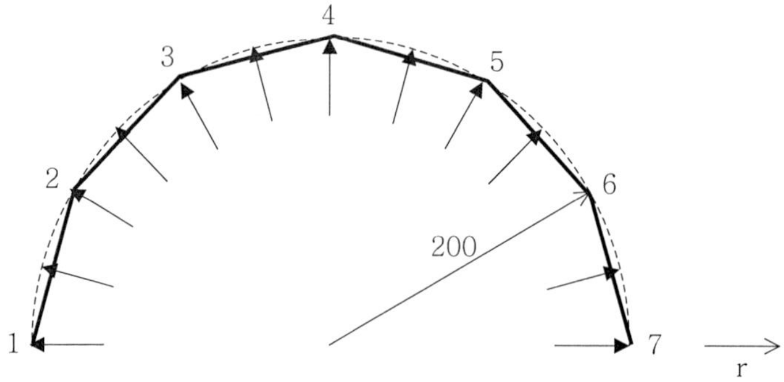

(풀이) 요소 (1) $\phi=15^\circ$

수치적분점 ① ξ=-0.775

$$r=\{0.877 \quad 0.113\}\begin{Bmatrix}600\\627\end{Bmatrix}=603.020,\ z=\{0.877 \quad 0.113\}\begin{Bmatrix}0\\100\end{Bmatrix}=11.270$$

$$J=103.5/2=51.8$$

$[\epsilon]$=

-0.010	0.000	0.000	0.010	0.000	0.000
0.000	-0.001	-0.008	0.000	0.000	0.008

$[E_m]$=

220	66
66	220

$[\epsilon]^T[E_m][\epsilon]2\pi rJ$=

268	828	-258	-216	-828	258
828	3,752	1,000	-1,028	-3,752	-1,000
-258	1,000	2,963	-335	-1,000	-2,963
-216	-1,028	-335	283	1,028	335
-828	-3,752	-1,000	1,028	3,752	1,000
258	-1,000	-2,963	335	1,000	2,963

수치적분점 ② ξ=0.000

$$r=\{0.500\quad 0.500\}\begin{Bmatrix}600\\627\end{Bmatrix}=613.397,\quad z=\{0.500\quad 0.500\}\begin{Bmatrix}0\\10\end{Bmatrix}=50.000$$

$$J=103.5/2=51.8$$

$[\epsilon]=$

-0.010	0.000	0.000	0.010	0.000	0.000
0.000	-0.001	-0.020	0.000	-0.001	0.020

$[E_m]=$

220	66
66	220

$[\epsilon]^T[E_m][\epsilon]2\pi rJ=$

250	923	-58	-245	-923	58
923	3,817	2,501	-1,123	-3,817	-2,501
-58	2,501	18,208	-1,398	-2,501	-18,208
-245	-1,123	-1,398	357	1,123	1,398
-923	-3,817	-2,501	1,123	3,817	2,501
58	-2,501	-18,208	1,398	2,501	18,208

수치적분점 ③ ξ=0.775

$$r=\{0.113\quad 0.877\}\begin{Bmatrix}600\\627\end{Bmatrix}=623.775,\quad z=\{0.113\quad 0.877\}\begin{Bmatrix}0\\100\end{Bmatrix}=88.730$$

$$J=103.5/2=51.8$$

$[\epsilon]=$

-0.010	0.000	0.000	0.010	0.000	0.000
0.000	0.000	-0.008	0.000	-0.001	0.008

$[E_m]=$

220	66
66	220

$[\epsilon]^T[E_m][\epsilon]2\pi rJ=$

268	1,017	203	-309	-1,017	-203
1,017	3,881	1,000	-1,218	-3,881	-1,000
203	1,000	2,865	-776	-1,000	-2,865
-309	-1,218	-776	464	1,218	776
-1,017	-3,881	-1,000	1,218	3,881	1,000
-203	-1,000	-2,865	776	1,000	2,865

수치적분점 ④ ξ=-0.577

$$r=\{0.789\quad 0.211\}\begin{Bmatrix}600\\627\end{Bmatrix}=613.397,\quad z=\{0.789\quad 0.211\}\begin{Bmatrix}0\\100\end{Bmatrix}=21.132$$

$$J=103.5/2=51.8$$

$[\kappa]=$

0.000	0.000	-0.010	0.000	0.000	0.010
0.000	0.000	0.000	0.000	0.000	0.000

$[D_b]=$

18	5
5	18

$[\kappa]^T[D_b][\kappa]2\pi rJ=$

0	0	0	0	0	0
0	0	0	0	0	0
0	0	330	0	0	-334
0	0	0	0	0	0
0	0	0	0	0	0
0	0	-334	0	0	339

수치적분점 ⑤ ξ=0.577

$$r=\{0.211\quad 0.789\}\begin{Bmatrix}600\\627\end{Bmatrix}=621.132,\ \ z=\{0.211\quad 0.789\}\begin{Bmatrix}0\\100\end{Bmatrix}=78.868$$

$J=103.5/2=51.8$

$[\kappa]=$

0.000	0.000	-0.010	0.000	0.000	0.010
0.000	0.000	0.000	0.000	0.000	0.000

$[D_b]=$

18	5
5	18

$[\kappa]^T[D_b][\kappa]2\pi rJ=$

0	0	0	0	0	0
0	0	0	0	0	0
0	0	343	0	0	-348
0	0	0	0	0	0
0	0	0	0	0	0
0	0	-348	0	0	353

수치적분점 ⑥ ξ=0.000

$$r=\{0.500\quad 0.500\}\begin{Bmatrix}600\\627\end{Bmatrix}=613.397,\ \ z=\{0.500\quad 0.500\}\begin{Bmatrix}0\\10\end{Bmatrix}=50.000$$

$J=103.5/2=51.8$

$[\gamma]=$

0.000	-0.010	-0.500	0.000	0.010	-0.500

$\frac{5}{6}Gt$=64

$\frac{5}{6}[\gamma]^T Gt[\gamma]2\pi rJ=$

1,113	-298	-59,660	-1,113	298	-59,660
-298	80	15,986	298	-80	15,986
-59,660	15,986	3,197,153	59,660	-15,986	3,197,153
-1,113	298	59,660	1,113	-298	59,660
298	-80	-15,986	-298	80	-15,986
-59,660	15,986	3,197,153	59,660	-15,986	3,197,153

수치적분점 ①~⑥ 요소강성행렬 성분에 각각 무게 5/9, 8/9, 5/9, 1, 1, 2 곱하여 더한다.

2,746	1,249	-119,401	-2,736	-1,249	-119,237
1,249	7,794	35,306	-1,649	-7,794	28,637
-119,401	35,306	6,414,403	117,459	-35,306	6,374,202
-2,736	-1,649	117,459	2,959	1,649	121,180
-1,249	-7,794	-35,306	1,649	7,794	-28,637
-119,237	28,637	6,374,202	121,180	-28,637	6,414,421

요소 (2)의 요소강성행렬은

5,496	2,987	-93,346	-5,679	-2,987	-95,590
2,987	5,715	96,255	-3,280	-5,715	92,681
-93,346	96,255	6,925,870	92,030	-96,255	6,905,165
-5,679	-3,280	92,030	6,078	3,280	96,905
-2,987	-5,715	-96,255	3,280	5,715	-92,681
-95,590	92,681	6,905,165	96,905	-92,681	6,925,919

요소 (3)의 요소강성행렬은

9,195	1,718	-38,414	-9,498	-1,718	-39,769
1,718	3,393	146,131	-1,825	-3,393	145,652
-38,414	146,131	7,820,254	37,988	-146,131	7,816,336
-9,498	-1,825	37,988	9,991	1,825	40,195
-1,718	-3,393	-146,131	1,825	3,393	-145,652
-39,769	145,652	7,816,336	40,195	-145,652	7,820,321

요소 (4)의 요소강성행렬은

10,458	-1,954	43,600	-10,772	1,954	45,007
-1,954	3,845	165,583	2,061	-3,845	165,104
43,600	165,583	8,862,671	-43,225	-165,583	8,858,800
-10,772	2,061	-43,225	11,255	-2,061	-45,383
1,954	-3,845	-165,583	-2,061	3,845	-165,104
45,007	165,104	8,858,800	-45,383	-165,104	8,862,738

요소 (5)의 요소강성행렬은

7,827	-4,278	132,055	-8,043	4,278	134,690
-4,278	8,068	135,159	4,571	-8,068	131,585
132,055	135,159	9,771,366	-131,123	-135,159	9,755,672
-8,043	4,571	-131,123	8,411	-4,571	-135,621
4,278	-8,068	-135,159	-4,571	8,068	-131,585
134,690	131,585	9,755,672	-135,621	-131,585	9,771,415

요소 (6)의 요소강성행렬은

4,404	-2,130	191,628	-4,439	2,130	192,204
-2,130	12,536	54,758	2,530	-12,536	48,089
191,628	54,758	10,297,913	-190,420	-54,758	10,271,578
-4,439	2,530	-190,420	4,618	-2,530	-193,412
2,130	-12,536	-54,758	-2,530	12,536	-48,089
192,204	48,089	10,271,578	-193,412	-48,089	10,297,931

전체강성행렬과 변위, 하중조건은

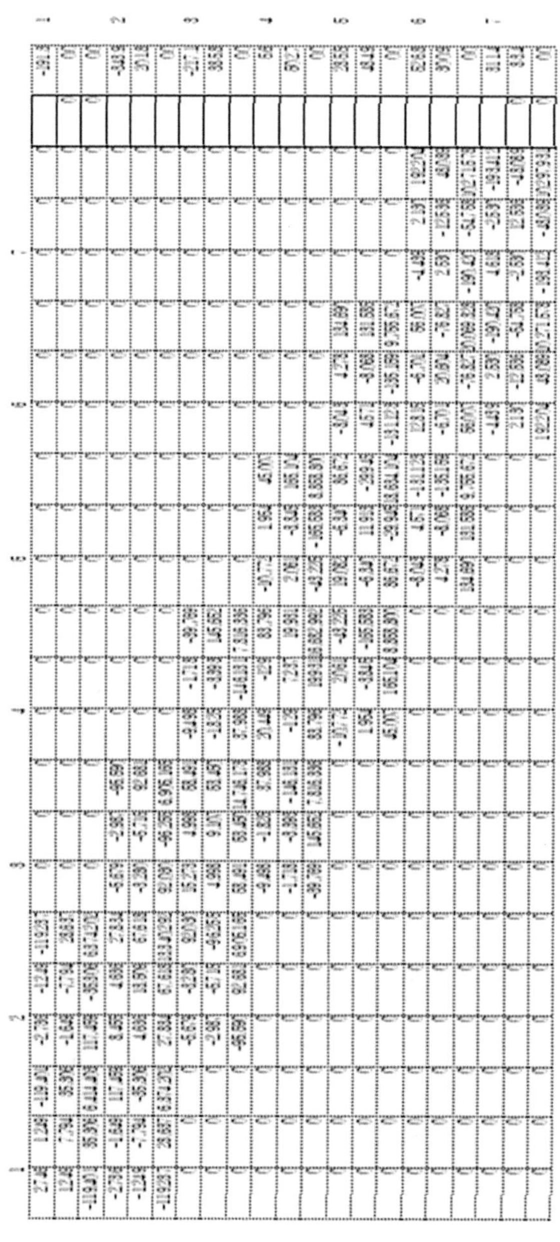

다음과 같이 변환하여 풀면

1			2			3			4			5			6			7			(u w φ)		
2748	0	0	-2798	-1249	-11923.7	0	0	0	0	0	0	0	0	0	0	0	0	0	0	0	0.080	-191.3	1
0	1	0	0	0	0	0	0	0	0	0	0	0	0	0	0	0	0	0	0	0	0.000	0.0	
0	0	1	0	0	0	0	0	0	0	0	0	0	0	0	0	0	0	0	0	0	0.000	0.0	
-2798	0	0	8456	4686	27834	-5679	-2987	-9559	0	0	0	0	0	0	0	0	0	0	0	0	0.098	-843.9	2
-1249	0	0	4686	13579	67618	-8280	-5716	92681	0	0	0	0	0	0	0	0	0	0	0	0	0.100	301.8	
-11923.7	0	0	27834	67618	13340293	93080	-96255	6976166	0	0	0	0	0	0	0	0	0	0	0	0	0.000	0.0	
0	0	0	-5679	-8287	93097	18273	4998	63491	-9498	-1718	-89769	0	0	0	0	0	0	0	0	0	0.096	-217.1	3
0	0	0	-2987	-5716	-96255	4998	9107	63457	-1826	-3993	145662	0	0	0	0	0	0	0	0	0	0.299	385.8	
0	0	0	-9559	92681	6976166	63491	63457	14746178	37988	-146131	7816336	0	0	0	0	0	0	0	0	0	0.002	0.0	
0	0	0	0	0	0	-9498	-1826	37988	20449	-129	83796	-10772	1954	45007	0	0	0	0	0	0	0.166	5.6	4
0	0	0	0	0	0	-1718	-3993	-146131	-129	7237	19931	2061	-3846	165104	0	0	0	0	0	0	0.321	602.7	
0	0	0	0	0	0	-89769	145662	7816336	83796	19931	16682992	-43225	-165583	8858307	0	0	0	0	0	0	-0.004	0.0	
0	0	0	0	0	0	0	0	0	-10772	2061	-43225	19782	-6347	86672	-8043	4278	134697	0	0	0	0.212	285.6	5
0	0	0	0	0	0	0	0	0	1954	-3846	-165583	-6347	11913	-29946	4571	-9068	131585	0	0	0	0.186	434.9	
0	0	0	0	0	0	0	0	0	45007	165104	8858307	86672	-29946	18634104	-181129	-135098	9755672	0	0	0	-0.002	0.0	
0	0	0	0	0	0	0	0	0	0	0	0	-8043	4571	-181129	12815	-6704	68007	-4439	0	0	0.278	626.5	6
0	0	0	0	0	0	0	0	0	0	0	0	4278	-9068	-135098	-6704	20604	-7827	2597	0	0	0.072	300.9	
0	0	0	0	0	0	0	0	0	0	0	0	134697	131585	9755672	68007	-7827	20069828	-19043	0	0	0.000	0.0	
0	0	0	0	0	0	0	0	0	0	0	0	0	0	0	-4439	2597	-19043	4619	0	0	0.228	311.4	7
0	0	0	0	0	0	0	0	0	0	0	0	0	0	0	0	0	0	0	1	0	0.000	0.0	
0	0	0	0	0	0	0	0	0	0	0	0	0	0	0	0	0	0	0	0	1	0.000	0.0	

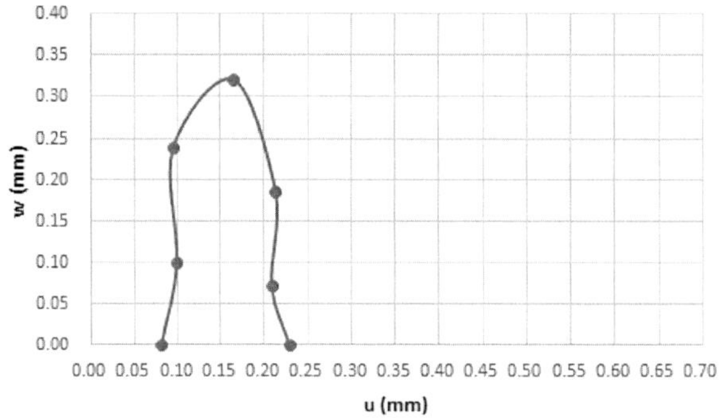

다음은 CATIA 구조해석모듈로 구한 응력 u, w분포이다.

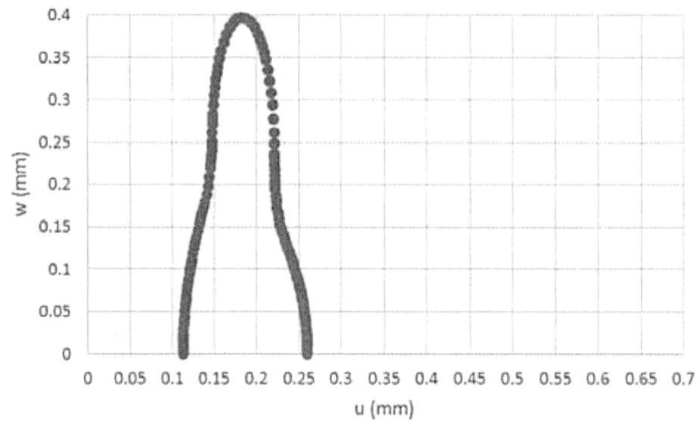

--■

[연습문제-내압을 받는 닫친 원통] 반지름 10 in, 길이 10 in인 원통에 내압 0.2 psi가 작용할 때 변위분포를 구하시오. E=200 ksi, ν=0.3

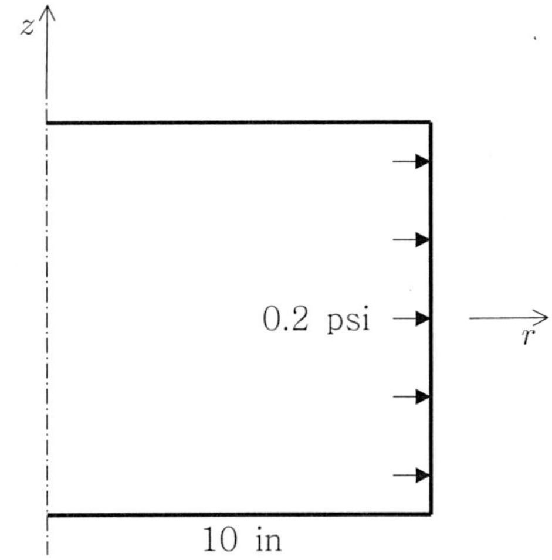

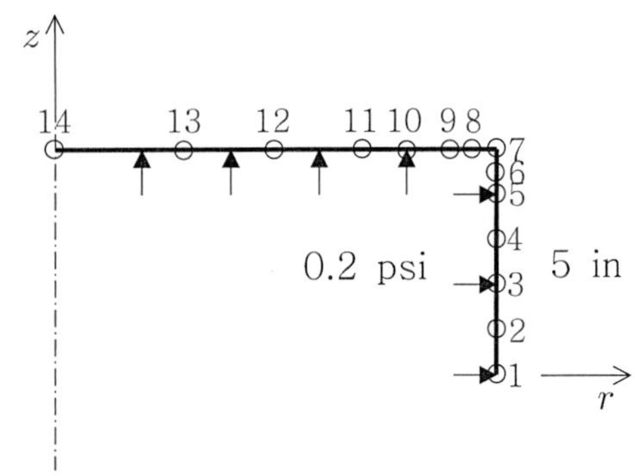

[연습문제-내압을 받는 후벽 구] 내압 $p=1$ GPa을 받는 후벽 구(내반경 120 mm, 외반경 150 mm)를 4절점 사각형 축대칭 요소를 4개를 사용하고 수치적분점 2*2개를 사용하여 풀어보시오.

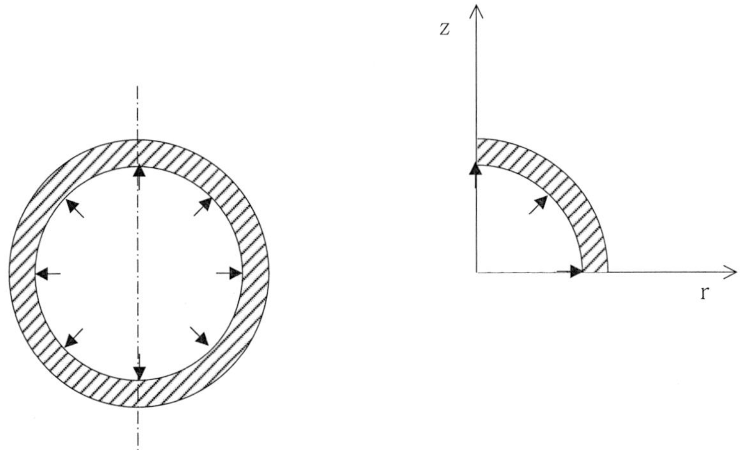

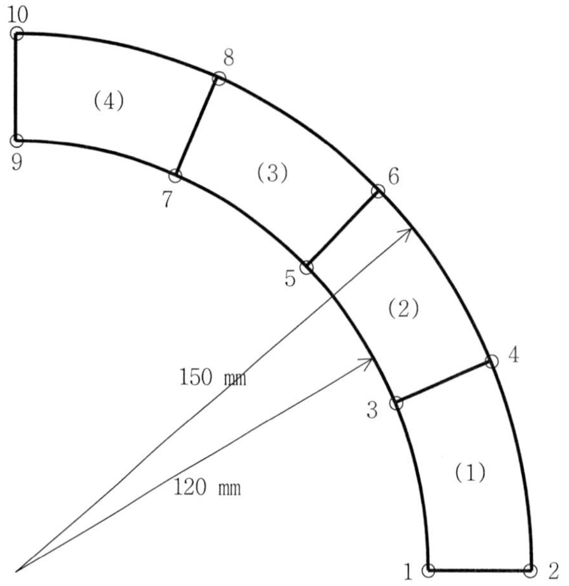
10
8
(4)
9
7
(3)
6
5
(2)
4
150 mm
3
(1)
120 mm
1
2

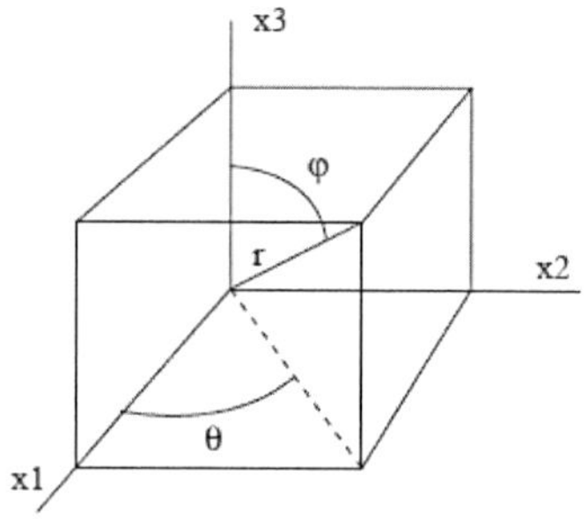
x3
φ
r
x2
θ
x1

[연습문제-내압을 받는 후벽 구] 내압 $p = 1$ GPa을 받는 후벽 구(내반경 40 mm, 외반경 80 mm)를 8절점 사각형 축대칭 요소를 2개를 사용하고 수치적분점 3*3개를 사용하여 풀어보시오.

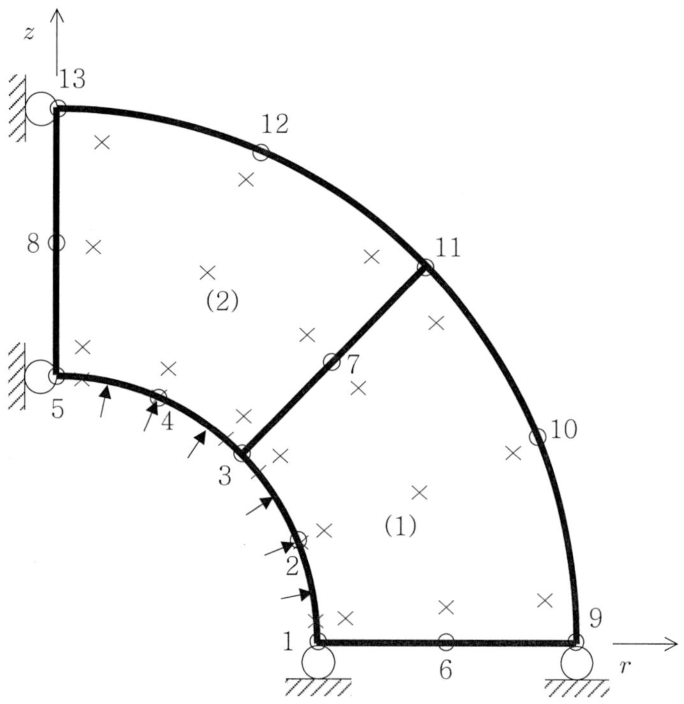

[연습문제-응력집중] 곡률반경 10 mm인 홈을 판 축에 인장응력 100 MPa이 작용할 때 4절점 축대칭요소 9개를 사용하여 홈 주위의 응력을 구하시오.

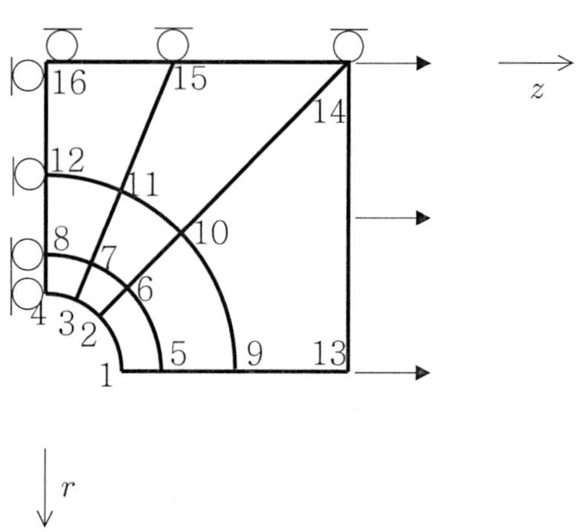

4. 열전달 유한요소

열전달은 전도(傳導. Conduction), 대류(對流. Convection), 복사(輻射. Radiation)로 이루어진다. 이 중 일반적으로 전도와 대류는 온도차에 비례하고, 복사는 온도 4제곱차에 비례한다. 온도에 관하여 선형적인 전도와 대류 열흐름만 여기에서 다룬다.

4.1 열전달 요소

Heat Flux q(W/m^2)는 단위 시간당 단위 면적당 열 흐름이다. 열 흐름의 x 방향 성분은 q_x, y 방향 성분은 q_y로 표시한다. 전도 열 흐름은

$$q_x = -k_x \frac{\partial T}{\partial x}\ ,\ q_y = -k_y \frac{\partial T}{\partial y}$$

여기서 $T(x,y)$는 온도분포, k_x와 k_y(W/(mm℃))는 각각 x, y 방향 열전도계수이다. 열은 온도가 높은 데서 낮은 데로 흐르므로 -를 붙인다.

다음과 같은 2차원이고 단위 두께인 미소요소 영역의 열출입을 살펴 열 흐름 평형방정식을 구하여 보자.

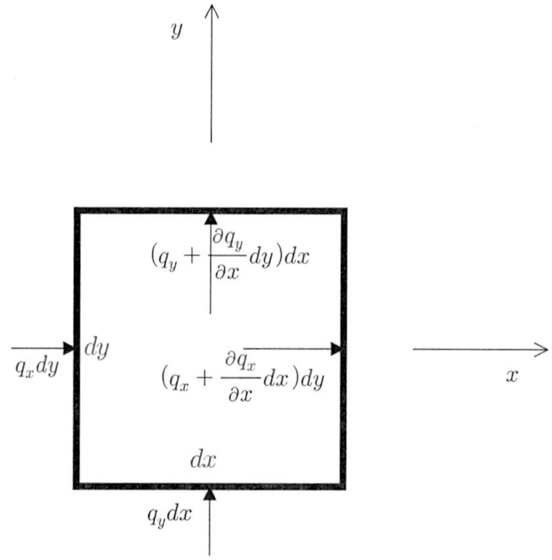

x 방향 열출입은 (출은 - 입은 +)

$$q_x dy - (q_x + \frac{\partial q_x}{\partial x} dx) dy$$

y 방향 열출입은 (출은 - 입은 +)

$$q_y dx - (q_y + \frac{\partial q_y}{\partial x} dy) dx$$

내부 열 발생은

$$q^B dx\, dy$$

평형조건

$$q_x dy - (q_x + \frac{\partial q_x}{\partial x} dx) dy + q_y dx - (q_y + \frac{\partial q_y}{\partial x} dy) dx + q^B dx\, dy = 0$$

정리하면

$$\frac{\partial q_x}{\partial x} + \frac{\partial q_y}{\partial y} = q^B$$

$k_x = k_y = k$ (constant)로 열전도계수 방향성이 없는 경우

$$k\left(\frac{\partial^2 T}{\partial x^2} + \frac{\partial^2 T}{\partial y^2}\right) + q^B = 0$$

이 평형조건은 2차원 물체 내부 어디에서나 성립하여야 한다.

이 미분방정식 형태인 평형조건을 유한요소에 적용하기 위하여 적분형태로 바꾼다.

$$\int_A (\delta T) \left[k\left(\frac{\partial^2 T}{\partial x^2} + \frac{\partial^2 T}{\partial y^2}\right) + q^B \right] dx\, dy = 0$$

여기서 δT는 온도경계조건을 어기지 않는 임의의 온도변분이고, A는 요소 내부 임의의 영역이다.

부분적분을 이용하여

$$\int_A (\delta T)\, k \frac{\partial^2 T}{\partial x^2}\, dx\, dy = \int_S (\delta T)\, k \frac{\partial T}{\partial x}\, dy - \int_A \frac{\partial (\delta T)}{\partial x}\, k \frac{\partial T}{\partial x}\, dx\, dy$$

$$\int_A (\delta T)\, k \frac{\partial^2 T}{\partial y^2}\, dx\, dy = - \int_S (\delta T)\, k \frac{\partial T}{\partial y}\, dx - \int_A \frac{\partial (\delta T)}{\partial y}\, k \frac{\partial T}{\partial y}\, dx\, dy$$

종합하면

$$\int_A k\left(\frac{\partial(\delta T)}{\partial x}\frac{\partial T}{\partial x}+\frac{\partial(\delta T)}{\partial y}\frac{\partial T}{\partial y}\right)dx\,dy=\int_A(\delta T)q^B\,dx\,dy+\int_S(\delta T)q^S\,dS$$

여기서 $q^S(=k\frac{\partial T}{\partial n})=k\left(\frac{\partial T}{\partial x}dy-\frac{\partial T}{\partial y}dx\right)$

표면에서 대류 열 흐름은

$$q^S=h(T_0-T)$$

결국

$$\int_A k\left(\frac{\partial(\delta T)}{\partial x}\frac{\partial T}{\partial x}+\frac{\partial(\delta T)}{\partial y}\frac{\partial T}{\partial y}\right)dx\,dy=\int_A(\delta T)q^B\,dx\,dy+\int_S(\delta T)h(T_0-T)\,dS$$

4.2 1차원 열전달 유한요소

절점 i와 i+1로 이루어진 어느 요소 (i)에서 절점 i와 i+1의 온도가 각각 T_i와 T_{i+1}이면

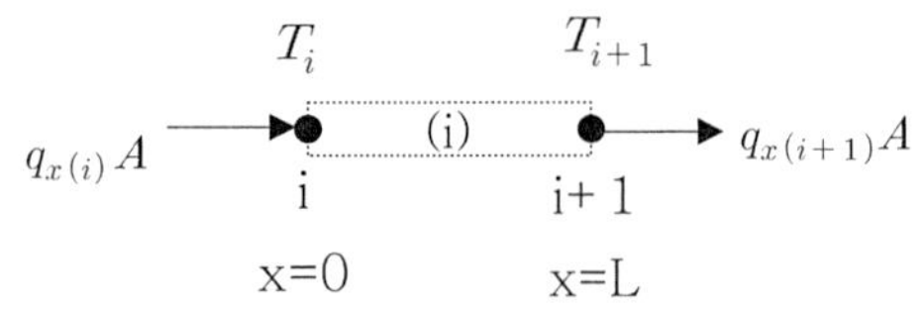

요소 내부 평형조건은

$$\int_0^L k\frac{\partial(\delta T)}{\partial x}\frac{\partial T}{\partial x}A\,dx+\int_0^L(\delta T)\,hTC\,dx=\int_0^L(\delta T)\,q^B A\,dx+\int_0^L(\delta T)\,hT_0C\,dx$$

여기서 C는 단면 둘레길이.

요소 내부의 온도 T는

$$T=\left[\frac{L-x}{L}\quad\frac{x}{L}\right]\begin{Bmatrix}T_i\\T_{i+1}\end{Bmatrix}$$

요소 내부의 온도변분 δT는

$$\delta T=\{\delta T_i\ \ \delta T_{i+1}\}\begin{bmatrix}\frac{L-x}{L}\\\frac{x}{L}\end{bmatrix}$$

평형조건에 요소 내부의 온도와 온도변분을 대입하면

$$\{\delta T_i \delta T_{i+1}\}\left\{\int_0^L \begin{bmatrix} -\frac{1}{L} \\ \frac{1}{L} \end{bmatrix} k \left[-\frac{1}{L}\ \frac{1}{L}\right] \begin{Bmatrix} T_i \\ T_{i+1} \end{Bmatrix} A dx + \int_0^L \begin{bmatrix} \frac{L-x}{L} \\ \frac{x}{L} \end{bmatrix} h \left[\frac{L-x}{L}\ \frac{x}{L}\right] \begin{Bmatrix} T_i \\ T_{i+1} \end{Bmatrix} C dx\right\}$$

$$= \{\delta T_i \delta T_{i+1}\}\left\{\int_0^L \begin{bmatrix} \frac{L-x}{L} \\ \frac{x}{L} \end{bmatrix} q^B A dx + \int_0^L \begin{bmatrix} \frac{L-x}{L} \\ \frac{x}{L} \end{bmatrix} h T_0 C dx\right\}$$

임의의 가상온도변분에 대하여 성립하려면

$$\int_0^L \begin{bmatrix} -\frac{1}{L} \\ \frac{1}{L} \end{bmatrix} k \left[-\frac{1}{L}\ \frac{1}{L}\right] \begin{Bmatrix} T_i \\ T_{i+1} \end{Bmatrix} A dx + \int_0^L \begin{bmatrix} \frac{L-x}{L} \\ \frac{x}{L} \end{bmatrix} h \left[\frac{L-x}{L}\ \frac{x}{L}\right] \begin{Bmatrix} T_i \\ T_{i+1} \end{Bmatrix} C dx$$

$$= \int_0^L \begin{bmatrix} \frac{L-x}{L} \\ \frac{x}{L} \end{bmatrix} q^B A dx + \int_0^L \begin{bmatrix} \frac{L-x}{L} \\ \frac{x}{L} \end{bmatrix} h T_0 C dx$$

적분하면

$$\left\{\frac{kA}{L}\begin{bmatrix} 1 & -1 \\ -1 & 1 \end{bmatrix} + \frac{hCL}{6}\begin{bmatrix} 2 & 1 \\ 1 & 2 \end{bmatrix}\right\}\begin{Bmatrix} T_i \\ T_{i+1} \end{Bmatrix} = \frac{q^B AL}{2}\begin{Bmatrix} 1 \\ 1 \end{Bmatrix} + \frac{h T_0 CL}{2}\begin{Bmatrix} 1 \\ 1 \end{Bmatrix}$$

[예제-열전달] 길이 400 mm, 단면적 1,000 mm²인 평판의 상하면과 측면을 단열하고 좌우 양단면을 0°C와 400°C로 유지할 때 절점 2~4의 온도와 절점 1과 5의 열출입을 구하시오. 열전도계수 k는 0.080 W/(mm℃).

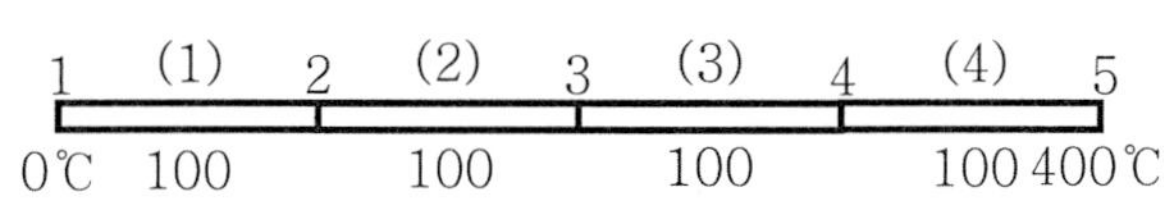

(풀이)

k	0.08	W/(mm℃)
A	1,000	mm²
L	100	mm
kA/L	0.8	W/℃

요소 (1)은 절점 1-2이므로 요소 열전도 행렬은

0.800	-0.800			
-0.800	0.800			

요소 (2)는 절점 2-3이므로 요소 열전도 행렬은

	0.800	-0.800		
	-0.800	0.800		

요소 (3)은 절점 3-4이므로 요소 열전도 행렬은

		0.800	-0.800	
		-0.800	0.800	

요소 (4)는 절점 4-5이므로 요소 열전도 행렬은

			0.800	-0.800
			-0.800	0.800

요소 (1)~(4) 열전도 행렬을 더하고, 절점 1의 온도 0°C, 절점 5의 온도 400°C를 입력한다.

1	2	3	4	5	{T}	{q}	
0.800	-0.800	0.000	0.000	0.000	0		1
-0.800	1.600	-0.800	0.000	0.000		0	2
0.000	-0.800	1.600	-0.800	0.000		0	3
0.000	0.000	-0.800	1.600	-0.800		0	4
0.000	0.000	0.000	-0.800	0.800	400		5

$q_4 = -k_{45}T_5$=320을 입력하고, 온도가 지정된 1, 5 행과 열을 다음과 같이 고쳐 $\{T\} = [K]^{-1}\{q\}$로 온도를 구한다.

1	2	3	4	5	{T}	{q}	
1.000	0.000	0.000	0.000	0.000	0	0	1
0.000	1.600	-0.800	0.000	0.000	100	0	2
0.000	-0.800	1.600	-0.800	0.000	200	0	3
0.000	0.000	-0.800	1.600	0.000	300	320	4
0.000	0.000	0.000	0.000	1.000	400	400	5

요소 별 열출입은 $\{q\}=[K]\{T\}$

{q}	
-80	1
0	2
0	3
0	4
80	5

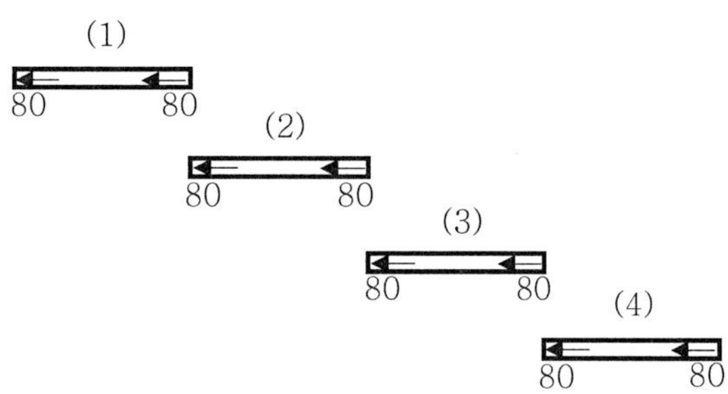

전체 열출입은

--■

[예제-열전달] 길이 400 mm, 단면적 1,000 mm^2인 평판의 상하면과 측면에 0℃ 공기를 불어 냉각하고 좌우 양단면을 0°C와 400°C로 유지할 때 절점 2~4의 온도와 절점 1과 5의 열출입을 구하시오. 열전도계수 k는 0.080 W/(mm·℃), 열대류계수 h는 0.0001 W/(mm^2 ·℃).

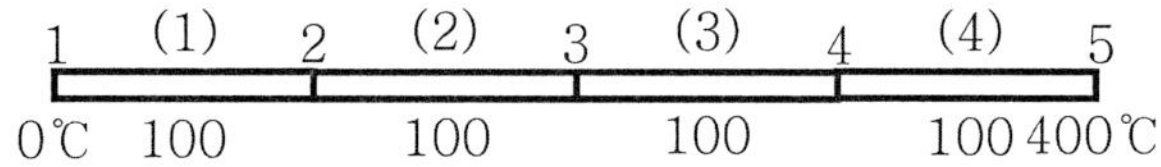

(풀이)

k	0.08	W/(mm℃)	h	0.0001	W/(mm^2℃)
A	1,000	mm^2	C	200	mm
L	100	mm			
kA/L	0.8	W/℃	hCL/6	0.333	W/℃

요소 (1)은 절점 1-2이므로 요소 열전도 행렬과 열대류 행렬은

0.800	-0.800			
-0.800	0.800			

0.667	0.333			
0.333	0.667			

요소 (2)는 절점 2-3이므로 요소 열전도 행렬과 열대류 행렬은

	0.800	-0.800		
	-0.800	0.800		

	0.667	0.333		
	0.333	0.667		

요소 (3)은 절점 3-4이므로 요소 열전도 행렬과 열대류 행렬은

		0.800	-0.800	
		-0.800	0.800	

		0.667	0.333	
		0.333	0.667	

요소 (4)는 절점 4-5이므로 요소 열전도 행렬과 열대류 행렬은

			0.800	-0.800
			-0.800	0.800

			0.667	0.333
			0.333	0.667

요소 (1)~(4) 열전도 행렬과 열대류 행렬을 더하고, 절점 1의 온도 0°C, 절점 5의 온도 400°C를 입력한다.

1	2	3	4	5	{T}	{q}	
1.467	-0.467	0.000	0.000	0.000	0		1
-0.467	2.933	-0.467	0.000	0.000		0	2
0.000	-0.467	2.933	-0.467	0.000		0	3
0.000	0.000	-0.467	2.933	-0.467		0	4
0.000	0.000	0.000	-0.467	1.467	400		5

$q_4 = -k_{45}T_5$=187을 입력하고, 온도가 지정된 1, 5 행과 열을 다음과 같이 고쳐 $\{T\} = [K]^{-1}\{q\}$로 온도를 구한다.

1	2	3	4	5	{T}	{q}	
1.000	0.000	0.000	0.000	0.000	0	0	1
0.000	2.933	-0.467	0.000	0.000	2	0	2
0.000	-0.467	2.933	-0.467	0.000	11	0	3
0.000	0.000	-0.467	2.933	0.000	65	187	4
0.000	0.000	0.000	0.000	1.000	400	400	5

요소 별 열출입은 $\{q\} = [K]\{T\}$

전도	대류	
-1	1	1
0	6	2
0	37	3
0	224	4
556	288	5

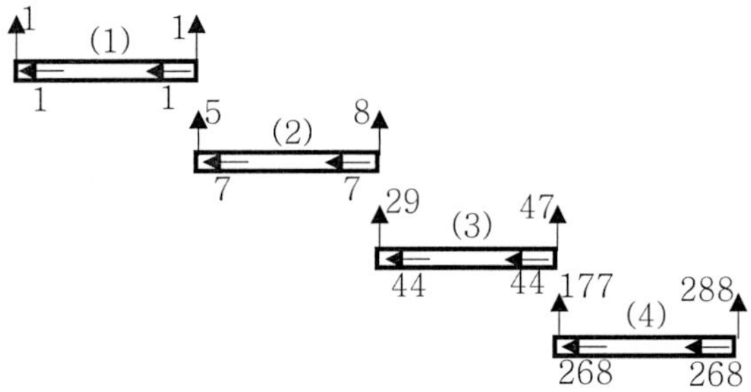

전체 열출입은

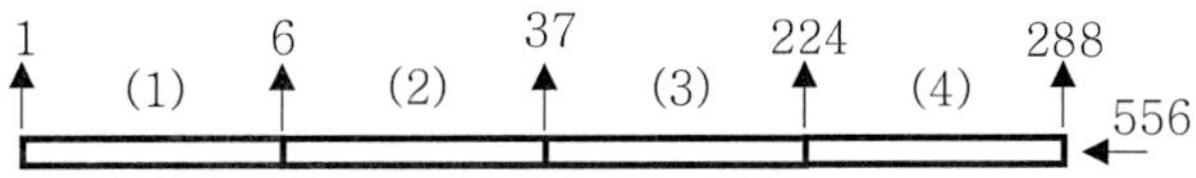

--■

[연습문제] 길이 400 mm, 단면적 1,000 mm^2인 평판의 상하면과 측면에 200℃ 공기를 불어 냉각하거나 가열하고 좌우 양단면을 0°C와 400°C로 유지할 때 절점 2~4의 온도와 절점 1과 5의 열출입을 구하시오. 열전도계수 k는 0.080 W/(mm ·℃), 열대류계수 h는 0.0001 W/(mm^2 ·℃).

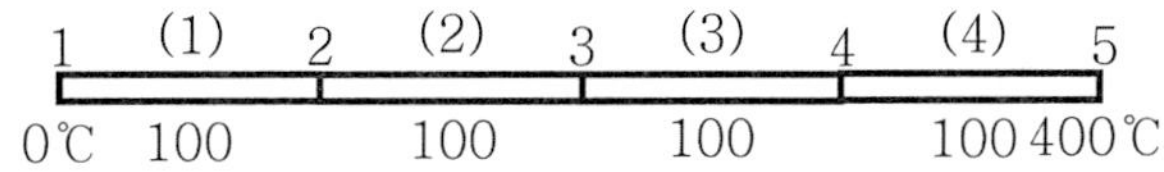

4.3 2차원 열전달 요소

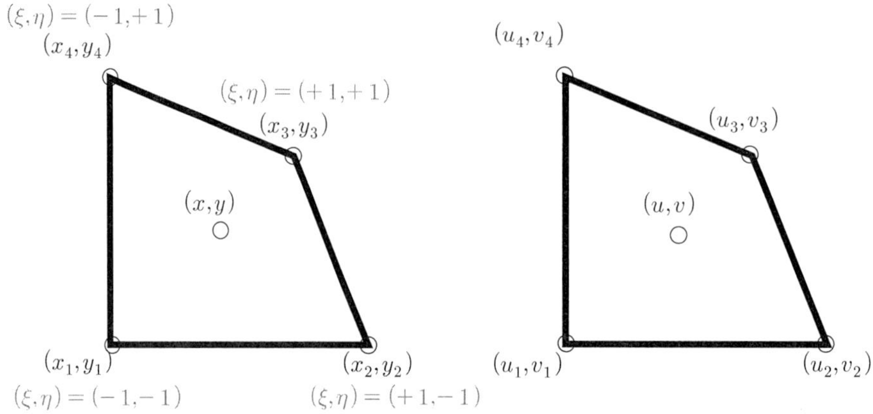

4 절점 Isoparametric 요소의 좌표와 변위

사각형 요소 4 절점의 좌표는 반시계방향으로 (x,y)=(x_1, y_1), (x_2, y_2), (x_3, y_3), (x_4, y_4)이고, 매개변수 $(\xi,\eta)=(-1,-1)$, $(+1,-1)$, $(+1,+1)$, $(-1,+1)$이 각각 4 절점에 대응한다. (ξ,η)에 대응하는 좌표 (x,y)는

$$\begin{Bmatrix} x \\ y \end{Bmatrix} = \frac{1}{4}\begin{bmatrix} (1-\xi)(1-\eta) & 0 & (1+\xi)(1-\eta) & 0 & (1+\xi)(1+\eta) & 0 & (1-\xi)(1+\eta) & 0 \\ 0 & (1-\xi)(1-\eta) & 0 & (1+\xi)(1-\eta) & 0 & (1+\xi)(1+\eta) & 0 & (1-\xi)(1+\eta) \end{bmatrix} \begin{Bmatrix} x_1 \\ y_1 \\ x_2 \\ y_2 \\ x_3 \\ y_3 \\ x_4 \\ y_4 \end{Bmatrix}$$

비슷하게 (ξ,η)에 대응하는 온도 T는

$$T = \frac{1}{4}\left[(1-\xi)(1-\eta) \quad (1+\xi)(1-\eta) \quad (1+\xi)(1+\eta) \quad (1-\xi)(1+\eta)\right] \begin{Bmatrix} T_1 \\ T_2 \\ T_3 \\ T_4 \end{Bmatrix}$$

여기서 보간행렬 $[N]$은

$$[N]=\frac{1}{4}[(1-\xi)(1-\eta) \quad (1+\xi)(1-\eta) \quad (1+\xi)(1+\eta) \quad (1-\xi)(1+\eta)]$$

온도변분 δT는

$$\delta T=\{\delta T_1 \ \ \delta T_2 \ \ \delta T_3 \ \ \delta T_4\} \ \frac{1}{4}\begin{bmatrix}(1-\xi)(1-\eta)\\(1+\xi)(1-\eta)\\(1+\xi)(1+\eta)\\(1-\xi)(1+\eta)\end{bmatrix}$$

편미분하여 온도기울기를 구하면

$$\begin{Bmatrix}\dfrac{\partial T}{\partial\xi}\\\dfrac{\partial T}{\partial\eta}\end{Bmatrix}=\frac{1}{4}\begin{bmatrix}-(1-\eta) & (1-\eta) & (1+\eta) & -(1+\eta)\\-(1-\xi) & -(1+\xi) & (1+\xi) & (1-\xi)\end{bmatrix}\begin{Bmatrix}T_1\\T_2\\T_3\\T_4\end{Bmatrix}$$

좌표를 편미분하여 기울기를 구하면

$$\begin{Bmatrix}\dfrac{\partial x}{\partial\xi}\\\dfrac{\partial y}{\partial\xi}\end{Bmatrix}=\frac{1}{4}\begin{bmatrix}-(1-\eta) & 0 & (1-\eta) & 0 & (1+\eta) & 0 & -(1+\eta) & 0\\0 & -(1-\eta) & 0 & (1-\eta) & 0 & (1+\eta) & 0 & -(1+\eta)\end{bmatrix}\begin{Bmatrix}x_1\\y_1\\x_2\\y_2\\\cdot\\\cdot\end{Bmatrix}$$

$$\begin{Bmatrix}\dfrac{\partial x}{\partial\eta}\\\dfrac{\partial y}{\partial\eta}\end{Bmatrix}=\frac{1}{4}\begin{bmatrix}-(1-\xi) & 0 & -(1+\xi) & 0 & (1+\xi) & 0 & (1-\xi) & 0\\0 & -(1-\xi) & 0 & -(1+\xi) & 0 & (1+\xi) & 0 & (1-\xi)\end{bmatrix}\begin{Bmatrix}x_1\\y_1\\x_2\\y_2\\\cdot\\\cdot\end{Bmatrix}$$

Jacobian 행렬은

$$[J]=\begin{bmatrix}\dfrac{\partial x}{\partial \xi} & \dfrac{\partial y}{\partial \xi}\\ \dfrac{\partial x}{\partial \eta} & \dfrac{\partial y}{\partial \eta}\end{bmatrix}$$

$$\begin{Bmatrix}\dfrac{\partial T}{\partial x}\\ \dfrac{\partial T}{\partial y}\end{Bmatrix}=\begin{bmatrix}J_{11}^{-1} & J_{12}^{-1}\\ J_{21}^{-1} & J_{22}^{-1}\end{bmatrix}\frac{1}{4}\begin{bmatrix}-(1-\eta) & (1-\eta) & (1+\eta) & -(1+\eta)\\ -(1-\xi) & -(1+\xi) & (1+\xi) & (1-\xi)\end{bmatrix}\begin{Bmatrix}T_1\\ T_2\\ T_3\\ T_4\end{Bmatrix}$$

여기서

$$[B]=\begin{bmatrix}J_{11}^{-1} & J_{12}^{-1}\\ J_{21}^{-1} & J_{22}^{-1}\end{bmatrix}\frac{1}{4}\begin{bmatrix}-(1-\eta) & (1-\eta) & (1+\eta) & -(1+\eta)\\ -(1-\xi) & -(1+\xi) & (1+\xi) & (1-\xi)\end{bmatrix}$$

열전달 평형조건

$$\int_A k\left(\frac{\partial(\delta T)}{\partial x}\frac{\partial T}{\partial x}+\frac{\partial(\delta T)}{\partial y}\frac{\partial T}{\partial y}\right)dx\,dy=\int_A(\delta T)q^B\,dx\,dy+\int_S(\delta T)h(T_0-T)\,dS$$

에 대입하고 2*2 수치적분하면

$$\left(\sum_{i=1}^{2}\sum_{j=1}^{2}w_iw_j[B]^Tk[B]t|J|_{\substack{\xi=\xi_i\\ \eta=\eta_i}}+\sum_{i=1}^{2}w_i[N]^Tht|J^*|_{\xi=\xi_i}\right)\begin{Bmatrix}T_1\\ T_2\\ T_3\\ T_4\end{Bmatrix}=$$

$$=\sum_{i=1}^{2}\sum_{j=1}^{2}w_iw_j[N]^Tq^Bt|J|_{\substack{\xi=\xi_i\\ \eta=\eta_i}}+\sum_{i=1}^{2}w_i[N]^ThT_0t|J^*|_{\xi=\xi_i}$$

[예제-열전달. 열응력] 굴뚝 통로는 100 mm * 100 mm이고 벽 두께는 100 mm이다. 통로(h_i=70 W/(m^2 °C))에는 300°C 기체가 흐르고 외벽(h_o=21 W/(m^2 °C))은 20°C 대기에 노출되었다. 온도분포와 열응력을 구하시오. E=4 GPa, ν=0.2, 굴뚝의 열팽창계수는 α=5.5e-6 mm/(mm °C)

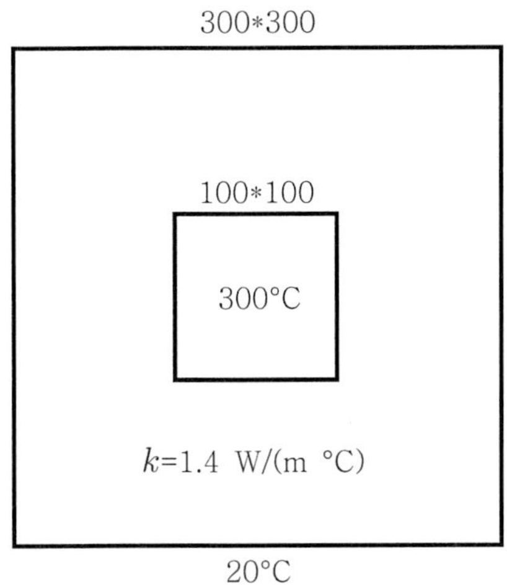

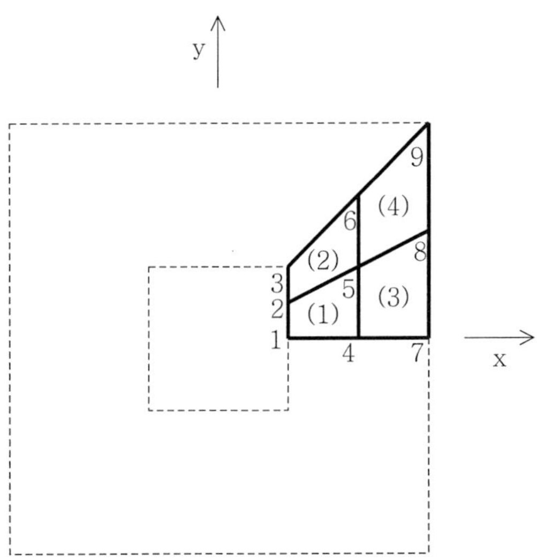

(풀이) 요소 (1) 절점의 좌표는

node	x	y
1	50	0
4	100	0
5	100	50
2	50	25

수치적분점 ① ξ=-0.577, η=-0.577의 좌표는

$$\begin{Bmatrix} x \\ y \end{Bmatrix} = \begin{bmatrix} 0.622 & 0.000 & 0.167 & 0.000 & 0.045 & 0.000 & 0.167 & 0.000 \\ 0.000 & 0.622 & 0.000 & 0.167 & 0.000 & 0.045 & 0.000 & 0.167 \end{bmatrix} \begin{Bmatrix} x_1 \\ y_1 \\ x_4 \\ y_4 \\ . \\ . \end{Bmatrix}$$

$$= \begin{Bmatrix} 60.566 \\ 6.400 \end{Bmatrix}$$

기울기는

$$\begin{Bmatrix} \dfrac{\partial x}{\partial \xi} \\ \dfrac{\partial y}{\partial \xi} \end{Bmatrix} = \begin{bmatrix} -0.394 & 0.000 & 0.394 & 0.000 & 0.106 & 0.000 & -0.106 & 0.000 \\ 0.000 & -0.394 & 0.000 & 0.394 & 0.000 & 0.106 & 0.000 & -0.106 \end{bmatrix} \begin{Bmatrix} x_1 \\ y_1 \\ x_4 \\ y_4 \\ . \\ . \end{Bmatrix}$$

$$= \begin{Bmatrix} 25.000 \\ 2.642 \end{Bmatrix}$$

$$\begin{Bmatrix} \dfrac{\partial x}{\partial \eta} \\ \dfrac{\partial y}{\partial \eta} \end{Bmatrix} = \begin{bmatrix} -0.394 & 0.000 & -0.106 & 0.000 & 0.106 & 0.000 & 0.394 & 0.000 \\ 0.000 & -0.394 & 0.000 & -0.106 & 0.000 & 0.106 & 0.000 & 0.394 \end{bmatrix} \begin{Bmatrix} x_1 \\ y_1 \\ x_4 \\ y_4 \\ . \\ . \end{Bmatrix}$$

$$= \begin{Bmatrix} 0.000 \\ 15.142 \end{Bmatrix}$$

Jacobian 행렬, 행렬식, 역행렬은

$$[J] = \begin{bmatrix} 25.000 & 2.642 \\ 0.000 & 15.142 \end{bmatrix}$$

$$|J| = 378.539$$

$$[J]^{-1} = \begin{bmatrix} 0.040 & -0.007 \\ 0.000 & 0.066 \end{bmatrix}$$

$[B]$ 행렬은

$$\begin{Bmatrix} \dfrac{\partial T}{\partial x} \\ \dfrac{\partial T}{\partial y} \end{Bmatrix} = \begin{bmatrix} 0.040 & -0.007 \\ 0.000 & 0.066 \end{bmatrix} \begin{bmatrix} -0.394 & 0.394 & 0.106 & -0.106 \\ -0.394 & -0.106 & 0.106 & 0.394 \end{bmatrix} \begin{Bmatrix} T_1 \\ T_4 \\ T_5 \\ T_2 \end{Bmatrix}$$

$$= \begin{bmatrix} -0.013 & 0.017 & 0.003 & -0.007 \\ -0.026 & -0.007 & 0.007 & 0.026 \end{bmatrix} \begin{Bmatrix} T_1 \\ T_4 \\ T_5 \\ T_2 \end{Bmatrix}$$

열전도 요소행렬 성분 $[B]^T k [B] t |J|$

0.045	-0.002	-0.012	-0.031
-0.002	0.017	0.000	-0.016
-0.012	0.000	0.003	0.008
-0.031	-0.016	0.008	0.039

요소 (1) 나머지 수치적분점에서도 열전도 요소행렬 성분을 구하고, ①~④ 열전도 요소행렬 성분을 더하여 요소 (1) 열전도 요소행렬을 구한다.

0.105	0.000	-0.035	-0.070
0.000	0.105	-0.035	-0.070
-0.035	-0.035	0.070	0.000
-0.070	-0.070	0.000	0.140

요소 (2) 열전도 요소행렬은

0.108	0.016	-0.016	-0.108
0.016	0.167	-0.062	-0.121
-0.016	-0.062	0.062	0.016
-0.108	-0.121	0.016	0.213

요소 (3) 열전도 요소행렬은

0.092	-0.038	-0.032	-0.022
-0.038	0.107	-0.002	-0.067
-0.032	-0.002	0.072	-0.038
-0.022	-0.067	-0.038	0.127

요소 (4) 열전도 요소행렬은

0.078	-0.028	-0.007	-0.043
-0.028	0.159	-0.019	-0.112
-0.007	-0.019	0.054	-0.028
-0.043	-0.112	-0.028	0.183

그 다음 대류 요소행렬을 구한다.

요소 (1) 절점 1-2 표면

node	x	y
1	50	0
2	50	25

수치적분점 ⑤ ξ=-0.577의 좌표를 구하면

$$\begin{Bmatrix} x \\ y \end{Bmatrix} = \begin{bmatrix} 0.789 & 0.000 & 0.211 & 0.000 \\ 0.000 & 0.789 & 0.000 & 0.211 \end{bmatrix} \begin{Bmatrix} x_1 \\ y_1 \\ x_2 \\ y_2 \end{Bmatrix}$$

$$= \begin{Bmatrix} 50.000 \\ 5.283 \end{Bmatrix}$$

좌표 기울기를 구하면

$$\begin{Bmatrix} \frac{\partial x}{\partial \xi} \\ \frac{\partial y}{\partial \xi} \end{Bmatrix} = \begin{bmatrix} -0.500 & 0.000 & 0.500 & 0.000 \\ 0.000 & -0.500 & 0.000 & 0.500 \end{bmatrix} \begin{Bmatrix} x_1 \\ y_1 \\ x_2 \\ y_2 \end{Bmatrix}$$

$$= \begin{Bmatrix} 0.000 \\ 12.500 \end{Bmatrix}$$

Jacobian의 크기는

$$|J^*| = \sqrt{(\frac{\partial x}{\partial \xi})^2 + (\frac{\partial x}{\partial \eta})^2} = 12.5$$

절점 1과 2에 대류 열흐름을 배분하면

$$[N]^T h t |J^*|_{\xi = \xi_i} = \begin{bmatrix} 0.789 \\ 0.211 \end{bmatrix} [0.789 \;\; 0.211] * 0.000070 * 100 * 12.500$$

$$= \begin{bmatrix} 0.054 & 0.015 \\ 0.015 & 0.004 \end{bmatrix}$$

$$[N]^T h t |J^*|_{\xi = \xi_i} = \begin{bmatrix} 0.789 \\ 0.211 \end{bmatrix} * 0.000070 * 300 * 100 * 12.500$$

$$= \begin{bmatrix} 20.703 \\ 5.547 \end{bmatrix}$$

수치적분점 ⑥ ξ=-0.577에 대하여

절점 1과 2에 대류 열흐름을 배분하면

$$[N]^T h t |J^*|_{\xi=\xi_i} = \begin{bmatrix} 0.211 \\ 0.789 \end{bmatrix} [0.211 \quad 0.789] * 0.000070 * 100 * 12.500$$

=

0.004	0.015
0.015	0.054

$$[N]^T h t |J^*|_{\xi=\xi_i} = \begin{bmatrix} 0.211 \\ 0.789 \end{bmatrix} * 0.000070 * 300 * 100 * 12.500$$

=

5.547
20.703

수치적분점 ⑤와 ⑥에 대한 대류 요소행렬과 열 흐름을 더하면

0.058	0.029	와	26.250
0.029	0.058		26.250

요소 (2) 절점 2-3 표면

0.058	0.029	와	26.250
0.029	0.058		26.250

요소 (3) 절점 7-8 표면

0.053	0.026	와	1.575
0.026	0.053		1.575

요소 (4) 절점 8-9 표면

0.053	0.026	와	1.575
0.026	0.053		1.575

요소 (1) 1-4-5-2이므로 열전도 요소행렬 성분을 재배치하면

1	2	3	4	5	6	7	8	9		
0.105	-0.070		0.000	-0.035						1
-0.070	0.140		-0.070	0.000						2
										3
0.000	-0.070		0.105	-0.035						4
-0.035	0.000		-0.035	0.070						5
										6
										7
										8
										9

열대류 요소행렬 성분을 재배치하면

1	2	3	4	5	6	7	8	9		
0.058	0.029								26.250	1
0.029	0.058								26.250	2
										3
										4
										5
										6
										7
										8
										9

요소 (2) 2-5-6-3이므로 열전도 요소행렬 성분을 재배치하면

1	2	3	4	5	6	7	8	9		
										1
	0.108	-0.108		0.016	-0.016					2
	-0.108	0.213		-0.121	0.016					3
										4
	0.016	-0.121		0.167	-0.062					5
	-0.016	0.016		-0.062	0.062					6
										7
										8
										9

열대류 요소행렬 성분을 재배치하면

1	2	3	4	5	6	7	8	9		
										1
	0.058	0.029							26.250	2
	0.029	0.058							26.250	3
										4
										5
										6
										7
										8
										9

요소 (3) 4-7-8-5이므로 열전도 요소행렬 성분을 재배치하면

1	2	3	4	5	6	7	8	9		
										1
										2
										3
			0.092	-0.022		-0.038	-0.032			4
			-0.022	0.127		-0.067	-0.038			5
										6
			-0.038	-0.067		0.107	-0.002			7
			-0.032	-0.038		0.024	0.072			8
										9

열대류 요소행렬 성분을 재배치하면

1	2	3	4	5	6	7	8	9		
										1
										2
										3
										4
										5
										6
						0.053	0.026		1.575	7
						0.026	0.053		1.575	8
										9

요소 (4) 5-8-9-6이므로 열전도 요소행렬 성분을 재배치하면

1	2	3	4	5	6	7	8	9		
										1
										2
										3
										4
				0.078	-0.043		-0.028	-0.007		5
				-0.043	0.183		-0.112	-0.028		6
										7
				-0.028	-0.112		0.159	-0.019		8
				-0.007	-0.028		-0.019	0.054		9

열대류 요소행렬 성분을 재배치하면

1	2	3	4	5	6	7	8	9		
										1
										2
										3
										4
										5
										6
										7
							0.053	0.026	1.575	8
							0.026	0.053	1.575	9

요소 (1)~(4) 열전도 요소행렬과 열대류 요소행렬을 더하고, 대류 열흐름도 더하고, $\{T\}=[K]^{-1}\{q\}$로 온도분포를 구한다.

1	2	3	4	5	6	7	8	9	{T}	{q}	
0.163	-0.041	0.000	0.000	-0.035	0.000	0.000	0.000	0.000	256	26.250	1
-0.041	0.364	-0.079	-0.070	0.016	-0.016	0.000	0.000	0.000	252	52.500	2
0.000	-0.079	0.271	0.000	-0.121	0.016	0.000	0.000	0.000	230	26.250	3
0.000	-0.070	0.000	0.197	-0.057	0.000	-0.038	-0.032	0.000	166	0.000	4
-0.035	0.016	-0.121	-0.057	0.441	-0.104	-0.067	-0.066	-0.007	150	0.000	5
0.000	-0.016	0.016	0.000	-0.104	0.244	0.000	-0.112	-0.028	109	0.000	6
0.000	0.000	0.000	-0.038	-0.067	0.000	0.159	0.024	0.000	100	1.575	7
0.000	0.000	0.000	-0.032	-0.066	-0.112	0.024	0.336	0.007	83	3.150	8
0.000	0.000	0.000	0.000	-0.007	-0.028	0.000	0.007	0.106	47	1.575	9

열전도 요소행렬에 온도를 곱하면

node	요소 (1)	node	요소 (2)	node	요소 (3)	node	요소 (4)
1	4.0	1		1		1	
2	5.8	2	3.0	2		2	
3		3	5.4	3		3	
4	-5.5	4		4	5.5	4	
5	-4.3	5	-5.6	5	5.5	5	4.3
6		6	-2.9	6		6	2.9
7		7		7	-5.8	7	
8		8		8	-5.2	8	-4.1
9		9		9		9	-3.1

①300°C 대류 열흐름에서 ②대류 요소행렬에 온도를 곱한 열흐름을 뺀 것이 ③대류 열흐름이다. +는 입, -는 출을 가리킨다.

node	①	②	③
1	26.250	22.288	3.962
2	26.250	22.187	4.063

요소 (1)

node	①	②	③
2	26.250	21.444	4.806
3	26.250	20.801	5.449

요소 (2)

node	①	②	③
7	1.575	7.397	-5.822
8	1.575	6.950	-5.375

요소 (3)

node	①	②	③
8	1.575	5.579	-4.004
9	1.575	4.655	-3.080

요소 (4)

요소별 열흐름은

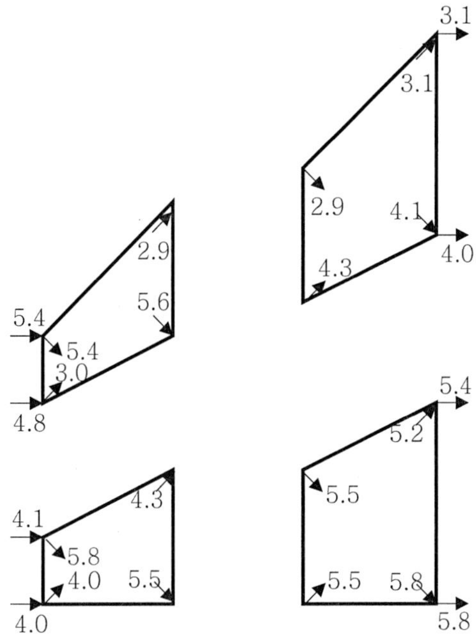

전체 열흐름은

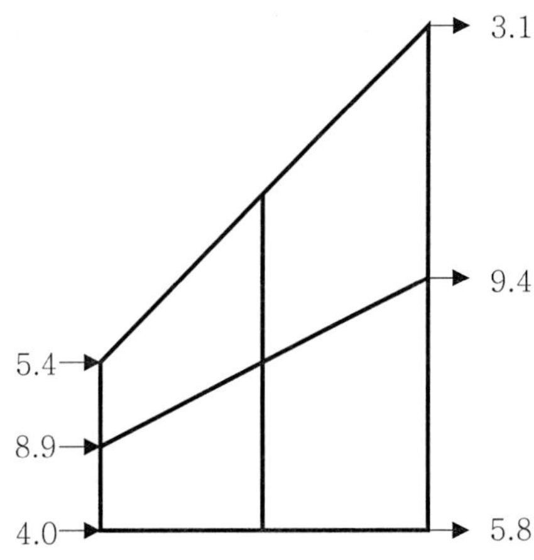

이제 열변형을 구하여보자.

요소 (1) 수치적분점 ① ξ=-0.577, η=-0.577의 온도는

$$T = \begin{bmatrix} 0.622 & 0.167 & 0.045 & 0.167 \end{bmatrix} \begin{Bmatrix} 256 \\ 166 \\ 150 \\ 252 \end{Bmatrix} = 236\ ^{\circ}\mathrm{C}$$

$$\begin{Bmatrix} \epsilon_x^T \\ \epsilon_y^T \\ \gamma_{xy}^T \end{Bmatrix} = \alpha(T-T_0)\begin{Bmatrix} 1+\nu \\ 1+\nu \\ 0 \end{Bmatrix} = \begin{Bmatrix} 0.00142 \\ 0.00142 \\ 0 \end{Bmatrix}$$

열하중은

$$\begin{Bmatrix} F_{x1}^T \\ F_{y1}^T \\ \cdot \\ \cdot \end{Bmatrix} = [T]^T[B]^T[E]\begin{Bmatrix} \epsilon_x^T \\ \epsilon_y^T \\ \gamma_{xy}^T \end{Bmatrix}$$

=

1.000	0.000	0.000	0.000	0.000	0.000	0.000	0.000
0.000	1.000	0.000	0.000	0.000	0.000	0.000	0.000
0.000	0.000	1.000	0.000	0.000	0.000	0.000	0.000
0.000	0.000	0.000	1.000	0.000	0.000	0.000	0.000
0.000	0.000	0.000	0.000	0.894	0.447	0.000	0.000
0.000	0.000	0.000	0.000	-0.447	0.894	0.000	0.000
0.000	0.000	0.000	0.000	0.000	0.000	0.894	0.447
0.000	0.000	0.000	0.000	0.000	0.000	-0.447	0.894

-0.013	0.000	-0.026
0.000	-0.026	-0.013
0.017	0.000	-0.007
0.000	-0.007	0.017
0.003	0.000	0.007
0.000	0.007	0.003
-0.007	0.000	0.026
0.000	0.026	-0.007

4.444	1.111	0.000
1.111	4.444	0.000
0.000	0.000	1.667

0.00142
0.00142
0.00000

=

-3.9
-7.8
4.9
-2.1
1.9
1.4
1.6
7.9

[kN]

요소 (1) 수치적분점 ② ξ=-0.577, η=0.577의 온도는

T=

0.167	0.045	0.167	0.622

256
166
150
252

=232 °C

$$\begin{Bmatrix} \epsilon_x^T \\ \epsilon_y^T \\ \gamma_{xy}^T \end{Bmatrix} = \alpha(T-T_0)\begin{Bmatrix} 1+\nu \\ 1+\nu \\ 0 \end{Bmatrix} = \begin{Bmatrix} 0.00140 \\ 0.00140 \\ 0 \end{Bmatrix}$$

열하중은

$$\begin{Bmatrix} F_{x1}^T \\ F_{y1}^T \\ \cdot \\ \cdot \end{Bmatrix} = [T]^T[B]^T[E]\begin{Bmatrix} \epsilon_x^T \\ \epsilon_y^T \\ \gamma_{xy}^T \end{Bmatrix}$$

$$= \begin{bmatrix} 1.000 & 0.000 & 0.000 & 0.000 & 0.000 & 0.000 & 0.000 & 0.000 \\ 0.000 & 1.000 & 0.000 & 0.000 & 0.000 & 0.000 & 0.000 & 0.000 \\ 0.000 & 0.000 & 1.000 & 0.000 & 0.000 & 0.000 & 0.000 & 0.000 \\ 0.000 & 0.000 & 0.000 & 1.000 & 0.000 & 0.000 & 0.000 & 0.000 \\ 0.000 & 0.000 & 0.000 & 0.000 & 0.894 & 0.447 & 0.000 & 0.000 \\ 0.000 & 0.000 & 0.000 & 0.000 & -0.447 & 0.894 & 0.000 & 0.000 \\ 0.000 & 0.000 & 0.000 & 0.000 & 0.000 & 0.000 & 0.894 & 0.447 \\ 0.000 & 0.000 & 0.000 & 0.000 & 0.000 & 0.000 & -0.447 & 0.894 \end{bmatrix} \begin{bmatrix} 0.006 & 0.000 & -0.026 \\ 0.000 & -0.026 & 0.006 \\ 0.007 & 0.000 & -0.007 \\ 0.000 & -0.007 & 0.007 \\ 0.013 & 0.000 & 0.007 \\ 0.000 & 0.007 & 0.013 \\ -0.026 & 0.000 & 0.026 \\ 0.000 & 0.026 & -0.026 \end{bmatrix} \begin{bmatrix} 4.444 & 1.111 & 0.000 \\ 1.111 & 4.444 & 0.000 \\ 0.000 & 0.000 & 1.667 \end{bmatrix} \begin{bmatrix} 0.00140 \\ 0.00140 \\ 0.00000 \end{bmatrix}$$

$$= \begin{bmatrix} 1.8 \\ -7.7 \\ 2.1 \\ -2.1 \\ 4.3 \\ 0.1 \\ -3.4 \\ 10.3 \end{bmatrix} [\mathrm{kN}]$$

요소 (1) 수치적분점 ③ ξ=0.577, η=−0.577에서 열하중은

$$\begin{Bmatrix} F_{x1}^T \\ F_{y1}^T \\ \cdot \\ \cdot \end{Bmatrix} = \begin{bmatrix} -5.1 \\ -1.6 \\ 5.9 \\ -5.9 \\ 3.3 \\ 4.9 \\ -0.7 \\ 2.1 \end{bmatrix} [\mathrm{kN}]$$

요소 (1) 수치적분점 ④ ξ=0.577, η=0.577에서 열하중은

$$\begin{Bmatrix} F_{x1}^T \\ F_{y1}^T \\ \cdot \\ \cdot \end{Bmatrix} = \begin{bmatrix} -0.7 \\ -1.5 \\ 3.5 \\ -5.6 \\ 5.0 \\ 3.7 \\ -4.3 \\ 3.8 \end{bmatrix} [\mathrm{kN}]$$

요소 (1) 수치적분점 ①~④의 열하중성분을 더하면

$$\begin{Bmatrix} F_{x1}^{T} \\ F_{y1}^{T} \\ \cdot \\ \cdot \end{Bmatrix} = \begin{array}{|c|c} -7.9 & 1 \\ -18.5 & \\ 16.4 & 4 \\ -15.6 & \\ 14.5 & 5 \\ 10.1 & \\ -6.8 & 2 \\ 24.1 & \end{array}$$

요소 (1) 절점 1-4-5-2이므로 요소강성행렬 성분과 열하중 성분을 재배치하면

1		2		3		4		5		6		7		8		9			
184	32	-42	78			-64	-30	-66	-27									-7.9	1
32	275	-83	-219			-2	64	-95	-71									-18.5	
-42	-83	214	-56			-103	11	-51	56									-6.8	2
78	-219	-56	397			147	-170	28	51									24.1	
																			3
-64	-2	-103	147			226	-96	2	13									16.4	4
-30	64	11	-170			-96	232	-30	-151									-15.6	
-66	-95	-51	28			2	-30	165	56									14.5	5
-27	-71	56	51			13	-151	56	141									10.1	
																			6
																			7
																			8
																			9

요소 (2) 절점 2-5-6-3이므로 요소강성행렬 성분과 하중 성분을 재배치하면

1		2		3		4		5		6		7		8		9			
																			1
		175	9	-99	82			-32	-4	-39	-41							-6.4	2
		9	295	-93	-339			24	103	-64	-28							-15.6	
		-99	-93	283	-61			-157	7	-13	62							-4.4	3
		82	-339	-61	646			174	-345	34	83							28.3	
																			4
		-32	24	-157	174			280	-137	-42	12							13.0	5
		-4	103	7	-345			-137	449	-47	-223							-21.5	
		-39	-64	-13	34			-42	-47	124	45							9.9	6
		-41	-28	62	83			12	-223	45	146							9.1	
																			7
																			8
																			9

요소 (3) 절점 4-7-8-5이므로 요소강성행렬 성분과 하중 성분을 재배치하면

1		2		3		4		5		6		7		8		9			
																			1
																			2
																			3
						209	49	28	25			-158	-23	-85	-25			-9.4	
						49	192	-42	-100			5	-8	-88	-41			-10.6	4
						28	-42	230	-89			-122	18	-135	68			-7.8	
						25	-100	-89	323			149	-140	41	-30			15.7	5
																			6
						-158	5	-122	149			272	-86	56	-25			14.1	
						-23	-8	18	-140			-86	195	-4	-76			-8.5	7
						-85	-88	-135	41			56	-4	201	29			12.2	
						-25	-41	68	-30			-25	-76	29	113			3.5	8
																			9

요소 (4) 절점 5-8-9-6이므로 요소강성행렬 성분과 하중 성분을 재배치하면

1		2		3		4		5		6		7		8		9			
																			1
																			2
																			3
																			4
								172	9	-12	24			-124	22	-43	-38	-6.7	5
								9	167	-61	-155			50	0	-47	16	-5.7	
								-12	-61	267	-99			-162	23	-90	80	-4.0	6
								24	-155	-99	530			177	-301	52	-34	15.4	
																			7
								-124	50	-162	177			305	-144	20	-30	9.6	8
								22	0	23	-301			-144	389	-30	-107	-11.6	
								-43	-47	-90	52			20	-30	136	14	6.7	9
								-38	16	80	-34			-30	-107	14	99	1.9	

요소 (1)~(4) 요소강성행렬 성분과 하중 성분을 더하고 변위 경계조건을 입력하면

1		2		3		4												{u,w}	$F_{x'},F_{y'}$	
184	32	-42	78	0	0	-64	-30	-66	-27	0	0	0	0	0	0	0	0		-7.9	1
32	275	-83	-219	0	0	-2	64	-95	-71	0	0	0	0	0	0	0	0	0	-18.5	
-42	-83	389	-47	-99	82	-103	11	-83	51	-39	-41	0	0	0	0	0	0		-13.3	2
78	-219	-47	692	-93	-339	147	-170	51	154	-64	-28	0	0	0	0	0	0		8.5	
0	0	-99	-93	283	-61	0	0	-157	7	-13	62	0	0	0	0	0	0		-4.4	3
0	0	82	-339	-61	646	0	0	174	-345	34	83	0	0	0	0	0	0	0	28.3	
-64	-2	-103	147	0	0	435	-47	29	38	0	0	-158	-23	-85	-25	0	0		6.9	4
-30	64	11	-170	0	0	-47	424	-73	-251	0	0	5	-8	-88	-41	0	0	0	-26.1	
-66	-95	-83	51	-157	174	29	-73	847	-161	-54	36	-122	18	-259	90	-43	-38		13.1	5
-27	-71	51	154	7	-345	38	-251	-161	1079	-109	-378	149	-140	90	-30	-47	16		-1.3	
0	0	-39	-64	-13	34	0	0	-54	-109	392	-53	0	0	-162	23	-90	80		5.9	6
0	0	-41	-28	62	83	0	0	36	-378	-53	676	0	0	177	-301	52	-34	0	24.5	
0	0	0	0	0	0	-158	5	-122	149	0	0	272	-86	56	-25	0	0		14.1	7
0	0	0	0	0	0	-23	-8	18	-140	0	0	-86	195	-4	-76	0	0	0	-8.5	
0	0	0	0	0	0	-85	-88	-259	90	-162	177	56	-4	506	-116	20	-30		21.7	8
0	0	0	0	0	0	-25	-41	90	-30	23	-301	-25	-76	-116	502	-30	-107		-8.1	
0	0	0	0	0	0	0	0	-43	-47	-90	52	0	0	20	-30	136	14		6.7	9
0	0	0	0	0	0	0	0	-38	16	80	-34	0	0	-30	-107	14	99	0	1.9	

다음과 같이 변환하여 풀면

1		2		3		4												{u,w}	$F_x';F_y'$	
184	0	-42	78	0	0	-64	0	-66	-27	0	0	0	0	0	0	0	0	0.043	-7.9	1
0	1	0	0	0	0	0	0	0	0	0	0	0	0	0	0	0	0	0.000	0.0	
-42	0	389	-47	-99	0	-103	0	-83	51	-39	0	0	0	0	0	0	0	0.052	-13.3	2
78	0	-47	692	-93	0	147	0	51	154	-64	0	0	0	0	0	0	0	0.003	8.5	
0	0	-99	-93	283	0	0	0	-157	7	-13	0	0	0	0	0	0	0	0.071	-4.4	3
0	0	0	0	0	1	0	0	0	0	0	0	0	0	0	0	0	0	0.000	0.0	
-64	0	-103	147	0	0	435	0	29	38	0	0	-158	0	-85	-25	0	0	0.102	6.9	4
0	0	0	0	0	0	0	1	0	0	0	0	0	0	0	0	0	0	0.000	0.0	
-66	0	-83	51	-157	0	29	0	847	-161	-54	0	-122	0	-259	90	-43	0	0.110	13.1	5
-27	0	51	154	7	0	38	0	-161	1079	-109	0	149	0	90	-30	-47	0	-0.001	-1.3	
0	0	-39	-64	-13	0	0	0	-54	-109	392	0	0	0	-162	23	-90	0	0.130	5.9	6
0	0	0	0	0	0	0	0	0	0	0	1	0	0	0	0	0	0	0.000	0.0	
0	0	0	0	0	0	-158	0	-122	149	0	0	272	0	56	-25	0	0	0.133	14.1	7
0	0	0	0	0	0	0	0	0	0	0	0	0	1	0	0	0	0	0.000	0.0	
0	0	0	0	0	0	-85	0	-259	90	-162	0	56	0	506	-116	20	0	0.140	21.7	8
0	0	0	0	0	0	-25	0	90	-30	23	0	-25	0	-116	502	-30	0	0.011	-8.1	
0	0	0	0	0	0	0	0	-43	-47	-90	0	0	0	20	-30	136	0	0.152	6.7	9
0	0	0	0	0	0	0	0	0	0	0	0	0	0	0	0	0	1	0.000	0.0	

열변형 형상을 그려보면

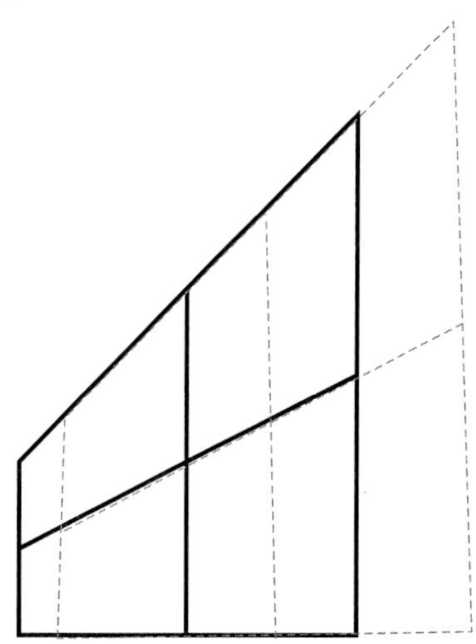

이제 열응력을 구하여보자.

요소 (1)의 수치적분점 ①에서

$$\begin{Bmatrix}\sigma_x\\ \sigma_y\\ \tau_{xy}\end{Bmatrix} = [E]\left[[B]\begin{Bmatrix}u_1\\ v_1\\ u_4\\ v_4\\ .\\ .\end{Bmatrix} - \begin{Bmatrix}\epsilon_x^T\\ \epsilon_y^T\\ \gamma_y\end{Bmatrix}\right] = \begin{array}{|c|}\hline -0.002\\ \hline -0.002\\ \hline 0.000\\ \hline\end{array} \quad \text{GPa}$$

수치적분점 ②에서

$$\begin{Bmatrix} \sigma_x \\ \sigma_y \\ \tau_{xy} \end{Bmatrix} = [E]\left[[B]\begin{Bmatrix} u_1 \\ v_1 \\ u_4 \\ v_4 \\ . \\ . \end{Bmatrix} - \begin{Bmatrix} \epsilon_x^T \\ \epsilon_y^T \\ \gamma_y \end{Bmatrix} \right] = \begin{matrix} -0.002 \\ -0.002 \\ 0.000 \end{matrix} \quad \text{GPa}$$

수치적분점의 온도는

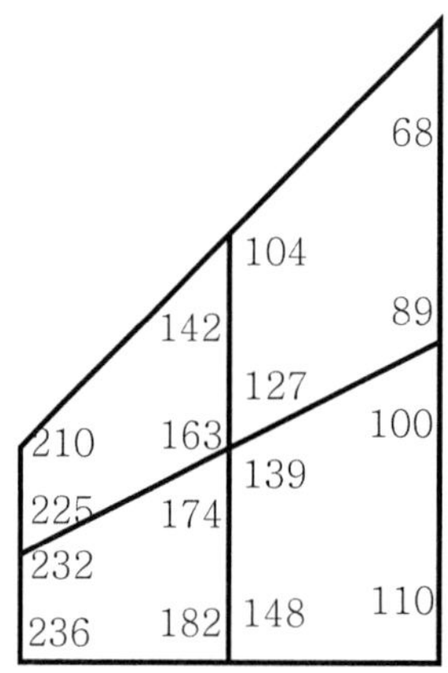

T

수치적분점에서 열응력(MPa)은

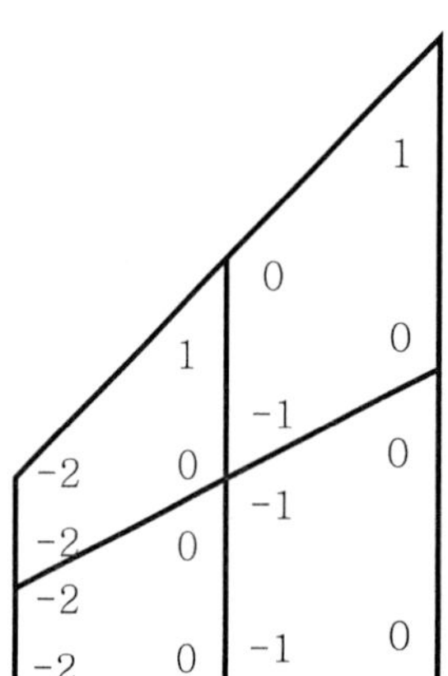

σ_x

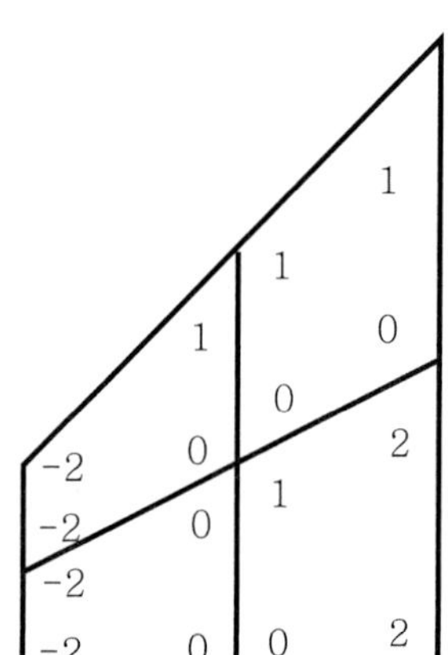

σ_y

축대칭 요소에 대하여

$$\left(\sum_{i=1}^{2}\sum_{j=1}^{2} w_i w_j [B]^T k [B] 2\pi r |J|_{\substack{\xi=\xi_i \\ \eta=\eta_i}} + \sum_{i=1}^{2} w_i [N]^T h 2\pi r |J|_{\xi=\xi_i}\right)\begin{Bmatrix} T_1 \\ T_2 \\ T_3 \\ T_4 \end{Bmatrix} =$$

$$= \sum_{i=1}^{2}\sum_{j=1}^{2} w_i w_j [N]^T q^B 2\pi r |J|_{\substack{\xi=\xi_i \\ \eta=\eta_i}} + \sum_{i=1}^{2} w_i [N]^T h T_0 2\pi r |J^*|_{\xi=\xi_i}$$

[예제-열전달. 열응력] 다음과 같은 후벽원통이 내면은 0°C, 외면은 100°C에 노출될 경우 정상상태 온도분포를 구하고 이에 따른 열변형과 열응력을 구하시오. E=200 GPa, ν=0.3, 선팽창계수 α=12e-6 mm/(mm °C)

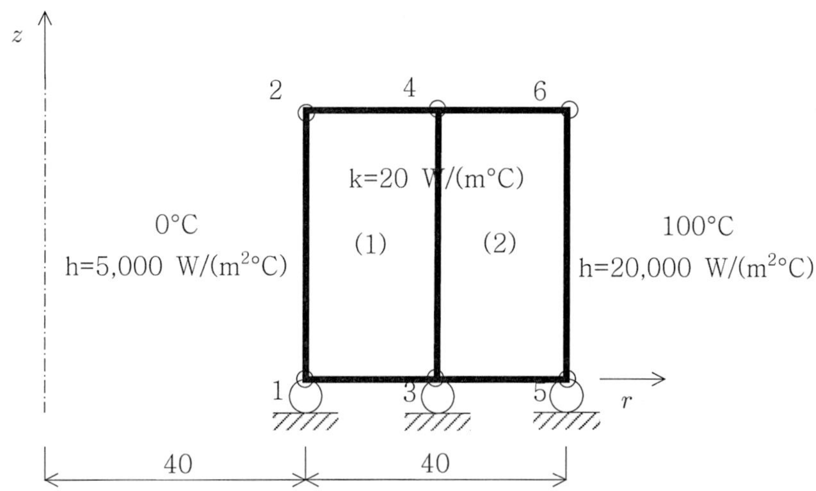

(풀이)

요소 (1) 절점의 좌표는

node	r	z
1	40	0
3	60	0
4	60	40
2	40	40

수치적분점 ① ξ=-0.577, η=-0.577의 좌표는

$$\begin{Bmatrix} r \\ z \end{Bmatrix} = \begin{bmatrix} 0.622 & 0.000 & 0.167 & 0.000 & 0.045 & 0.000 & 0.167 & 0.000 \\ 0.000 & 0.622 & 0.000 & 0.167 & 0.000 & 0.045 & 0.000 & 0.167 \end{bmatrix} \begin{Bmatrix} r_1 \\ z_1 \\ r_4 \\ z_4 \\ . \\ . \end{Bmatrix}$$

$$= \begin{Bmatrix} 44.226 \\ 8.453 \end{Bmatrix}$$

기울기는

$$\begin{Bmatrix} \frac{\partial r}{\partial \xi} \\ \frac{\partial z}{\partial \xi} \end{Bmatrix} = \begin{bmatrix} -0.394 & 0.000 & 0.394 & 0.000 & 0.106 & 0.000 & -0.106 & 0.000 \\ 0.000 & -0.394 & 0.000 & 0.394 & 0.000 & 0.106 & 0.000 & -0.106 \end{bmatrix} \begin{Bmatrix} r_1 \\ z_1 \\ r_4 \\ z_4 \\ . \\ . \end{Bmatrix}$$

$$= \begin{Bmatrix} 10.000 \\ 0.000 \end{Bmatrix}$$

$$\begin{Bmatrix} \frac{\partial r}{\partial \eta} \\ \frac{\partial z}{\partial \eta} \end{Bmatrix} = \begin{bmatrix} -0.394 & 0.000 & -0.106 & 0.000 & 0.106 & 0.000 & 0.394 & 0.000 \\ 0.000 & -0.394 & 0.000 & -0.106 & 0.000 & 0.106 & 0.000 & 0.394 \end{bmatrix} \begin{Bmatrix} r_1 \\ z_1 \\ r_4 \\ z_4 \\ . \\ . \end{Bmatrix}$$

$$= \begin{Bmatrix} 0.000 \\ 20.000 \end{Bmatrix}$$

Jacobian 행렬, 행렬식, 역행렬은

$$[J] = \begin{bmatrix} 10.000 & 0.000 \\ 0.000 & 20.000 \end{bmatrix}$$

$$|J| = 200$$

$$[J]^{-1} = \begin{bmatrix} 0.100 & 0.000 \\ 0.000 & 0.050 \end{bmatrix}$$

$[B]$ 행렬은

$$\begin{Bmatrix} \frac{\partial T}{\partial x} \\ \frac{\partial T}{\partial y} \end{Bmatrix} = \begin{bmatrix} 0.100 & 0.000 \\ 0.000 & 0.050 \end{bmatrix} \begin{bmatrix} -0.394 & 0.394 & 0.106 & -0.106 \\ -0.394 & -0.106 & 0.106 & 0.394 \end{bmatrix} \begin{Bmatrix} T_1 \\ T_4 \\ T_5 \\ T_2 \end{Bmatrix}$$

$$= \begin{bmatrix} -0.039 & 0.039 & 0.011 & -0.011 \\ -0.020 & -0.005 & 0.005 & 0.020 \end{bmatrix} \begin{Bmatrix} T_1 \\ T_4 \\ T_5 \\ T_2 \end{Bmatrix}$$

열전도 요소행렬 성분 $[B]^T k [B] 2\pi r |J|$은

2.161	-1.613	-0.579	0.031
-1.613	1.759	0.432	-0.579
-0.579	0.432	0.155	-0.008
0.031	-0.579	-0.008	0.556

요소 (1) 나머지 수치적분점 ②~④ 에서도 열전도 요소행렬 성분을 구하고, ①~④ 열전도 요소행렬 성분을 더하여 요소 (1) 열전도 요소행렬을 구한다.

5.131	-3.665	-2.618	1.152
-3.665	5.341	0.942	-2.618
-2.618	0.942	5.341	-3.665
1.152	-2.618	-3.665	5.131

요소 (2) 열전도 요소행렬은

7.226	-5.131	-3.665	1.571
-5.131	7.435	1.361	-3.665
-3.665	1.361	7.435	-5.131
1.571	-3.665	-5.131	7.226

그 다음 대류 요소행렬을 구한다.

요소 (1) 절점 1-2 표면 수치적분점 ⑤ ξ=-0.577의 좌표는

$$\begin{Bmatrix} r \\ z \end{Bmatrix} = \begin{bmatrix} 0.789 & 0.000 & 0.211 & 0.000 \\ 0.000 & 0.789 & 0.000 & 0.211 \end{bmatrix} \begin{Bmatrix} r_1 \\ z_1 \\ r_2 \\ z_2 \end{Bmatrix}$$

$$= \begin{Bmatrix} 40.000 \\ 31.547 \end{Bmatrix}$$

좌표 기울기는

$$\begin{Bmatrix} \dfrac{\partial r}{\partial \xi} \\ \dfrac{\partial z}{\partial \xi} \end{Bmatrix} = \begin{bmatrix} -0.500 & 0.000 & 0.500 & 0.000 \\ 0.000 & -0.500 & 0.000 & 0.500 \end{bmatrix} \begin{Bmatrix} r_1 \\ z_1 \\ r_2 \\ z_2 \end{Bmatrix}$$

$$=\begin{Bmatrix} 0.000 \\ -20.000 \end{Bmatrix}$$

Jacobian의 크기는

$$|J^{*}|=\sqrt{(\frac{\partial x}{\partial \xi})^2+(\frac{\partial x}{\partial \eta})^2}=20$$

절점 1과 2에 대류 요소행렬 성분과 열흐름을 배분하면

$$[N]^T h[N]2\pi r|J^{*}|_{\xi=\xi_i}=\begin{bmatrix}0.789\\0.211\end{bmatrix}[0.789 \quad 0.211]*0.005*2\pi*40*20$$

=

15.633	4.189
4.189	1.122

$$[N]^T h T_0 2\pi r|J^{*}|_{\xi=\xi_i}=\begin{bmatrix}0.789\\0.211\end{bmatrix}*0.005*0*2\pi*40*20$$

=

0
0

수치적분점 ⑥ ξ=-0.577에 대하여

$$[N]^T h[N]2\pi r|J^{*}|_{\xi=\xi_i}=\begin{bmatrix}0.211\\0.789\end{bmatrix}[0.211 \quad 0.789]*0.005*2\pi*40*20$$

=

1.122	4.189
4.189	15.633

$$[N]^T h T_0 2\pi r|J^{*}|_{\xi=\xi_i}=\begin{bmatrix}0.211\\0.789\end{bmatrix}*0.005*0*2\pi*40*20$$

=

0
0

수치적분점 ⑤와 ⑥에 대한 대류 요소행렬과 열흐름을 더하면

16.755	8.378
8.378	16.755

와

0
0

요소 (2) 절점 5-6 표면 대류 요소행렬과 열흐름은

134.041	67.021
67.021	134.041

와

20,106
20,106

요소 (1) 절점 1-3-4-2에 열전도 요소행렬 성분을 재배치하고, 표면 절점

2-1에 열대류 요소행렬 성분을 재배치하여 더하면

	1	2	3	4	5	6		
	22	10	-4	-3			0	1
	10	22	-3	-4			0	2
	-4	-3	5	1				3
	-3	-4	1	5				4
								5
								6

요소 (2) 절점 3-5-6-4에 열전도 요소행렬 성분을 재배치하고, 표면 절점 5-6에 열대류 요소행렬 성분을 재배치하여 더하면

	1	2	3	4	5	6		
								1
								2
			7	2	-5	-4		3
			2	7	-4	-5		4
			-5	-4	141	68	20,106	5
			-4	-5	68	141	20,106	6

요소 (1)~(2) 열전도 요소행렬과 열대류 요소행렬을 더하고, 대류 열흐름도 더하여, $\{T\}=[K]^{-1}\{q\}$로 온도분포를 구한다.

1	2	3	4	5	6	{T}	{q}	
22	10	-4	-3	0	0	13	0	1
10	22	-3	-4	0	0	13	0	2
-4	-3	13	3	-5	-4	63	0	3
-3	-4	3	13	-4	-5	63	0	4
0	0	-5	-4	141	68	98	20,106	5
0	0	-4	-5	68	141	98	20,106	6

α=12e-6 mm/(mm °C)

요소 (1) 수치적분점 ① ξ=-0.577, η=-0.577의 온도는

$$T=\begin{bmatrix} 0.622 & 0.167 & 0.045 & 0.167 \end{bmatrix}\begin{Bmatrix} 13 \\ 63 \\ 63 \\ 13 \end{Bmatrix} = 23\ ^{\circ}\mathrm{C}$$

$$\epsilon_r^T=\epsilon_\theta^T=\epsilon_z^T=\alpha T=0.00028,\ \gamma_{rz}^T=0$$

$$[B]^T[E]\begin{Bmatrix}\epsilon_r^T\\ \epsilon_r^T\\ \epsilon_r^T\\ \gamma_{rz}^T\end{Bmatrix}2\pi rJ=$$

-0.039	0.014	0.000	-0.020
0.000	0.000	-0.020	-0.039
0.039	0.004	0.000	-0.005
0.000	0.000	-0.005	0.039
0.011	0.001	0.000	0.005
0.000	0.000	0.005	0.011
-0.011	0.004	0.000	0.020
0.000	0.000	0.020	-0.011

269	115	115	0
115	269	115	0
115	115	269	0
0	0	0	77

0.00028
0.00028
0.00028
0.00000

*2π*44.226*200=

-196
-152
333
-41
89
41
-52
152

요소 (1) 수치적분점 ② ξ=-0.577, η=0.577의 온도는

$$T=\begin{bmatrix}0.167 & 0.045 & 0.167 & 0.622\end{bmatrix}\begin{Bmatrix}13\\63\\63\\13\end{Bmatrix} = 23\ ^\circ\mathrm{C}$$

$$\epsilon_r^T=\epsilon_\theta^T=\epsilon_z^T=\alpha T=0.00028,\ \ \gamma_{rz}^T=0$$

$$[B]^T[E]\begin{Bmatrix}\epsilon_r^T\\ \epsilon_r^T\\ \epsilon_r^T\\ \gamma_{rz}^T\end{Bmatrix}2\pi rJ=$$

-0.011	0.004	0.000	-0.020
0.000	0.000	-0.020	-0.011
0.011	0.001	0.000	-0.005
0.000	0.000	-0.005	0.011
0.039	0.004	0.000	0.005
0.000	0.000	0.005	0.039
-0.039	0.014	0.000	0.020
0.000	0.000	0.020	-0.039

269	115	115	0
115	269	115	0
115	115	269	0
0	0	0	77

0.00028
0.00028
0.00028
0.00000

*2π*44.226*200=

-52
-152
89
-41
333
41
-196
152

요소 (1) 수치적분점 ③ ξ=0.577, η=-0.577의 온도는

$$T=\begin{bmatrix}0.167 & 0.622 & 0.167 & 0.045\end{bmatrix}\begin{Bmatrix}13\\63\\63\\13\end{Bmatrix} = 52\ ^\circ\mathrm{C}$$

$$\epsilon_r^T = \epsilon_\theta^T = \epsilon_z^T = \alpha T = 0.00062,\ \ \gamma_{rz}^T = 0$$

$$[B]^T[E]\begin{Bmatrix}\epsilon_r^T\\ \epsilon_r^T\\ \epsilon_r^T\\ \gamma_{rz}^T\end{Bmatrix}2\pi r J =$$

-0.039	0.003	0.000	-0.005
0.000	0.000	-0.005	-0.039
0.039	0.011	0.000	-0.020
0.000	0.000	-0.020	0.039
0.011	0.003	0.000	0.020
0.000	0.000	0.020	0.011
-0.011	0.001	0.000	0.005
0.000	0.000	0.005	-0.011

269	115	115	0
115	269	115	0
115	115	269	0
0	0	0	77

0.00028
0.00028
0.00028
0.00000

*2π*55.774*200=

-798
-116
1,107
-432
297
432
-214
116

요소 (1) 수치적분점 ④ ξ=0.577, η=0.577의 온도는

$$T = \begin{bmatrix}0.045 & 0.167 & 0.622 & 0.167\end{bmatrix}\begin{Bmatrix}13\\63\\63\\13\end{Bmatrix} = 52\ ℃$$

$$\epsilon_r^T = \epsilon_\theta^T = \epsilon_z^T = \alpha T = 0.00062,\ \ \gamma_{rz}^T = 0$$

$$[B]^T[E]\begin{Bmatrix}\epsilon_r^T\\ \epsilon_r^T\\ \epsilon_r^T\\ \gamma_{rz}^T\end{Bmatrix}2\pi r J =$$

-0.011	0.001	0.000	-0.005
0.000	0.000	-0.005	-0.011
0.011	0.003	0.000	-0.020
0.000	0.000	-0.020	0.011
0.039	0.011	0.000	0.020
0.000	0.000	0.020	0.039
-0.039	0.003	0.000	0.005
0.000	0.000	0.005	-0.039

269	115	115	0
115	269	115	0
115	115	269	0
0	0	0	77

0.00028
0.00028
0.00028
0.00000

*2π*55.774*200=

-214
-116
297
-432
1,107
432
-798
116

요소 (1) 수치적분점 ①~④ 요소강성행렬 성분과 열하중 성분을 더하고 절점번호에 해당하는 위치에 재배치하면

1		2		3		4		5		6		$\{F_r, F_z\}$	
53,699	11,680	21,412	-403	-52,850	2,819	-29,446	-14,097					-1,259	1
11,680	28,798	403	-4,632	-3,222	-9,062	-16,111	-15,104					-535	
21,412	403	53,699	-11,680	-29,446	14,097	-52,850	-2,819					-1,259	2
-403	-4,632	-11,680	28,798	16,111	-15,104	3,222	-9,062					535	
-52,850	-3,222	-29,446	16,111	73,228	-18,527	29,968	5,639					1,826	3
2,819	-9,062	14,097	-15,104	-18,527	31,617	-5,639	-7,451					-945	
-29,446	-16,111	-52,850	3,222	29,968	-5,639	73,228	18,527					1,826	4
-14,097	-15,104	-2,819	-9,062	5,639	-7,451	18,527	31,617					945	
													5
													6

요소 (2) 수치적분점 ①~④ 요소강성행렬 성분과 열하중 성분을 더하고 절점번호에 해당하는 위치에 재배치하면

1		2		3		4		5		6		$\{F_r, F_z\}$	
													1
													2
				76,829	17,722	30,561	-1,611	-75,042	4,028	-41,750	-20,138	-3,733	3
				17,722	40,881	1,611	-7,048	-4,430	-12,687	-22,152	-21,145	-1,889	
				30,561	1,611	76,829	-17,722	-41,750	20,138	-75,042	-4,028	-3,733	4
				-1,611	-7,048	-17,722	40,881	22,152	-21,145	4,430	-12,687	1,889	
				-75,042	-4,430	-41,750	22,152	96,659	-24,569	39,267	6,847	4,948	5
				4,028	-12,687	20,138	-21,145	-24,569	43,700	-6,847	-9,868	-2,406	
				-41,750	-22,152	-75,042	4,430	39,267	-6,847	96,659	24,569	4,948	6
				-20,138	-21,145	-4,028	-12,687	6,847	-9,868	24,569	43,700	2,406	

요소 (1)~(2)에 대한 것을 더하고 변위경계조건을 입력하면

1		2		3		4		5		6		$\{u, w\}$	$\{F_r, F_z\}$	
53,699	11,680	21,412	-403	-52,850	2,819	-29,446	-14,097	0	0	0	0		-1,259	1
11,680	28,798	403	-4,632	-3,222	-9,062	-16,111	-15,104	0	0	0	0	0	-535	
21,412	403	53,699	-11,680	-29,446	14,097	-52,850	-2,819	0	0	0	0		-1,259	2
-403	-4,632	-11,680	28,798	16,111	-15,104	3,222	-9,062	0	0	0	0		535	
-52,850	-3,222	-29,446	16,111	150,057	-806	60,529	4,028	-75,042	4,028	-41,750	-20,138		-1,907	3
2,819	-9,062	14,097	-15,104	-806	72,498	-4,028	-14,500	-4,430	-12,687	-22,152	-21,145	0	-2,834	
-29,446	-16,111	-52,850	3,222	60,529	-4,028	150,057	806	-41,750	20,138	-75,042	-4,028		-1,907	4
-14,097	-15,104	-2,819	-9,062	4,028	-14,500	806	72,498	22,152	-21,145	4,430	-12,687		2,834	
0	0	0	0	-75,042	-4,430	-41,750	22,152	96,659	-24,569	39,267	6,847		4,948	5
0	0	0	0	4,028	-12,687	20,138	-21,145	-24,569	43,700	-6,847	-9,868	0	-2,406	
0	0	0	0	-41,750	-22,152	-75,042	4,430	39,267	-6,847	96,659	24,569		4,948	6
0	0	0	0	-20,138	-21,145	-4,028	-12,687	6,847	-9,868	24,569	43,700		2,406	

변위가 지정된 2, 6, 10 행과 열을 고쳐 $\{u\}=[K]^{-1}\{f\}$로 변위를 구한다.

1		2		3		4		5		6		{u, w}	{F_r, F_z}	
53,699	0	21,412	-403	-52,850	0	-29,446	-14,097	0	0	0	0	0.038	-1,259	1
0	1	0	0	0	0	0	0	0	0	0	0	0.000	0	
21,412	0	53,699	-11,680	-29,446	0	-52,850	-2,819	0	0	0	0	0.017	-1,259	2
-403	0	-11,680	28,798	16,111	0	3,222	-9,062	0	0	0	0	0.006	535	
-52,850	0	-29,446	16,111	150,057	0	60,529	4,028	-75,042	0	-41,750	-20,138	0.046	-1,907	3
0	0	0	0	0	1	0	0	0	0	0	0	0.000	0	
-29,446	0	-52,850	3,222	60,529	0	150,057	806	-41,750	0	-75,042	-4,028	0.028	-1,907	4
-14,097	0	-2,819	-9,062	4,028	0	806	72,498	22,152	0	4,430	-12,687	0.030	2,834	
0	0	0	0	-75,042	0	-41,750	22,152	96,659	0	39,267	6,847	0.068	4,948	5
0	0	0	0	0	0	0	0	0	1	0	0	0.000	0	
0	0	0	0	-41,750	0	-75,042	4,430	39,267	0	96,659	24,569	0.052	4,948	6
0	0	0	0	-20,138	0	-4,028	-12,687	6,847	0	24,569	43,700	0.048	2,406	

요소 (1)의 수치적분점 ①에서

$$\begin{Bmatrix} \sigma_r \\ \sigma_\theta \\ \sigma_z \\ \tau_{rz} \end{Bmatrix} = [E]\left[[B]\begin{Bmatrix} u_1 \\ w_1 \\ u_3 \\ w_3 \\ . \\ . \end{Bmatrix} - \begin{Bmatrix} \epsilon_r^T \\ \epsilon_\theta^T \\ \epsilon_z^T \\ \gamma_{rz} \end{Bmatrix} \right] = \begin{bmatrix} 0.101 \\ 0.159 \\ 0.079 \\ -0.021 \end{bmatrix}$$

수치적분점 ③에서

$$\begin{Bmatrix} \sigma_r \\ \sigma_\theta \\ \sigma_z \\ \tau_{rz} \end{Bmatrix} = \begin{bmatrix} -0.043 \\ 0.003 \\ -0.013 \\ -0.017 \end{bmatrix}$$

요소 (2)의 수치적분점 ①에서

$$\begin{Bmatrix} \sigma_r \\ \sigma_\theta \\ \sigma_z \\ \tau_{rz} \end{Bmatrix} = [E]\left[[B]\begin{Bmatrix} u_3 \\ w_3 \\ u_5 \\ w_5 \\ . \\ . \end{Bmatrix} - \begin{Bmatrix} \epsilon_r^T \\ \epsilon_\theta^T \\ \epsilon_z^T \\ \gamma_{rz} \end{Bmatrix} \right] = \begin{bmatrix} 0.058 \\ 0.000 \\ 0.016 \\ -0.019 \end{bmatrix}$$

수치적분점 ③에서

$$\begin{Bmatrix} \sigma_r \\ \sigma_\theta \\ \sigma_z \\ \tau_{rz} \end{Bmatrix} = \begin{bmatrix} -0.029 \\ -0.078 \\ -0.031 \\ -0.017 \end{bmatrix}$$

[연습문제] 다음 평판의 상하면과 측면에 0℃ 공기를 불어 냉각하고 x=0 mm와 x=400 mm 양단면을 0°C와 400°C로 유지할 때 절점 1~15의 온도를 구하시오. 열전도계수 k는 0.080 W/(mm℃), 열대류계수 h는 0.0001 W/(mm^2 ·℃). E=200 GPa, ν=0.3

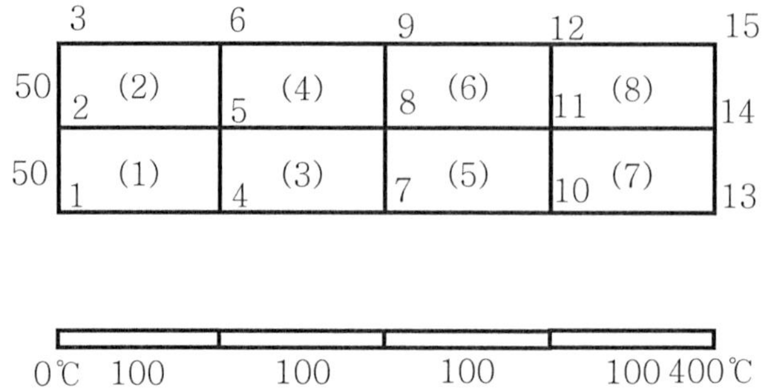

[연습문제-응력 중첩] 내경 80 mm, 외경 160 mm인 후벽원통이 내압 1 MPa를 받는다. (a) 내표면을 0°C, 외표면을 200°C로 유지하는 경우와 (b) 내표면을 200°C, 외표면을 0°C로 유지하는 경우 응력분포를 서로 비교하시오. E=200 GPa, ν=0.3

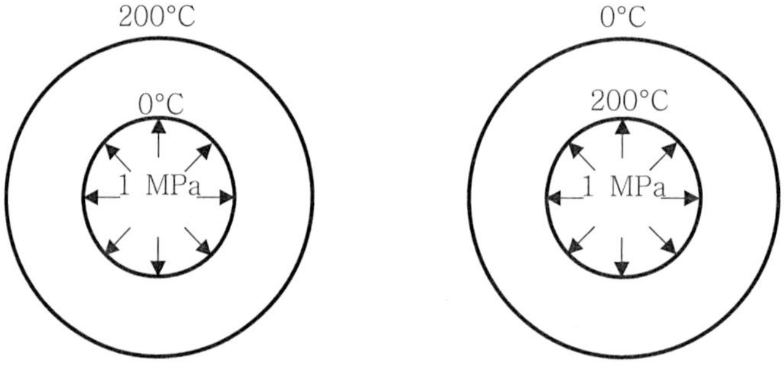

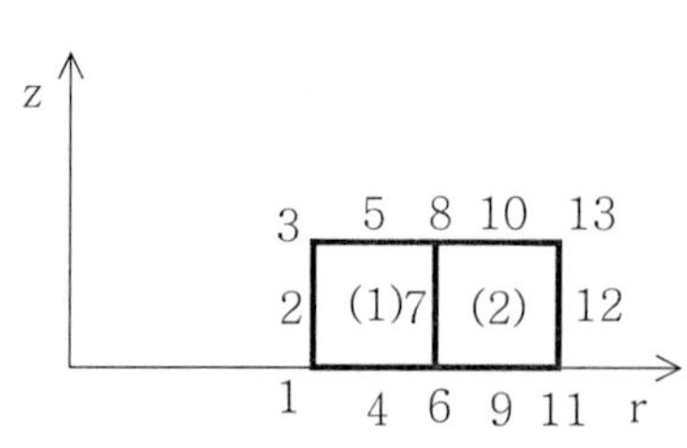

[연습문제-응력 중첩] 후벽원통(강. 탄성계수 200 GPa, Poisson 비 0.3, 열전도계수 k=50 W/mK) 내경 80 mm, 외경 160 mm. 내압 1 MPa

θ=0°~5° 범위 사각형요소 4개를 사용하여, ①~③ 3가지 경우 r=40~80 mm 범위 온도와 응력(내압이 발생한 응력+열응력)분포를 구하고 서로 비교하시오. 평면변형상태. 후벽원통 초기온도 20°C

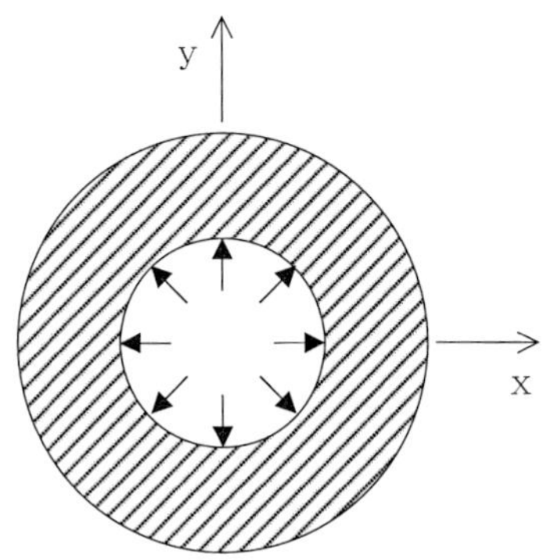

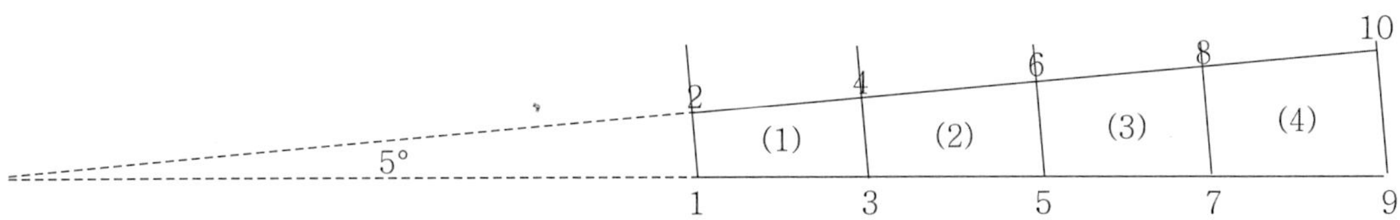

① 내부 200°C 공기(강제대류) h_i=70 W/m^{2}K,
외부 20°C 공기(강제대류) h_o=70 W/m^{2}K

② 내부 200°C 공기(강제대류) h_i=70 W/m^{2}K,
외부 20°C 공기(자연대류) h_o= 7 W/m^{2}K

③ 내부 200°C 공기(강제대류) h_i=70 W/m^{2}K,
외부 단열

5. 고유치문제 (固有値문제 Eigenvalue problem)

공진(共振 Resonance), 좌굴(坐屈 Buckling) 등이 고유치문제이다. 공진주파수, 좌굴임계하중이 고유치에 해당한다. 이 주파수로 흔들거나 이 하중으로 누를 때 진폭이나 처짐은 결정되지 않는다. 즉, 진폭이나 처짐이 증가하여도 저항을 받지 않아 불안정하다. 실제 어느 한도를 넘으면 항복이나 파단이 발생하여 위험하다.
고유치는 1차, 2차, 3차, ... 무한하게 존재하고 각각 고유치에 대하여 상대적인 변위 분포인 진동모드나 좌굴모드가 존재한다.

5.1 고유진동

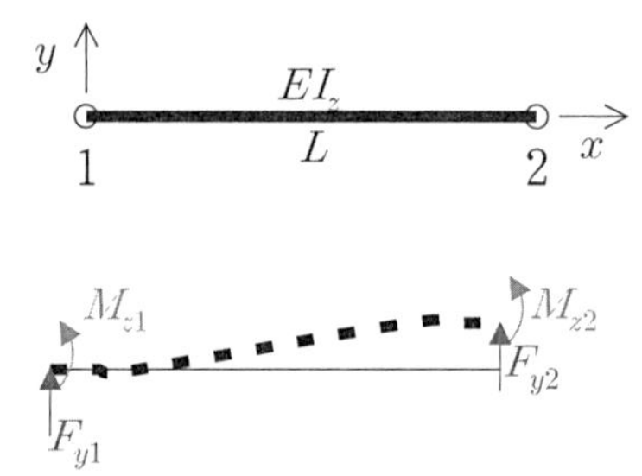

beam 요소 절점의 횡변위와 회전, 절점에 작용하는 횡하중과 굽힘모멘트

절점 1에서 x 만큼 떨어진 단면에 작용하는 굽힘모멘트는

$$M_b = F_{y2}(L-x) + M_{z2}$$

이것은 굽힘강성 EI_z에 곡률 d^2v/dx^2을 곱한 것과 같으므로

$$EI_z\frac{d^2v}{dx^2} = F_{y2}(L-x) + M_{z2}$$

x에 관하여 적분하면

$$EI_z\frac{dv}{dx} = F_{y2}(Lx - \frac{x^2}{2}) + M_{z2}x + C_1$$

행렬로 정리하고, 2.3 경계조건을 만족하게 한 결과를 대입하면

$$EI_z\frac{dv}{dx}=[Lx-x^2/2,\ \ x,\ \ 1,\ \ 0]\begin{Bmatrix}F_{y2}\\M_{z2}\\C_1\\C_2\end{Bmatrix}$$

$$=-\frac{12EI_z}{L^4}[Lx-x^2/2,\ \ x,\ \ 1,\ \ 0]\begin{bmatrix}L & \frac{L^2}{2} & -L & \frac{L^2}{2}\\ -\frac{L^2}{2} & -\frac{L^3}{6} & \frac{L^2}{2} & -\frac{L^3}{3}\\ 0 & -\frac{L^4}{12} & 0 & 0\\ -\frac{L^4}{12} & 0 & 0 & 0\end{bmatrix}\begin{Bmatrix}v_1\\\theta_{z1}\\v_2\\\theta_{z2}\end{Bmatrix}$$

정리하면

$$\frac{dv}{dx}=[6(u^2-u)/L,\ \ (3u^2-4u+1),\ \ -6(u^2-u)/L,\ \ (3u^2-u)]\begin{Bmatrix}v_1\\\theta_{z1}\\v_2\\\theta_{z2}\end{Bmatrix}$$

여기서 $u=x/L$

x에 관하여 더 적분하면

$$EI_zv=F_{y2}(L\frac{x^2}{2}-\frac{x^3}{6})+M_{z2}\frac{x^2}{2}+C_1x+C_2$$

행렬로 정리하고, 2.3의경계조건을 만족하게 한 결과를 대입하면

$$EI_zv=[Lx^2/2-x^3/6,\ \ x^2/2,\ \ x,\ \ 1]\begin{Bmatrix}F_{y2}\\M_{z2}\\C_1\\C_2\end{Bmatrix}$$

$$=-\frac{12EI_z}{L^4}[Lx^2/2-x^3/6,\ \ x^2/2,\ \ x,\ \ 1]\begin{bmatrix}L & \frac{L^2}{2} & -L & \frac{L^2}{2}\\ -\frac{L^2}{2} & -\frac{L^3}{6} & \frac{L^2}{2} & -\frac{L^3}{3}\\ 0 & -\frac{L^4}{12} & 0 & 0\\ -\frac{L^4}{12} & 0 & 0 & 0\end{bmatrix}\begin{Bmatrix}v_1\\\theta_{z1}\\v_2\\\theta_{z2}\end{Bmatrix}$$

정리하면

$$v=[(2u^3-3u^2+1),\ \ (u^3-2u^2+u)L,\ \ (-2u^3+3u^2),\ \ (u^3-u^2)L]\begin{Bmatrix} v_1 \\ \theta_{z1} \\ v_2 \\ \theta_{z2} \end{Bmatrix}$$

$$=[N]\begin{Bmatrix} v_1 \\ \theta_{z1} \\ v_2 \\ \theta_{z2} \end{Bmatrix}$$

여기서 $[N]$이 보간행렬이다.

진동할 때 변위는 절점의 변위 진폭, 회전 진폭에 관하여

$$v=[N]\begin{Bmatrix} v_1 \\ \theta_{z1} \\ v_2 \\ \theta_{z2} \end{Bmatrix}\sin\omega t$$

이라고 가정하고 시간 t에 관하여 2번 미분하면 가속도는

$$\ddot{v}=-\omega^2[N]\begin{Bmatrix} v_1 \\ \theta_{z1} \\ v_2 \\ \theta_{z2} \end{Bmatrix}\sin\omega t$$

요소의 원심력에 대한 하중벡터는

$$\omega^2\int_0^L [N]^T[N]\rho A\,dx$$

질량 행렬은

$$[M]=\int_0^L [N]^T[N]\rho A\,dx$$

$$=\rho AL\int_0^1\begin{bmatrix} (2u^3-3u^2+1) \\ (u^3-2u^2+u)L \\ (-2u^3+3u^2) \\ (u^3-u^2)L \end{bmatrix}[(2u^3-3u^2+1),\ \ (u^3-2u^2+u)L,\ \ (-2u^3+3u^2),\ \ (u^3-u^2)L]\,du$$

$$=\frac{m}{420}\begin{bmatrix} 156 & 22L & 54 & -13L \\ 22L & 4L^2 & 13L & -3L^2 \\ 54 & 13L & 156 & -22L \\ -13L & -3L^2 & -22L & 4L^2 \end{bmatrix}$$

요소강성행렬은

$$\begin{Bmatrix} F_{y1} \\ M_{z1} \\ F_{y2} \\ M_{z2} \end{Bmatrix} = \frac{EI_z}{L^3} \begin{bmatrix} 12 & 6L & -12 & 6L \\ 6L & 4L^2 & -6L & 2L^2 \\ -12 & -6L & 12 & -6L \\ 6L & 2L^2 & -6L & 4L^2 \end{bmatrix} \begin{Bmatrix} v_1 \\ \theta_{z1} \\ v_2 \\ \theta_{z2} \end{Bmatrix}$$

$$= [K] \begin{Bmatrix} v_1 \\ \theta_{z1} \\ v_2 \\ \theta_{z2} \end{Bmatrix}$$

평형조건은

$$[K] \begin{Bmatrix} v_1 \\ \theta_{z1} \\ v_2 \\ \theta_{z2} \\ \cdots \end{Bmatrix} = \omega^2 [M] \begin{Bmatrix} v_1 \\ \theta_{z1} \\ v_2 \\ \theta_{z2} \\ \cdots \end{Bmatrix}$$

공진이 발생하려면 해가 결정되지 않아야 하므로

$$\left| [K] - \omega^2 [M] \right| = 0$$

[예제-공진] 축에 회전체 2개를 설치하고 양단을 단순지지하였다. 1, 2, 3차 고유진동수와 진동모드를 구하시오. E=210 GPa, ρ=7,860 kg/m^3

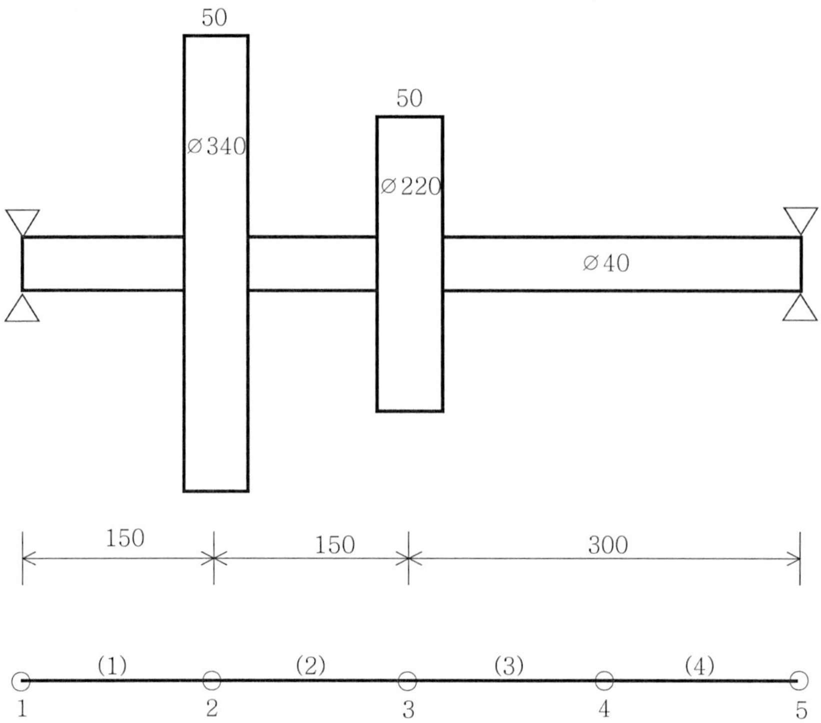

(풀이)

굽힘강성은

E	210	GPa
d	40	mm
I	125,664	mm^4
L	150	mm
EI/L^3	7.819	kN/mm

요소강성행렬 [K]

1		2		
94	7,037	-94	7,037	1
7,037	703,717	-7,037	351,858	
-94	-7,037	94	-7,037	2
7,037	351,858	-7,037	703,717	

질량

ρ	7,860	kg/m^3
A	1,257	mm^2
m	1.5	kg

질량행렬 [M]

1		2		
0.550	11.641	0.190	-6.879	1
11.641	317.480	6.879	-238.110	
0.190	6.879	0.550	-11.641	2
-6.879	-238.110	-11.641	317.480	

회전체 1, 2의 질량과 z축에 관한 질량관성모멘트

D	340	mm	D	220	mm
d	40	mm	d	40	mm
b	50	mm	b	50	mm
ρ	7,860	kg/m^3	ρ	7,860	kg/m^3
A_2	90,792	mm^2	A_2	38,013	mm^2
A_1	1,257	mm^2	A_1	1,257	mm^2
m_2	35.7	kg	m_2	14.9	kg
m_1	0.5	kg	m_1	0.5	kg
	35.2	kg		14.4	kg
$m_2D^2/16$	257,797	kg mm^2	$m_2D^2/16$	45,191	kg mm^2
$m_1d^2/16$	49	kg mm^2	$m_1d^2/16$	49	kg mm^2
	257,748	kg mm^2		45,142	kg mm^2

요소 1~4 강성행렬을 조립하면

1		2		3		4		5		
94	7,037	-94	7,037	0	0	0	0	0	0	1
7,037	703,717	-7,037	351,858	0	0	0	0	0	0	
-94	-7,037	188	0	-94	7,037	0	0	0	0	2
7,037	351,858	0	1,407,434	-7,037	351,858	0	0	0	0	
0	0	-94	-7,037	188	0	-94	7,037	0	0	3
0	0	7,037	351,858	0	1,407,434	-7,037	351,858	0	0	
0	0	0	0	-94	-7,037	188	0	-94	7,037	4
0	0	0	0	7,037	351,858	0	1,407,434	-7,037	351,858	
0	0	0	0	0	0	-94	-7,037	94	-7,037	5
0	0	0	0	0	0	7,037	351,858	-7,037	703,717	

요소 1~4 질량행렬을 조립하면

1		2		3		4		5		
1	12	0	-7	0	0	0	0	0	0	1
12	317	7	-238	0	0	0	0	0	0	
0	7	1	0	0	-7	0	0	0	0	2
-7	-238	0	635	7	-238	0	0	0	0	
0	0	0	7	1	0	0	-7	0	0	3
0	0	-7	-238	0	635	7	-238	0	0	
0	0	0	0	0	7	1	0	0	-7	4
0	0	0	0	-7	-238	0	635	7	-238	
0	0	0	0	0	0	0	7	1	-12	5
0	0	0	0	0	0	-7	-238	-12	317	

회전체 1, 2의 질량행렬은

1		2		3		4		5		
										1
		35								2
			257,748							
				14						3
					45,142					
										4
										5

$v_1 = v_5 = 0$이이어야 하므로 $[K] - \omega^2[M]$의 1행과 9행, 1열과 9열은 다음과 같이 처리하고 $|[K] - \omega^2[M]| = 0$인 1차 고유치 ω를 구함. EXCEL의 data > solver를 이용하여 ω=387 rad/s=61.6 Hz

1		2		3		4		5		
1	0	0	0	0	0	0	0	0	0	1
0	703,669	-7,038	351,894	0	0	0	0	0	0	
0	-7,038	182	0	-94	7,038	0	0	0	0	2
0	351,894	0	1,368,736	-7,038	351,894	0	0	0	0	
0	0	-94	-7,038	185	0	-94	7,038	0	0	3
0	0	7,038	351,894	0	1,400,578	-7,038	351,894	0	0	
0	0	0	0	-94	-7,038	187	0	0	7,038	4
0	0	0	0	7,038	351,894	0	1,407,338	0	351,894	
0	0	0	0	0	0	0	0	1	0	5
0	0	0	0	0	0	7,038	351,894	0	703,669	

절점 2의 처짐 $v_2 = 1$일 때 나머지 변위와 회전을 구하려고

1		2		3		4		5		
1	0	0	0	0	0	0	0	0	0	1
0	703,669	0	351,894	0	0	0	0	0	0	
0	0	1	0	0	0	0	0	0	0	2
0	351,894	0	1,368,736	-7,038	351,894	0	0	0	0	
0	0	0	-7,038	185	0	-94	7,038	0	0	3
0	0	0	351,894	0	1,400,578	-7,038	351,894	0	0	
0	0	0	0	-94	-7,038	187	0	0	7,038	4
0	0	0	0	7,038	351,894	0	1,407,338	0	351,894	
0	0	0	0	0	0	0	0	1	0	5
0	0	0	0	0	0	7,038	351,894	0	703,669	

의 역행렬을 다음 하중벡터에 곱하여

0	1
7,038	
1	2
0	
94	3
-7,038	
0	4
0	
0	5
0	

1차 고유벡터는

0.000	1
0.007	
1.000	2
0.005	
1.337	3
-0.001	
0.886	4
-0.005	
0.000	5
-0.006	

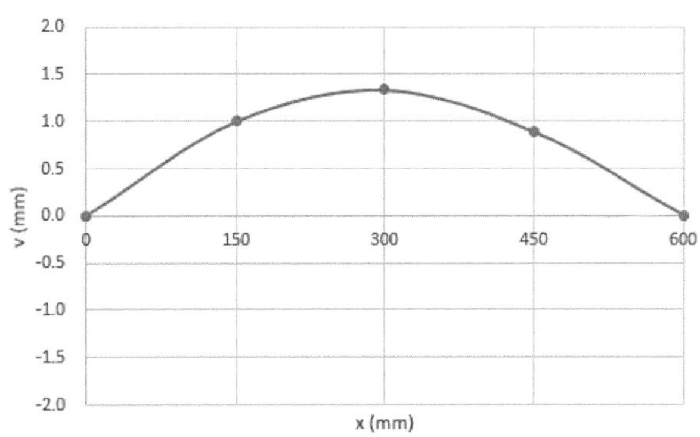

2차 고유치 ω=1,584 rad/s=252 Hz. 2차 고유벡터는

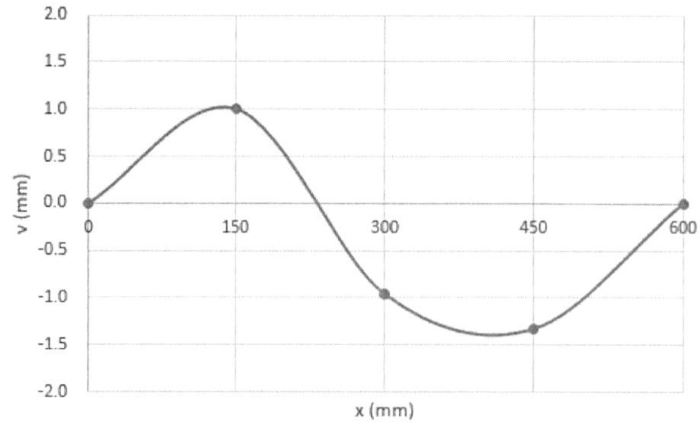

3차 고유치 ω=2,298 rad/s=366 Hz. 3차 고유벡터는

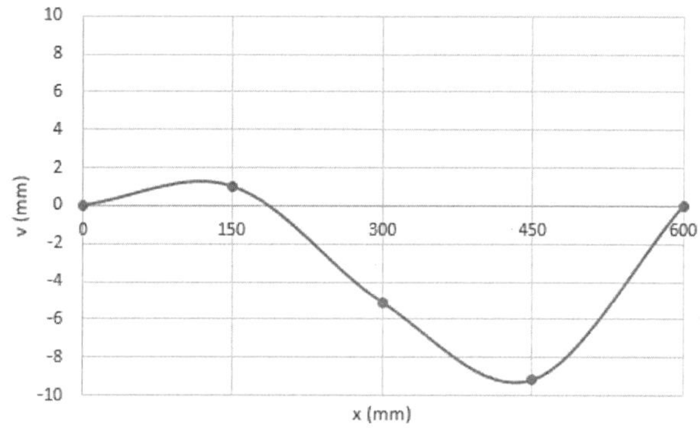

[연습문제] 축의 질량을 무시하고 고유치와 고유벡터를 구하여 비교하시오.

[예제-공진] 축에 회전체 2개를 설치하고 양단을 단순지지하였다. 1, 2, 3차 고유진동수와 진동모드를 구하시오. E=210 GPa, ρ=7,860 kg/m^3

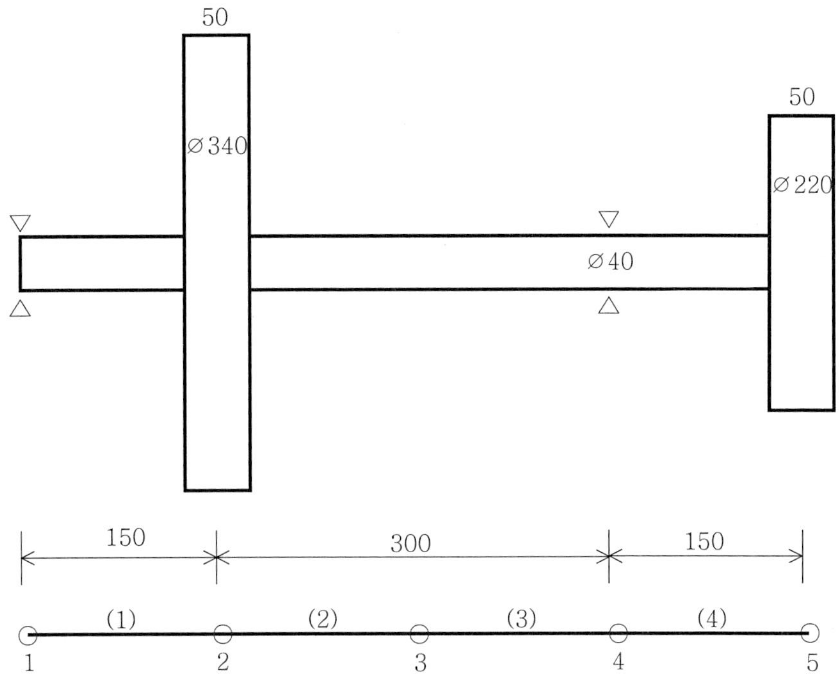

(풀이)
요소 1~4 강성행렬을 조립한 것과 질량행렬을 조립한 것은 앞 예제와 같다.

회전체 1, 2의 질량행렬은

1		2		3		4		5		
										1
		35								2
			257,748							
										3
										4
								14		5
									45,142	

$v_1 = v_4 = 0$이이어야 하므로 $[K]-\omega^2[M]$의 1행과 7행, 1열과 7열은 다음과 같이 처리하고 $|[K]-\omega^2[M]|=0$인 1차 고유치 ω를 구함. EXCEL의 data > solver를 이용하여 ω=484 rad/s=77.0 Hz

1		2		3		4		5		
1	0	0	0	0	0	0	0	0	0	1
0	703,642	-7,039	351,914	0	0	0	0	0	0	
0	-7,039	179	0	-94	7,039	0	0	0	0	2
0	351,914	0	1,346,903	-7,039	351,914	0	0	0	0	
0	0	-94	-7,039	187	0	0	7,039	0	0	3
0	0	7,039	351,914	0	1,407,285	0	351,914	0	0	
0	0	0	0	0	0	1	0	0	0	4
0	0	0	0	7,039	351,914	0	1,407,285	-7,039	351,914	
0	0	0	0	0	0	0	-7,039	90	-7,034	5
0	0	0	0	0	0	0	351,914	-7,034	693,067	

절점 2의 처짐 $v_2=1$일 때 나머지 변위와 회전을 구하려고

1		2		3		4		5		
1	0	0	0	0	0	0	0	0	0	1
0	703,642	0	351,914	0	0	0	0	0	0	
0	0	1	0	0	0	0	0	0	0	2
0	351,914	0	1,346,903	-7,039	351,914	0	0	0	0	
0	0	0	-7,039	187	0	0	7,039	0	0	3
0	0	0	351,914	0	1,407,285	0	351,914	0	0	
0	0	0	0	0	0	1	0	0	0	4
0	0	0	0	7,039	351,914	0	1,407,285	-7,039	351,914	
0	0	0	0	0	0	0	-7,039	90	0	5
0	0	0	0	0	0	0	351,914	-7,034	693,067	

의 역행렬을 다음 하중벡터에 곱하여

0	1
7,039	
1	2
0	
94	3
-7,039	
0	4
0	
0	5
0	

1차 고유벡터는

0.000	1
0.009	
1.000	2
0.003	
0.754	3
-0.005	
0.000	4
-0.004	
-0.294	5
-0.001	

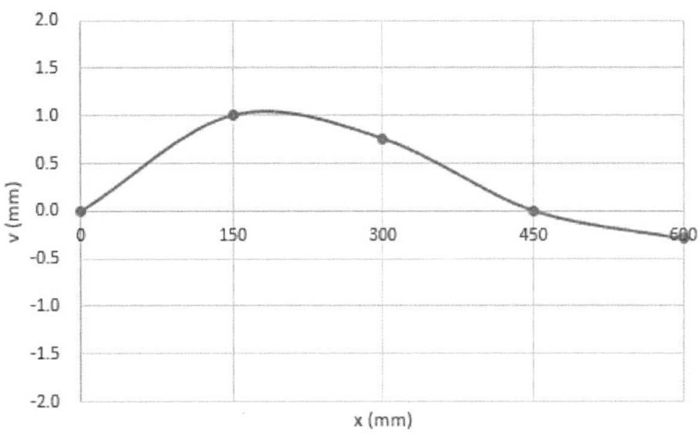

2차 고유치 ω=963 rad/s=153 Hz. 2차 고유벡터는

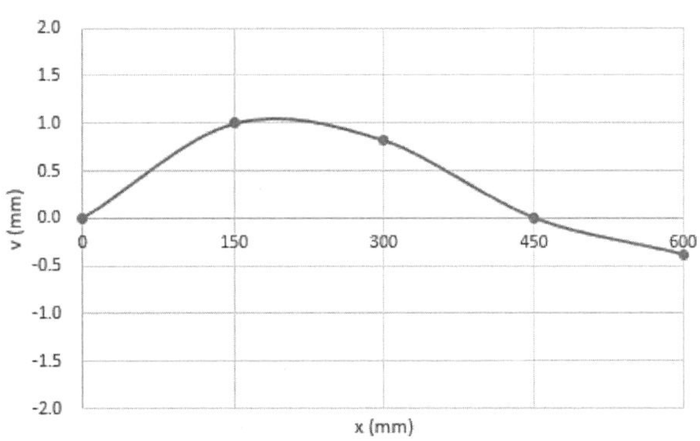

3차 고유치 ω=1,853 rad/s=295 Hz. 3차 고유벡터는

5. 고유치문제

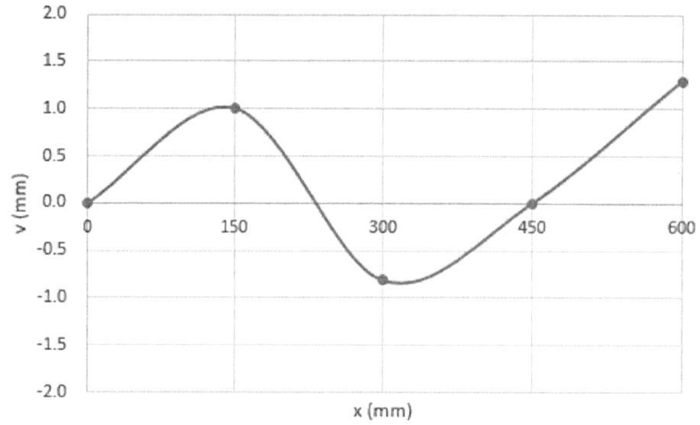

[연습문제] 축의 질량을 무시하고 고유진동수를 구하여 비교하시오.

5.2 좌굴

보가 축방향 하중을 받아 굽혀지면 하중점은 하중방향으로 u만큼 이동한다. 보의 축방향 압축을 무시하여도, 길이 dx인 보 구간이 $\theta(=dv/dx)$만큼 회전하면 축방향 길이는 $du=(1-\cos^2\theta)dx$만큼 짧아진다.

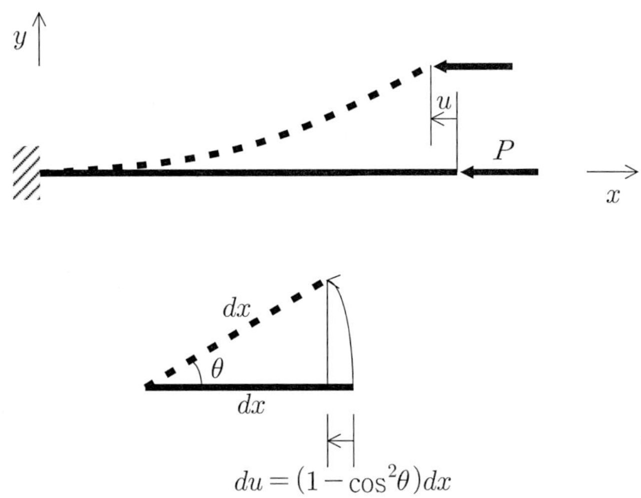

좌굴되는 보의 변위

정리하면

$$
\begin{aligned}
du &= (1-\cos^2\theta)dx \\
&= \sin^2\theta \ dx \\
&\approx \left(\frac{dv}{dx}\right)^2 dx
\end{aligned}
$$

하중이 하중방향으로 이동한 거리는

$$u = \int_0^L \left(\frac{dv}{dx}\right)^2 dx$$

하중이 0에서 P까지 증가하며 한 일은

$$W = \frac{1}{2}Pu = \frac{1}{2}P\int_0^L \left(\frac{dv}{dx}\right)^2 dx$$

가상변위 δu가 발생할 때 가상일은

$$\delta W = P\int_0^L \frac{dv}{dx}\frac{d(\delta v)}{dx}dx$$

하중벡터는

$$P\int_0^L [N_{,x}]^T [N_{,x}]dx$$

여기서 하중행렬

$$[K_\sigma] = \int_0^L [N_{,x}]^T [N_{,x}]dx$$

$$= L\int_0^1 \begin{bmatrix} (6u^2-6u)/L \\ (3u^2-4u+1) \\ (-6u^2+6u)/L \\ (u^3-u^2)L \end{bmatrix}$$

$$[(6u^2-6u)/L, (3u^2-4u+1), (-6u^2+6u)/L, (u^3-u^2)L]du$$

$$= \frac{1}{30L}\begin{bmatrix} 36 & 3L & -36 & 3L \\ 3L & 4L^2 & -3L & -L^2 \\ -36 & -3L & 36 & -3L \\ 3L & -L^2 & -3L & 4L^2 \end{bmatrix}$$

요소강성행렬은

$$\begin{Bmatrix} F_{y1} \\ M_{z1} \\ F_{y2} \\ M_{z2} \end{Bmatrix} = \frac{EI_z}{L^3}\begin{bmatrix} 12 & 6L & -12 & 6L \\ 6L & 4L^2 & -6L & 2L^2 \\ -12 & -6L & 12 & -6L \\ 6L & 2L^2 & -6L & 4L^2 \end{bmatrix}\begin{Bmatrix} v_1 \\ \theta_{z1} \\ v_2 \\ \theta_{z2} \end{Bmatrix}$$

$$= [K]\begin{Bmatrix} v_1 \\ \theta_{z1} \\ v_2 \\ \theta_{z2} \end{Bmatrix}$$

평형조건은

$$[K]\begin{Bmatrix} v_1 \\ \theta_{z1} \\ v_2 \\ \theta_{z2} \\ \cdots \end{Bmatrix} = P[K_\sigma]\begin{Bmatrix} v_1 \\ \theta_{z1} \\ v_2 \\ \theta_{z2} \\ \cdots \end{Bmatrix}$$

[예제-좌굴] 다음 4 가지 양단의 경계조건에 대하여 단면이 20 mm x 2

mm, 길이 600 mm, 강으로 만든 막대의 임계좌굴하중을 2개의 보 요소를 사용하여 구하고 이론값과 비교하시오.

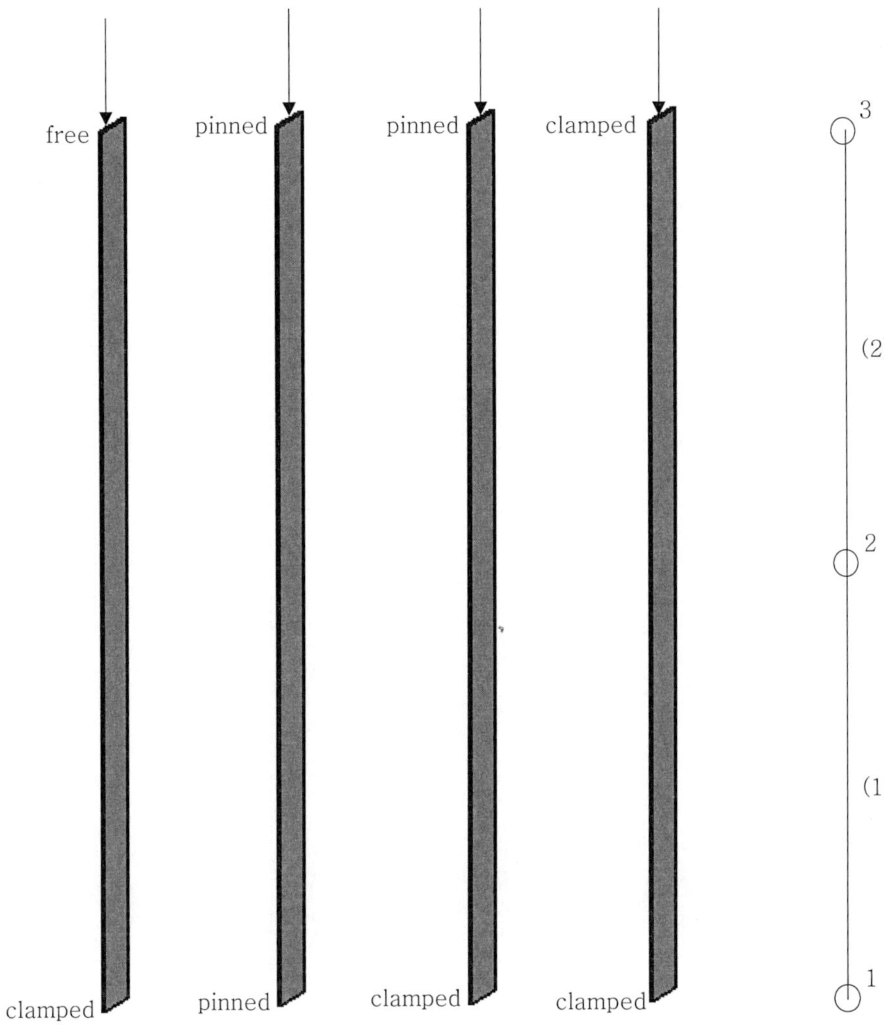

(풀이)

굽힘강성은

E	210	GPa
b	20	mm
t	2	mm
I	13	mm^4
L	300	mm
EI/L^3	0.104	N/mm

요소강성행렬

1		2		
1	187	-1	187	1
187	37,333	-187	18,667	
-1	-187	1	-187	2
187	18,667	-187	37,333	

하중행렬

1		2		
0.004	0.100	-0.004	0.100	1
0.100	40.000	-0.100	-10.000	
-0.004	-0.100	0.004	-0.100	2
0.100	-10.000	-0.100	40.000	

요소 1~2 강성행렬을 조립하면

1		2		3		
1	187	-1	187	0	0	1
187	37,333	-187	18,667	0	0	
-1	-187	2	0	-1	187	2
187	18,667	0	74,667	-187	18,667	
0	0	-1	-187	1	-187	3
0	0	187	18,667	-187	37,333	

요소 1~2 하중행렬을 조립하면

1		2		3		
0.004	0.100	-0.004	0.100	0.000	0.000	1
0.100	40.000	-0.100	-10.000	0.000	0.000	
-0.004	-0.100	0.008	0.000	-0.004	0.100	2
0.100	-10.000	0.000	80.000	-0.100	-10.000	
0.000	0.000	-0.004	-0.100	0.004	-0.100	3
0.000	0.000	0.100	-10.000	-0.100	40.000	

$v_1 = \theta_{z1} = 0$이어야 하므로 $[K]-P[K_\sigma]$의 1행과 2행, 1열과 2열은 다음과 같이 처리하고 $|[K]-P[K_\sigma]|=0$인 1차 고유치 ω를 구함. EXCEL의 data > solver를 이용하여 $P=19\,N=0.250\dfrac{\pi^2 EI}{L^2}$

1		2		3		
1	0	0	0	0	0	1
0	1	0	0	0	0	
0	0	2	0	-1	185	2
0	0	0	73,131	-185	18,859	
0	0	-1	-185	1	-185	3
0	0	185	18,859	-185	36,565	

절점 2의 처짐 $v_2 = 1$일 때 나머지 변위와 회전을 구하려고

1		2		3		
1	0	0	0	0	0	1
0	1	0	0	0	0	
0	0	1	0	0	0	2
0	0	0	73,131	-185	18,859	
0	0	0	-185	1	-185	3
0	0	0	18,859	-185	36,565	

의 역행렬을 다음 하중벡터에 곱하여

0	1
0	
1	2
0	
1	3
-185	

1차 고유벡터는

$$\begin{Bmatrix} v_1 \\ \theta_{z1} \\ v_2 \\ \theta_{z2} \\ v_3 \\ \theta_{z3} \end{Bmatrix} =$$

0.000	1
0.000	
1.000	2
0.006	
3.414	3
0.009	

$v_1 = v_3 = 0$이어야 하므로 $[K] - P[K_\sigma]$의 1행과 5행, 1열과 5열은 다음과 같이 처리하고 $|[K] - P[K_\sigma]| = 0$인 1차 고유치 ω를 구함. EXCEL의 data > solver를 이용하여 $P = 77\,N = 1.008\dfrac{\pi^2 EI}{L^2}$

1		2		3		
1	0	0	0	0	0	1
0	34,240	-179	19,440	0	0	
0	-179	2	0	0	179	2
0	19,440	0	68,479	0	19,440	
0	0	0	0	1	0	3
0	0	179	19,440	0	34,240	

절점 2의 처짐 $v_2 = 1$일 때 나머지 변위와 회전을 구하려고

1		2		3		
1	0	0	0	0	0	1
0	34,240	0	19,440	0	0	
0	0	1	0	0	0	2
0	19,440	0	68,479	0	19,440	
0	0	0	0	1	0	3
0	0	0	19,440	0	34,240	

의 역행렬을 다음 하중벡터에 곱하여

0	1
179	
1	2
0	
0	3
-179	

1차 고유벡터는

$$\begin{Bmatrix} v_1 \\ \theta_{z1} \\ v_2 \\ \theta_{z2} \\ v_3 \\ \theta_{z3} \end{Bmatrix} =$$

0.000	1
0.005	
1.000	2
0.000	
0.000	3
-0.005	

$v_1 = \theta_{z1} = v_3 = 0$이어야 하므로 $[K] - P[K_\sigma]$의 1, 2행과 5행, 1, 2열과 5열은 다음과 같이 처리하고 $|[K] - P[K_\sigma]| = 0$인 1차 고유치 ω를 구함. EXCEL의 data > solver를 이용하여 $P = 161\,N = 2.098\dfrac{\pi^2 EI}{L^2}$

1		2		3		
1	0	0	0	0	0	1
0	1	0	0	0	0	
0	0	1	0	0	171	2
0	0	0	61,781	0	20,277	
0	0	0	0	1	0	3
0	0	171	20,277	0	30,891	

절점 2의 처짐 $v_2=1$일 때 나머지 변위와 회전을 구하려고

1		2		3		
1	0	0	0	0	0	1
0	1	0	0	0	0	
0	0	1	0	0	0	2
0	0	0	61,781	0	20,277	
0	0	0	0	1	0	3
0	0	0	20,277	0	30,891	

의 역행렬을 다음 하중벡터에 곱하여

0	1
0	
1	2
0	
0	3
-171	

1차 고유벡터는

$$\begin{Bmatrix} v_1 \\ \theta_{z1} \\ v_2 \\ \theta_{z2} \\ v_3 \\ \theta_{z3} \end{Bmatrix} =$$

0.000	1
0.000	
1.000	2
0.002	
0.000	3
-0.007	

$v_1=\theta_{z1}=v_3=\theta_{z3}=0$이어야 하므로 $[K]-P[K_\sigma]$의 1, 2행과 5,6행, 1, 2열과 5,6열은 다음과 같이 처리하고 $|[K]-P[K_\sigma]|=0$인 1차 고유치 ω를 구함.

EXCEL의 data > solver를 이용하여 $P=311\,N=4.053\dfrac{\pi^2 EI}{L^2}$

1		2		3		
1	0	0	0	0	0	1
0	1	0	0	0	0	
0	0	0	0	0	0	2
0	0	0	49,778	0	0	
0	0	0	0	1	0	3
0	0	0	0	0	1	

절점 2의 처짐 $v_2 = 1$일 때 나머지 변위와 회전을 구하려고

1		2		3		
1	0	0	0	0	0	1
0	1	0	0	0	0	
0	0	1	0	0	0	2
0	0	0	49,778	0	0	
0	0	0	0	1	0	3
0	0	0	0	0	1	

의 역행렬을 다음 하중벡터에 곱하여

0	1
0	
1	2
0	
0	3
0	

1차 고유벡터는

$$\begin{Bmatrix} v_1 \\ \theta_{z1} \\ v_2 \\ \theta_{z2} \\ v_3 \\ \theta_{z3} \end{Bmatrix} =$$

0.000	1
0.000	
1.000	2
0.000	
0.000	3
0.000	

---■

[연습문제-공진] 중공축에 고리형 회전체 4개를 그림과 같이 끼웠다. 축 양단을 단순지지할 때 1, 2, 3차 고유진동수와 진동모드를 구하시오. E=200 GPa, 밀도 ρ=7,850 kg/m^3.

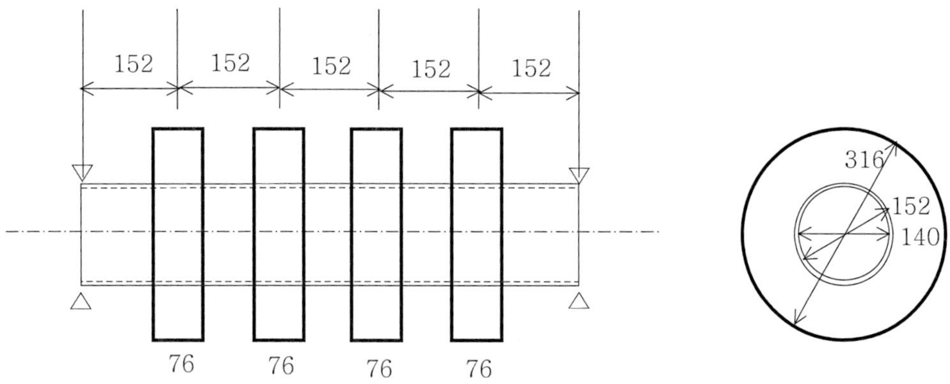

[연습문제-공진] 다음과 같이 양단이 단순지지된 축에 회전체 1, 2가 설치되었다. 축과 회전체의 소재는 모두 강(E=200 GPa)이다.

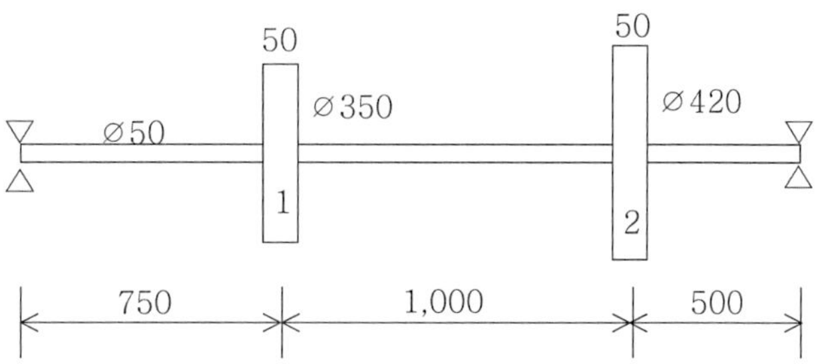

① 다음과 같이 beam 요소 3개를 사용하여 1, 2차 고유진동수와 진동모드를 구하시오.

② 다음과 같이 beam 요소 5개를 사용하여 1, 2차 고유진동수와 진동모드를 구하시오.

[연습문제] (a) 일단고정, 타단자유 (b) 양단고정 보에 대하여 요소 2개나 4개를 사용하여 임계좌굴하중을 구하시오. E=200 GPa이다.

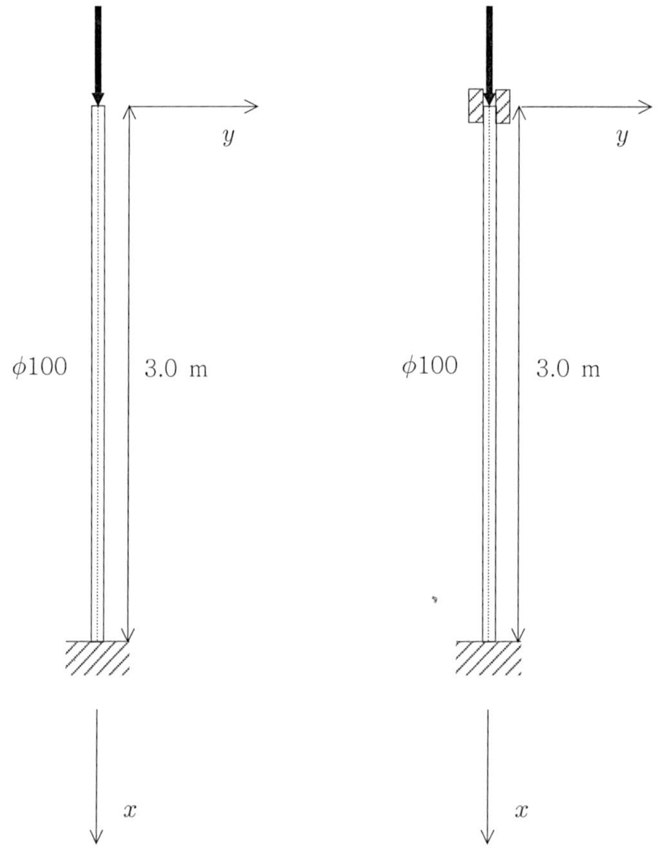

[연습문제-좌굴] 지름이 다른 2 부분으로 이루어진 (a) 일단고정, 타단자유 (b) 양단고정 보에 대하여 요소 2개나 4개를 사용하여 임계좌굴하중을 구하시오. E=200 GPa이다.

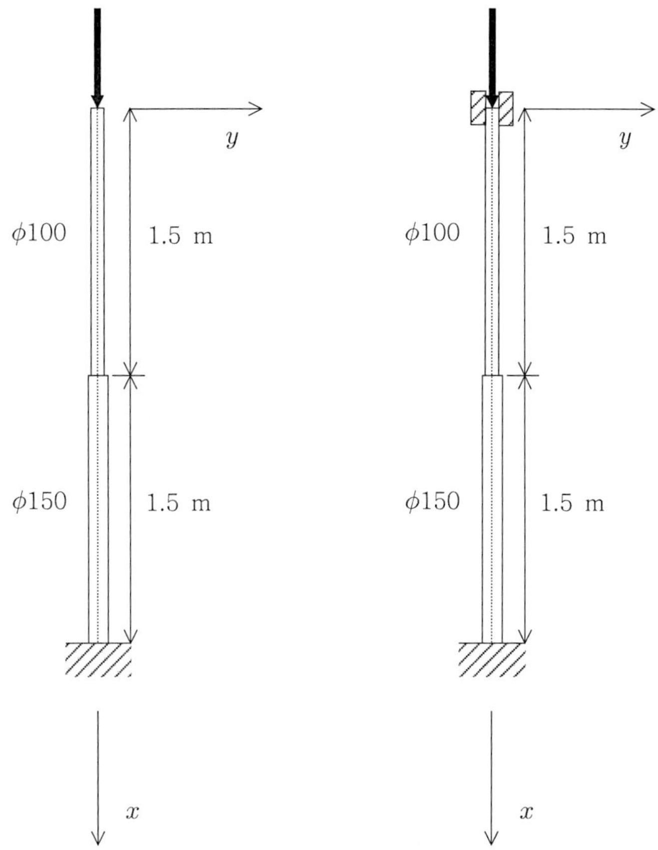

(a) (b)

정가 24,000원

EXCEL로 배우는 유한요소법 [개정판]

2018년 2월 20일 초 판 발행
2020년 2월 28일 개정판 발행
저 자 : 주석재
발행자 : 송 준
발행처 : 도서출판 홍릉
주 소 : 서울시 강북구 인수봉로 50길 10
01093
등 록 : 1976년 10월 21일 제5-66호
전 화 : (02) 999-2274~5
팩 스 : (02) 905-6729
e-mail: hongpub@hongpub.co.kr
http://www.hongpub.co.kr
ISBN: 979-11-5600-738-8

저자와의 협의하에 인지생략